国家自然科学基金面上项目(51474040,51874055)资助
国家自然科学基金青年科学基金项目(51904293)资助
江苏省自然科学基金青年基金项目(BK20190627)资助

煤与瓦斯突出及其防控物理模拟试验研究

张超林　许　江　彭守建　冯　丹　著

中国矿业大学出版社
·徐州·

内容提要

煤与瓦斯突出是煤矿中一种极其复杂的动力现象，严重威胁着煤矿的安全生产。本书基于突出“致灾-防控”一体化研究思路，自主设计并研发了一套煤与瓦斯突出及其防控物理模拟试验系统，利用该试验系统首先开展了煤与瓦斯突出物理模拟试验，分析突出发动、发展过程及其致灾特征，在此基础上进行了煤层瓦斯常规抽采物理模拟试验，研究不同条件下常规抽采防突效果，最后进一步开展了煤层瓦斯水力冲压一体化强化瓦斯抽采物理模拟试验，探讨了不同水力化措施的增透能力及防突效果。

本书可供从事煤矿瓦斯领域的领导者、决策者、科研人员、工程技术人员以及高校师生参考。

图书在版编目(CIP)数据

煤与瓦斯突出及其防控物理模拟试验研究/张超林等著.—徐州：中国矿业大学出版社，2020.10

ISBN 978-7-5646-4686-8

Ⅰ.①煤… Ⅱ.①张… Ⅲ.①煤突出—模拟试验—防治—研究②瓦斯突出—模拟试验—防治—研究 Ⅳ.①TD713

中国版本图书馆CIP数据核字(2020)第201017号

书　　名　煤与瓦斯突出及其防控物理模拟试验研究
著　　者　张超林　许　江　彭守建　冯　丹
责任编辑　陈红梅
出版发行　中国矿业大学出版社有限责任公司
（江苏省徐州市解放南路　邮编221008）
营销热线　(0516)83884103　83885105
出版服务　(0516)83995789　83884920
网　　址　http://www.cumtp.com　**E-mail**:cumtpvip@cumtp.com
印　　刷　徐州中矿大印发科技有限公司
开　　本　787 mm×1092 mm　1/16　**印张** 14.75　**字数** 368千字
版次印次　2020年10月第1版　2020年10月第1次印刷
定　　价　50.00元

前　言

我国能源资源结构呈现显著的“富煤、贫油、少气”的特点，尽管近年来随着太阳能、风能等相对绿色清洁能源得到日趋广泛的使用，煤炭生产和消费所占比重有所下降，但截至2019年，我国煤炭消费量占一次能源消费量的比重依然高达57.7%。在未来相当长一段时间内，甚至从长远来讲，煤炭资源仍将作为我国最重要的主体资源，在经济和社会发展中起到其他资源无法替代的作用。《能源中长期发展规划纲要(2004—2020年)》中明确提出，中国将“坚持以煤炭为主体、电力为中心、油气和新能源全面发展的能源战略”。

煤矿地下采掘过程中，在很短的时间内，从煤(岩)壁内向采掘工作空间突然喷出煤(岩)和瓦斯的现象，称为煤(岩)与瓦斯突出。煤与瓦斯突出是一种典型的动力灾害，破坏性极大，严重威胁着煤矿的安全生产。我国是世界上突出灾害最严重的国家，自1950年吉林省辽源矿务局发生第一次突出事故以来，70年间共发生突出18 000余次，占世界总突出次数的40%以上。截至2019年8月，全国煤矿总数5 695处，其中突出矿井757处，高瓦斯矿井1 024处，高瓦斯突出矿井总数占全国矿井总数的31.3%；另外，山西、吉林、黑龙江、安徽、江西、河南、湖南、重庆、四川、贵州、云南等省(市)的高瓦斯、突出矿井总数占全国高瓦斯、突出矿井总数的90%以上。

20年来，在国家煤矿安全监察局的领导下，通过各级地方人民政府及其有关部门、各煤矿企业和各级煤矿安全监察机构的共同努力，在煤炭产量持续增长的情况下，煤矿安全形势保持了稳定好转的态势。2019年，我国煤炭产量38.5亿t，煤矿百万吨死亡率0.083，继续保持低于0.1的水平并创历史新低，比2018年下降10.8%。然而在煤矿安全形势逐年好转的情况下，煤与瓦斯突出发生频次和强度却有上升趋势。2019年，我国共发生煤与瓦斯突出7起，造成39人死亡的严重后果，死亡人数比2018年增加了34.5%，平均每起突出事故死亡人数5.6人，远超过2019年所有煤矿事故的平均死亡人数1.9人。同时，在我国“以煤为主”的能源格局下，为了保障能源稳定供应，煤炭开采正以10～25 m/a的速度快速向深部转移，部分矿井最大采深达到1 500 m。随着煤矿开采深度和强度的不断增加，地应力与瓦斯压力不断增高，采场结构越来越复杂，以突出为主的煤矿瓦斯动力灾害的威胁愈加严重，极易引发重特大事故。

自从世界上第一次煤与瓦斯突出事故发生以来，世界各主要产煤国都投入了大量的人力、物力和财力，系统地开展了煤与瓦斯突出研究工作，取得了丰富成果，相继提出了以瓦斯主导作用、地应力主导作用、化学本质作用和综合作用等为主的突出假说，为煤与瓦斯突出危险性预测和防突措施的制订与实施提供了依据。但由于煤与瓦斯突出过程复杂、影响因素众多，突出机理的研究仍然停留在定性解释和近似定量计算的综合作用假说阶段，无法定量评价地应力、瓦斯及煤的物理力学特性各自在突出中所起作用。国家煤矿安全监察局于2019年10月1日颁布实施的《防治煤与瓦斯突出细则》对突出防治工作提出了更高的要求。因此，针对当前煤矿开采现状及煤矿安全新的形势进一步开展煤与瓦斯突出致灾机制、防控措施的研究非常迫切。

鉴于煤与瓦斯突出往往具有突发性、破坏性和隐蔽性，现场对其进行观测和考察的难度极大，本书基于突出“致灾-防控”一体化研究思路，自主设计并研发了一套煤与瓦斯突出及其防控物理模拟试验系统，利用该试验系统首先开展了煤与瓦斯突出物理模拟试验，分析突出发动、发展过程及其致灾机制，在此基础上进行了煤层瓦斯常规抽采防突物理模拟试验，研究不同条件下常规瓦斯抽采的防突效果，最后结合水力化强化瓦斯抽采技术，进一步开展了煤层瓦斯水力冲压一体化强化瓦斯抽采防突物理模拟试验，探讨了不同水力化措施的增透能力及防突效果，为现场制定煤与瓦斯突出防治技术和措施提供一些参考和借鉴。

本书共分6章，第1章由许江、彭守建撰写；第2章由张超林、彭守建撰写；第3章由许江、张超林撰写；第4章由张超林、彭守建撰写；第5章由张超林、许江撰写；第6章由冯丹、许江撰写。全书由张超林和许江统一审核、定稿。

最后，感谢国家自然科学基金面上项目(51474040，51874055)、国家自然科学基金青年科学基金项目(51904293)和江苏省自然科学基金青年基金项目(BK20190627)对本书研究工作的资助，感谢重庆大学煤矿灾害动力学与控制国家重点实验室及复杂煤气层瓦斯抽采国家地方联合工程实验室提供的大力支持和帮助！同时，本书在撰写过程中查阅了大量已有文献，在出版过程中得到了中国矿业大学出版社的热情帮助和支持，借本书出版之际，作者谨向给予本书出版支持和帮助的各位专家、同事和参考文献作者表示衷心的感谢。

由于作者水平有限，书中难免存在不足之处，敬请读者朋友们不吝指正。

著 者

2020年3月

目　录

1 绪论

1.1 引言

能源是国民经济增长和社会发展的动力，也是人类日常生活中重要的基本资源。长期稳定的能源供应，是一国经济发展、社会稳定和国家安全的重要保证。我国能源资源结构呈现显著的“富煤、贫油、少气”的特点，尽管近年来随着太阳能、风能等相对绿色清洁能源得到日趋广泛的使用，煤炭生产和消费所占比重有所下降，但是截至 2019 年，我国煤炭消费量占一次能源消费的比重依然高达 57.7%[1]。《能源中长期发展规划纲要(2004—2020)》中明确提出，中国将“坚持以煤炭为主体、电力为中心、油气和新能源全面发展的能源战略”。在未来相当长一段时间内，甚至从长远来讲，煤炭资源仍将作为我国的主体资源，在经济和社会发展中起到其他资源无法替代的作用。

我国大多数煤矿地质构造复杂，90%以上的矿井为井工开采，煤矿瓦斯、水、火、粉尘等灾害因素多，致灾机理复杂，使得煤矿安全生产形势非常严重，其中瓦斯灾害是威胁煤矿安全生产的“第一杀手”[2]。瓦斯事故主要包括瓦斯爆炸、瓦斯窒息、瓦斯喷出和煤与瓦斯突出等，由于瓦斯自身的灾害属性和复杂的赋存特征，瓦斯致灾频率较高，瓦斯灾害常以动力现象的形式发生，伴随强大的动力冲击效应，破坏力极强。当瓦斯压力较高，煤体裂隙张开时，大量瓦斯便会从煤体中扩散喷出，突然涌入工作区域；当煤体强度较低、应力梯度较大时，便会出现大量煤和瓦斯一起抛出的情形，即发生煤与瓦斯突出事故。煤与瓦斯突出(以下简称瓦斯突出或突出)是煤矿中一种极其复杂的动力现象，它能在很短的时间内，由煤体向巷道或采场突然喷出大量的瓦斯及煤岩，在煤体中形成特殊形状的孔洞，并伴随一定的动力效应，如推倒矿车、破坏支架等，喷出的煤粉可以充填数百米长的巷道，喷出的煤粉-瓦斯流有时带有暴风般的性质，瓦斯可以逆风流运行，充满数千米长的巷道[3-4]。

我国是世界上突出灾害最严重的国家，自 1950 年吉林省辽源矿务局发生历史上第一次突出事故以来，70 年间共发生突出 18 000 余次，占世界总突出次数的 40%以上，其中强度超千吨煤岩的特大型突出次数达 140 次，平均每次突出煤岩量为77.5 t，每次突出瓦斯量为 1.45 万 m^3。截至 2019 年 8 月，全国煤矿总数为 5 695 处，其中突出矿井 757 处，高瓦斯矿井 1 024 处，全国高瓦斯、突出矿井总数占全国矿井总数的 31.3%；山西、吉林、黑龙江、安徽、江西、河南、湖南、重庆、四川、贵州、云南等省(市)的高、突矿井总数占全国高瓦斯、突出矿井总数的90%以上，突出防控刻不容缓。

2016年5月30日，习近平总书记在全国科技创新大会、两院院士大会、中国科协第九次全国代表大会上指出："向地球深部进军是我们必须解决的科技战略问题"。随着我国浅地表煤炭资源的日益枯竭，向深部要煤炭资源是必然趋势，突出矿井不能"一关了之"。近年来，我国煤炭开采以10～25 m/a的速度向深部转移，绝大部分原国有重点煤矿已进入深部开采，其中中东部主要矿井的开采深度已达到800～1 000 m，47对矿井深度超过1 000 m，部分矿井最大采深达到1 500 m[5]。随着煤矿开采深度和强度的不断增加，地应力与瓦斯压力不断增高，采场结构越来越复杂，突出灾害发生的强度和频次不断增加，对煤炭生产安全的威胁愈加严重，极易引发重特大事故，煤矿安全形势依然严峻，实现"零突出"的目标还有非常艰巨的路程要走。因此，进一步加强煤与瓦斯突出防控研究工作是保障煤矿安全生产和能源稳定供应的前提条件，具有非常重要的现实意义。

1.2 国内外煤矿安全现状

1.2.1 我国煤矿安全发展历程

改革开放以来，我国煤炭累计开采量近800亿t，为国家经济社会发展提供了70%以上的一次能源，为我国经济迅速腾飞提供了有力保障。与此同时，煤炭资源的开采打破了地下天然岩土结构的平衡，带来一系列地质问题，如果防治措施不到位，就会导致煤矿安全事故的发生，造成人员伤亡和经济损失。

我国煤炭安全生产发展历程与煤炭行业的发展及时代背景密切相关，为此，一些学者将中华人民共和国成立以来我国煤矿安全发展历程分为以下三个时期[6]：

(1) 安全生产水平大幅波动时期(1949—1977)

中华人民共和国成立初期，百废待兴，煤炭资源是解决我国所面临的能源问题的重要保障，保障煤炭生产和供应是煤炭工业的核心任务。该时期所建设的煤矿以中小型煤矿为主，以煤矿数量保障煤炭资源的供给。由于煤矿生产技术落后、安全技术人员匮乏、安全生产管理不到位等诸多原因，导致煤矿事故频发。该时期煤炭百万吨死亡率为4.32～22.28，煤矿事故以瓦斯、顶板、水害事故为主，且群死群伤事故较多，安全生产形势十分严峻。

(2) 安全生产水平持续好转时期(1978—2002)

1978年，我国引进了100套综采成套设备，开启了煤矿机械化生产的时代。该时期由保障煤炭供应计划逐步转变为通过技术进步推进煤矿安全高效开采，大型煤炭基地建设取得重大进展。通过提高机械化程度、加强煤矿安全生产管理力度等措施，煤炭百万吨死亡率由1978年的9.44下降至2002年的4.94，煤矿安全生产形势总体持续稳定好转。

(3) 安全生产水平快速提升时期(2003—2018)

2002年11月1日《中华人民共和国安全生产法》施行，安全生产开始纳入比较健全的法制轨道。该时期历经煤炭行业发展的"黄金十年"，煤矿企业对安全生产的投入持续增加，践行煤炭安全绿色开采理念，重大灾害治理关键技术及装备得到推广和应用，煤炭百万吨死亡率由2003年的3.71下降至2018年的0.093。

1.2.2 我国煤矿安全发展现状

2000 年初，在国家煤炭工业局的基础上加挂国家煤矿安全监察局牌子，成立了 20 个省级监察局和 71 个地区办事处，实行统一垂直管理。20 年来，在煤矿安全监察局的领导下，通过各级地方人民政府及其有关部门、各煤矿企业和各级煤矿安全监察机构的共同努力，在煤炭产量持续增长的情况下，煤矿安全形势保持了稳定向好的态势。为此，本书统计了我国 2000 年以来煤矿安全状况，进一步分析我国煤矿安全发展趋势及现状，统计数据见表 1-1。

由图 1-1 可知，我国煤炭产量 2000 年以来连续 14 年平稳增加，从 2000 年的 9.98 亿 t 增加至 2013 年的 39.7 亿 t 达到历史最高，年均增长 11.2%。2013 年以后，随着我国经济发展进入新常态，能源消费需求增速放缓，能源结构调整加快，煤炭市场由长期总量不足逐渐向总量过剩转变，全国煤炭产量由 2013 年的 39.7 亿 t 回落至 2016 年的 34.1 亿 t，下降 14.1%。2016 年以来，在经济、气候等诸多因素影响下，全国煤炭产量出现恢复性增长，2017—2019 年煤炭产量分别由 2016 年的 34.1 亿 t 增加到 35.2 亿 t、36.8 亿 t、38.5 亿 t，年均增幅为 4.1%。目前，我国煤炭产量以及年均增长率仍未达到历史最高水平，但实现了总体的供需平衡。尽管煤炭产量有起有落，但是相应的百万吨死亡率持续大幅下降，由 2000 年的 5.86 下降至 2019 年的 0.083，年均下降幅度达 20%。其中，2018 年煤炭百万吨死亡率为 0.093，首次下降至 0.1 以下，具有重要的历史意义。

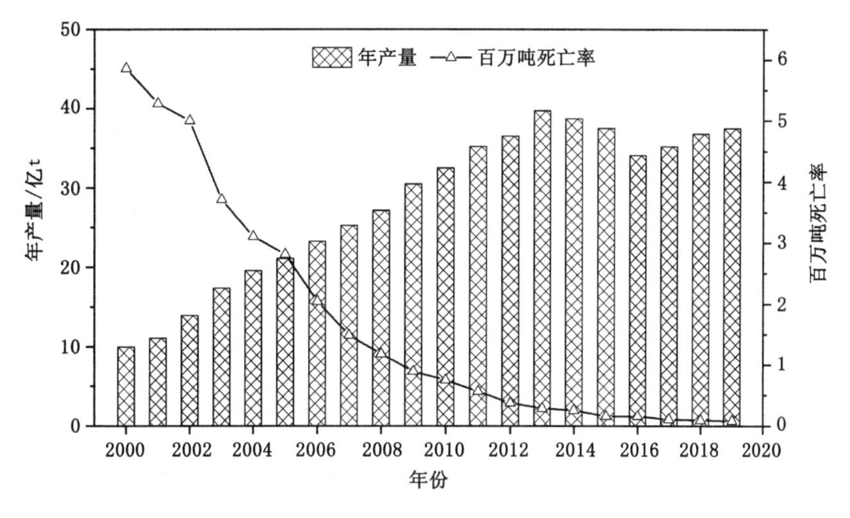

图 1-1 我国 2000 年以来煤矿煤炭年产量和百万吨死亡率

由图 1-2 可知，我国煤矿事故起数和死亡人数呈正相关关系，演化趋势基本保持一致。其中，事故起数在 2000 年为 2 719 起，在 2001 年和 2002 年有小幅上升；至 2003 年达到历史最高值，达 4 143 起；之后持续下降，到 2019 年下降至 170 起，20 年间下降了 93.7%，下降显著。事故死亡人数在 2000 年为 5 806 人，2002 年达到最高值 6 995 人，之后连续下降至 2019 年的 316 人，20 年间下降了 94.6%，同样下降显著。

2019 年，我国各类生产安全事故共死亡 29 519 人[1]。其中，工矿商贸企业就业人员 10 万人生产安全事故死亡率 1.474，比上年下降 4.7%；道路交通事故万车死亡人数 1.8 人，比上年下降 6.7%；相比之下，煤矿事故死亡人数为 316 人，占所有安全事故死亡人数比例仅 1.07%，煤矿百万吨死亡人数 0.083 人，比上年下降 10.8%。以上数据表明，进入 21 世纪

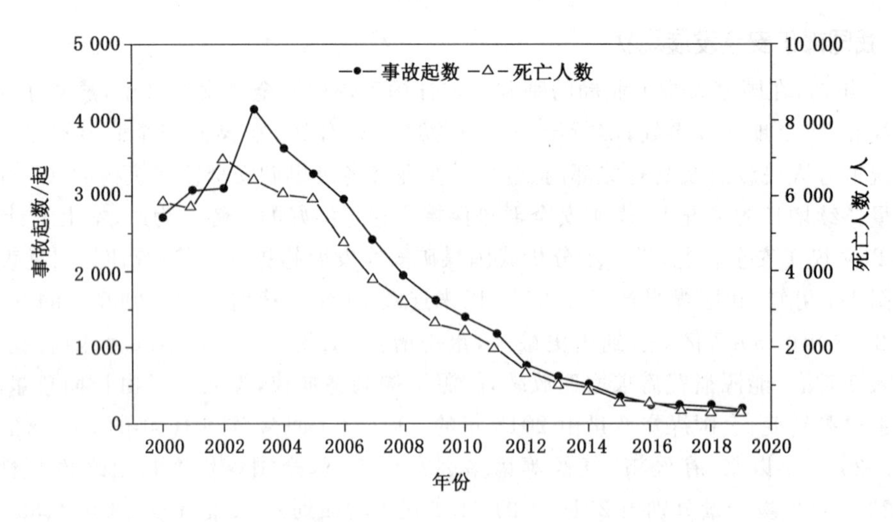

图 1-2　我国 2000 年以来煤矿事故起数和死亡人数

以来，我国煤矿安全形势逐年好转，无论是事故总量、死亡人数还是百万吨死亡率均创历史最低水平，相比改革开放之初发生了根本性转变，同时横向对比其他行业安全事故死亡率也相对较低。

1.2.3　国内外煤矿安全现状对比

美国煤炭储量约占世界煤炭储量的 25%，是世界上煤炭储量最高的国家，同时也是世界第三大煤炭生产国和出口国，其煤炭开采水平处于国际领先地位。为此，进一步对比了中美两国煤炭百万吨死亡率，见表 1-2。由此可知，美国煤矿事故每年死亡人数长期低于 50 人，2015 年以来更是低于 20 人，对应的百万吨死亡率长期处于 0.05 以下，最低时达到 0.016。相比之下，我国 2019 年煤炭百万吨死亡率最低为 0.083，仍为美国同时期的 5 倍多。因此，我们必须清楚地认识到，我国煤矿安全状况的显著改善仅仅是相对于过去十分落后的水平，相对于我国尚不发达的生产力状况而言的，与世界先进的产煤国相比还有很大的差距，仍需长期、持续地提高我国煤矿安全生产水平。

当然，导致我国煤矿安全形势严峻的原因是多方面的，其中一个主要的客观原因就是我国煤层地质条件复杂、煤层透气性差、瓦斯灾害特别严重，同时我国煤矿 90%以上为井工开采，而美国、澳大利亚等国的煤矿多为露天矿，井下开采的煤层赋存条件也普遍比我国好。以美国为例，美国露天煤矿数量占比达 55%以上，井下开采的煤层地质构造简单，大多数煤层为缓倾斜或近水平煤层，较少有断层、褶皱、冲刷、陷落等构造破坏，煤层瓦斯含量低，除个别矿井瓦斯需要抽采外，大部分可采取常规瓦斯管理方式，且煤层含水量小，自然发火危险低，顶底板易于控制。同时，在美国，高瓦斯、发生重大事故的煤矿一般被列为经济不可采矿井而被关闭。

基于我国目前的能源格局，对于高瓦斯矿井和突出矿井，不可能一律采取停产关闭措施，因此，如何在汲取几十年煤矿安全生产经验的基础上，进一步切实保障高瓦斯、突出矿井的安全生产是我国目前面临的严峻挑战。

表 1-1 我国 2000 年以来煤矿安全状况统计

年份	2000	2001	2002	2003	2004	2005	2006	2007	2008	2009	2010	2011	2012	2013	2014	2015	2016	2017	2018	2019
年产量/亿 t	9.98	11.07	13.93	17.36	19.56	21.1	23.26	25.23	27.16	30.5	32.5	35.2	36.5	39.7	38.7	37.5	34.1	35.2	36.8	38.5
百万吨死亡率	5.86	5.28	4.94	3.71	3.1	2.811	2.041	1.485	1.182	0.892	0.749	0.564	0.374	0.288	0.255	0.157	0.156	0.106	0.093	0.083
事故起数/起	2 719	3 082	3 112	4 143	3 639	3 306	2 945	2 421	1 954	1 616	1 403	1 201	779	604	509	352	249	219	224	170
死亡人数/人	5 806	5 670	6 995	6 434	6 027	5 938	4 746	3 786	3 215	2 631	2 433	1 973	1 384	1 067	931	598	538	375	333	316
突出死亡人数/人	60	195	347	265	338	180	252	248	256	232	237	203	97	93	59	51	33	26	29	39
突出死亡人数占比/%	1.03	3.44	4.96	4.12	5.61	3.03	5.31	6.55	7.96	8.82	9.74	10.29	7.01	8.72	6.34	8.53	6.13	6.93	8.71	12.34

表 1-2 美国 2003～2017 年煤矿安全状况统计

年份	2000	2001	2002	2003	2004	2005	2006	2007	2008	2009	2010	2011	2012	2013	2014	2015	2016	2017
死亡人数/人	38	42	28	38	42	28	30	28	23	47	34	30	18	48	21	20	20	16
百万吨死亡率	0.035	0.037	0.026	0.035	0.037	0.026	0.028	0.025	0.02	0.04	0.03	0.026	0.017	0.044	0.019	0.02	0.02	0.016

1.3 煤与瓦斯突出现状

表 1-3 统计了我国历史上 10 起典型的煤与瓦斯突出案例。自 1834 年法国鲁阿尔煤田伊萨克矿井发生了世界上第一次煤与瓦斯突出，至今发生突出的国家有中国、法国、俄罗斯、波兰、日本、匈牙利、美国、印度等 22 个国家和地区。据不完全统计，世界上发生突出的总次数在 4 万次左右，突出造成的灾害成为煤矿安全生产最严重的威胁之一。我国历史上第一次煤与瓦斯突出发生于 1950 年吉林省辽源矿务局；1975 年 8 月 8 日，天府矿务局三汇坝一矿＋280 m 平硐在揭开 K1 煤层时，发生了我国历史上最大的一次煤与瓦斯突出，突出煤量 12 780 t，突出瓦斯量 140 万 m^3，煤粉最远喷出 1 100 m；1969 年 4 月 25 日，南桐矿务局鱼田堡煤矿＋150 m 水平 1406 大巷发生了突出瓦斯量最大的突出，突出煤量 5 000 t，突出瓦斯量 350 万 m^3；1975 年 6 月 13 日，吉林营城煤矿五井在垂深 439 m 处全岩掘进巷道爆破时发生了第一次砂岩与二氧化碳突出，突出砂岩 1 005 t，突出二氧化碳 1.1 万 m^3；2006 年 1 月 5 日，淮南矿业集团望峰岗主井揭穿 C13 煤层时发生突出强度最大的一次立井突出，突出煤量 2 831 t，突出瓦斯量 29.3 万 m^3，突出煤量在直径 8.8 m 的井筒内堆积约 48 m；2004 年 10 月 20 日，郑州大平煤矿二$_1$ 轨道下山岩石掘进工作面发生了煤与瓦斯突出，突出煤量 1 894 t，突出瓦斯量约 25 万 m^3，造成 148 人死亡、23 人受伤的严重后果。

表 1-3　我国 10 起典型煤与瓦斯突出案例汇总表[7]

序号	突出日期	突出地点	垂深或标高/m	突出煤层	作业过程	突出煤(岩)量/t	突出瓦斯量/万 m^3	死亡人数/人
1	1968-01-20	南桐矿务局一井三半石门	360	4	过煤门	3 500	125	—
2	1969-04-25	南桐矿务局鱼田堡煤矿 1406 大巷	＋150(标)	4	—	5 000	350	—
3	1975-06-13	吉林营城煤矿五井	439	—	岩巷掘进	1 005(岩)	1.1(CO_2)	—
4	1975-08-08	天府矿务局磨心坡矿三汇坝一矿主平硐	412	6	石门揭煤	12 780	140	—
5	1988-10-16	南桐矿务局鱼田堡矿二水平东翼三采区石门	＋20(标)	4	石门揭煤	8 765	301	15
6	1996-06-20	沈阳煤业集团红绫煤矿－620 南小石门	658	12	石门揭煤	5 390	42	14
7	2002-04-07	淮北矿业集团芦岭矿 818-3 溜煤斜巷	600	8	石门揭煤	8 729	93	13

表 1-3(续)

序号	突出日期	突出地点	垂深或标高/m	突出煤层	作业过程	突出煤(岩)量/t	突出瓦斯量/万 m^3	死亡人数/人
8	2004-08-14	沈阳煤业集团红绫煤矿−780 m中石门运输巷	820	12	煤巷掘进措施孔施工	701	6.63	5
9	2004-10-20	郑州煤业集团大平煤矿二$_1$轨道下山	612	二$_1$	岩巷掘进遇断层	1 894	25	148
10	2006-01-05	淮南矿业集团望峰岗矿主井	956	13	立井揭煤	2 831	29.3	12

图 1-3 为我国 2000 年以来突出死亡人数和占煤矿事故总死亡人数比例。由此可见，突出死亡人数整体呈“先升后降”的变化趋势，在 2002 年达到历史最高(347 人)，随后不断下降，至 2017 年降到历史最低(26 人)，2018 年和 2019 年又增高至 29 人和 39 人；突出死亡人数占煤矿事故总死亡人数比例则呈现波动上升的整体趋势，2000 年最低为 1.03%，2011 年出现局部峰值 10.29%后开始下降，至 2016 年下降至 6.13%，2019 年却出现大幅反弹，升高至 12.34%，超过历史最高比例。

综上所述，尽管 21 世纪以来，我国煤矿安全形势逐年好转，煤矿事故总量、死亡人数和百万吨死亡率均逐年降低，但是煤与瓦斯突出所占比重却呈现上升的趋势，尤其是近来突出死亡人数增幅连续超过 30%，仅 2019 年突出事故高达 7 起，死亡人数达到 39 人，平均每起事故死亡人数 5.6 人，远超过煤矿每次事故死亡人数 1.9 人。研究表明，突出事故未被完全遏制，依然是目前煤矿安全生产所面临的重要难题之一。由表 1-4 中的 7 起煤与瓦斯突出案例发现，云南、贵州和重庆三地各发生 3 起、2 起和 1 起，占比高达 86%，即突出发生地点以西南地区为主，因此加强西南地区煤与瓦斯突出防治工作刻不容缓。

表 1-4　我国 2019 年 7 起煤与瓦斯突出案例汇总表

序号	突出日期	突出地点	垂深或标高/m	突出煤层	作业过程	突出煤(岩)量/t	突出瓦斯量/万 m^3	死亡人数/人
1	2019-04-25	云南三金煤矿北一采区	+1 680(标)	K_7^a	工作面掘进	—	—	4
2	2019-05-28	湖南兴隆煤矿3463 工作面	−50(标)	6	违规放顶煤	0.6	3.98	5
3	2019-06-05	重庆天弘矿业公司一矿21403 风巷	530(标)	$C_{3\text{-}4}$	工作面掘进	23.4	0.17	1
4	2019-07-29	贵州龙窝煤矿	+1 024(标)	K_7	下出采煤	132	0.71	4
5	2019-10-19	云南观音山煤矿一井 W1101综采工作面	406	C_5	工作面回采	753	2	2

表 1-4(续)

序号	突出日期	突出地点	垂深或标高/m	突出煤层	作业过程	突出煤(岩)量/t	突出瓦斯量/万 m^3	死亡人数/人
6	2019-11-25	贵州三甲煤矿	+1 065(标)	M_{16}	工作面掘进	784	9.59	7
7	2019-12-16	贵州广隆煤矿	+1167(标)	C_3	工作面掘进	414	4.23	16

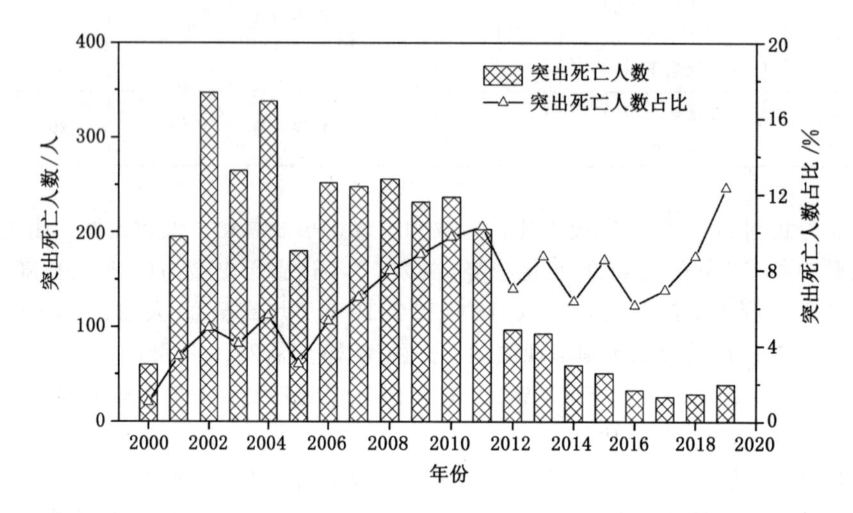

图 1-3 我国 2000 年以来突出死亡人数和占煤矿事故总死亡人数比例

1.4 防治煤与瓦斯突出细则

国家煤矿安全监察局于 2019 年 7 月 16 日颁布《防治煤与瓦斯突出细则》(以下简称《防突细则》),于 2019 年 10 月 1 日起正式施行。

2009 年颁布实施的《防治煤与瓦斯突出规定》(以下简称《防突规定》)是我国突出防治工作历史上的一次重大突破,提出了“区域综合防突措施先行、局部综合防突措施补充”的防突原则,建立了以两个“四位一体”综合防突措施为核心的防突技术和管理体系,对提升全国煤矿煤与瓦斯突出防治工作水平、有效防范突出事故发挥了重要作用。《防突规定》实施 10 年来,突出事故得到有效控制,突出死亡人数下降了 83%,突出防治工作取得了阶段性胜利。

近年来,党和国家提出了“发展绝不能以牺牲生命为代价”这条不可逾越的红线,同时 2016 年修订的《煤矿安全规程》(以下简称《规程》)对煤矿瓦斯灾害防治提出了新的、更高的要求,尤其是近年来,防突技术、防突理念有了新的发展,而防突措施实施过程中与前两者之间的矛盾更加突出。因此,为强化煤矿瓦斯防治工作制度设计,一方面实现与现行《规程》的无缝衔接,另一方面更好地引领煤矿防突科技进步,强化煤矿现场管理,亟须对《防突规定》进行全面、系统的修订。

《防突细则》既是《规程》防突部分的配套技术规范，又是《规程》防突部分的执行说明和细化补充。《防突细则》继承了《防突规定》的成熟经验和做法，在系统总结和汲取近年来发生的煤与瓦斯突出事故教训的基础上，进一步强化两个“四位一体”综合防突措施实施的过程管理和突出预兆管控，要求煤矿坚决树立煤层“零突出”理念，针对影响防突工作的危险因素，制定防范风险的工程技术措施和安全管理措施。《防突细则》与《防突规定》相比，主要修改内容有以下几个方面[8-9]：

（1）理顺了与《规程》的关系

将《防突规定》修订为《防突细则》，由部门规章调整为规范性文件，并与《规程》中防突相关规定进行衔接和统一。在具体内容方面，重在引导和规范煤矿结合自身实际做好防突工作。例如：《规程》第 210 条规定“必须对区域防突措施效果进行检验”，而《防突细则》第 74 条与该规定相衔接并明确提出“只要有一次区域验证为有突出危险，则该区域以后的采掘作业前必须采取区域或者局部综合防突措施”。

（2）强化了区域综合防突措施

强化了区域综合防突措施，明确了定向长钻孔预抽煤层瓦斯区域防突措施、顺层钻孔预抽煤巷条带抽采时间要求，以及顺层钻孔预抽煤巷条带煤层瓦斯区域防突措施的限制使用条件；规定了区域防突措施效果检验的最小检验范围，提高了区域防突措施效果检验的可靠性；完善了突出危险性预测预警的技术方法，明确了区域预测范围，提出了突出矿井要建立突出预警机制，实现“多元信息的综合预警、快速响应和有效处理”。

（3）纳入了综合防突措施实施质量管控

在《防突细则》第二章中新增第四节“综合防突措施实施过程管理与突出预兆管控”，主要是吸取近年来防治突出事故的经验和教训，旨在加强两个“四位一体”综合防突措施实施的全过程管理和突出预兆管控，重在强化防突措施落实到位，及时发现突出预兆并及时处理，有效防范突出事故，落实“零突出”的目标管理。

（4）强化了煤与瓦斯突出可防可治理念

《防突细则》吸纳我国煤矿突出防治创新理念、先进适用技术和装备，增加了“一矿一策、一面一策”、“先抽后建、先抽后掘、先抽后采、预抽达标”防突理念，以及远程操控钻机、钻孔轨迹测量、视频监控、防突信息化管理等新技术和新装备相关要求。

（5）规范性、可操作性更强

《防突细则》对突出煤层认定、突出危险性评估、突出矿井巷道布置、采掘作业、通风系统、防突钻孔施工、人员培训、突出事故的监测报警、防突措施选择、区域防突效果检验、石门揭煤作业等主要内容进行了细化完善，提高了规范性、可操作性。

鉴于煤与瓦斯突出往往具有突发性、破坏性和隐蔽性，煤矿现场对其进行观测和考察的难度极大，本书将从室内物理模拟的角度开展煤与瓦斯突出致灾机理及其防控研究工作，为现场采取煤与瓦斯突出防治技术和措施提供一些参考和借鉴。

2 煤与瓦斯突出及其防控概述

煤与瓦斯突出通常由煤、瓦斯和地应力共同参与，因此表现形式多样、致灾机理复杂、防控措施繁多。本章针对煤与瓦斯突出的分类、一般规律、发生机理和防控技术进行梳理，并对其物理模拟现状进行概述。

2.1 煤与瓦斯突出分类及特征

煤与瓦斯突出是煤炭地下采掘过程中，在很短的时间内，从煤（岩）壁内向采掘工作空间突然喷出煤（岩）和瓦斯的现象[3]。煤与瓦斯突出是煤（岩）和瓦斯在瓦斯和地应力共同作用下发生的一种复杂动力现象，因此可以从以下角度对其进行分类。

2.1.1 按突出动力现象分类

动力现象是突出灾害最直接的表现形式，根据突出动力现象的不同可分为煤与瓦斯突出（简称突出）、煤与瓦斯压出（简称压出）和煤与瓦斯倾出（简称倾出）3 类。其中，压出又可分为煤的整体位移和煤有一定距离的抛出，但位移和抛出的距离都较小。

表 2-1 对比列举了 3 类不同类型突出动力现象的特征。其中，发动突出的主要作用力是地应力和瓦斯压力，通常以地应力为主，以瓦斯压力为辅，煤体自重不起决定性作用，实现突出的基本能量是积聚在煤体内部的瓦斯潜能；发动压出的主要作用力是地应力，瓦斯压力和煤体自重是次要因素，实现压出的基本能量是煤体储存的弹性应变能；发动倾出的主要作用力是地应力，松软煤体在地应力作用下突然破坏、失去平衡，实现倾出的基本能量是失稳煤体的自重。

2.1.2 按突出强度分类

强度是指每次动力现象抛出煤（岩）的质量和涌出的瓦斯量。由于在动力现象发生过程中难以精确地计算涌出瓦斯量，因此目前按突出强度分类主要依据抛出煤（岩）的质量大小。具体可分为：

（1）小型突出：强度小于 100 t；

（2）中型突出：强度等于或大于 100 t，小于 500 t；

(3) 大型突出：强度等于或大于 500 t，小于 1 000 t；

(4) 特大型突出：强度等于或大于 1 000 t。

表 2-1　3 类突出动力现象特征对比[10]

动力现象类别	主要作用力与能量	突出物的搬运特征	突出物的堆积特征	突出物的破碎特征	突出瓦斯量	突出动力效应	突出孔洞形状
突出	地应力、瓦斯压力、煤体弹性应变能、瓦斯潜能	有气体搬运特征，随瓦斯风暴搬运至远处，可随巷道拐弯、分流，甚至抛向高处	具有分选性、沉积轮回性，堆积角小于安息角	有大量手捻无颗粒感的微尘，这是煤在突出过程中被高压气体粉碎的产物；前期突出物被后期突出物压实	吨煤瓦斯涌出量远远超过煤的瓦斯含量，瓦斯风暴逆风流运动数十米至上千米	动力效应猛烈，可推倒、运走矿车，破坏通风系统、支架，扭弯钢管、钢轨	口小腔大的梨形、舌形、倒瓶形、分岔形，孔洞中心线倾角可为任意角度，有时不见孔洞
压出	地应力、煤岩体弹性应变能	煤呈整体压出或碎体抛出，直线运移距离不大(数米)	无分选性、轮回性，堆积角小于或等于安息角	大小不同的块体与碎末混杂	吨煤瓦斯涌出量一般都大于煤的瓦斯含量，有时从裂缝中喷出瓦斯，涌出量异常，但一般无瓦斯逆流现象	压坏推倒支架，推移矿车、采煤机和运输机，底鼓时推走枕木、钢轨	口大腔小，外宽内窄，呈楔形、唇形、缝形、袋形，有时无孔洞
倾出	地应力、煤体自重，煤岩体势能与弹性应变能	在重力作用下，向下方直线运移，距离不大(数米至数十米)	无分选性、轮回性，堆积角等于安息角	大小块混杂	吨煤瓦斯涌出量一般都大于煤的瓦斯含量，瓦斯涌出量异常，但一般无瓦斯逆流现象	动力效应较小，可推倒矿车、支架	舌形、梨形、袋形等较规则的几何形状，多位于上隅角沿煤层倾向延伸，孔洞中心线倾角大于安息角

按表 2-1 分类，1975 年 8 月 8 日发生在天府矿务局三汇坝一矿的煤与瓦斯突出是一起典型的特大型突出，突出煤量远超过特大型突出强度的下限；同时，表 1-3 统计的 10 起典型煤与瓦斯突出同样以特大型突出为主，而表 1-4 统计的近年来发生的突出则以中小型突出为主。

2.1.3　按突出参与物质分类

参与突出的固体物质主要有煤和岩石，气体物质主要有瓦斯和二氧化碳。根据不同参与物质的主导作用，可将突出细分为煤与瓦斯突出和岩石与瓦斯突出、煤与二氧化碳突出和岩石与二氧化碳突出。

苏联、波兰、捷克、日本等国家均发生过岩石与瓦斯突出事故。苏联的岩石与瓦斯突出主要发生在顿巴矿区,1995 年 8 月 3 日在"考切卡尔克"1-5 矿南石门首次发生岩石与瓦斯突出,突出强度为 300 t,距地表深度为 750 m,随着深度的增加,突出次数也有所增多,其中最大突出强度为 2 447 t。波兰 1974 年发生了砂岩与二氧化碳突出,突出强度为1 500 t,之后发生过最大强度的突出:砂岩 4 300 t,二氧化碳 30.25 万 m^3。捷克发生岩石与瓦斯突出的深度为 500 m;日本发生砂岩与瓦斯突出的深度为 600～700 m。

我国以煤与瓦斯突出为主,其他类型突出发生较少。1975 年 5 月 3 日,在吉林省营城煤矿五井发生了第一起砂岩与二氧化碳突出,距地表深度只有 430 m,突出砂岩 1 005 t,突出二氧化碳 11 000 m^3。此后,甘肃省窑街矿务局三矿发生了一起特大强度的煤、岩石、瓦斯和二氧化碳突出。

2.1.4 按突出发生地点分类

突出发生地点不同,巷道类型、地质条件不尽相同,发动突出的各种作用产生一定的变化,突出特点也有所不同。根据突出发生地点可分为石门突出、平巷(煤层平巷)突出、上山突出、下山突出以及回采面突出等。

(1) 石门突出

石门突出又可细分为爆破揭开煤层时的突出、延期突出、过煤门时的突出和自行冲破岩柱的突出。其中,以爆破揭开煤层时的突出所占比例最大,它对突出发生最为有利。

南桐矿务局鱼田堡矿＋150 m 水平主运输石门,自顶板方向揭穿 4 号煤层,煤层厚 2.4 m,煤层松软,顶板正常,底板有小错动。石门工作面距煤层 2 m 时,曾听到 10 多次声响,第一次爆破揭开煤层时发生了突出,突出煤粉 36 t,突出岩石 20 t,突出瓦斯 4 500 m^3。瓦斯浓度恢复正常后,煤门向前掘进,发现煤壁往巷道空间鼓动,有煤流出,工作面"发冷"。当爆破 4 号煤底板时,发生了第二次突出,突出煤粉 1 473 t,瓦斯逆流冲出进风竖井井口到地面。两次突出都是爆破引起的,说明爆破的"深揭"作用与震动作用有利于诱导突出。在爆破揭煤瞬间,地应力重新分布:一方面,炸药爆炸的冲击波与煤体受到的动载荷突然叠加到巷周煤体原始应力上,最终可能超过煤体强度极限;另一方面,新暴露煤壁的力学状态由原始三向受力变为二向受力,力学强度显著降低,最终诱导突出。研究表明,当石门揭煤时,突出能量足、地应力梯度大,极易诱发突出,必须加强防范。

(2) 平巷突出

与石门突出相比,煤巷突出突出频次少,突出强度相对较低。

1967 年 3 月 14 日,北票矿务局三宝一井－175 m 水平 2 石门西 9B 煤层平巷掘进接近煤门时发生突出。该区小断层、小褶曲发育,大面积火成岩侵入强烈,使 9B 煤层顶板变成厚达 12 m 的火成岩,底板为火成岩和砂页岩,靠近顶板 7 m 厚的煤层为变质煤,底部为 4～5 m 厚的正常煤。突出前在工作面打炮眼 10 个,深度 1.0 m,爆破声响后 4～5 min 感到两次强烈震动,发生了突出,两巷被突出孔贯通,两巷都积有突出物,突出煤粉约 1 500 t,突出瓦斯 10 万 m^3 以上。研究认为,两巷掘进的集中应力与地质构造应力的叠加以及瓦斯和应力的约束条件是造成这次特大型突出的主要原因。

(3) 上山突出

上山掘进中,倾出所占比重明显增多,在急倾斜煤层尤甚,说明煤的自重在动力现象中起到重要作用。缓倾斜煤层的上山突出强度与平巷差不多,急倾斜与倾斜煤层上山的突出强度一般比平巷小。

1973年5月2日，六枝矿务局六枝矿五采区中巷上山发生倾出。该上山沿7号煤层掘进，煤层倾角为55°，煤厚4 m，其上邻近层1号、3号煤层已采，但留有煤柱。倾出点正位于这两层煤留有煤柱的下方。附近有一压扭性断层，煤质松软，岩石破碎。倾出前发现煤壁掉渣，决定加强支护。支撑支架时煤层来压，支架发出声响，随即发生倾出。倾出的煤全部为碎煤，无分选现象，堆满上山巷道，倾出煤量超过500 t，瓦斯量未测定，倾出点距地表深144 m。

(4) 下山突出

下山掘进所发生的动力现象只有两种类型，即突出和压出。煤自重在下山表现为突出的阻力，所以尚未见到倾出。下山突出的平均强度与平巷相似，因为下山掘进占巷道掘进的比重小，加上重力又阻止突出，所以下山突出的次数最小，典型的下山突出一般也看不到孔洞。

天府矿务局磨心坡矿峰区沿9号煤层掘进临时斜井，向下掘至距地表374 m时发生突出，突出煤量121 t，突出瓦斯11万m^3。该处煤层倾角为59°，斜井掘进坡度为30°，煤层厚度为4.5 m，附近地质构造正常。突出4 d前发现煤变软、层理紊乱，顶板裂缝有吆吆声并有“冷气”喷出，临突出前手镐落煤时听到类似跑车的“轰轰”声，紧跟着一声巨响发生突出。

(5) 回采工作面突出

由于我国煤矿采煤工作面通常采用后退式采煤方法，称为回采。回采之前煤层瓦斯得到一定程度的排放，地应力也得到一定的解除，因此在急倾斜工作面很少发生突出，但在缓倾斜和近水平煤层，回采工作面发生压出的资料较倾斜煤层明显增多，倾出与典型突出都较为少见。回采工作面压出的平均强度虽然不大，但是工作面人员较多，对人身安全及生产的影响较为严重。

采煤工作面压出具有明显的区域性，即压出往往比较集中地发生在几个采区的某局部区域内，比如南桐一井4305区位于王家坝向斜轴部，在走向长200 m、倾斜长160 m的范围内，发生压出30次。其中，在断层处发生压出6次，平均强度为172 t；在无断层处发生压出24次，平均强度为30 t。

2.2 煤与瓦斯突出一般规律

通过对我国一些主要突出矿区的突出案例进行统计分析，可归纳出我国矿区发生突出的条件与特征的一般性规律[11-12]。

(1) 突出危险性随采深的增加而增大

对同一矿区的同一煤层，随着开采深度的增加，地应力和瓦斯压力相应增大，突出危险性也相应增加。一般来说，一个矿井或一个煤层都有一个开始发生突出的深度，开采深度小于该深度时不会发生突出，而大于该深度时就有发生突出的危险，该深度被称为始突深度，一般比瓦斯风化带的深度深1倍以上(表2-2)。随着深度的增加，突出的危险性增加，具体表现为：突出次数增多，突出强度增大，突出煤层数增加，突出危险区域扩大。表2-3统计了我国部分矿区突出强度与埋藏深度的关系。可以看出，大多数矿区突出强度与埋深呈正相关关系，埋深越深，突出强度越大。但是，突出强度和埋深并非呈现简单的线性关系，这主要是与突出危险性同样有关的水平应力普遍大于垂直应力造成的，且与垂直应力的比值并不是固定不变的，而是随深度增加而减小。

表 2-2　我国部分矿井始突深度及煤层特征表

名称	突出煤层	煤层厚度/m	煤层倾角/(°)	瓦斯风化带深度 H_f/m	始突深度 H_c/m	突出分层坚固系数	H_c/H_f	挥发分/%
南桐东林矿	4	2～2.7	>45	30～50	120	0.1～0.34	3	17.5
南桐鱼田堡矿	4	2～2.7	<45	30～50	160	0.27	3～4	17.5
重庆南桐矿	4	2～2.7	<45	30～50	175	0.18	4～5	22.5
重庆南桐矿	6	1～1.5	<45	30～50	240	0.45	4～5	18.0
天府磨心坡矿	9	40	60	50	300	0.29	6	18.6
中梁山南矿	K1	1.4～1.8	65	—	160	0.28～0.32	—	23.0
北票台吉一井	4	3.5	50	115	260	0.09～0.32	2	37.7
北票冠山二井	4	3.2	40	115	467	0.8	4	37.7
北票冠山二井	5A	1.5～1.8	40	115	260	0.1～0.35	2	35.6
北票三宝	9B	3	18～35	110	180	0.1～0.24	1.5	26.8
焦作李封矿	大煤	7	10	100	285	0.3～0.6	3	4.4
焦作演马庄矿	大煤	7	10	100	285	0.3～0.6	3	7.0
白沙里王庙矿	6	6	10～30	15	85	0.1～0.19	5	5～6.6
郴州罗卜安矿	6	>6	>45	15	50	0.1	3	6～8
六枝木岗矿	7	6	12	100	330	0.3	3	15.9
抚顺老虎台	B	1～4	30	300	640	0.1～0.2	2	38～48
淮北芦岭矿	8	9	8～20	235	425	0.4～0.6	2	32

表 2-3　我国部分矿井突出强度与埋藏深度的关系

深度/m	北票矿务局(1951—1974)		六枝矿务局(1964—1976)		里王庙煤矿(1959—1975)		焦作矿务局(1955—1975)		涟邵蛇形山井(1965—1983)		天府、中梁山、松藻煤矿(1951—1973)
	突出次数/次	平均强度/(t·次$^{-1}$)	突出次数/次	平均强度/(t·次$^{-1}$)	突出次数/次	平均强度/(t·次$^{-1}$)	突出次数/次	平均强度/(t·次$^{-1}$)	突出次数/次	平均强度/(t·次$^{-1}$)	平均强度/(t·次$^{-1}$)
≤100	—	—	1	8	3	83.5	—	—	—	—	—
100～200(含)	24	12.4	27	130	205	106.7	22	26.8	56	43.4	37
200～300(含)	156	23.1	55	115	3	1 835.0	74	73.9	170	90.6	68
300～400(含)	253	46.5	1	1 700	—	—	—	—	6	48.7	118
400～500(含)	267	26.8	—	—	—	—	—	—	—	—	948
500～600(含)	176	55.7	—	—	—	—	—	—	—	—	1 250
600～700(含)	54	83.2	—	—	—	—	—	—	—	—	—
>700	20	42.5	—	—	—	—	—	—	—	—	—

(2) 突出危险性随煤层厚度的增加而增大

突出危险性随着煤层厚度，特别是软分层厚度的增加而增大，厚煤层或相互接近的煤层群的突出危险性比单一薄煤层大；同时，对于同一煤层，当其厚度由薄变厚时，突出危险性有增大趋势。表 2-4 统计了南桐矿务局不同厚度煤层的突出情况。其中，4 号煤层最厚，其突出次数、突出煤量、平均强度和最大突出强度均明显大于其他煤层，同时对应始突深度也最小。

表 2-4 南桐矿务局不同厚度煤层突出情况

煤层序号	煤层厚度/m	突出次数/次	占总次数比例/%	突出煤量/t	占总煤量比例/%	平均强度/(t・次$^{-1}$)	最大突出强度/(t・次$^{-1}$)	始突深度/m
3 号	0.3～0.5	9	1.7	15.5	0.1	2	5	350～400
4 号	2.5～3.2	325	63.0	25 801.4	80.0	80	5 000	80
5 号	0.7～0.8	86	16.6	3 187	9.8	37	766	180～190
6 号	1.0～1.5	97	18.7	3 287	10.1	34	450	180～190

(3) 突出危险区呈带状分布

影响突出的主要因素受地质构造控制，而地质构造具有带状分布的特征。向斜轴部地区，向斜构造中局部隆起地区，向斜轴部与断块或褶曲交汇地区，火成岩侵入形成变质煤与非变质煤交混或邻近地区，煤层扭转地区，煤层倾角骤变、走向拐弯、变厚特别是软分层变厚地区，压性、压扭性断层地带，煤层构造分岔、顶底板阶梯状凸起地区等，这些都是突出点密集地区，也是发生大型甚至特大型突出的危险地区。

(4) 采掘工作往往可激发突出

采掘工作往往可激发突出，特别是落煤和震动作业，不仅可以引起应力状态的变化，而且可使动载荷作用在新暴露煤体上，造成煤的突然破碎。全国 50%以上的突出发生在爆破时，并且平均突出强度最大，高达百余吨。例如，在我国 7 765 次突出统计中，落煤作业引起的突出总计 6 194 次，占 80%(其中，爆破引起突出 4 243 次，占 54.6%；打钻引起突出 197 次，占 2.5%；风动工具引起突出 602 次，占 7.8%；手镐作业引起突出 979 次，占 12.6%；水力落煤引起突出 111 次，占 1.4%；机组采煤引起突出 62 次，占 0.8%)；作业情况记录不详的 1 338 次，占 17.2%；其他作业的 177 次，占 2.3%；突出前没有作业的仅 56 次，占 0.7%。其中，爆破诱导突出作用最强，因为它既有“深揭”作用，又产生较大的震动作用。前者使内部煤体突然解除约束变为表面状态，激起其破碎；后者的动应力与静应力叠加加重其破碎，引起的突出强度大大增加。

(5) 石门揭煤发生突出的强度和危害性最大

从巷道类型与突出危险性的关系上看，石门揭煤发生突出的强度和危害性最大，见表 2-5。它的平均突出强度都在数百吨以上，瓦斯喷出量超过数万立方米，涉及范围广，极易造成非常重大安全事故。另外，从石门工作面距煤层 2 m 起，至穿过煤层全厚进入顶板或底板2 m 止，整个揭煤过程都有危险，也曾发生过仅 2 m 厚煤层在石门揭穿过程中突出 2 次的实例。

表 2-5　我国部分矿井各类巷道突出情况统计

名称	项目	石门	平巷	上山	下山	回采	打钻	岩巷	合计
天府矿、中梁山矿、南桐矿、松藻矿(1951—1971)	突出次数/次	54	240	131	6	127	38	1	596
	平均强度/(t·次$^{-1}$)	451	47	35.6	41.6	56.7	37.6	—	85.5
北票矿务局(1951—1979)	突出次数/次	97	320	496	2	18	15	2	950
	平均强度/(t·次$^{-1}$)	138	34.5	24.3	11	60	6.2	—	40
里王庙煤矿(1959—1976)	突出次数/次	13	116	33	9	27	13	0	211
	平均强度/(t·次$^{-1}$)	1 090	9.3	40.5	14.9	32.8	13.3		130.5
六枝矿务局(1969—1981)	突出次数/次	5	21	45	9	0	4	0	84
	平均强度/(t·次$^{-1}$)	935	29	95	98	—	6	—	138
全国(1950—1981)	突出次数	567	4 052	2 455	375	1 556	240	—	9 845
	平均强度/(t·次$^{-1}$)	317.1	55.6	50.0	86.3	35.9	31.5	—	69.6
	最大强度/(t·次$^{-1}$)	12 780	5 000	1 267	369	900	420	—	12 780

(6) 绝大多数突出都有预兆

虽然突出的发生具有突发性，但在绝大多数突出在发生前都有预兆，它是突出准备阶段的外在表现。预兆大体可分为 3 个方面：地压显现、瓦斯涌出和煤力学性能与结构，见表 2-6。

表 2-6　煤与瓦斯突出预兆表现形式

预兆分类	预兆表现形式
地压显现	煤炮声、支架声响、掉渣、岩煤开裂、底鼓、岩与煤自行剥落、煤壁外鼓、来压、煤壁颤动、钻孔变形、垮孔顶钻、夹钻杆、钻粉量增大、钻机过负荷等
瓦斯涌出	瓦斯浓度增大，瓦斯涌出忽大忽小，打钻时顶钻、卡钻、抱钻，钻孔喷瓦斯，煤壁或工作面温度降低，也有少数实例发现煤壁温度升高等
煤力学性能与结构	层理紊乱、煤强度松软或软硬不均、煤暗淡无光泽、煤厚变化大、倾角变陡、波状隆起、褶曲、顶底板台阶状凸起、断层、煤干燥等

例如，据里王庙煤矿统计，在 61 次突出中，仅发现瓦斯与地压预兆就有 110 次，平均每次突出预兆有 2 种，仅有 6 次突出未发现瓦斯与地压预兆。在瓦斯预兆中，瓦斯浓度变化预兆 14 次，喷瓦斯等预兆 6 次。

(7) 突出孔洞形状各异

突出孔洞的位置及形状是各式各样的，各类突出孔洞的特征见表 2-7。大部分孔洞位于巷道上山方向及工作面上隅角。典型突出的孔洞口小腔大(除压出和倾出外)，呈梨形或椭圆形，也有不规则拉长的椭球形，还有其他奇异的形状。孔洞中心线通常与煤层仰斜呈一定的角度，或者与仰斜的煤同一方向而深入煤体。我国重庆地区突出孔洞沿走向深度小于 5 m的占 80%，一般孔洞实际容积为抛出煤体积的 1/2 左右。

表 2-7 各类突出孔洞特征

孔洞特征	突出类型				
	倾出	压出		煤与瓦斯突出	岩石和瓦斯突出
		突然移动	突然挤出		
位置	工作面上方及上隅角	工作面前方或底板	工作面煤壁	各式各样，大都在上方及上隅角	巷道上方及上隅角
特点	孔洞上带有自然拱稳定形状	煤体整体位移	分布于工作面壁弧形条带	口小腔大	—
形状	较规则（椭圆形、梨形等）	无明显孔洞	弧形	规则及不规则的几何形状	规则及不规则的几何形状

(8) 突出次数随煤层倾角增大而增多

受煤体自重影响，由上前方向巷道方向的突出占大多数，从下方向巷道的突出为数极少，因此突出的次数有随着煤层倾角增大而增多的趋势。

(9) 突出的气体种类以甲烷为主

突出气体种类主要是甲烷，个别矿井（吉林省营城煤矿、甘肃省窑街矿务局三矿）突出二氧化碳气体。

(10) 突出煤层的常见特点

突出煤层一般具有力学强度低且变化大、瓦斯压力和瓦斯含量高、透气性差、瓦斯放散初速度高、温度小、层理紊乱等特点。

2.3 煤与瓦斯突出发生机理

所谓煤与瓦斯突出机理，是指煤与瓦斯突出发生的原因、条件及其发生、发展过程[13]。自世界上第一次煤与瓦斯突出事故发生以来，世界各主要产煤国都投入了大量的人力、物力和财力开展煤与瓦斯突出的研究工作，取得了丰富成果。对煤与瓦斯突出机理，各国研究者经过长期的努力，提出了包括瓦斯主导作用、地应力主导作用、化学本质作用和综合作用等假说，基本定性地解释了煤与瓦斯突出现象，为煤与瓦斯突出危险性预测和防突措施的制订与实施提供了依据。但在影响煤与瓦斯突出的主要因素中，煤岩物理力学性质是非线性假说性的，煤岩体破坏形式是多样性的，瓦斯赋存与运移过程是复杂性的，这些导致对于突出的原因、过程及一些细节还不十分明确。实际矿井观测资料表明，现有的这些突出机理只能对某些现象进行解释，还不能得出统一的、完整的突出理论。突出假说归纳起来有下列几种：

(1) 瓦斯为主导作用的假说

瓦斯主导作用假说认为，煤体内存储的高压瓦斯在突出中起主要作用，其中“瓦斯包”说占重要地位。该假说认为，煤层内存在着积聚高压瓦斯孔洞，其压力超过煤层强度减弱地区煤的强度极限，当工作面接近这种瓦斯包时，煤壁会发生破坏并抛出煤炭。

瓦斯为主导作用的假说主要包括：“瓦斯包”说、粉煤带说、煤透气性不均匀说、突出波说、裂缝堵塞说、闭合空隙瓦斯释放说、瓦斯膨胀应力说、火山瓦斯说、瓦斯解吸说、瓦斯水化物说、瓦斯-煤固溶体说等。

(2) 地应力为主导作用假说

地应力为主导作用假说认为,煤与瓦斯突出主要是高地应力作用的结果。高地应力包括两个方面:一是自重应力和构造应力,二是工作面前方存在的应力集中。

地应力为主导作用假说主要包括:岩石变形潜能说、应力集中说、剪应力说、振动波动说、冲击式移近说、顶板位移不均匀说、应力叠加说等。

(3) 化学本质作用假说

化学本质作用假说认为,突出主要是在化学作用下形成高压瓦斯和产生热反应。

化学本质作用假说主要包括:"爆炸的煤"说、重煤说、地球化学说、硝基化合物说等。

(4) 综合作用假说

综合作用假说认为,突出是由地应力、包含在煤体中的瓦斯及煤体自身物理力学性质等综合作用的结果,但对各因素在突出中所起的作用没有统一认识。

综合作用假说主要包括:能量说、应力分布不均匀说、分层分离说、破坏区说等。

从 20 世纪 60 年代起,我国学者就对煤与瓦斯突出的机理开展了研究,并根据现场资料和试验研究对突出机理进行了探讨。特别是近几十年,随着经济的发展和科研水平的提高,国家对煤与瓦斯突出灾害研究的重视和投入,大量新方法和新手段的运用,我国学者对煤与瓦斯突出灾害发生机理提出了许多新的观点,为防治措施的选择及效果检验提供了理论依据。主要包括:中心扩张学说[14]、二相流体假说[15]、流变假说[16]、球壳失稳理论[17]、固流耦合失稳理论[18]、关键层-应力墙机理[19]、黏滑机理[20]和力学作用机理[21],见表 2-8。

表 2-8　我国学者提出的典型煤与瓦斯突出假说

序号	假说	提出时间及作者	主要观点
1	中心扩张学说	1975 年,于不凡	突出是从离工作面某一距离处的发动中心开始的,而后向四周扩散,由发动中心周围的煤-岩石-瓦斯体系提供能量并参与活动。在突出地点,地应力场、瓦斯压力场、煤结构和煤质是不均匀的,突出发动中心就处在应力集中点,且该点向各个方向的发展是不均匀的
2	二相流体假说	1989 年,李萍丰	突出的本质是在突出中形成了煤粒和瓦斯的二相流体,二相流体受压积蓄能量,卸压膨胀放出能量,冲破阻碍区形成突出,强调突出的动力源是压缩积蓄、卸压膨胀能量,不是煤岩弹性能。该假说较好地解释了突出的现象和规律,并经计算实例验证了瓦斯突出的力学平衡方程
3	流变假说	1990 年,周世宁、何学秋	突出是含瓦斯煤体在采动影响后地应力与孔隙瓦斯气体耦合的一种流变过程。在突出的准备阶段,含瓦斯煤体发生蠕变破坏形成裂隙网,之后瓦斯能量冲垮破坏的煤体而发生突出。该假说运用流变的观点分析突出过程含瓦斯煤在应力和孔隙气体作用下的时间和空间过程,给突出综合指标的建立创造了条件,可以较好地阐明煤与瓦斯突出机理
4	球壳失稳理论	1995 年,蒋承林、俞启香	突出实质是地应力破坏煤体、煤体释放瓦斯、瓦斯使煤体裂隙扩张并使形成的煤壳失稳破坏的过程。煤体的破坏以球盖状煤壳的形成、扩展及失稳抛出为主要特点,综合假说中突出三因素可归结为影响煤体的初始释放瓦斯膨胀能的大小。这种观点较好地解释了突出孔洞的形状及形成过程

表 2-8(续)

序号	假说	提出时间及作者	主要观点
5	固流耦合失稳理论	1995 年,梁冰、章梦涛	突出是含瓦斯煤体在采掘活动影响下,局部发生迅速、突然破坏而生成的现象。采深和瓦斯压力的增加都将使突出发生的危险性增加,失稳理论建立在煤岩破坏机理的基础上,煤岩破坏过程是其内部裂纹发生发展起主导作用的过程,因而失稳理论可为利用煤体微破裂信息预报突出的技术提供理论依据
6	关键层-应力墙机理	1999 年,吕绍林、何继善	关键层的存在使煤层具备了发生瓦斯突出的破坏介质条件,在采场中应力的作用下容易在工作面前方形成高瓦斯内能和高弹性潜能作用的应力墙,当应力墙的动态平衡被破坏后便发生瓦斯突出。该假说同时强调了瓦斯突出是综合作用的结果以及瓦斯突出发生的地质背景和地质条件
7	黏滑机理	2003 年,郭德勇、韩德馨	突出是在地应力、瓦斯和煤体结构物理力学性质等多种因素综合作用下的动力现象,突出过程可视为摩擦滑动过程,在这一过程中发生黏滑失稳现象。该假说对突出过程中震动、波动、延期突出、突出间歇等现象给予了更全面的解释
8	力学作用机理	2008 年,胡千庭、周世宁、周心权	以"突出是一个力学破坏过程"的认识为前提,结合已经发生的大量的突出动力现象的特征和规律,应用力学理论对突出的力学作用机理进行了研究,将突出全过程划分为准备、发动、发展和终止 4 个阶段,认为初始失稳条件、破坏的连续性进行条件和能量条件是突出发生的 3 个必要条件

另外,郑哲敏就我国特大型突出实例进行了突出过程中能量来源的量纲分析理论研究,结果表明突出煤层中瓦斯内能要比煤体的弹性势能大 1～3 个量级[22];鲜学福等利用演绎法探讨了突出的激发与发生条件,得到了突出的瓦斯临界压力判别式[23];李希建等提出了煤与瓦斯突出是地应力、瓦斯、煤的物理力学性质和卸压区宽度 4 部分共同作用的结果[24];李晓泉等针对煤与瓦斯延期突出进行了系统深入的研究[25];许江等建立了用力学观点预测突出潜在危险区的理论和方法,成功应用于重庆鱼田堡煤矿[26];王恩元等利用电磁辐射手段建立了煤与瓦斯突出灾害演化及预警模型,并开发了成套突出灾害监测预警装备[27]。以上研究成果进一步丰富了煤与瓦斯突出机理,为煤与瓦斯突出防控奠定了理论基础。

2.4 煤与瓦斯突出防控技术

2002 年 8 月 30 日,时任国家安全生产监督管理总局、国家煤矿安全监察局局长王显政同志在辽宁省铁法煤业集团召开的全国煤矿瓦斯防治现场会上作了"以防治瓦斯灾害为重点,开创煤矿安全生产工作新局面"重要讲话,提出了"先抽后采,监测监控,以风定产"的 12 字工作方针,致力于建立防范瓦斯事故的长效机制[28]。"先抽后采"是瓦斯防治工作的基础,是从源头上治理瓦斯灾害的治本之策和关键之举,体现了瓦斯治理预防为主的要求,是煤矿长期治理瓦斯实践经验的总结[29]。2019 年颁布的《防突细则》在强调"突出可防可治"的安全理念上,进一步新增了"先抽后建、先抽后掘、先抽后采、预抽达标"防突理念。由此可见,瓦斯抽采是防治煤与瓦斯突出的根本措施。

原国土资源部油气资源战略研究中心将我国煤层瓦斯(煤层气)的勘探、开发和利用划分为3个发展阶段:1952—1989年矿井瓦斯抽采发展阶段、1989—1995年现代煤层气技术引进阶段和1996年后的煤层气产业逐渐形成发展阶段[30]。根据煤层瓦斯资源赋存特点,中国煤层瓦斯的开发模式主要有两类:一类是煤矿井下瓦斯抽采,侧重煤矿安全和能源开发,与采煤息息相关;另一类是地面钻井抽采,以能源开发为主[31]。

2.4.1 井下瓦斯抽采技术

瓦斯是煤矿安全的"第一杀手",抽采瓦斯不仅能减少瓦斯涌出、预防瓦斯超限、降低瓦斯积聚、为矿井通风创造有利条件,还可以降低煤层中存储的瓦斯能量、提高煤体强度、防治煤与瓦斯突出,同时又能提供一种高效清洁能源,并降低对环境的污染,具有一举多得的功效。然而,由于我国煤层条件复杂,煤矿井下瓦斯抽采方法及分类也名目繁多。

俞启香[3]将瓦斯抽采方法分为4种:开采层抽采、邻近层抽采、采空区抽采和围岩抽采。于不凡等[32]将瓦斯抽采方法分为4种:未卸压煤层和围岩抽采、卸压煤层和围岩抽采、采空区抽采和综合抽采。程远平等[33-34]对煤矿瓦斯抽采方法进行了新的分类,包括3个层次:第1层次以煤层的开采时间为依据,分为采前抽采(预抽)、采中抽采和采后抽采;第2层次以煤层开采的空间关系为依据,分为本煤层抽采、邻近层抽采、采煤工作面抽采、掘进工作面抽采和采空区抽采;第3层次为具体瓦斯抽采方法,如顺层钻孔抽采、穿层钻孔抽采、交叉钻孔抽采等。袁亮等[35-36]以淮南矿区为主要试验研究基地,研究卸压开采采场内岩层移动及应力场分布规律、裂隙场演化及分布规律、卸压瓦斯富集区及运移规律等科学规律,建立了卸压开采抽采瓦斯、煤与瓦斯共采技术体系。

在抽采瓦斯之前,合理布置抽采钻孔间距是保证抽采效果的重要因素:钻孔间距过大,在抽采范围内易形成抽采盲区;钻孔间距过小,会造成人力、物力的浪费。所以,瓦斯抽采钻孔的设计应以钻孔有效抽采半径为依据。为此,学者们就瓦斯抽采的有效抽采半径进行了大量的研究工作。马耕等[37]根据雷诺数将煤层中瓦斯流态划分为4类,指出在线性渗流区可采用达西定律计算抽采半径。郝富昌等[38]建立了考虑煤的流变特性、渗透率动态变化和吸附特征的渗流-应力耦合模型,对比分析了软硬煤层钻孔孔径的变化规律。梁冰等[39]对传统的测压法钻孔布置方式进行改进,分组布置间距不等的测压孔与抽采孔,通过观测各组钻孔瓦斯压力变化情况确定有效抽采半径。刘厅等[40]通过将预抽率大于30%和残余瓦斯含量小于8 m^3/t两个消突指标相结合,提出了新的割缝钻孔有效抽采半径判定指标。余陶等[41]以抽采钻孔影响范围内残余瓦斯压力小于0.74 MPa且预抽率大于30%为指标,基于钻孔瓦斯流量的负指数衰减规律,推导出有效抽采半径计算公式。杨宏民等[42]和徐青伟等[43]提出了确定多煤层穿层钻孔有效抽采半径方法。

2.4.2 地面煤层气抽采技术

利用地面钻井开发煤层气是在常规天然气开发技术基础上,根据煤层力学特性、煤层瓦斯的赋存特点及产出规律发展起来的新技术。美国是世界上率先开发煤层气的国家,我国的煤层气地面钻井、完井技术是在借鉴和移植美国技术基础上发展起来的[44]。地面煤层气开发技术按大类可分为直井开发和水平井开发两大类[45]。其中,直井开发又可分为:超高渗低煤阶厚煤层直井开发,如粉河盆地煤层气的开发;厚煤层单层直井开发,如晋城矿区潘庄井田;煤组直井开发和多煤层直井开发,如加拿大的煤矿煤层气开发。水平井开发又可分为两类：单煤层定向井开发，如澳大利亚必和必拓公司（BHP）的煤层气开发；单煤层多分支水平井开发，如我国山西省的大宁煤矿；多煤层多分支水平井开发和虚拟产层直井开发，如我国的新集煤矿。张培河等[46]结合构造、煤层特征、煤体结构、煤层渗透性、埋藏深度等因素，根据不同开发方式的技术和工艺，综合分析了不同开发方式的地质适应条件，认为鄂尔多斯盆地东缘、华北沁水盆地宜采用地面直井和定向井技术进行煤层气开发，西北、东北以及南方的煤盆地在地形和交通方便的情况下适合采用直井方式开发。

多分支水平井集钻井、完井和增产措施于一体，是一项高效开发煤层气的新型技术。与采用射孔完井和水力压裂增产的常规直井相比，具有以下不可替代的优越性[47-49]：

① 增加有效供给范围：水平钻进 400～600 m 是比较容易的，然而要压裂这么长的裂缝是不可能的。

② 提高煤层导流能力：压裂的裂缝内流体流动阻力相当大，而水平井内流体的流动阻力较小。

③ 减少对煤层的伤害：常规直井钻井完钻后要固井，完井后还要进行水力压裂改造，每个环节都会对煤层造成不同程度的伤害，而且煤层伤害很难恢复。

④ 单井产量高，经济效益好：多分支水平井开发煤层气产量是常规直井的 2～10 倍，采出程度比常规直井平均高出近 2 倍。

鲜保安等[50]将多分支水平井按水平段几何形态可分为：集束分支水平井、径向分支水平井、反向分支水平井、叠状分支水平井和羽状分支水平井。

2.4.3 强化瓦斯抽采措施

我国煤层瓦斯储存条件普遍具有“三低一高”（低饱和度、低渗透性、低储层压力和高变质程度）的特点，全国大部分矿区煤层渗透率在 $0.987\times10^{-7}\sim0.987\times10^{-6}\ \mu m^2$（$10^{-4}\sim10^{-3}$ mD），比美国等国家低 3～4 个数量级[51]，此类条件下的煤层瓦斯抽采是世界性难题；与此同时，多种煤层瓦斯强化抽采措施也相继被提出和实施，如水力化增透技术、深孔爆破增透技术、高压磨料射流割缝增透技术、高压电脉冲破煤增透技术及注二氧化碳驱替增产技术（CO_2-enhanced coalbed methane recovery，CO_2-ECBM）等。

水力化增透技术是以高压水作为动力，使煤层内原生裂隙扩大、延伸或者人为形成新的孔洞、槽缝、裂隙等，从而改善煤层内部瓦斯流动状况，提高煤层瓦斯抽采效果，主要包括：水力压裂增透技术[52]、水力冲孔增透技术[53]、水力割缝增透技术[54]、高压旋转水射流割缝增透技术[55]、水力掏槽增透技术[56]等；深孔爆破增透技术是以炸药爆破产生的爆炸应力波和爆生气体为介质，并与瓦斯压力共同作用于煤体，在爆破孔的周围形成包括压缩粉碎圈、径向裂隙和环向裂隙交错的裂隙圈，以及次生裂隙圈在内的较大的连通裂隙网，增加煤层孔隙率，有效提高瓦斯抽采效果，包括深孔松动爆破增透技术[57]、深孔聚能爆破增透技术[58]、深孔控制预裂爆破增透技术[59]；高压磨料射流割缝技术目前主要应用在防突措施中，通过一定的技术手段，将具有一定粒度的磨料粒子加入高压水管路系统中，使磨料粒子与高压水进行充分混合后再经喷嘴喷出，从而形成具有极高速度的磨料射流[60]；高压电脉冲破煤增透技术是通过高压电脉冲击穿煤体，使煤体在电爆炸作用下发生破坏，并形成大量的孔隙和裂隙，从而提高煤层的透气性[61]；CO_2-ECBM 技术通过向低渗透、压力衰竭或废弃深矿等煤系地层中注入二氧化碳，不仅可以提高煤层瓦斯抽采率，而且可以实现二氧化碳的地下封存，从而减少温室气体排放量，被认为是一种具有较好发展前景的煤层气增产技术[62]，但目前大规模现场应用还较少。

水力化增透措施能有效卸除地应力、显著提高煤层透气性、一定程度上降低工作面粉尘浓度，同时施工工艺相对简单、安全，原料来源广泛，因此在现场防突工作中应用广泛。水力化强化瓦斯抽采措施可以归纳为两大类：一是利用高压水射流作用破碎煤体并经钻孔排出，扩大钻孔直径，钻孔周围煤体向钻孔中心方向移动，改变钻孔周围应力状态，使钻孔周围卸压范围增大，促进煤层内裂隙通道的扩展、连通，增加煤层渗流通道，促进煤层瓦斯解吸渗流，提高钻孔煤层瓦斯抽采效果，以水力冲孔技术为代表；二是通过向钻孔内注入高压水，在地应力与高压水双重作用下压裂钻孔，使钻孔周围形成若干宏观裂隙和分支裂隙，宏观裂隙向煤层深部扩展，为煤层瓦斯解吸渗流提供通道，提高钻孔的抽采范围，以水力压裂技术为代表[63]。

(1) 水力冲孔技术

水力冲孔措施最先于 1965 年在南桐鱼田堡矿首次试验成功，之后又在梅田、涟邵、六枝、北票、焦作等矿务局应用。北票矿务局曾对水力冲孔过程中煤体的卸压和变形、煤层瓦斯压力和流量等做过初步的考察。近年来，不少专家对水力冲孔参数选取及工艺流程等进行了研究，并分析了水力冲孔卸压增透及防突机理。

孔留安等[64]研究了掘进工作面各种防突措施，阐述了水力冲孔的工艺流程；刘明举等[65]研究水力冲孔技术的防突机理及工艺流程并在九里山矿进行应用，水力冲孔措施实施后煤巷掘进速度提高了 2～3 倍。朱建安等[66]改进了水力冲孔防喷装置，实现了强烈喷孔时自动堵喷功能。中国矿业大学和郑煤集团公司在大平煤矿 21 岩石回风下山实施水力冲孔[67]，结果表明水力冲孔技术能有效冲击破坏煤体并及时排出钻孔，扩大钻孔直径，达到增加煤层透气性的目的。冯文军等[68]针对“三软”单一煤层进行现场水力冲孔试验，分析了水力冲孔卸压增透机理。魏建平等[69]、王凯等[70]通过压力法和流量法考察了水力冲孔有效影响半径，确定了水力冲孔有效影响范围为 7.6～8.0 m，并对冲孔钻孔进行了优化，通过数值模拟和现场考察，研究了水力冲孔钻孔周围的卸压范围大小、煤层透气性变化及分布规律。王兆丰等[71]在罗卜安煤矿松软低透突出煤层区域实施水力冲孔，研究了水力冲孔在抽采消突措施中的应用效果，发现水力冲孔后钻孔抽采有效影响半径提高了 2～3 倍，抽采衰减周期提高了 3 倍以上。王新新等[72]研究了水力冲孔作用煤层瓦斯分区排放形成机理，将水力冲孔后的煤层卸压区域划分为瓦斯充分排放区、瓦斯排放区、瓦斯压力过渡区、原始瓦斯压力区 4 个区。范迎春[73]采用理论分析和现场试验相结合的方式，对水力冲孔强化增透技术的增透机理、工艺流程及合理工艺参数进行了研究，并以此为基础进行了钻孔瓦斯抽采有效影响半径的对比研究。

郝富昌等[74-75]建立了考虑煤的塑性软化、扩容特性和流变特性的钻孔周围煤体黏弹塑性模型，得到了不同冲煤量钻孔的卸压范围，并采用 Comsol 软件对建立的模型进行求解。朱红青等[76]通过数值模拟的方式对水力冲孔卸压增透范围进行模拟，并采用现场试验与数值结果对比的方式进行考察验证。任培良等[77]通过理论分析、数值模拟及现场对比的方式，发现冲孔水压力与冲出煤量并不成正比，破煤压力和冲孔时间与出煤速度正相关，正角度钻孔水力冲孔效果要优于负角度钻孔。刘国俊[78]针对淮南矿区松软、低渗透煤层，采用理论分析、数值模拟和现场试验相结合的方法，分析了水力冲孔卸压增透理论，应用煤层瓦斯压力法、煤层瓦斯流量法考察了水力冲孔有效影响半径，通过对比冲孔前后煤层瓦斯抽采效果，对水力冲孔技术参数进行了优化。刘永江[79]结合高压水射流破煤理论，借助 RFPA 数值模拟软件建立水力冲孔数值模拟模型，分析了垂压、孔径、煤体强度等因素对水力冲孔的影响。林柏泉等[80-81]、李波等[82]利用高压水射流对煤层的切割作用，对穿层钻孔进行割缝冲孔，分析了卸压作用后钻孔周围煤层渗透率演化规律，并通过现场试验与数值模拟的方式分析了钻孔周围应力分布及其影响范围。

(2) 水力压裂技术

李华超等[83]针对松软低透气性煤层实施顶板钻孔压裂，压裂后抽采煤层瓦斯浓度提高 105 倍，抽采煤层瓦斯流量增大 8～204 倍，稳定抽采持续时间增长。田坤云[84]对工作面顶板实施压裂，有效提高了抽采钻孔瓦斯浓度及流量，并用瞬变电磁仪对压裂范围进行考察。李连崇等[85]应用有限元程序，模拟了真三维状态水力压裂过程。杜春志等[86]从理论上分析了水力压裂裂缝壁面的受力状态，并且根据最大拉应力准则，分析了空间壁面裂隙扩展的力学条件；李全贵等[87]针对水力压裂实施后增透方向不确定等问题，分析了定向水力压裂的机理及可行性，同时还研究了脉冲式压裂的损伤机理及破裂模式。王魁军等[88]提出了穿层钻孔水力压裂疏松煤体瓦斯抽采方法。张国华等[89]在分析煤层结构和应力场特点的基础上，确定了穿层钻孔起裂水压力计算方法。林柏泉等[90]研究了含瓦斯煤体水力压裂动态变化特征，建立了煤体埋深、煤层瓦斯压力和水力破裂压力三者耦合模型。王念红等[91]、孙炳兴等[92]进行煤矿井下水力压裂技术试验，结果表明水力压裂能显著提高煤层瓦斯抽采效率，对突出煤层起到了很好的消突效果。付江伟[93]对水力压裂影响区域的地应力分布特征进行了研究，指出了利用瞬变电磁法和示踪剂法对井下煤层水力压裂流场分布特征研究和评价的可行性。黄劲松等[94]对水力压裂的起裂压力、起裂位置和裂缝的方位进行了研究。

水力压裂技术在坚硬煤层中应用较广泛，裂缝扩展较远，并且不易闭合，但对于单一低渗松软煤层，煤层中施工钻孔困难；同时，受地应力及煤体性质的影响，煤层钻孔短时间内会出现塌孔现象[95]。基于此，国内外专家提出顶、底板顺层水力压裂措施[96-97]。顶、底板水力压裂是借助顶、底板岩性强度高、脆性大的特点，在顶、底板中压裂钻孔施工相对容易，水力压裂效果好，避免了松软煤层压裂裂缝容易闭合的缺陷。

(3) 水力冲压一体化措施

针对我国低透气性煤层抽采效率低这一特点，国内外学者多采用水力压裂、水力冲孔、水力割缝等技术对煤层进行卸压，并形成渗流缝网，以增大煤层渗透率和提高抽采效率。但采用单一水力压裂或水力冲孔技术都存在一定的局限性，如水力压裂对煤层增透改造具有较大优势。由于煤层赋存条件、物理力学特性、应力环境等方面的差异性，水力压裂的起裂条件、扩展规律、压裂效果也不尽相同，特别是松软低透煤层，煤层中很难形成压裂裂缝，即使形成裂缝，也极易闭合。水力冲孔技术单孔卸压效果较好，但对于坚硬煤层存在冲不出、冲不尽和形不成卸压空间等问题。针对以上情况，专家和学者们提出水力化综合技术措施，并对其增透机理、适用条件、效果考察方法等开展了研究。

王峰[98]对水力冲压一体化卸压增透机理进行研究，分析了水力冲孔及水力压裂卸压增透机理，并指出水力冲孔及水力压裂的缺陷，提出冲压一体化卸压增透技术，分析了先压后冲卸压抽采技术及先冲后压卸压抽采技术。马耕等[99]以深部单一低透突出煤层瓦斯高效抽采为立足点，定义了煤矿井下水力扰动抽采煤层瓦斯技术，并利用相应的设备，实现了井下水力冲压一体化卸压增透。王耀锋[100]以水力化煤层增透技术为研究对象，采用理论分析、数值模拟、实验室试验与井下试验相结合的方法，对三维旋转水射流与水力压裂联合增透技术进行了较为深入系统的研究，将常规钻孔与扩孔钻孔联合布置，通过同步压裂技术形成缝网结构，以增加煤层瓦斯渗流通道和提高煤层瓦斯抽采效率；刘晓[101]研究了水力压裂及水力冲孔的作用机理及适用范围，查明了水力压冲技术形成多级多类裂缝的技术原理，并将水力压冲技术应用于新河矿井，发现水力压冲后百米钻孔抽采流量是常规抽采钻孔的18.5倍，水力压裂后的4.1倍，水力冲孔后的1.95倍。徐涛等[102]在新河煤矿抽采中实施水力冲压一体化技术措施，探讨了水力冲压一体化技术流程、卸压增透及多级裂缝的形成机理。蔺海晓等[103]揭示了不同结构煤体水力强化的造缝和卸压两种增透机理，提出了硬煤(原生结构煤和碎裂煤)可通过水力压裂造缝提升渗透率、软煤(碎粒煤和糜棱煤)可通过冲孔出煤卸压增透或顶底板围岩水力压裂抽采的两种工艺，从而形成了基于煤体结构的水力强化增透煤层瓦斯抽采技术。林柏泉等[104]提出一种高瓦斯煤层冲割压抽一体化的卸压增透煤层瓦斯抽采方法，实现了由“线”到“面”、由“面”到“体”的煤层整体均匀卸压；同时指出，由于煤的非均质性，在冲孔过程中出煤量少的区段实施水力压裂，以形成缝网增透。

2.5 煤与瓦斯突出及其防控物理模拟

针对复杂地下工程问题，主要以理论分析、数值模拟、物理模拟作为研究手段。物理模拟试验能较为全面地模拟复杂地下工程的实际情况，从20世纪五六十年代开始受到越来越多的关注，之后意大利、美国等国家开展了大量的物理模拟试验，并取得了十分丰富的成果。例如，意大利学者利用物理模拟试验方法对多个大坝、边坡和地下硐室稳定性进行了研究，并证明了物理模拟试验方法的准确性[105]；美国学者利用物理模拟试验方法对静力条件下地下硐室围岩稳定性进行了研究，首次系统地阐述了不同性质的岩体对地下硐室围岩稳定性的影响[106]。

煤与瓦斯突出是一种复杂的动力现象，且往往具有突发性、破坏性和隐蔽性，在现场对其进行全方位实时跟踪研究的危险性太大，学者们大都依靠实验室物理模拟的手段进行突出机制的研究与探索，同时研发了一系列物理模拟试验装置。20世纪50年代，苏联进行了一维突出模拟试验[107]，结果表明只有在很大的瓦斯压力梯度下(每厘米瓦斯压力下降几兆帕)，煤才有可能被破碎和抛出；霍多特(B. B. Годот)[108]曾进行了“近工作面”完全或部分卸压时的突出试验，在形成瓦斯常数渗流和型煤极限平衡状态后，停供瓦斯并迅速降低前部压力机的压力，几秒钟后观察到强烈的突出，同时他还进行了突然转变为极限应力状态时的突出试验，记录到了突出过程中瓦斯压力下降的曲线。日本一些研究人员于20世纪60年代初开始在实验室进行突出时瓦斯抛射煤粉的试验，后来发展为利用二氧化碳结晶冰、松香或水泥和煤粉混合等制成多孔介质，试验在介质孔隙瓦斯压力下引起多孔介质材料的破碎和抛出，最后发展为类似苏联的综合考虑地应力和瓦斯压力的突出物理模拟试验[109]；氏平增之[110]为了研究煤矿中揭开石门时发生煤与瓦斯突出的情形，建立了煤激波管来进行模拟试验。与苏联突出模拟试验相比，日本模拟装置的优点在于模型中有一段模拟围岩的水泥段，能进行“掘进”等作业；其缺点是用冰、水泥或松香等这些无瓦斯吸附能力的材料做模型，不论其物化性质或力学性质，都与煤体相差甚远。

我国学者结合现场煤与瓦斯突出资料，同时借鉴国外煤与瓦斯突出物理模拟试验相关经验，先后研制了尺寸不同、功能各异的煤与瓦斯突出模拟试验装置，进行了系列试验并取得了良好的效果。

2.5.1 试验装置发展历程

我国具有代表性的煤与瓦斯突出物理模拟试验装置及相关信息见表 2-9。

表 2-9 煤与瓦斯突出物理模拟试验装置统计表

序号	年份	研发单位	试件尺寸/mm	地应力加载方式	诱导突出方式	文献
1	1989	煤炭科学研究总院抚顺分院	ϕ200×100	一维	手动打开挡板	[111]
2	1995	中国矿业大学	ϕ442×200	一维	手动打开挡板	[17]
3	1996	中国科学院力学研究所	ϕ380×50	二维	爆破片	[112]
4	2003	焦作工学院	ϕ250×600	一维	手动打开挡板	[113]
5	2004	河南理工大学	225×225×187.5	三维	机械打开挡板	[114]
6	2008	重庆大学	570×320×385	二维	机械打开挡板	[115]
7	2009	河南理工大学	ϕ300×450	一维	机械打开挡板	[116]
8	2010	安徽理工大学	2 500×1 000×1 500	一维	模拟开挖扰动	[117]
9	2012	中国矿业大学	200×200×150	一维	机械打开挡板、模拟开挖扰动	[118]
10	2013	山东科技大学	3 000×2 600×1 800	一维	模拟开挖扰动	[119]
11	2013	河南理工大学	ϕ360×650	一维	机械打开挡板	[120]
12	2013	重庆大学	1 050×410×410	三维	机械打开挡板	[121]
13	2013	辽宁工程技术大学	160×160×160	三维	突出弱面	[122]
14	2014	中国矿业大学	250×250×310	三维	机械打开挡板	[123]
15	2015	山东大学	ϕ200×600	三维	机械打开挡板	[124]
16	2015	太原理工大学	100×100×100	三维	突出弱面	[125]
17	2017	中国矿业大学	ϕ200×300	一维	机械打开挡板	[126]
17	2017	中煤科工集团重庆研究院	1 500×800×800	三维	爆破片	[127]
19	2018	中国矿业大学(北京)	1500×600×1000	一维	爆破片	[128]
20	2018	山东大学	3 000×1 500×1 500	三维	模拟开挖扰动	[129]

(1) 一维受力试验装置

① 1989 年，邓全封等[111]选用突出煤层的煤样，在不加任何添加剂条件下压结成型，模拟Ⅳ、Ⅴ类煤，进行了我国首次煤与瓦斯突出模拟试验研究，煤样容器为内径 200 mm 的圆柱形，突出口为直径 20 mm 的圆形；蒋承林等[17]、牛国庆等[113]、袁瑞甫等[120]相继研发了一维受力突出试验装置。早期的突出模拟试验装置多为圆柱体，利用成型机提供地应力，试件高度一般可调。

② 2009 年，陈永超[116]设计出一套带模拟巷道的煤与瓦斯突出试验系统，研究了突出

冲击波在巷道内的传播规律。

③ 张春华[117]、欧建春[118]、王刚等[119]、聂百胜等[128]等分别研发了长方体形状的突出试验装置。据文献[119],突出试验台整体安装尺寸为 3 m×2.6 m×1.8 m,同时设计长 1.5 m 的开挖巷道,是目前有效尺寸最大的突出试验装置。

(2) 二维受力试验装置

① 1996 年,孟祥跃等[112]设计了既可改变地应力又可改变瓦斯压力的二维模拟试验装置,煤样容器为内径 380 mm 的圆柱形,突出口直径有 10 mm、20 mm、30 mm 三种规格。

② 2008 年,许江等[115]研制了大型煤与瓦斯突出模拟试验台,有效尺寸为 570 mm×320 mm×385 mm。其中,突出煤样的纵向荷载由计算机软件控制多组液压千斤顶施加均布和阶梯形载荷,可模拟井下采煤工作面前方造成的局部应力集中现象。

(3) 三维受力试验装置

① 2004 年,蔡成功[114]研发了我国第一台三维煤与瓦斯突出模拟试验装置,有效尺寸为 225 mm×225 mm×187.5 mm,可进行不同煤型强度、不同三向应力、不同瓦斯压力等条件下的突出模拟试验。

② 国内以真三维加载为特点,相继研发了多套突出试验装置:2013 年,刘东等[121]在第一代突出试验装置的基础上升级改进,研制了多场耦合煤矿动力灾害大型模拟试验系统,有效尺寸为 1 050 mm×410 mm×410 mm。2014 年,郭品坤[123]设计了三轴煤与瓦斯突出试验系统,有效净尺寸为 250 mm×250 mm×310 mm。2017 年,孙东玲等[127]构建了一套煤与瓦斯突出相似模拟试验系统,有效尺寸为 1.5 m×0.8 m×0.8 m,同时研制了断面边长 0.3 m 的正方形模拟巷道,具有传感器安装、清灰、观测视窗的功能。

③ 唐巨鹏等[122]、王汉鹏等[124]、王雪龙[125]分别研发了伪三轴加载突出试验装置,试验过程中轴压模拟垂直地应力,围压模拟水平地应力,孔隙压模拟瓦斯压力,具有功能实用、操作便捷、试验周期短的优势。同时,文献[122]提出突出弱面的概念并应用于试验中,实现了突出口由被动式打开转向主动式打开,避免了人工干预。

④ 近年来,在袁亮院士的牵头下,由中国矿业大学、淮南矿业(集团)有限责任公司和山东大学联合承担了国家重大科研仪器研制项目——"用于揭示煤与瓦斯突出机理与规律的模拟试验仪器"[129],提出了"基础理论突破驱动科学仪器研制,科学仪器研制支撑新现象新规律发现"的总体研发设计思路,共分为基础理论研究、仪器研制和 3D 可视化平台的多物理场信息动态分析与预警虚拟系统研发 3 个主要环节,有效尺寸为 3.0 m×1.5 m×1.5 m,是目前报道中尺寸最大的三维加载突出试验装置。

2.5.2 试验装置发展特点

(1) 多维多场多尺度发展趋势

为便于对比分析,将表 2-9 中 20 套试验装置的尺寸、形状和受力维数随研发时间的散点图绘制在图 2-1 中,可得出以下规律:

① 由小尺度向大尺度发展。由图 2-1 和表 2-9 可知,试件有效体积最小为 0.001 m^3,最大达到 14.04 m^3,相差 1 万倍以上。在 2010 年以前,试件有效体积均小于 0.1 m^3,之后相继研发了多套大于 0.1 m^3 的大尺度试验装置,试件大小逐渐呈现出多尺度的发展趋势。

② 由一维受力向三维受力发展。在 2004 年以前,试件形状均为圆柱体,受力维数多为

一维，然而蔡成功[114]研发了我国第一台三维煤与瓦斯突出模拟试验装置以来，试件形状更多地设计为长方体，同时受力维数由一维、二维向三维发展；三维应力加载方式能更真实地模拟煤层所受到的三向应力状态，其中部分装置可实现集中应力、阶梯荷载等更加复杂的地应力加载方式，这为模拟煤与瓦斯突出现象提供了更加科学和丰富的手段。

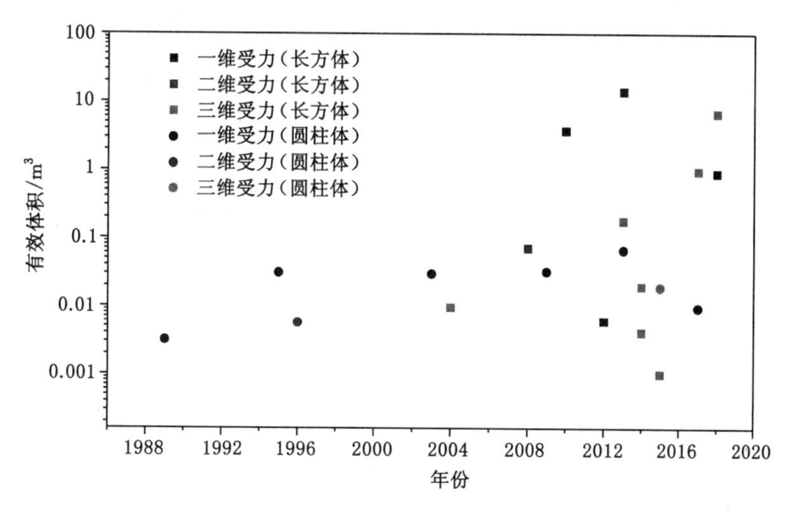

图 2-1 突出模拟试验装置有效体积

③ 多场耦合条件。试验早期，受试验装置尺寸及数据采集技术所限，控制及采集参数较为单一，以渗流场或应力场为主。随着试件尺寸的增加及数据采集技术的发展，逐渐发展为多场耦合条件下的瓦斯突出模拟试验，可深入研究渗流场、应力场、温度场、电磁场等多场耦合特性。

(2) 诱导突出方式多样化

表 2-9 中所列 20 套试验装置，诱导突出方式呈现多样化，可细分为手动打开突出口挡板诱导突出、机械打开突出口挡板诱导突出、突出口爆破片诱导突出、模拟开挖诱导突出、突出弱面诱导突出等诱导方式。

早期以手动打开突出口挡板诱导突出为主，能较为真实地还原现场石门揭煤诱发突出现象，且具有装置结构简单、操作方便的特点，但在安全性和灵敏性方面存在较大不足。在之后的装置中，发展为机械打开突出口挡板诱导突出，能确保操作人员的安全性以及实现突出口打开的精确控制。爆破片诱导突出和机械打开突出口挡板诱导突出的思路相近，在一些特殊条件下能发挥重要作用，如突出口和突出巷道相连，没有足够空间设置突出口挡板；同时，爆破片爆破后对煤-瓦斯两相流在巷道中的传播影响较小。

以上 3 种诱导突出方式均为被动式诱导，即在特定条件和时刻突然打开突出口导致煤体突然暴露在大气中，从而打破突出口两侧气压平衡而实现突出。虽然能模拟石门揭煤诱发突出，但是弱化了地应力的影响，忽略了突出实际上是开采扰动下含瓦斯煤在临界状下自行突出的过程。为了解决上述问题，后续试验装置相继设计了模拟开挖诱导突出和突出弱面诱导突出两种诱导方式，均为主动式诱导，即通过改变煤体内地应力、瓦斯压力等达到临界突出条件时会自发突出，从而避免了人为干扰和控制。

(3) 数据采集和控制系统更加完善

经历了几十年的发展，煤与瓦斯突出模拟试验装置的数据采集和控制系统更加完善，数据采集种类和采集通道都有了明显的提升。早期的试验装置只能采集少数的气压、温度等参数，现在的数据采集系统不仅能采集煤层气压、煤体温度、地应力、煤体变形等煤层参数，以及突出后冲击波超压、两相流冲击力等外部参数，还能借助更加专业的仪器对煤体内部的电磁辐射、声发射、电位信号等进行采集，同时配备高速摄像机监控突出过程中煤体表面裂纹演化过程及突出煤粉运移过程，实现数据和图像的可视化分析。另外，数据信号由低频静态信号向高频动态信号发展，如文献[116]中采用多通道动态信号记录分析仪，实现了突出数据高速 8 通道并行采集时的实时分析，采样率范围为 10 B/s～500 BM/s，能够满足微秒级的要求，从而有效地分析突出过程中产生的冲击波演化规律；文献[121]最高可实现 64 路传感器同时监测煤岩体内不同空间位置的气压、温度、应力和变形等参数，为研究煤与瓦斯突出过程中各参数的时空演化规律提供了有利的手段。

(4) 试验煤样以型煤为主

从早期的一维突出模拟试验到现在的三维突出模拟试验，很少有使用原煤进行试验的相关报道。随着试件尺寸的增加，进一步提高了使用原煤进行试验的难度。使用型煤试验的一般做法如下：首先将现场取回的煤样进行破碎、筛分、干燥等一系列处理，然后选取特定粒径煤样加入添加剂，按照与原煤物理力学性质相似的配比进行压制成型。如果试件尺寸较大，则需要多层分批次成型，并且在煤体内部植入不同传感器。使用型煤进行试验不仅方便布置传感器，还能很好地适应不同尺寸、不同形状的煤样腔体，但破坏了煤样原生裂隙和原始地应力状态，并且分层成型会导致煤样受力不平衡、受力时间不均等问题，因此相似程度较低，对突出试验可能会产生不可预见的影响。

(5) 以综合作用假说为指导

根据综合作用假说的观点，煤与瓦斯突出受地应力、瓦斯和煤体性质 3 个方面因素的控制，这种观点为广大学者所接受。目前，对煤与瓦斯突出发生机理的研究也主要集中在以上 3 个方面。其中，地应力方面主要改变应力水平、应力加载速率、应力加载方式(均匀荷载、阶梯荷载、应力“三带”荷载等)；瓦斯方面主要改变气压大小、气体种类(CO_2、CH_4、N_2、He 等)；煤体性质方面主要改变煤样变质程度、煤体强度、煤体吸附性、煤粉粒径配比等。试验方案通过设置不同的变量，可研究突出“三要素”对突出的影响机理。

2.5.3 物理模拟试验进展

煤与瓦斯突出试验装置的研发为突出物理模拟试验的开展提供了有效手段，突出物理模拟试验取得了一系列成果。

1990 年，周世宁和何学秋[16]选用突出煤层和非突出煤层煤样，采用粒径小于 0.5 mm 粉煤在压力 100 MPa 左右压制而成的型煤，在煤样三维受力状态下充入高纯瓦斯，进行了煤样流变特性试验，并提出了突出的流变假说。1995 年，蒋承林等[17]利用一维试验模拟了理想条件下石门揭开煤层时的煤与瓦斯突出过程，通过多次试验有效地验证了球壳失稳假说理论。1996 年，孟祥跃等[112]选用粒径 0.1～0.2 mm 粉煤，制成了 8.1%含水率的煤样，在二维载荷作用下充入瓦斯吸附平衡后，进行一系列不同压力下的突出模拟试验，并与一维试验结果进行了对比，得到了煤体破坏规律。2003 年，牛国庆等[113]选用强烈突出煤层煤样筛分后的 1 mm 粉煤，在 200 t 压力试验机上分层加压制成型煤，充入二氧化碳或氮气气体

12 h后吸附平衡，采用突然打开突出模拟装置的把手致使横挡突然松开诱发突出，研究了突出强度、瓦斯压力、不同吸附气体与煤体温度的关系。2004年，蔡成功[114]选用严重突出煤层作为煤样，将煤样粉碎筛分后的0.1 mm以下粉煤在不加添加剂的情况下分层加压制成型煤，采用机械方式突然打开突出口诱发了突出，研究了煤体强度、水平应力、垂直应力、侧向应力以及瓦斯压力与突出强度关系。

2009年，许江等[130]开展了不同瓦斯压力、不同揭煤面积条件下石门揭煤诱发突出试验(0.15～4 mm粒径配比型煤)，发现在瓦斯压力、揭煤面积方面均存在一个使煤与瓦斯突出发生与否的阈值。2010年，尹光志等[131]进行了石门揭煤过程中延期突出模拟试验(0.18～0.2 mm粒径配比型煤)，结果表明在恒定垂直应力作用下发生延期突出时临界瓦斯压力与水平应力呈乘幂关系。2012年，金洪伟[132]分别使用原煤(50 mm不规则形状)和型煤(0.125～0.15 mm粒径配比型煤)开展了突出试验，发现突出发展过程中煤的破坏主要表现为层裂形式。2012年，王恩元等[133]研制了带透明视窗的突出过程模拟试验装置，可实现石门揭煤等剧烈诱发因素诱发的突出和煤巷掘进较小诱发因素诱发的突出，并通过热风枪给石蜡柱加热，致使石蜡逐步熔化来模拟巷道掘进，研究了突出发生的临界条件。2013年，刘泽功等[134]搭建了压扭性逆断层构造形态下含“构造包体”煤层突出模型(全粒径配比型煤)，分析了开挖巷道掘进诱发煤与瓦斯突出过程中围岩的力学、位移、温度的演化规律。2013年，王袁瑞甫和李怀珍[120]研制了含瓦斯动态破坏模拟试验设备，通过在卸压口上方增加倾斜橡胶垫片(0.18～2 mm粒径配比型煤)，可模拟掘进工作面煤与瓦斯突出。2013年，王刚等[119]模拟了石门揭煤诱导煤与瓦斯突出试验(1～3 mm粒径配比型煤)，发现地应力在突出发生瞬间产生突变。2014年，唐巨鹏等[135]通过“突出弱面”实现了突出口由被动式打开转向主动式打开(0.25～0.425 mm粒径配比型煤)。2014年，郭品坤[123]分析了不同地应力条件下石门揭煤突出孔洞周围裂隙的发育特征(<0.25 mm粒径配比型煤)。2015年，王汉鹏等[124]研制出抗压强度可调范围为0.5～2.8 MPa的型煤材料，成功应用于突出试验中(型煤，0～3 mm粒径配比型煤)。2018年，聂百胜等[128]采用爆破片起爆模拟石门揭煤过程，开展了低瓦斯压力诱导突出的模拟试验(1 mm粒径配比型煤)。近年来，中煤科工集团重庆研究院[136]、重庆大学[137]、中国矿业大学[138]等单位进一步研究了煤粉-瓦斯两相流在巷道中的运移规律及其致灾机制。

2.5.4 物理模拟研究展望

我国学者从20世纪80年代开始致力于突出物理模拟试验的研究，先后研发了多套试验装置，开展了一系列试验，取得了丰富的成果，为我国乃至世界的煤矿安全生产做出了重大贡献。不可否认的是，目前人们还未完全掌握煤与瓦斯突出机理，难以从根本上杜绝煤与瓦斯突出的发生，煤矿安全生产现状仍不容乐观；同时，随着近年来煤矿开采深度的不断增加，地应力和瓦斯压力不断加大，煤层瓦斯赋存条件更加复杂，这对煤与瓦斯突出试验研究提出了更高的要求。鉴于此，本书结合目前突出物理模拟试验研究现状，提出如下展望：

(1) 试验模型应遵循相似理论

煤与瓦斯突出物理模拟试验之所以受到学者们的青睐，除了考虑到安全因素外，还有一个重要原因就是模型试验能够最大限度地反映其物理本质，而相似模拟试验的成功必须以相似理论为依据。其中，几何相似系数作为决定试验装置尺寸的关键参数之一，必须进行合理选取，较大尺寸能较好地消除尺寸效应、边界效应对突出的影响，相似程度较高，但对系统的加载能力和密封能力要求较高，且准备煤样花费太多人力、物力；而尺寸较小则会导致受尺寸、边界效应影响较大，且相似系数不能变化，灵活性小，但是具有操作简便、容易实现及成本小的优点。文献[123]认为，突出模拟试验需要满足几何相似、运动相似和动力相似；文献[139]基于量纲分析法认为，相似模拟需满足模型和原型的孔隙率、瓦斯含量、解吸速率相等；文献[140]则对煤与瓦斯突出气体及气压相似性进行了探索。目前，关于煤与瓦斯突出相似性认识还未达成共识，亟须建立一套针对煤与瓦斯突出的相似理论体系，以指导煤与瓦斯突出试验装置的研发及试验工作的开展。

(2) 含瓦斯煤相似材料的研制

基于目前试验装置尺寸较大，难以使用原煤进行试验，因此含瓦斯煤相似材料的研制就至关重要，并且直接影响试验的效果。文献[111]选用突出煤层的煤样，在不加任何添加剂条件下加压成型模拟Ⅳ、Ⅴ类煤；文献[118]使用煤粉和煤焦油制成型煤，通过控制煤粉和煤焦油的配比将煤样预制成具有不同物理力学性质的型煤；文献[139]以水泥为胶结剂，以砂子、水、活性炭、煤粉为原料进行配比进行型煤压制；文献[141]将原煤筛分成不同粒径，并且按照级配理论进行配比制作型煤；文献[142]选取一定粒径分布的煤粉为骨料，以腐植酸钠水溶液为胶结剂，混合压制成型后干燥。由此可见，关于含瓦斯煤相似材料的研制尚无统一规范，研制方法繁多且效果各异，不便于统一对比分析，因此有必要研制一种新型的含瓦斯煤相似材料，使其吸附解吸、渗透力学等物理化学性质和原煤接近。

(3) 微观、细观、宏观研究相结合

从本质上讲，煤与瓦斯突出主要涉及两种物质，即煤与瓦斯，因此无论是借助显微镜或扫描电镜等对煤样进行观察[143]，还是从地球化学层次研究元素的迁移、散失与聚集[144-145]，微观尺度的研究不仅可以提供一种全新的视角还能为煤与瓦斯突出的预测提供新手段；细观尺度介于微观尺度和宏观尺度之间，因此试件尺寸一般较小，则可使用原煤进行试验。原煤能保留煤体内部原始孔隙、裂隙结构，最大限度地保证试验结果的真实性和可靠性，可重点研究突出过程中气体的吸附、解吸特性以及煤体裂纹的开裂、扩展规律；而宏观尺度研究则依托大型三维模拟试验装置，还原现场复杂的地球物理场，开展应力场、电磁场、温度场、渗流场等多物理场耦合作用下的煤岩动力现象研究。因此，在开展煤与瓦斯突出试验研究时，应将微观、细观和宏观 3 个层面相结合，从而对突出全过程进行精细化、定量化研究，以完整、系统地认识与描述突出全过程及突出本质。

(4) 煤与瓦斯突出机理深入研究

物理模拟是研究煤与瓦斯突出机理的有效方法。我国学者针对实际工程地质情况开展了大量煤与瓦斯突出物理模拟试验，并且将实际较为复杂的问题相对简化，同时对突出的发生和发展过程进行深入分析，最终提出了一些具有代表性的突出假说，如流变假说、固流耦合失稳理论、球壳失稳假说等，这些突出假说完善并发展了煤与瓦斯突出机理，为突出防治措施的选择及效果检验提供了参考依据。进入 21 世纪，随着科技水平的发展及煤与瓦斯突出试验装置性能的提升，研究瓦斯突出的手段越来越丰富，然而突出机理研究仍然停留在定性解释和近似定量计算的综合作用假说阶段，无法定量评价地应力、瓦斯及煤的物理力学特性各自在突出中所起作用。因此，需要通过煤与瓦斯突出物理模拟试验对突出机理开展进一步研究，尤其是对突出的发动机理及终止条件进行深入研究，分析试验结果的内在原因，探究突出的物理本质，厘清“突出三要素”的关系，从而形成突出危险性定量评价体系和突出理论判据，为现场煤与瓦斯突出的预测与防治提供切实有效的理论基础。

(5) 突出“致灾-防控”一体化研究

“致灾”和“防控”是突出的两个对立面，模拟前者是为了掌握突出发展过程和致灾机制，以预防和治理突出；模拟后者是为了验证防突措施的有效性，以调整和优化防突手段。从物理模拟试验角度而言，突出“致灾”和“防控”两方面的物理模拟试验研究应该是相辅相成、相互反馈的，而由于试验装置和手段的不足，目前的研究多侧重于前者，即对突出影响因素、发展过程和致灾特征方面进行了系统的物理模拟，而对于突出防控方面的大型物理模拟试验开展较少。现有的防控措施方面的研究主要还集中在基于小试件开展的传统瓦斯渗流试验方面，缺乏对现场复杂情况的真实还原。因此，开展突出“致灾-防控”一体化大型物理模拟试验研究很有必要。

本书即基于突出“致灾-防控”一体化研究思路，自主设计并研发了一套煤与瓦斯突出及其防控物理模拟试验系统。利用该试验系统首先开展了煤与瓦斯突出物理模拟试验，分析突出发动、发展过程及其致灾特征；然后在此基础上开展煤层瓦斯常规抽采物理模拟试验，研究不同条件下常规抽采防突效果；最后进一步开展了煤层瓦斯水力冲压一体化强化瓦斯抽采物理模拟试验，探讨不同水力化措施的增透能力及防突效果。

2.6 本章小结

本章参考前人研究成果，从不同方面对煤与瓦斯突出及其防控进行了简要的概述，得出以下结论：

(1) 煤与瓦斯突出是煤和瓦斯在瓦斯和地应力共同作用下发生的一种复杂动力现象，可以从突出动力现象、突出强度、突出参与物质、突出发生地点等不同角度对其进行分类。

(2) 我国突出发生条件与特征的一般性规律，即：突出危险性随采深的增加而增大、突出危险性随煤层厚度的增加而增大、突出危险区呈带状分布、采掘工作往往可激发突出、石门揭煤发生突出的强度和危害性最大、绝大多数突出都有预兆、突出孔洞形状各异、突出次数随煤层倾角增大而增多、突出的气体种类以甲烷为主以及突出煤层的常见特点。

(3) 不同突出假说的主要观点，包括：瓦斯主导作用、地应力主导作用、化学本质作用和综合作用等假说。目前，突出机理的研究仍然停留在定性解释和近似定量计算的综合作用假说阶段，无法定量评价地应力、瓦斯及煤的物理力学特性各自在突出中所起作用，仍需要人们进一步深入研究。

(4) 瓦斯抽采是防治煤与瓦斯突出的根本措施，归纳了瓦斯抽采的分类及其特点，重点分析了水力化强化瓦斯抽采措施。但是采用单一水力压裂或水力冲孔技术都存在一定的局限性，水力冲压一体化增透措施是未来发展新方向。

(5) 总结了煤与瓦斯突出物理模拟试验装置的发展历程和特点，并基于煤与瓦斯突出物理模拟试验进展，提出了如下研究展望：试验模型应遵循相似理论，含瓦斯煤相似材料的研制，微观、细观、宏观研究相结合，煤与瓦斯突出机理深入研究以及突出“致灾-防控”一体化研究。其中，突出“致灾-防控”一体化研究是指从突出致灾过程和防控手段两方面开展大型物理模拟试验，也是本书的研究思路和主要研究内容。

3 煤与瓦斯突出及其防控物理模拟试验系统

煤与瓦斯突出及其防控物理模拟试验系统是开展物理模拟试验研究的基础。本章依次从物理模拟试验方法构想、试验相似原理、试验系统研发、试验系统技术参数及其主要功能和优势等方面对自主研发的煤与瓦斯突出及其防控物理模拟试验系统进行系统介绍。

3.1 物理模拟试验方法

3.1.1 物理模拟试验方法构想

鉴于煤与瓦斯突出的突发性、破坏性和隐蔽性，现场对其进行观测和考察的难度极大，因此开展室内煤与瓦斯突出物理模拟试验是一种安全、可靠的研究手段。在前期调研煤与瓦斯突出物理模拟试验装置的基础上，基于目前研究现状、试验需求和解决手段，并结合团队已有成果，具体物理模拟试验方法构想见表 3-1。

表 3-1 煤与瓦斯突出及其防控物理模拟试验方法构想

目前研究现状	试验需求	解决手段
试验模型尺寸小、边界效应明显	大尺寸试件	大尺度试件箱体
应力加载方式单一、无法模拟深部采动应力	真三维应力加载	三向多级应力加载方式
采集数据少、难以获取煤体内部不同参数	煤体内部多物理场监测	煤体内部布置不同传感器
试验功能单一	丰富试验装置功能	不同功能模块组合

根据以上试验方法构想，本研究采取模块化设计，以实现不同试验功能，具体逻辑关系如图 3-1 所示。煤与瓦斯突出及其防控物理模拟试验系统包括“四大子系统”和“三大模块”。“四大子系统”是试验系统的基础，可实现煤岩试件的成型、布置传感器以及加载应力和数据采集等基础功能，由控制与数据采集子系统、真三轴加载子系统、试件箱体子系统和试件成型子系统组成。“三大模块”是模拟不同试验的载体，包括煤与瓦斯突出模块、常规瓦斯抽采模块和强化瓦斯抽采模块，结合“四大子系统”即可开展煤与瓦斯突出及其防控物理模拟试验，具体包括煤与瓦斯突出物理模拟试验、煤层瓦斯常规抽采防突物理模拟试验和水力冲压一体化强化抽采防突物理模拟试验。

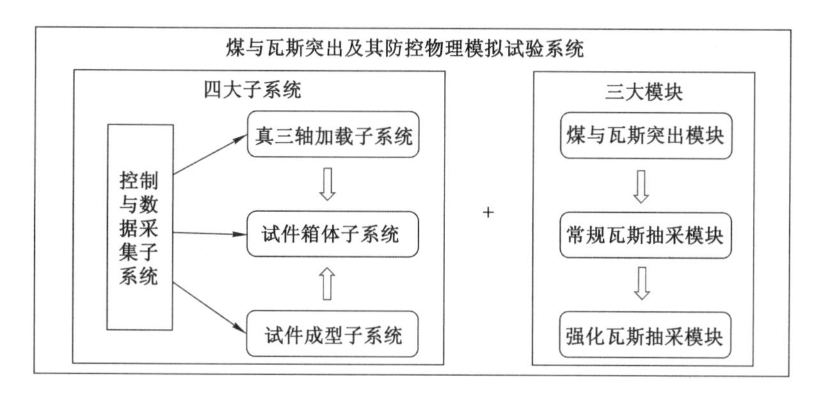

图 3-1　煤与瓦斯突出及其防控物理模拟试验方法逻辑图

3.1.2　物理模拟试验方法

煤与瓦斯突出及其防控物理模拟试验方法包括煤与瓦斯突出物理模拟试验方法、煤层瓦斯常规抽采防突物理模拟试验方法和水力冲压一体化强化抽采防突物理模拟试验方法。

(1) 煤与瓦斯突出物理模拟试验方法

煤与瓦斯突出往往发生在应力集中区域，如何模拟采动条件下的应力集中现象成为关键。为此，设计试件箱体为长方体，在箱体 3 个方向配备 9 个独立加载压头，可对煤体 4 个区域进行独立加载。如图 3-2 所示，在不同区域(原始应力区、应力集中区和卸压区)加载不同大小应力，可模拟三维采动应力；试件箱体右端设置突出口，结合煤与瓦斯突出模块可实现突出口的密封和开启，可模拟石门揭煤诱发的煤与瓦斯突出。通过试件成型子系统分层压制煤样，并且同步在煤体内不同位置布置相应传感器，传感器接线通过箱体壁面传感器转换接口连接至控制与数据采集子系统，可实现不同参数的全方位采集。

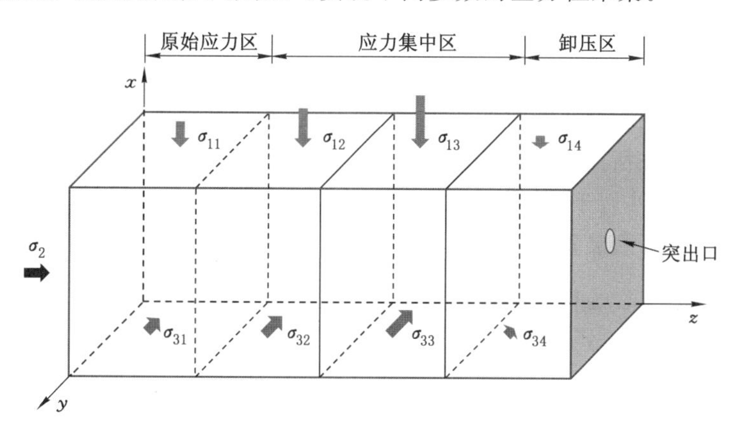

图 3-2　煤与瓦斯突出模拟示意图

(2) 煤层瓦斯常规抽采防突物理模拟试验方法

煤层瓦斯常规抽采防突物理模拟试验重点研究不同地质条件和钻孔布置对抽采防突效果的影响。其中，不同地质条件包括不同初始气压和不同地应力，容易实现。为实现不同钻孔布置，同时考虑试件箱体为长方体，因而在箱体较长一侧壁面上不同位置设置抽采钻孔安装接口。抽采钻孔可连接至不同接口上，同时与外部流量计相连，结合瓦斯抽采模块，可开展不同条件下瓦斯常规抽采防突试验。抽采过程中煤体内部数据的采集同煤与瓦斯突出所述相同，如图 3-3 所示。

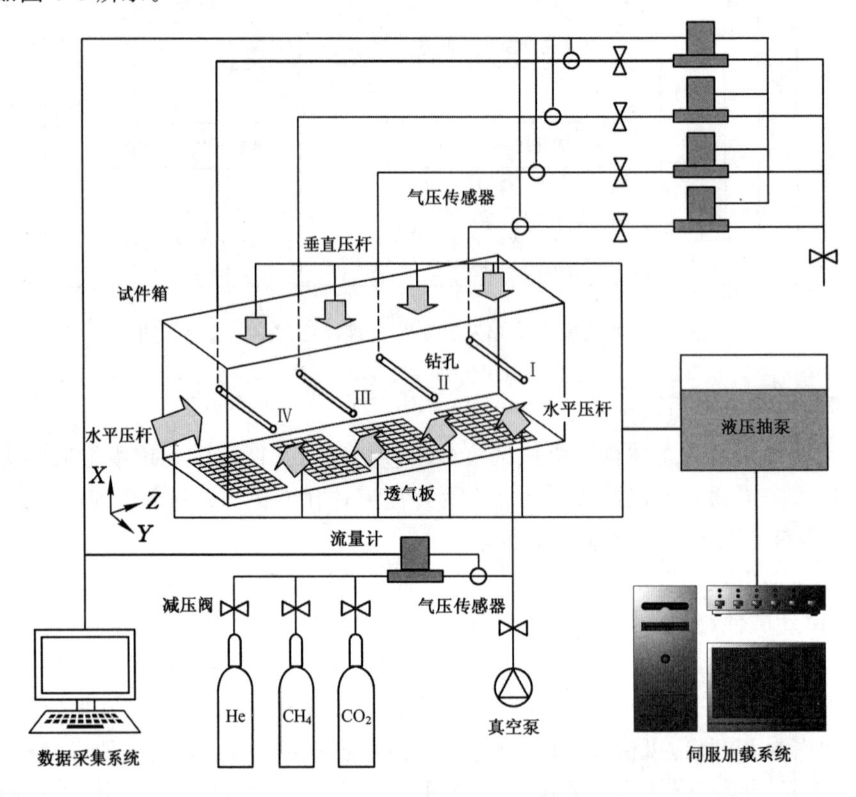

图 3-3　煤矿瓦斯常规抽采防突模拟示意图

(3) 水力冲压一体化强化瓦斯抽采防突物理模拟试验方法

水力冲压一体化强化瓦斯抽采防突物理模拟试验的难点在于对相同条件下同一煤层先后实施瓦斯抽采、水力冲孔、冲孔后抽采、水力压裂以及压裂后抽采等多个环节。煤样成型、应力加载和数据采集同前文所述，瓦斯抽采环节原理同常规瓦斯抽采相同，只是抽采钻孔布置方式由“平行于 y 轴”变为“平行于 z 轴”，如图 3-4 所示；同时，设计强化抽采模块(见 3.3 节)，包括水力冲孔装置和水力压裂装置，可开展水力冲压一体化强化抽采防突物理模拟试验。

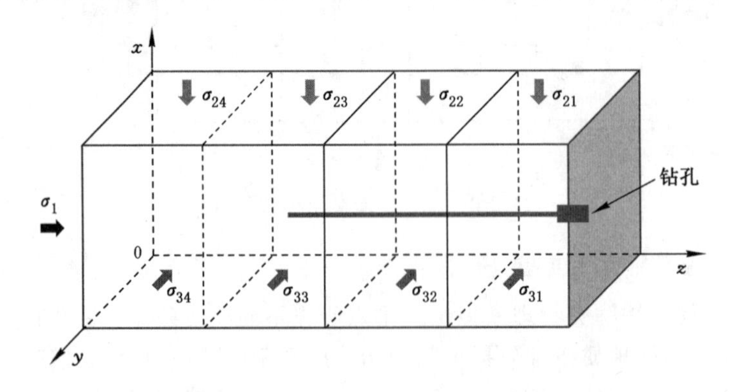

图 3-4　煤层瓦斯水力一体化强化抽采防突模拟示意图

3.2 物理模拟试验相似原理

物理模拟试验是针对特定的工程地质问题采用相应的相似原理进行缩尺研究的一种模拟试验研究方法。因此,不同的研究对象对应不同的相似准则[140]。相似模拟试验之所以能够成功,一是因为它能够抓住研究问题的本质,有明确的科研思路及试验目的,能避开次要、随机因素,突出其主要矛盾;二是因为相似模拟试验以相似理论为根据,尤其能使在研究过程中起决定作用的参数充分反映在相似准则中;三是配有相应的试验设备作基础[141]。相似原理的理论基础是相似三定理[146],相似第一定理为相似现象的性质定理:凡是相似的现象其各相似指标均为1;相似第二定理,即 π 定理:当一个现象由 n 个物理量的函数关系来表示,且这些物理量中含有 m 个基本量纲时,则能得到$(n-m)$个相似准数;相似第三定理为判定定理或称逆定理:对于同类现象,凡是单值条件相似,并且由单值条件量组成的相似准则相等,则这些现象相似。相似准则的导出方法有定律分析法、方程分析法和量纲分析法3种,其中方程分析法和量纲分析法目前应用较为广泛,又以量纲分析法为最[147]。因此,本书选择量纲分析法来确定各物理量之间的相似关系。

煤与瓦斯突出的发生及其防治是一个复杂的瓦斯"解吸-扩散-渗流"过程,涉及众多因素,要使所有因素都保持相似是很难做到的,在工程实际和试验过程中也是没有必要的。因此,考虑影响瓦斯量 Q 的主要因素包括:煤层气压 p、相关尺寸 L(煤层尺寸或钻孔尺寸)、应力 σ、煤层渗透率 k、煤体弹性模量 E、煤体泊松比 ν、煤体孔隙率 φ、时间 t 以及气体动力黏度系数 μ 等。

以上10个变量之间的关系可以写成:

$$f(Q,L,p,\sigma,k,E,\nu,\varphi,t,\mu)=0 \tag{3-1}$$

选取尺寸 L、应力 σ 和时间 t 为基本未知量,则根据相似第二定理,其他未知量可以用基本未知量来表示,式(3-1)变为:

$$f\left(\frac{Q}{L^{3}t^{-1}},\frac{p}{\sigma},\frac{k}{L^{2}},\frac{E}{\sigma},\nu,\varphi,\frac{\mu}{\sigma t}\right)=0 \tag{3-2}$$

同时,可以进一步得到7个相似准数:

$$\begin{cases}\pi_1=QL^{-3}t\\ \pi_2=p\sigma^{-1}\\ \pi_3=kL^{-2}\\ \pi_4=E\sigma^{-1}\\ \pi_5=\nu\\ \pi_6=\varphi\\ \pi_7=\mu\sigma^{-1}t^{-1}\end{cases} \tag{3-3}$$

根据相似第一定理,要使模型与原型相似,则需要满足以下方程:

$$\begin{cases} C_Q C_L^{-3} C_t = 1 \\ C_p C_\sigma^{-1} = 1 \\ C_k C_L^{-2} = 1 \\ C_E C_\sigma^{-1} = 1 \\ C_\nu = 1 \\ C_\varphi = 1 \\ C_\mu C_\sigma^{-1} C_t^{-1} = 1 \end{cases} \tag{3-4}$$

式中，C_Q、C_L、C_t、C_σ、C_p、C_k、C_E、C_ν、C_φ 和 C_μ 分别为抽采量相似常数、尺寸相似常数、时间相似常数、应力相似常数、气压相似常数、渗透率相似常数、弹性模量相似常数、泊松比相似常数、孔隙率相似常数和气体动力黏度系数相似常数。

由于试验使用型煤，可认为容重相似常数 C_γ 约等于 1，同时考虑试验气体和现场基本一致，取 $C_\mu \approx 1$，有：

$$\begin{cases} C_\sigma = C_L C_\gamma = C_L \\ C_\mu = C_\gamma = 1 \end{cases} \tag{3-5}$$

则由式(3-4)和式(3-5)，可得到下式：

$$\begin{cases} C_\nu = C_\varphi = C_\mu = C_\gamma = 1 \\ C_L = C_\sigma = C_p = C_E \\ C_Q = C_L^4 \\ C_k = C_L^2 \end{cases} \tag{3-6}$$

根据实验室条件及前期经验，取 $C_L = 5$，则得到各相似常数最终关系式：

$$\begin{cases} C_\nu = C_\varphi = C_\mu = C_\gamma = 1 \\ C_L = C_\sigma = C_p = C_E = 5 \\ C_Q = 625 \\ C_k = 25 \end{cases} \tag{3-7}$$

试验装置地应力加载能力设计为 10 MPa，气压密封能力设计为 6 MPa，则根据相似常数计算得到模拟现场地应力和煤层气压分别为 50 MPa 和 30 MPa，完全满足目前煤矿开采深度对应的地应力和气压大小。试件为长方体，同时考虑进行分区应力加载并结合已有装置参数，设计试件箱体尺寸为 1.05 m×0.40 m×0.40 m(长×宽×高)。

3.3 物理模拟试验系统

图 3-5 为煤与瓦斯突出及其防控物理模拟试验系统实物图，包括真三轴加载子系统、试件箱体子系统、试件成型子系统、控制与数据采集子系统、煤与瓦斯突出模块、常规瓦斯抽采模块、强化瓦斯抽采模块以及相关附属设施。

图 3-5 煤与瓦斯突出及其防控物理模拟试验系统

3.3.1 真三轴加载子系统

真三轴加载子系统的主要功能是模拟煤层复杂地应力状态，主要包括主体承载支架和伺服控制加载装置两部分。其中，主体承载支架是为了方便放置箱体并提供反向力，而伺服控制加载装置则是为了提供应力加载，如图 3-6 所示。

(1) 主体承载支架

主体承载支架包括主体承载底座、箱体滚动底座、左右立柱、油缸固定架及试件箱反力架等。为减少试件箱与主体承载底座的摩擦力，在主体承载底座上设计了箱体滚动底座，并配备有试件箱推拉油缸，以方便试件箱体移动。在主体承载底座两侧分别设计了左立柱(图 3-6中的 12)和右立柱，同时在其上端设计了横梁，在横梁和右立柱对应位置分别安装了油缸固定架，以固定加载垂向地应力和水平方向地应力的油缸。在主体承载底座后侧同样安装油缸固定架，以固定加载后向地应力的油缸，而在主体承载底座前侧设计试件箱反力架，以提供反向力。

(2) 伺服控制加载装置

如图 3-7 所示，共配备 9 套独立伺服控制加载机，能提供双路 7.5 L/min 压差式伺服油源，对应试件箱体垂向 4 个加载油缸、侧向 4 个加载油缸和后向 1 个加载油缸。油缸通过加压杆对试件进行加载，同时外部配有位移传感器和力传感器以连接缸体和压头，用于测量加压压杆加载时的力值和位移量，可实现控制功能，具体有力加载和位移加载两种不同加载方式。其中，垂向的 4 个加载油缸以及侧向的 4 个加载油缸可分别提供 1 000 kN 力，对应的应力大小约为 10 MPa，后向 1 个加载油缸可提供 2 000 kN 力，对应应力大小约为 12 MPa。需要说明的是，9 个加载油缸可进行独立加载或同步加载，可模拟煤岩试件的静水压、真三轴以及应力集中等多种受力状态，对于开展复杂受力状态下煤与瓦斯突出及其防控物理模拟试验研究具有重要意义。

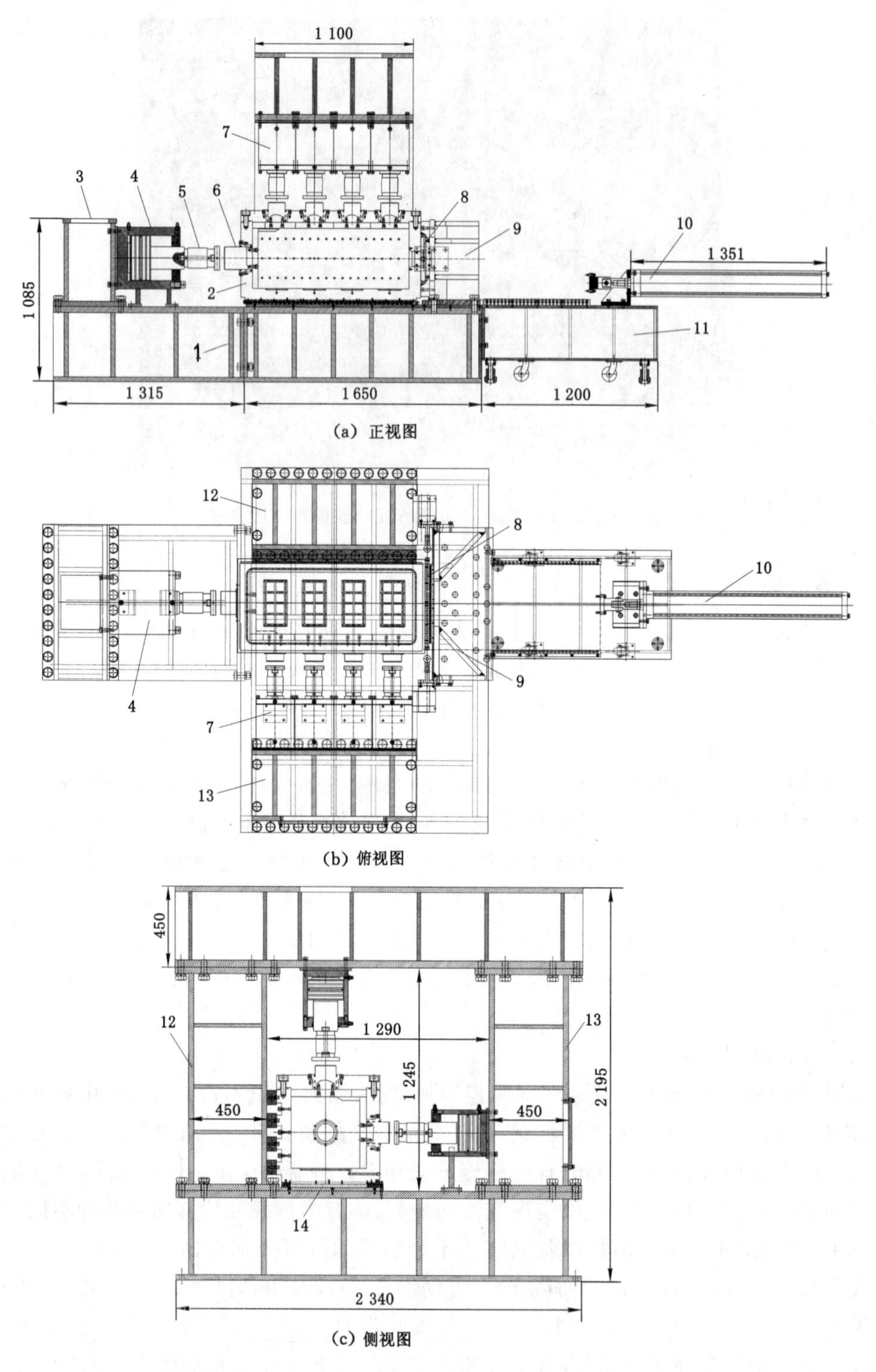

1—主体承载底座；2—试件箱；3—油缸固定架；4—2 000 kN 加压油缸；5—力与位移传感器；6—加压压杆；7—1 000 kN 加压油缸；8—推拉密封门；9—试件箱反力架；10—试件箱推拉油缸；11—移动底座；12—左立柱；13—右立柱；14—箱体滚动底座。

图 3-6　煤与瓦斯突出及其防控物理模拟试验系统结构图(单位：mm)

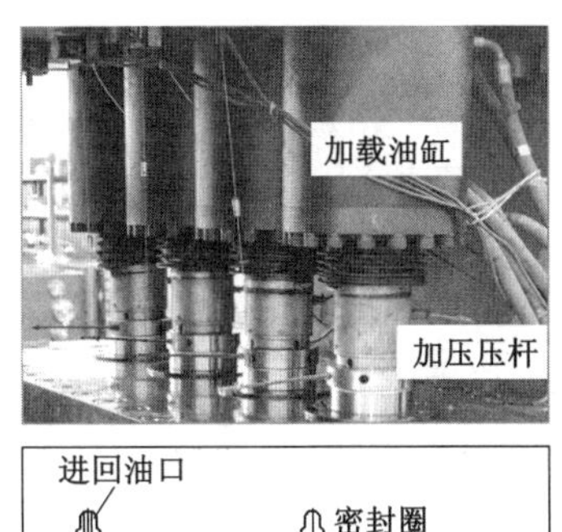

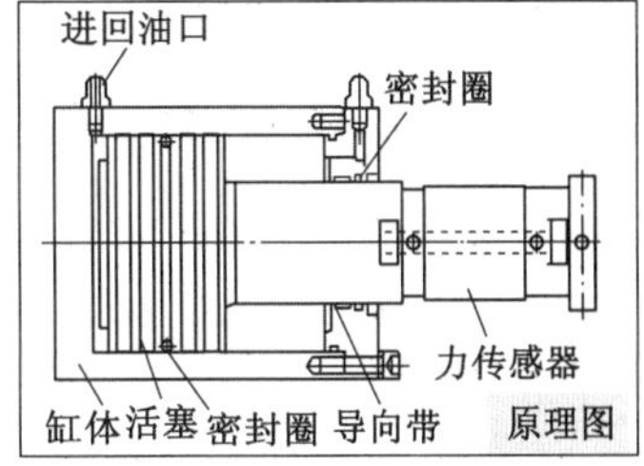

图 3-7 伺服控制加载装置

3.3.2 试件箱体子系统

试件箱体是整套试验装置的核心之一，一方面可模拟煤层复杂赋存状态，如地应力条件、瓦斯状态和煤层特性等；另一方面配合不同功能模块可实现不同试验功能，如煤与瓦斯突出试验（见 3.3.5 节）、煤层瓦斯常规抽采试验（见 3.3.6 节）和水力冲压一体化强化瓦斯抽采试验（见 3.3.7 节）。图 3-8 和图 3-9 分别为试件箱体结构图和实物图，试件箱体外部尺寸为 1 250 mm×605 mm×605 mm（长×宽×高，不含加压压杆），内部净尺寸（模拟最大煤岩体尺寸）为 1 050 mm×400 mm×400 mm（长×宽×高）。需要说明的是，试验前后分别加工两套试验箱体以提高试验进展，但由于加工工艺变化等原因，导致两套箱体净尺寸有所不同。本书第 5 章试验所用试件箱体净尺寸为 1050 mm×400 mm×400 mm，第 4 章和第 6 章试验所用试件箱体尺寸为 1 050 mm×410 mm×410 mm。下面分别从试件箱体所模拟的地应力条件、瓦斯状态和煤层特性等角度介绍其设计思路及功能参数。

(1) 地应力条件

试件箱体共配备 9 个加压压杆，通过导向法兰套分别与 9 个加压压板连接，加压压板与煤岩试件直接接触以施加应力。为了保证加压压杆的定向移动及密封性，在加压压杆和导向法兰套之间设计了导向带和组合密封圈；同时，为了避免不同方向加压压板移动时相互影响，在加压压板下方设计了防干涉板。其中，垂向和侧向的 8 个加压压板加载尺寸相同，均为 400 mm×262.5 mm，可提供 1 000 kN 力，后向的 1 个加压压板加载尺寸为 400 mm×400 mm，可提供 2 000 kN 力，9 个加载油缸可进行独立加载或同步加载，对应 9 个加压压板也分别相互独立，以实现煤岩试件的静水压、真三轴以及应力集中等多种受力状态。

(2) 瓦斯状态

为了模拟煤层瓦斯赋存状态，关键技术是解决气体密封问题，可分为试件箱体盖板密封和突出口密封。试件箱端面与试件箱盖板结合部位设计为里高外低的阶梯结构，这种阶梯结构形成的凸台与盖板凹槽紧密扣合，同时在试件箱端面凸台上方加工圆形槽，并配有“O”形密封圈，通过盖板螺栓固定盖板，操作方便，且密封效果可靠，经测试可实现 6.0 MPa 密封气压。

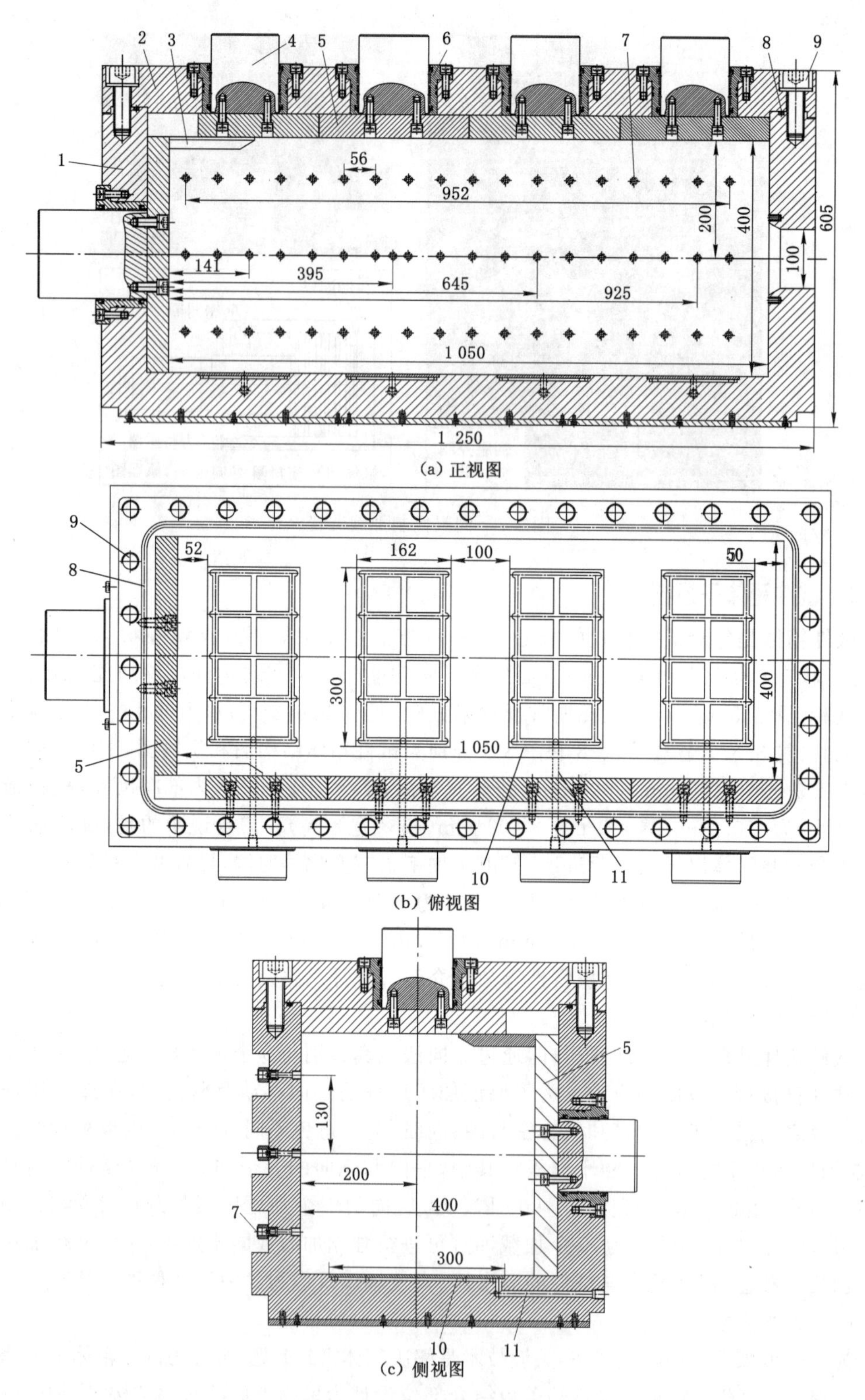

1—箱体；2—盖板；3—防干涉板；4—加压压杆；5—加压压板；6—导向法兰套；
7—传感器及抽采钻孔通道；8—“O”形密封圈；9—盖板螺钉；10—透气钢板；11—进气通道。

图 3-8　试件箱体结构图(单位：mm)

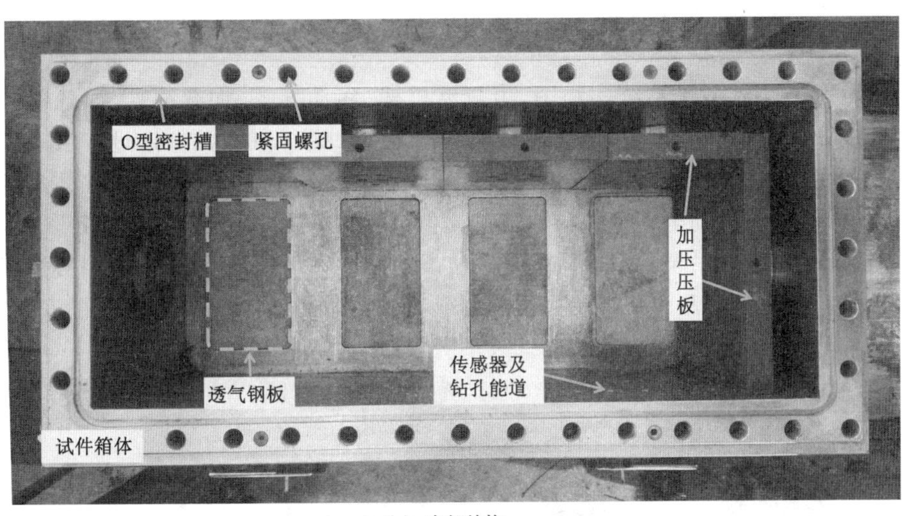

(a) 内部结构

(b) 外部结构

图 3-9 试件箱体实物图

与此同时，在试件箱底部铺设有 4 块尺寸为 300 mm×162 mm 的透气钢板，通过底部进气通道连接外部气源，能实现对煤岩试件的“面”充气，使气体吸附更加快速、均匀。试验过程中可根据需要改变煤层瓦斯吸附气体种类、吸附量和吸附气压等。

(3) 煤层特性

煤层作为存储瓦斯的介质同时也是其运移通道，其特性会直接影响瓦斯渗流效果。煤层渗透性是体现煤层特性的重要参数之一，试验过程中通过改变型煤粒径配比和成型压力，可模拟不同渗透性煤层。

3.3.3 试件成型子系统

基于以下 3 方面原因需要配备专用试件成型子系统：

① 试件尺寸较大，难以取得较大尺寸的原煤样品。

② 为了采集煤层内部不同位置相关参数，需要在煤层内布置不同传感器，同时要布置抽采钻孔或压裂钻孔，使用型煤更方便操作。

③ 通过改变型煤成型条件可以在室内制作出不同性质煤样，以开展不同煤样条件下相关试验。

图 3-10 为试件成型子系统实物图，由成型机架、移动导轨、加载油缸、加载模具、控制柜、测力仪表及限位反力架组成，最大成型压力为 5 000 kN。加载油缸通过 10 L/min 液压站控制，其加载力值通过一台电测仪表显示。导轨上的移动小车是一个试件箱体承载平台，可将装有煤样试件箱移动至预定的与加载模具相对应的位置，由于试件箱体较重，因此需用起吊装置从移动底座上吊至移动导轨上。限位反力架的作用则是通过紧固螺杆对试件箱体进行固定，防止在成型过程中试件受力不均匀或试件箱体变形，保证试件盖板的安装及箱体密封性。

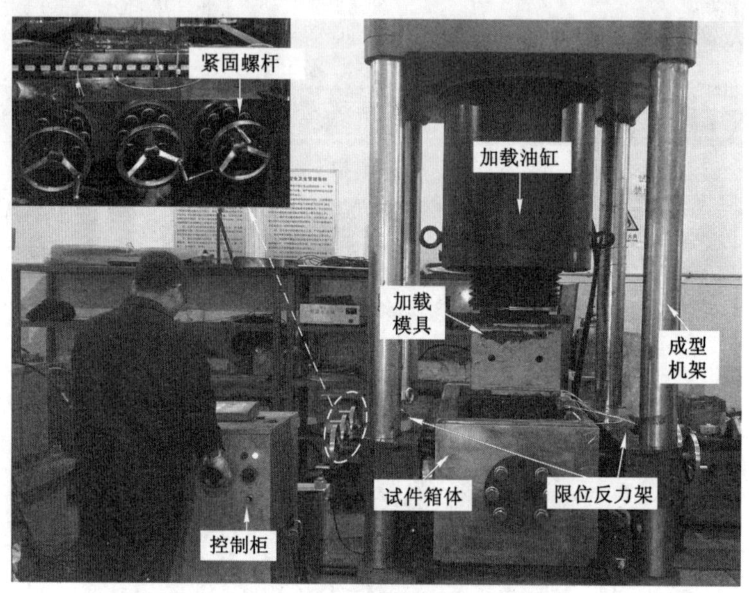

图 3-10　试件成型子系统实物图

3.3.4　控制与数据采集子系统

控制与数据采集子系统包括控制部分和数据采集部分，具体如下：

(1) 控制部分

图 3-11 为试验系统配套的 MaxTest-Coal 软件控制界面，其主要作用是对真三轴加载系统进行指令输出，输出方式有力控制和位移控制两种控制模式，且均为全闭环控制。控制软件面板共有 9 个控制节点，分别对应于 9 个伺服控制加载机和加载油缸，控制节点可分成 1～9 组进行控制，每组可分别编制程序，执行控制的开始和停止由控制面板中的“开始”和“停止”按钮统一控制，该控制系统具有操控简单、自动化程度高、可编组等优点。

(2) 数据采集部分

数据采集可对试验过程中煤层参数进行多层次、多方位、多种类的实时监测、显示及采集。主要采集参数包括：力、位移、煤层气压、煤层温度和抽采流量等。其中，力和位移传感器分别均安装在加载油缸上，在应力加载的同时，同步采集数据。

试件箱侧壁设计有 3 排共 55 个数据采集孔，其中 4 个用来安装抽采钻孔，其余数据采集孔则用来连接传感器。如图 3-12 所示，气体压力传感器安装在试件箱外壁上，通过复合

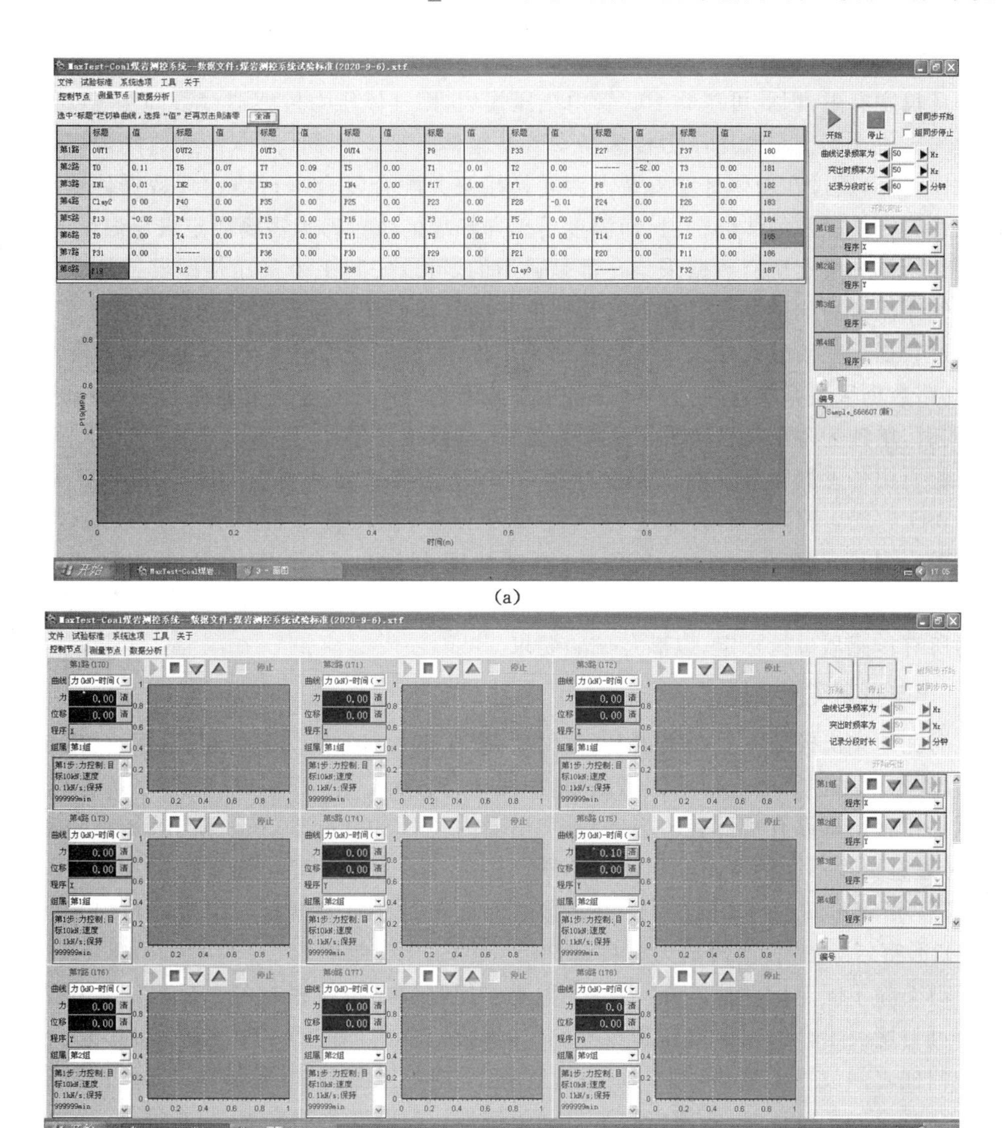

(a)

(b)

图 3-11　MaxTest-Coal 软件控制界面

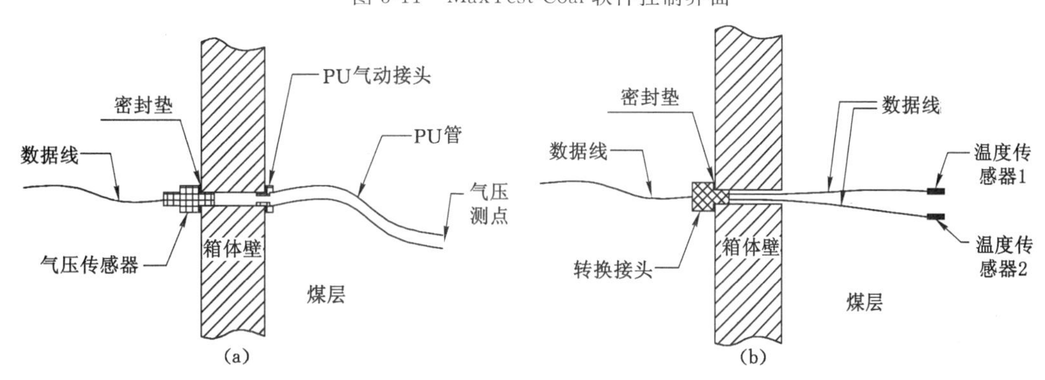

图 3-12　数据采原理

密封垫进行密封，而试件箱内壁上安装 PU 气动快速接头以连接 PU 管，由于 PU 管阻力系数较小且长度有限，因此可忽略 PU 管内气压损失，则气体压力传感器读数即为 PU 管开口端位置气压值大小。与气体压力传感器安装在箱体外壁上不同，温度传感器则需要预埋在煤岩试件内部，通过在箱体外壁安装温度转换接头并配合复合密封垫实现数据传输线和传感器接线的转换以及气体的密封，而温度传感器预埋的位置即为需要测定煤层温度的位置，同时试件箱体外壁上所有数据采集孔都是通用的，可以安装 1 个气压传感器或 2 个温度传感器。气体流量的测量是通过在出气管路上连接气体质量流量计实现的。传感器采集到的数据通过数据传输信号线接入计算机数据采集板，系统配置了由 10 个 8 通道数据采集板组成的 80 路数据采集系统，分别为 48 路气压采集通道、16 路温度采集通道和 16 路流量采集通道；同时，单独配备了 1 台声发射采集系统，由于是独立采集，将在 3.2.8 节介绍。

试验所用传感器型号及测试精度介绍：气体压力传感器型号为 GB-Y-J6M 型，测量范围为－0.1～6.0 MPa，测试精度为±0.25%F.S.；温度传感器选择铂热电阻，型号为 Pt100，理论测量范围为－200～850 ℃，测试精度为±0.15 ℃；气体质量流量计型号为 CS230 型，测量范围为 0～300 L/min，测试精度为±0.35%F.S.。另外，在每次试验之前，需要对所有传感器进行标定，以满足试验要求。

3.3.5 煤与瓦斯突出模块

煤与瓦斯突出模块主要由突出套、反力架、推拉密封门和压门装置组成，配合“四大子系统”可开展不同条件下煤与瓦斯突出试验，如图 3-13 所示。

试件箱突出口设有可拆装的突出套，突出套内径有 30 mm、60 mm 和 100 mm 三种不同尺寸，可通过更换不同的突出套而进行不同口径条件下的煤与瓦斯突出试验，突出套与箱板之间用“O”形密封圈密封，并使用螺栓连接以保证密封性。突出套与推拉密封门之间同样采用“O”形密封圈密封，密封的力来自试件箱后方的压门油缸。

反力架除了固定试件箱体外，另一个重要作用是固定推拉密封门。反力架立板的开口上设有可封堵突出套的左推拉门和右推拉门，推拉门前门面的上、下两部位和其上、下面与反力架门框之间设置了滚子，用于减小推拉门开关时的摩擦力，以增加其灵活性。两扇推拉门分别与对应的气缸连接，所用气缸可自动控制推拉门的开关动作。左、右推拉门的接触面上分别设置了左、右密封板，工作时左、右推拉门在气缸作用下闭合，形成一个整体密封的板，在压门装置作用下，试件箱前移与推拉门接触，此时在试件箱的突出套“O”形密封圈和推拉门及其密封板之间就会形成一个密封空间，可在 6.0 MPa 压力状态下不漏气，如图 3-13(e)所示。上述的压门装置由试件箱后面位于底座上的两个 300 kN 液压油缸组成。试验前期，密封门处于关闭状态，压门油缸处于作动状态以保证对试件箱的密封。为了实现突出，设计程序能够使压门油缸停止动作并回收，同时推拉门气缸电磁阀门自动改为制动状态，从而启动推拉门气缸将密封门打开。

3.3.6 常规瓦斯抽采模块

常规瓦斯抽采模块主要由抽采钻孔及其连接管路组成，如图 3-14 所示。在开展常规瓦斯抽采试验时，箱体右端突出口使用法兰配合“O”形密封圈固定以保证箱体密封效果。

为了实现不同钻孔数量、钻孔间距等条件下瓦斯抽采试验，共设计 4 个相同的抽采钻孔。试件箱体一侧设计有 3 排共 54 个转换接口，既可以安装传感器，又可以安装抽采钻孔，抽采

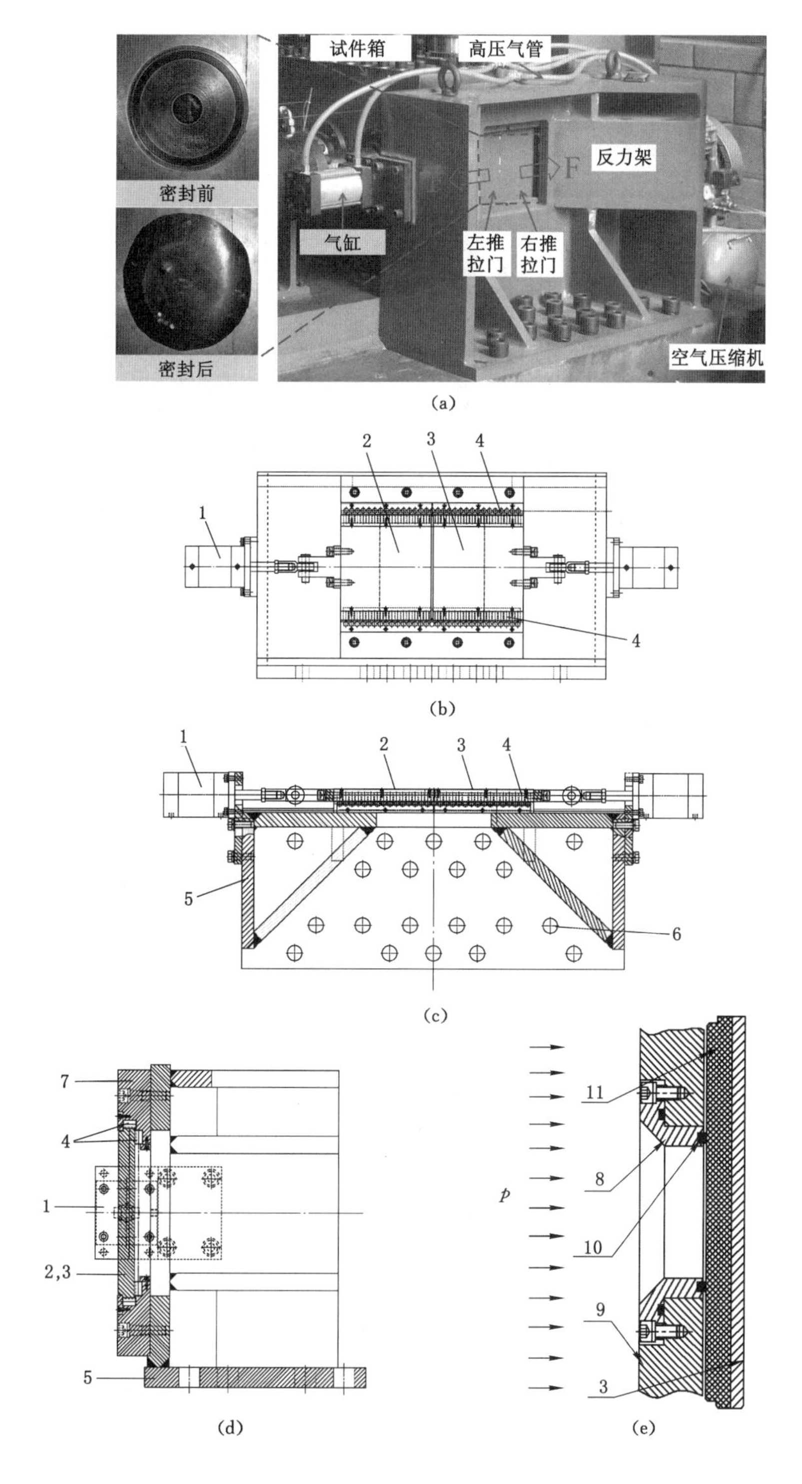

1—汽缸；2—左推拉门；3—右推拉门；4—减摩滚子；5—反力架；6—固定螺钉；
7—门框；8—突出套；9—试件箱；10—“O”形密封圈；11—左密封板；P—压门油缸施加的力。

图 3-13 煤与瓦斯突出子系统

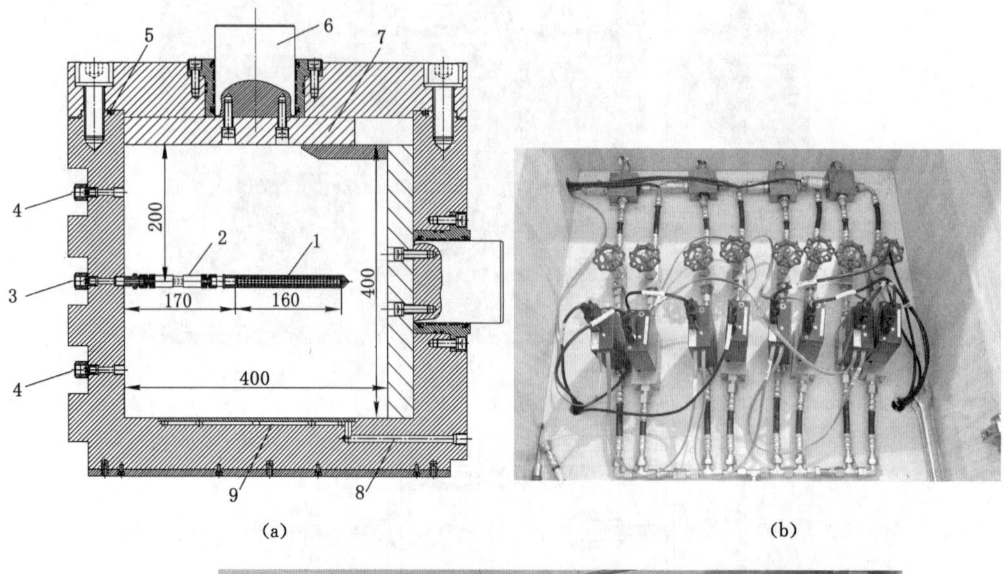

(a) (b)

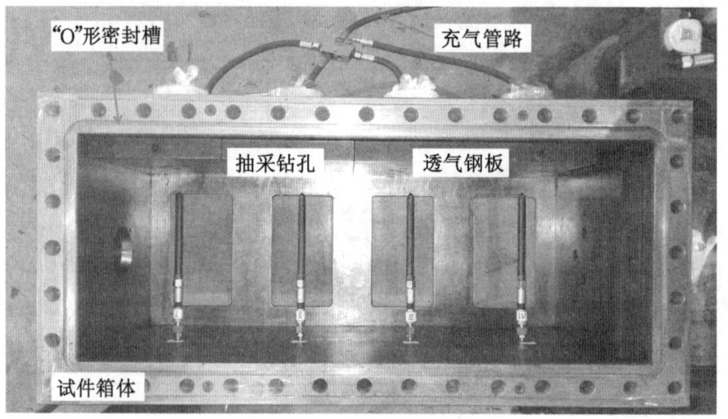

(c)

盖板
气体压力传感器
温度转换接头
数据线
出气管路
试件箱
水平井通道

(d)

1—钻孔抽采段；2—钻孔连接段；3—钻孔通道；4—传感器通道；5—“O”形密封圈；
6—加压压杆；7—加压压板；8—进气通道；9—透气钢板。

图 3-14　常规瓦斯抽采子系统（单位：mm）

钻孔装配效果如图 3-14(a)所示。抽采钻孔外径为 18 mm、内径为 6.4 mm,总长度 330 mm。由于抽采钻孔需要在压制型煤过程中提前预埋进煤体,防止应力加载过程中被折断,其左侧 170 mm 段为孔壁不透气的可变形软管,称为连接段,而右侧160 mm段的轴向和周向均设计有透气小孔,称为抽采段。为了实现煤体均匀吸附,在试件箱体底部铺设有 4 块透气钢板,充气吸附过程中将充气管路分别连接至 4 块透气钢板上,如图 3-14(c)所示。抽采钻孔则通过出气管路连接至流量计,每个抽采钻孔均配有单独的流量计量支路,以实时获取不同钻孔抽采瓦斯流量的大小;同时,为了更加精确测量试验全过程中流量大小,在不同支路上分别并联大、小两种量程流量计,如图 3-14(b)所示。在抽采前期瓦斯流量较大时,打开大量程流量计;在抽采后期瓦斯流量较小时,切换为小量程流量计。

3.3.7 强化瓦斯抽采模块

对于常规瓦斯抽采试验,考虑钻孔布置不同,可设计平行于 y 轴的侧向多钻孔,而水力冲孔和水力压裂试验均考虑沿 z 轴方向进行冲孔或压裂。为了考察强化抽采效果,需要在水力冲孔或压裂前后进行相同条件下的瓦斯抽采试验,以对比不同水力化强化措施增透效果。因此,本试验系统设计了沿 z 轴方向的强化抽采子模块、水力冲孔子模块和水力压裂子模块。

(1) 强化抽采子模块

强化抽采子模块是在试件箱体的基础上增加一套抽采套,如图 3-15 所示。抽采套与前箱板的阶梯面之间通过密封圈密封和螺栓固定,抽采套的内孔为阶梯孔,该阶梯孔内设置有形状与阶梯孔对应的护壁管固定座,护壁管固定座与护壁管直接相连,护壁管用于支撑所模拟钻孔或钻井的模型孔壁免塌孔,抽采套的阶梯面与该护壁管固定座之间设置有"O"形密封圈,抽采套的前端面通过螺栓连接有固定法兰盘对护壁管固定座进行固定,护壁管固定座与固定法兰盘之间通过螺栓和密封圈进行固定密封,固定法兰盘的前端设置有法兰凸台,法兰凸台的外圆设有螺纹。护壁管为前端开口的盲管,为了避免煤体受力时挤压护壁管致其变形,盲端设计为尖端。护壁管外径为 33 mm,内径为 28 mm,长度为 985 mm,护壁管在与上(右)方压杆相对应的位置分布有 4 个透气区域。

护壁管和固定法兰中设置有内管,内管包括固定管、抽采管和可选的调节管 3 种结构,固定管、调节管和抽采管前后依次用螺纹连接,接连端面处均设置有密封圈。固定管对应法兰凸台处设置有限位凸缘,该限位凸缘通过法兰凸台的外螺纹及其配合的固定螺母进行固定,从而对整个内管进行固定。固定管和调节管沿轴向设置有通孔,抽采管沿轴向设置有前端开口后端封闭的盲孔;抽采管也设置有透气区域,透气区沿周向和轴向均布有多个透气孔,护壁管的透气区在圆周方向上均布有 18 个透气孔,孔径为 1.5 mm,轴向孔心距为 5 mm,抽采管的透气区在圆周方向上均布有 4 个透气孔,孔径为 2 mm,轴向孔心距为 10 mm。内管的透气区前后两端分别设置有密封凸缘,密封凸缘外径接近 28 mm,护壁管上设置有与抽采凸缘对应的密封区(无孔区域),密封凸缘与护壁管之间设置有"O"形密封圈进行密封,且密封凸缘与所在密封区上方的压杆轴线垂距相等。

抽采管包括两种基本结构:

① 第一、第二密封凸缘与护壁管密封区之间分别设置有密封圈,此时,第一抽采密封和第二抽采密封相对端面之间距离构成有效抽采长度 L。抽采管的有效抽采长度有 3 种不同尺寸,分别为 45 mm、90 mm 和 180 mm。

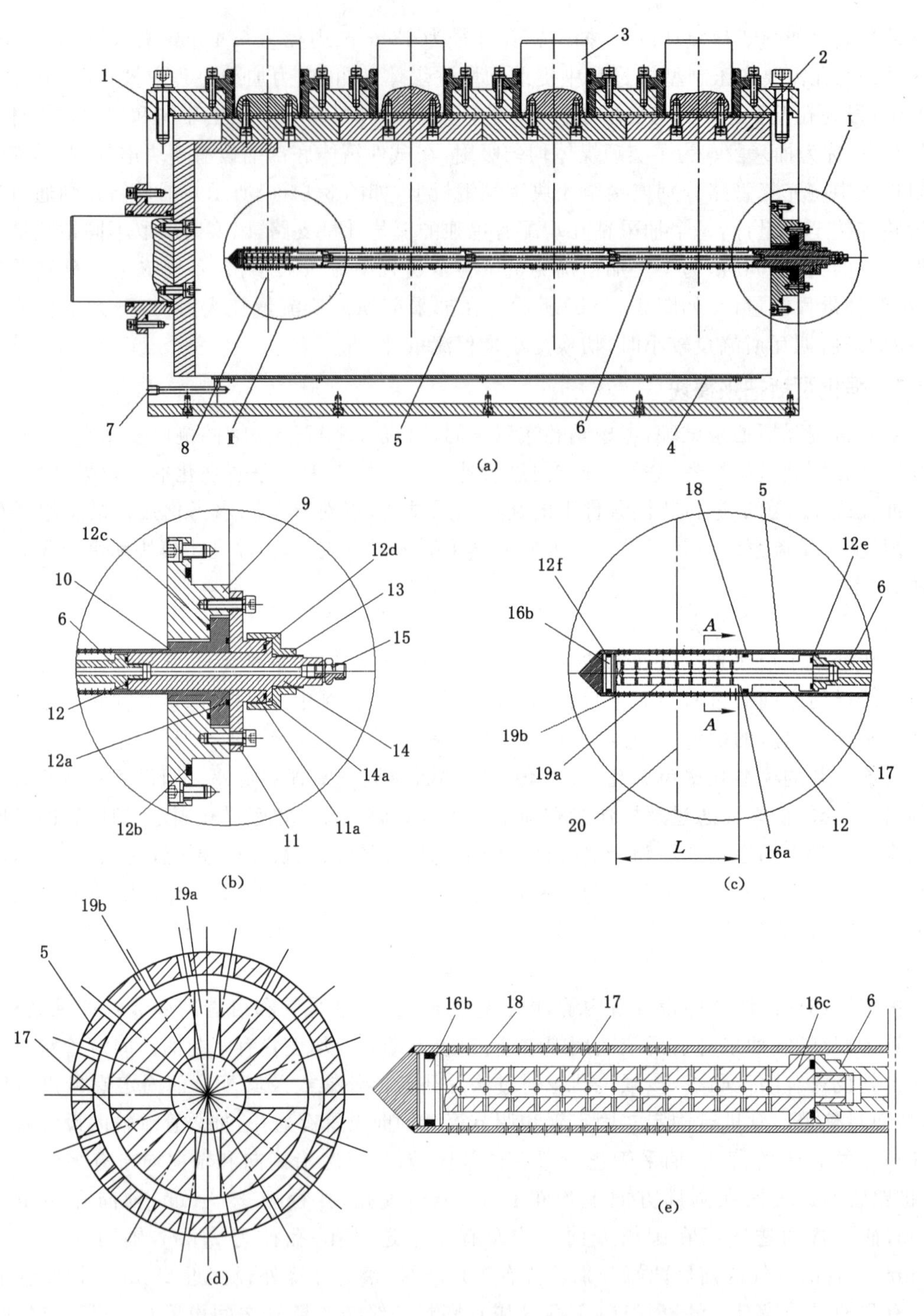

1—箱体盖板；2—压板；3—压轴；4—透气钢板；5—护壁管；6—调节管；7—进气口；
8—压轴中心线；9—抽采套；10—护壁管固定座；11—法兰盘；11a—法兰凸台；
12a～12f—密封圈；13—固定螺母；14—固定管；14a—限位凸缘；15—出气接头；
16a—第一密封凸缘；16b—第二密封凸缘；16c—无密封凸缘；17—抽采管；
18—护壁管密封区；19a—抽采管透气孔；19b—护壁管透气孔；*L*—有效抽采长度。

图 3-15　强化抽采子模块结构图

② 仅有位于后端的第二密封凸缘与护壁管配合并设置密封圈，位于前端的第一密封凸缘外径小于护壁管的内径为 26 mm，此时整段抽采管均为有效抽采长度，如图 3 15(c)所示。

(2) 水力冲孔子模块

水力冲孔子模块配合“四大子系统”可开展不同条件下的煤层水力冲孔强化抽采试验，包括喷嘴、水力冲孔钻杆、水力冲孔旋转系统、水力冲孔推进系统、底座及固定系统、高压水箱和电动机，如图 3-16 和图 3-17 所示。① 喷嘴。喷嘴是水力冲孔系统的关键部件之一，安装在水力冲孔钻杆前端，其作用是将流体的压力能转变为动能，利用从喷嘴射出的具有高能量的射流进行煤体切割破碎。水力冲孔过程中通过旋转水力冲孔钻杆，使高压水不再是点冲击而是面冲击，通过推进水力冲孔钻杆形成近似圆柱状冲击面。共设计有两种喷嘴，如图 3-18 所示。喷嘴顶端封堵，另一端通过螺纹段与水力冲孔钻杆连接。喷嘴内锥形段的中部开有 3 个均布的直径 0.9 mm 圆形喷孔，喷孔贯穿锥形段的锥面与水力冲孔钻杆连通。第一种喷嘴与水力冲孔钻杆中心线呈 45°夹角向前喷射高压水，第二种喷嘴与水力冲孔钻杆中心线成 90°夹角喷射高压水。两种喷嘴设计都是为了方便利用高压水对煤体进行冲刷破煤，将煤层内冲出类似圆柱状孔洞。相同水压力条件下，不同水力冲孔喷嘴角度对煤层的破坏压力不同，可根据需求更换喷嘴。

② 水力冲孔钻杆。在水力冲孔过程中，水力冲孔钻杆的主要作用是传输高压水至喷嘴，并可通过水力冲孔钻杆控制水力冲孔位置，传递水力冲孔旋转系统的旋转速度，同时带动喷嘴旋转。设计有两种水力冲孔钻杆，如图 3-19 所示。水力冲孔钻杆使用外径 10 mm、内径 6 mm 的无缝钢管加工而成，强度高、变形小。第一种水力冲孔钻杆为表面光滑钻杆，第二种水力冲孔钻杆外壁上固定有一根螺旋片，该螺旋片围绕水力冲孔钻杆的中心线布置，水力冲孔钻杆旋转过程中，煤渣沿螺旋片方向带出，有效防止水力冲孔过程中由于煤粉排量过大或钻孔孔径过小导致的堵孔、卡钻等现象。

③ 水力冲孔旋转系统。水力冲孔旋转系统主要控制水力冲孔钻杆及喷嘴的旋转速度，其旋转速度由变频调节控制器调节。水力冲孔旋转系统包括主动轮、从动轮、链条、电动机、霍尔开关和变频控制器等。转轴内通孔与耐高压水箱内腔相通，另一端与水力冲孔钻杆内

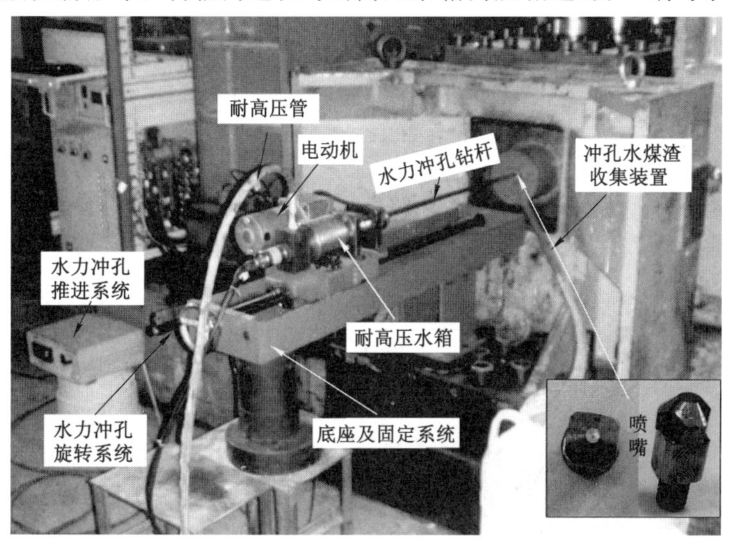

图 3-16 水力冲孔子模块实物图

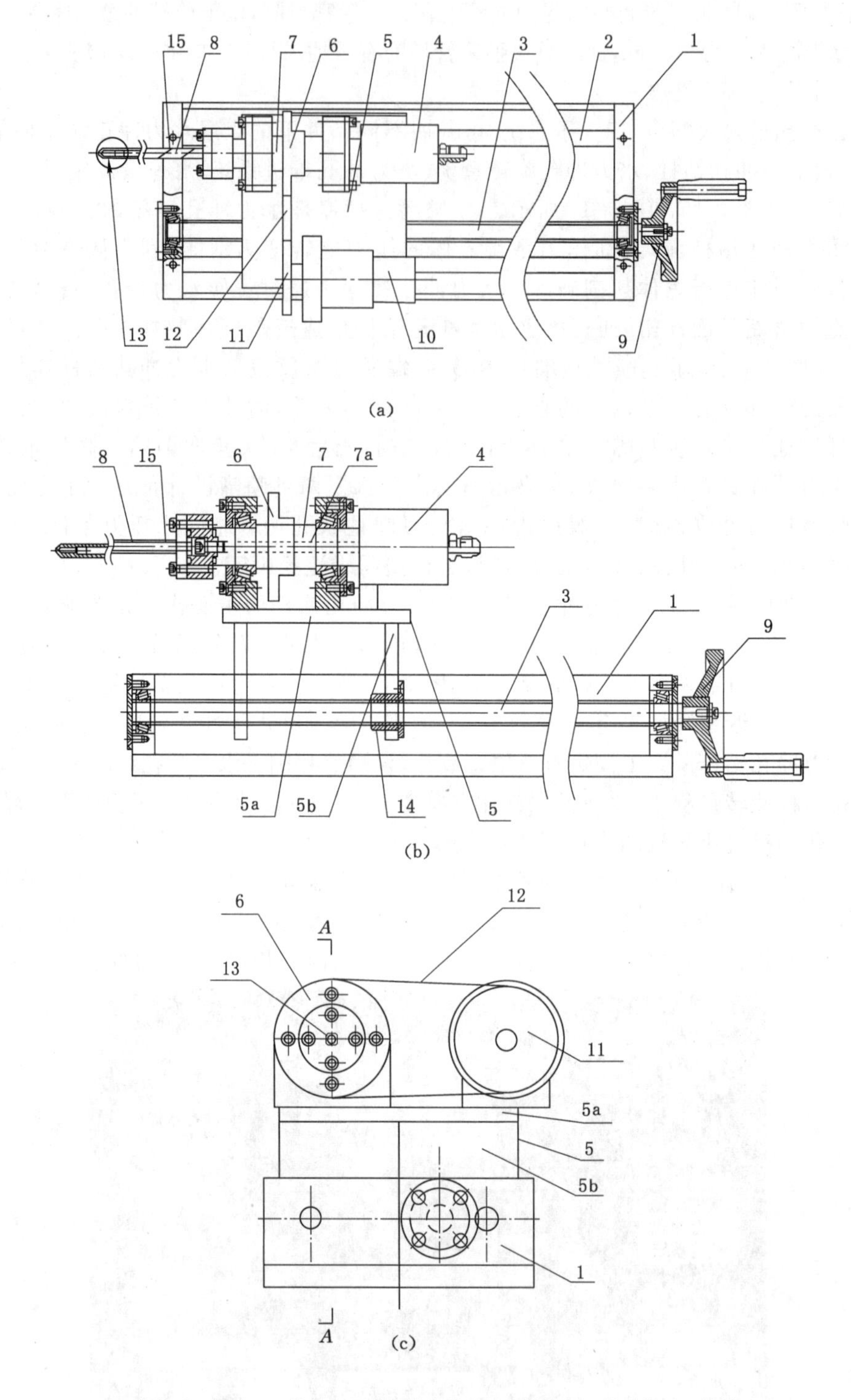

1—底座;2—光轴;3—丝杆;4—耐高压水箱;5—安装座;6—从动轮;7—转轴;
8—水力冲孔钻杆;9—手柄;10—电动机;11—主动轮;12—链条;13—喷嘴;14—螺母;15—螺旋片。

图 3-17 水力冲孔子模块结构图

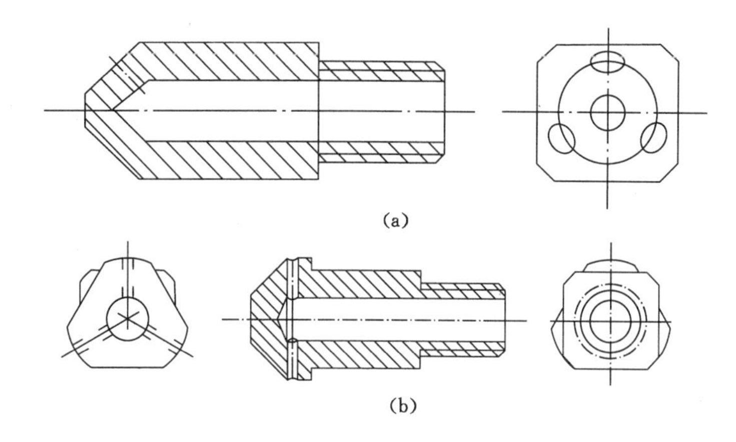

(a)

(b)

图 3-18 水力冲孔喷嘴结构图

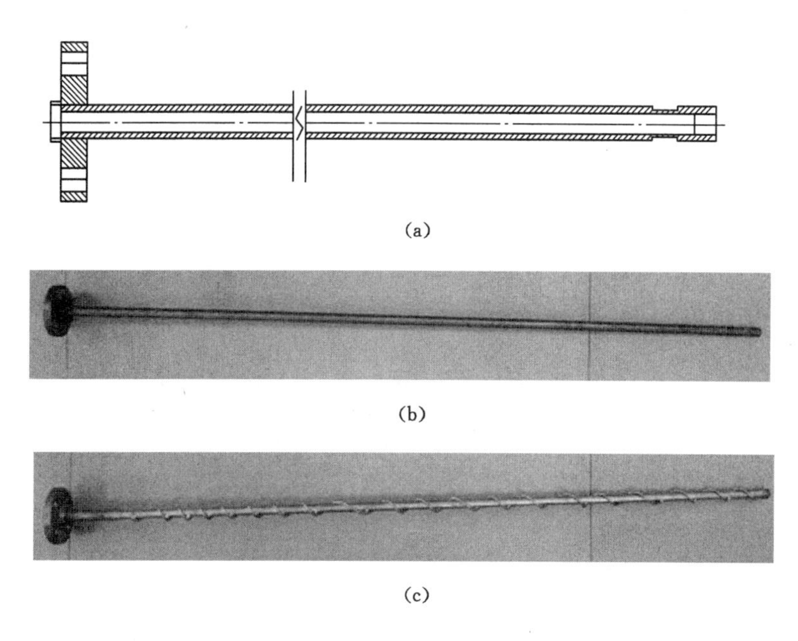

(a)

(b)

(c)

图 3-19 水力冲孔钻杆

孔相连通,通过“O”形密封圈进行密封。变频控制器可通过“正传”“停止”与“反转”3 个挡位开关调整水力冲孔钻杆转向,并且可以通过调节变频旋钮调整电动机的转速,进而控制水力冲孔钻杆转速。电动机转速通过主动轮上的霍尔开关反馈到变频控制器显示屏,通过调整变频控制器参数,使显示转速与水力冲孔钻杆转速一致,实现了转速实时监测与控制。

④ 水力冲孔推进系统。在安装座与底座之间连接水力冲孔推进系统,在外力推进作用下,安装座可沿光轴移动。水力冲孔推进系统包括手柄和丝杆。丝杆安装在底座的敞口内,并且丝杆的中心线与光轴的中心线平行布置。丝杆远离水力冲孔钻杆的一端伸出底座,并且在丝杆的另一端安装手柄。安装座通过螺母安装在丝杆上,当手柄转动时,安装座在丝杆和螺母的带动下沿光轴前后移动。水力冲孔推进系统主要控制水力冲孔过程中喷嘴的推进速度。在底座上安装最小刻度为 1 mm 的钢尺,保证在水力冲孔试验过程中喷嘴匀速推进。

⑤ 底座及固定系统。为支撑整个水力冲孔系统，设计了上端敞口的长条形框状底座。在底座的敞口内沿其长度方向固定两根光轴，在两根光轴上活套安装座，方便安装座沿光轴移动。在安装座顶面上安装有转轴，转轴中心线与光轴中心线平行，转轴的一端连接有耐高压水箱，另一端连接同轴的水力冲孔钻杆。在外力作用下，水力冲孔钻杆可沿光轴匀速移动，同时在变频控制器控制作用下水力冲孔钻杆可实现不同速度的顺时针方向或逆时针方向的旋转。为了防止在水力冲孔过程中高压水反冲力导致的水力冲孔系统晃动，设计了可拆卸的固定支架，以方便底座的固定和底座高度的调节。试验前，可将水力冲孔系统通过长螺丝固定于加载系统支架上。

该水力冲孔子模块可进行不同冲孔转速、不同冲孔水压、不同冲孔推进速度、不同冲孔方式(不同水力冲孔喷嘴，向前冲孔和垂直冲孔)等试验条件下的煤层水力冲孔物理模拟试验研究。

(3) 水力压裂子模块

水力压裂子模块配合“四大子系统”可开展不同条件下的煤层水力压裂强化抽采试验，主要由水力压裂管和高压水泵组成，如图 3-20 所示。

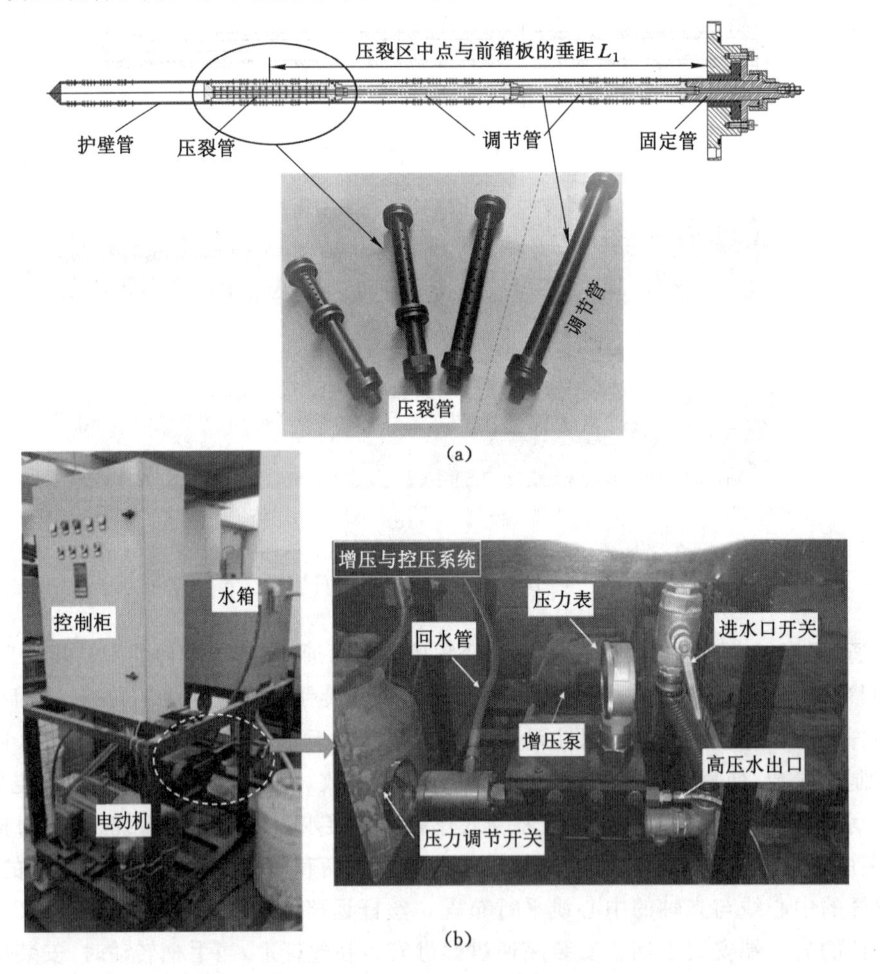

图 3-20　水力压裂子模块

单一水力压裂时，用常规抽采模块中的抽采管作压裂管，压裂管圆周方向均布透气孔，根据压裂段的不同长度需求，设计了 45 mm、90 mm 和 135 mm 三种长度。压裂范围由压裂管前后法兰凸台压紧“O”形密封圈与护壁管结合密封控制，该密封方式可以防止压裂过程高压水向前后延伸扩展，使压裂裂缝控制在一定范围，沿压裂管径向煤层深部扩展。在护壁管内部安装压裂管的方式，实现不同位置及不同压裂长度的水力压裂，也可以采取压裂钻孔内直接压裂的方式。在水力冲压一体化强化抽采物理模拟试验中，考虑水力压裂钻孔与水力冲孔钻孔为同一钻孔，可直接在煤层中预制直径 12 mm、长 550 mm 的压裂钻孔，并进行裸孔压裂，或者进行冲孔后以冲孔后钻孔为压裂钻孔进行压裂。

高压水泵选用 3DS-10 型脉冲式高压水泵，主要由控制柜、增压与控压系统、水箱、电动机组成。高压水源额定流量为 10～20 L/min，最高额定工作压力可达 25 MPa，可实现恒定流量控制及恒定注水压力控制。试验前，可将水箱中注满水，打开进水口开关，水进入增压系统，调整压力调节开关，保证高压水泵启动时水压力为 0。接通高压水泵电源，通过控制柜调节变频器频率，开启往复泵启动开关，测试高压水泵正常工作，出水口水压为 0.1～0.3 MPa，通过压力调节开关进行水压力调节。同时，该高压水泵也可以为水力冲孔试验提供高压水源，在试验过程中，高压水出水口外接高压管线，在高压管线与压裂管连接处以及与水力冲孔物理模拟试验系统的水箱连接处，均安装流体压力传感器，以精确测量并记录试验水压力。

3.3.8 其他附属设施

为了顺利完成煤与瓦斯突出及其防控物理模拟试验的准备、开展和分析等工作，除了以上介绍的“四大子系统”和“三大模块”外，还需要一些附属设施。

(1) 脱气供气系统

煤与瓦斯突出及其防控物理模拟试验均是围绕瓦斯进行的，试验过程需要对煤层进行脱气和供气操作。脱气采用 2X-15A 旋片式真空泵，抽气速率为 15 L/s，极限真空为 6×10^{-2} Pa，可有效地对煤样进行脱气处理。供气系统包括高压气瓶、稳压阀、三通阀、气体流量计及相应连接管路等。稳压阀用于调节并稳定高压气瓶输出压力，三通阀用于连接气瓶、试件箱体和真空泵，气体流量计用于监测煤层充气流量。

(2) 移动底座

移动底座主要由移动架、滚动底座和推拉油缸组成。移动底座与系统底座通过螺栓连接，滚动底座的作用也是减少箱体移动时的摩擦阻力，推拉油缸是移动试件箱的直接动力，如图 3-21(a)所示。

(3) 声发射系统

声发射系统用于采集煤与瓦斯突出全过程中煤体的破裂信号，采用美国声学物理公司生产的 PCI-2 型声发射测试分析系统，主要由前置放大器、声发射换能器、声发射采集卡、一级声发射采集分析软件组成。PCI-2 声发射采集卡上的每个通道有 4 个高通、6 个低通，可通过软件控制进行选择，采集频率可达 40 MHz，具有自动传感器校准功能，如图 3-21(b)所示。

(4) 三维扫描系统

三维扫描系统用于对突出孔洞进行扫描，采用 OKIO-B 型非接触光学三维扫描仪[图 3-21(c)]与三维扫描软件 3D Scan，通过非接触式扫描，可对任何类型的物体进行无接触扫描，其扫描精度高、数据量大，在光学扫描过程中产生极高密度数据，测量过程中可实时

(a)

(b)

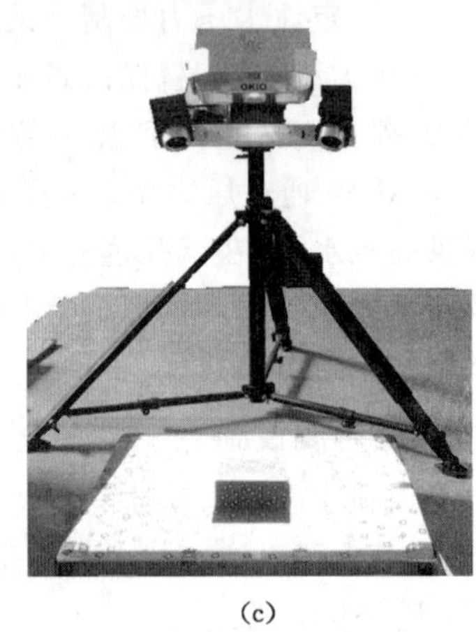

(c)

图 3-21　部分附属设施

显示摄像机拍摄的图像和得到的三维数据结果，具有良好的软件界面。

其他相关附属设施，如冷却系统、通风系统、起吊装置、空气压缩机、破碎机、搅拌机、窥孔仪等不再详述。

3.4　关键技术参数

(1) 试样尺寸：1 050 mm×400 mm×400 mm

(2) 密封气压：6.0 MPa

(3) 控制模式

① 力控制模式：9 通道全闭环、自编程控制。

② 位移控制模式：9 通道全闭环、自编程控制。

(4) 控制精度：±0.01% F.S

(5) 应力加载

① 1 000 kN 液压缸：10 MPa(垂向 4 个、侧向 4 个)。

② 2 000 kN 液压缸：12 MPa(后向 1 个)。

(6) 活塞行程

① 1 000 kN 液压缸:100 mm。

② 2 000 kN 液压缸:150 mm。

③ 300 kN 压门液压缸:50 mm。

(7) 活塞移动速度

① 1 000 kN 液压缸:0～100 mm/min。

② 2 000 kN 液压缸:0～100 mm/min。

③ 300 kN 压门液压缸:0～30 mm/min。

(8) 系统满载荷变形:<0.1 mm

(9) 成型压力机

① 最大压力:5 000 kN。

② 最大行程:350 mm。

③ 液压站流量:10 L/min。

(10) 真空泵

① 抽气速率:15 L/s。

② 极限真空:6×10^{-2} Pa。

(11) 瓦斯抽采模块

① 钻孔数量:4 个。

② 钻孔内径:6.4 mm。

③ 钻孔外径:18 mm。

④ 钻孔总长:330 mm。

(12) 水力冲孔模块

① 钻杆直径:10 mm。

② 钻杆转速:20～200 r/min。

③ 钻孔偏心距:<1.5 mm。

④ 推进距离:0～800 mm。

(13) 水力压裂模块

① 压裂直径:12 mm。

② 压裂长度:45～550 mm。

③ 压裂水压:0～25 MPa。

④ 压裂流量:10～20 L/min。

(14) 气压数据采集

① 采集通道:48 通道。

② 测试量程:−0.1～6.0 MPa。

③ 测试精度:±0.25% F.S.。

(15) 温度数据采集

① 采集通道:16 通道。

② 测试量程:−200～850 ℃。

③ 测试精度:±0.15 ℃。

(16) 流量数据采集

① 采集通道:16 通道。

② 测试量程:0～10 L/min、0～300 L/min。

③ 测试精度:±0.35% F.S.。

3.5 主要功能及优势

基于自主研制的煤与瓦斯突出及其防控物理模拟试验系统可以开展多物理耦合条件下煤与瓦斯突出物理模拟试验、煤层瓦斯常规抽采物理模拟试验以及水力冲压一体化强化抽采物理模拟试验,为研究煤与瓦斯突出及其防控提供一种有效的室内研究手段。该物理模拟试验系统具有大尺度煤岩试件、真三轴应力加载、智能化数据监控和多功能集一体等优势。

(1) 大尺度煤岩试件

煤岩试件尺寸设计为 1 050 mm×400 mm×400 mm,三向地应力水平均可达到 10.0 MPa,最大密封气体压力为 6.0 MPa,按照相似理论完全能够模拟我国煤矿工程实际,同时能够有效地降低边界效应对试验结果的影响。

(2) 真三轴应力加载

在煤体的 3 个方向共布置 9 个可独立编程加载的液压缸,具有应力和位移两种控制模式,能够实现煤体不同区域的非均布加载,更加真实地模拟工作面前方由于采动活动造成的局部应力集中现象。

(3) 智能化数据监控

最高 80 路数据采集系统可对试验全程参数进行多层次、多方位、多种类的实时监测和采集,为开展渗流场、温度场、应力场等多物理场耦合条件下的煤与瓦斯突出及其防控提供丰富的数据支撑。

(4) 多功能集一体

试验系统采取模块化设计思路,能开展多种煤与瓦斯突出及其防控物理模拟试验,可研究三维采动应力条件下煤与瓦斯突出动力致灾特征、多物理场耦合条件下煤层瓦斯渗流规律以及不同冲孔水压、冲孔转速、压裂位置等条件下水力冲压一体化强化抽采防突效果;同时,该试验系统机械化和自动化程度高、操作方便、可靠性强。

3.6 本章小结

煤与瓦斯突出常常具有突发性、破坏性和隐蔽性,基于物理模拟试验装置开展室内模拟是一种行之有效的研究手段。在前期调研的基础上,遵循“现状—需求—手段”这一研究思路,提出一种煤与瓦斯突出及其防控物理模拟试验方法构想,并成功研发相关设备系统,该系统具备以下特点:

(1) 基于模块化设计思路,将煤与瓦斯突出及其防控物理模拟试验系统设计为“四大子系统”和“三大模块”。“四大子系统”由真三轴加载子系统、试件箱体子系统、试件成型子系统和控制与数据采集子系统组成，是试验系统的基础；“三大模块”包括煤与瓦斯突出模块、常规瓦斯抽采模块和强化瓦斯抽采模块，是实现不同试验功能的载体。

(2) 以相似理论为基础，采用量纲分析方法获得煤与瓦斯突出这一物理现象的相似判据及相似比关系，并根据实验室模型尺寸和现场模拟尺寸的比例，得到合理的几何相似比例，进而得到模型的尺寸状态，从而将所研制系统中的物理模型映射到实际的工程现场条件。

(3) 煤岩试件尺寸设计为 1 050 mm×400 mm×400 mm，三向地应力水平均可达到 10.0 MPa，最大密封气体压力为 6.0 MPa，根据相似常数计算得到最大模拟现场地应力和煤层气压分别为 50 MPa 和 30 MPa，能够模拟不同试验条件。

(4) 设计的“三向多级”应力加载系统由分布在煤体 3 个方向的 9 个液压缸组成，具有应力和位移两种控制模式；同时，该系统还可以进行独立编程控制，能够模拟深部煤层静水压、真三轴、采动应力等多种地应力状态，更加符合现场实际复杂地质条件。

(5) 数据采集系统包括 80 路采集通道，考虑了多物理场耦合条件下煤层瓦斯流动过程中煤层参数的实时监测监控，可以深入研究渗流场、温度场、应力场的耦合特性及其与煤与瓦斯突出致灾、防控的联动规律。

(6) 该试验系统具有“多功能集一体”的优点，能够开展一系列煤与瓦斯突出及其防控物理模拟试验，为系统研究三维采动应力条件下煤与瓦斯突出动力致灾特征、多物理场耦合条件下煤层瓦斯渗流规律以及不同冲孔水压、冲孔转速、压裂位置等条件下水力冲压一体化强化抽采防突效果提供有效手段。

4 煤与瓦斯突出动力致灾全过程物理模拟试验

根据大量实际发生的煤与瓦斯突出案例以及许多学者的研究成果分析可知，煤与瓦斯突出的力学作用过程可以划分为4个阶段：突出准备阶段、突出发动阶段、突出发展阶段和突出终止阶段。本章重点开展采动应力条件下煤与瓦斯突出致灾全过程物理模拟试验，分析不同突出阶段下煤层参数动态演化及其动力致灾特征，并进一步研究采动应力对突出致灾的影响规律。

4.1 试验概述

4.1.1 试验方案

煤矿开采进入深部后，“三高一扰动”作用显著。由于煤矿井下开采扰动，使其处于原岩应力状态的煤岩体中的地应力场发生变化，在掘进工作面或采煤工作面前方将形成由原始应力区(original stress zone，OSZ)、应力集中区(stress concentration zone，SCZ)和卸压区(stress relaxation zone，SRZ)组成的“三带”(图4-1中δ_H为原始应力区的应力)。通过对煤与瓦斯突出事故案例统计分析发现，掘进工作面的突出危险性高于采煤工作面[148]。动力灾害事故发生的地点与其他巷道或工作面存在一定的关系，正是事故地点在采掘工程中受到其他巷道或工作面的影响，从而破坏了原有平衡的应力分布状态，导致局部区域出现应力集中，当煤岩体的抗拉压强度小于集中应力时，就可能诱发煤与瓦斯突出。可见，围岩应力场的重新分布产生的应力叠加或集中容易造成煤与瓦斯突出，研究应力集中效应将对煤与

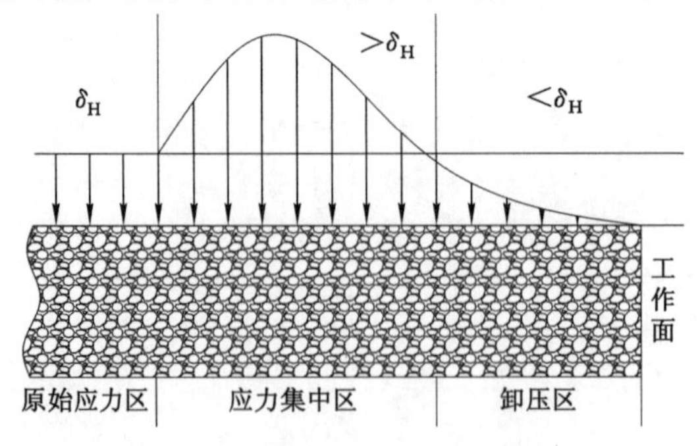

图4-1 工作面前方煤体的应力分布

瓦斯突出致灾的影响规律具有重要的实际意义。

为了尽可能真实模拟应力“三带”分布，试验过程中以 σ_{11}、σ_{31} 模拟原始应力区应力大小，以 σ_{12}、σ_{32} 模拟应力集中 1 区（SCZ-1）应力大小，以 σ_{13}、σ_{33} 模拟应力集中 2 区（SCZ-2）应力大小，以 σ_{14}、σ_{34} 模拟卸压区应力大小，如图 4-2 所示。在试验过程中，应力加载呈阶梯状分布，虽然不能完全真实模拟应力“三带”分布，但是在一定程度上能够反映应力集中情况。本次共开展 3 次不同应力集中程度的突出试验，对应应力集中系数 K（应力集中 2 区与原始应力区应力大小比值）分别为 1.5、2.5 和 3.5，应力集中 1 区与原始应力区应力大小比值始终为 1.5，以减小原始应力区和应力集中 2 区之间应力梯度；同时，中间主应力 σ_2 和 σ_{11} 相同，最小主应力 σ_{31}、σ_{32}、σ_{33}、σ_{34} 均为对应区域最大主应力 σ_{11}、σ_{12}、σ_{13}、σ_{14} 的 0.6 倍，见表 4-1。由于试件箱体较大，吸附气体量较多，考虑安全问题使用 CO_2 代替 CH_4 进行试验（本试验所用气体除特别说明外，均为 CO_2），初始气压为 1.0 MPa，突出口截面为直径 30 mm 的圆形。

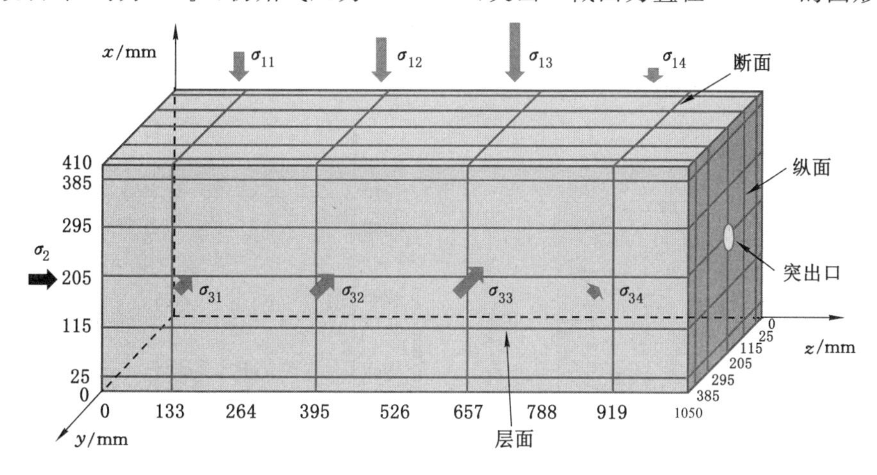

图 4-2 钻孔布置位置示意图

表 4-1 煤与瓦斯突出物理模拟试验方案

应力集中系数 K	最大主应力 σ_1/MPa				中间主应力 σ_2/MPa	最小主应力 σ_3/MPa				气压 p/MPa
	σ_{11}	σ_{12}	σ_{13}	σ_{14}		σ_{31}	σ_{32}	σ_{33}	σ_{34}	
1.5			3.0					1.8		
2.0	2.0	3.0	4.0	1.0	2.0	1.2	1.8	2.4	0.6	1.0
2.5			5.0					3.0		

4.1.2 传感器布置

本组试验每次分别布置气压传感器 29 个（28 个布置在箱体内部，1 个布置在箱体进气口处）、温度传感器 12 个（11 个布置在箱体内部，1 个位于箱体外部以监测环境温度变化）。为了研究箱体内部距突出口不同位置煤层参数的演化规律，在 4 个断面上分别布置传感器；同时，每个截面内不同位置处也布置了传感器以研究同一截面内不同位置煤层参数的变化规律。为了便于分析，对不同截面进行命名（图 4-2），并对传感器进行编号。命名及编号的顺序如图 4-3 所示。

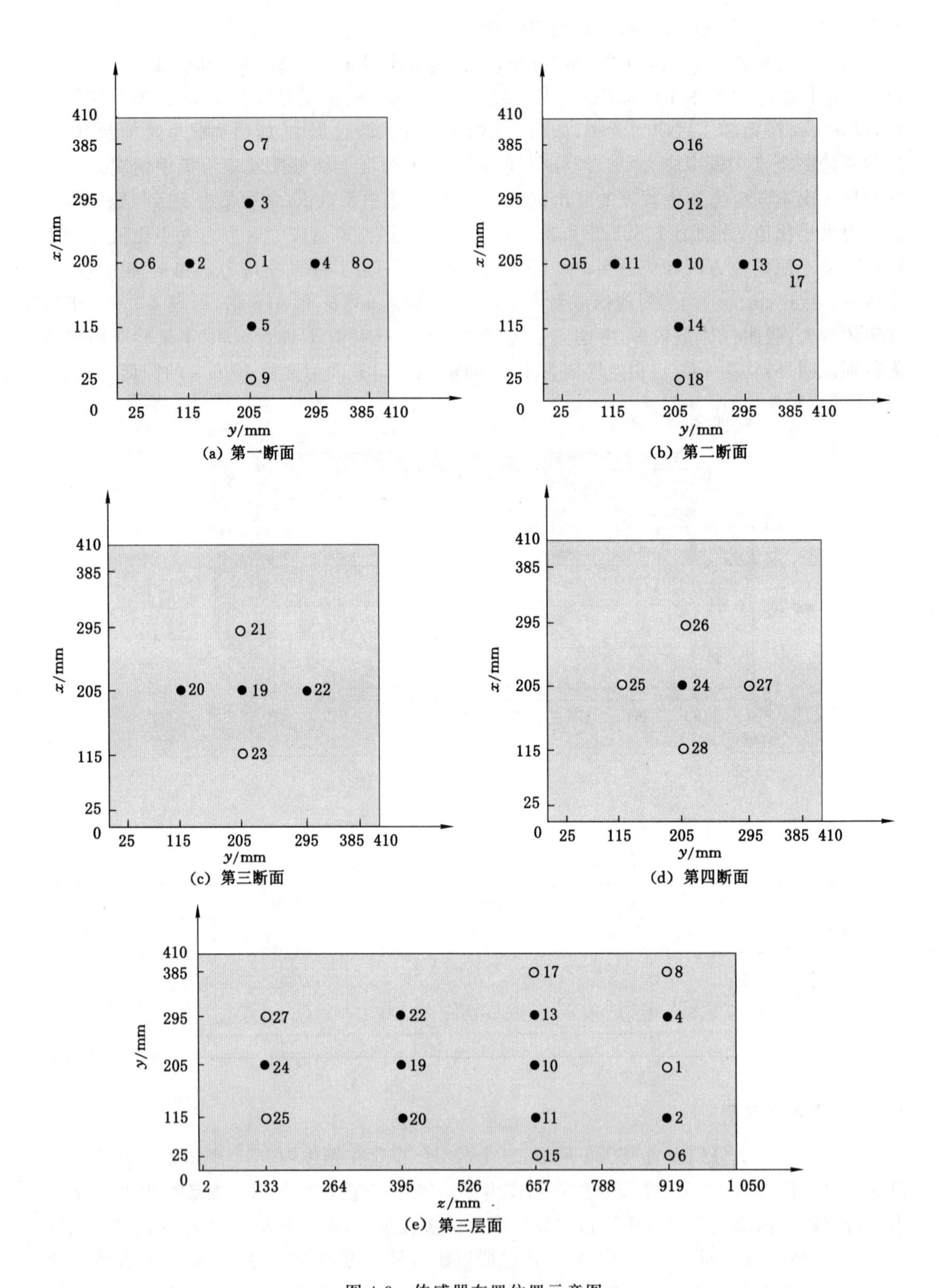

图 4-3 传感器布置位置示意图

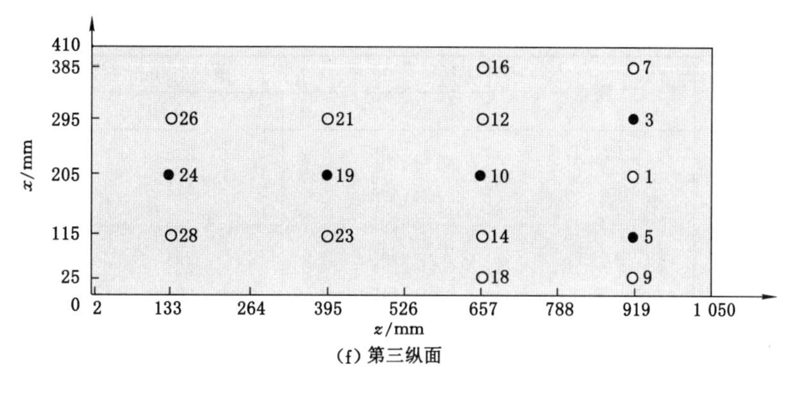

(f) 第三纵面

图 4-3(续)

(1) 断面

将垂直于 z 轴的平面称为断面，断面位置对应于加压压板的中心位置，一共有 4 个断面，将沿着 z 轴数值减小方向的断面依次命名为第一断面($z=919$ mm)、第二断面($z=657$ mm)、第三断面($z=395$ mm)、第四断面($z=133$ mm)。在每个断面内不同位置处布设了传感器，图 4-3 中空心圆点表示气压传感器，实心圆点表示既有气压传感器又有温度传感器，其中第一、二断面内传感器较多，这是为了详细分析突出口附近煤层参数的变化。

传感器的命名：第一断面内气压传感器编号为 $P_1 \sim P_9$，至第四断面为 $P_{24} \sim P_{28}$；第一断面内温度传感器编号为 $T_1 \sim T_4$，至第四断面为 T_{11}。箱体外部统一编号 0，即 P_0 和 T_0。传感器坐标见表 4-2。

表 4-2 传感器坐标

所在断面	测点	坐标值/mm		
		x	y	z
第一断面	P_1	205	205	919
	P_2/T_1	205	115	
	P_3/T_2	295	205	
	P_4/T_3	205	295	
	P_5/T_4	115	205	
	P_6	205	25	
	P_7	385	205	
	P_8	205	385	
	P_9	25	205	
第二断面	P_{10}/T_5	205	205	657
	P_{11}/T_6	205	115	
	P_{12}	295	205	
	P_{13}/T_7	205	295	
	P_{14}	115	205	
	P_{15}	205	25	
	P_{16}	385	205	
	P_{17}	205	385	
	P_{18}	25	205	

表 4-2(续)

所在断面	测点	坐标值/mm		
		x	y	z
第三断面	P_{19}/T_8	205	205	395
	P_{20}/T_9	205	115	
	P_{21}	295	205	
	P_{22}/T_{10}	205	295	
	P_{23}	115	205	
第四断面	P_{24}/T_{11}	205	205	133
	P_{25}	205	115	
	P_{26}	295	205	
	P_{27}	205	295	
	P_{28}	115	205	

(2) 层面

需要注意的是,4 个断面内包含了所有传感器,在此命名层面或者纵面只是为了分析不同截面内参数变化规律,并非又布置了其他传感器,即层面或纵面内传感器和断面内一样,且命名方式按照断面内命名顺序。将垂直 x 轴的平面称为层面,沿着 x 轴数值增大的方向依次为第一层面(x=25 mm)、第二层面(x=115 mm)、第三层面(x=205 mm)、第四层面(x=295 mm)、第五层面(x=385 mm)。其中,第三层面通过突出口中心,是重点分析的层面,又称为主层面。

(3) 纵面

将垂直 y 轴的平面称为纵面,沿着 y 轴数值增大的方向依次为第一纵面(y=25 mm)、第二纵面(y=115 mm)、第三纵面(y=205 mm)、第四纵面(y=295 mm)、第五纵面(y=385 mm)。其中,第三纵面通过突出口中心,是重点分析的纵面,又称为主纵面。

4.1.3 试验步骤

突出试验步骤主要包括:前期准备、成型煤样并布设箱体内部传感器(气压传感器、温度传感器)、安装突出门、安装箱体外部传感器(声发射探头、冲击力传感器)、启动数据采集系统、抽真空、加载地应力、充气吸附、诱发突出、收集突出煤粉并拓取突出孔洞等 10 个步骤。

(1) 前期准备

检查试验系统(加载液压泵、成型液压泵、压门油缸、推拉密封门、推拉油缸、计算机及控制软件、液压千斤顶、真空泵、空压机、行吊、搅拌机等)的运行情况,对各类传感器(气压传感器、温度传感器、位移传感器、地应力传感器、声发射探头、冲击力传感器等)进行检测与标定。其中,气压传感器以大气压为 0 MPa 进行标定。

(2) 成型煤样及布设箱体内部传感器

突出试验用煤取自重庆天府矿业有限责任公司三汇坝一矿 K_1 煤层。矿区处于新华夏系第三沉降带川东褶皱带西缘之华蓥山帚状褶皱带的收敛端,属地应力相对集中地带,矿区的煤与瓦斯突出不但发生的次数多,而且突出强度大,我国历史上最大的一次煤与瓦斯突出就发生在该矿。将现场取回的原煤进行破碎、筛选,按照表 4-3 中粒径比例进行配比,通过搅拌机进行搅拌,并调配含水率为 4%,最后在配套成型机上进行成型。煤样成型与布设传感器交替进行，首先在箱体底部铺设一层煤样，使用成型压力机在 7.0 MPa 条件下成型并稳定 1.0 h，然后在预定的位置布设一层传感器，接着铺设第二层煤样并成型，最后再布设一层传感器。煤样一共成型 4 次，共布设 5 层传感器，如图 4-4(a)所示。

表 4-3　型煤粒径配比

煤粉粒径/目	10～20(含)	20～40(含)	40～60(含)	60～80(含)	80～100(含)	＞100
质量分数/%	35	19	11	5	3	27

(a) 布设传感器

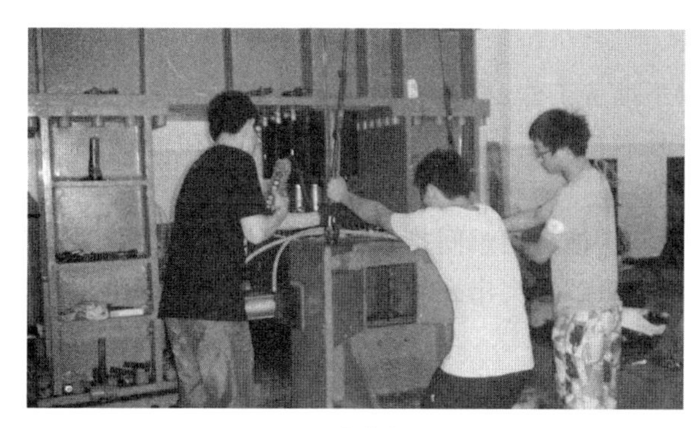

(b) 安装突出门

图 4-4　部分试验步骤

(3) 安装突出门

将突出口周围清理干净，在圆形槽内放置“O”形密封圈并涂抹 704 硅橡胶，将稍大于圆形槽的圆形密封垫贴在上面，保证盖住“O”形密封圈；吊装密封门，保证左右推拉门完全闭合；最后启动箱体后面的压门油缸，使箱体和密封门完全贴紧，达到密封突出口效果，如图 4-4(b)所示。

(4) 安装箱体外部传感器

箱体外部传感器主要有声发射传感器、冲击力传感器和位移传感器。其中，位移传感器设计为固定在液压缸上，声发射数据采集设备为美国声学物理公司 PAC 生产的 PCI-2 型声发射系统，声发射探头安装在箱体外壁中间。冲击力传感器通过支架固定，受力面正对突出口中心，距离突出口 40 cm，以监测突出煤粉-瓦斯两相流的冲击力大小。

(5) 启动数据采集系统

在安装完所有传感器并检查工作正常后,开启数据采集系统记录数据。由于整个试验持续超过 50 h,因此数据采集频率的设置非常关键,频率太高会导致最终数据量太大,频率太低可能丢失关键数据。经过尝试采取分段设置不同采集频率:在抽真空以及充气阶段,频率设为 1 Hz,时长约为 3.5 h;在吸附阶段,频率设为 0.1 Hz,时长约为 48 h;在突出阶段,频率设为 50 Hz,时长约为 1 min。

(6) 抽真空

设置好数据采集系统后,开始抽真空,用时约 3 h。为了方便抽真空结束后进行充气,使用二通阀将真空泵与箱体进气口、气瓶出气口连接,保证抽真空结束后可直接进行充气。

(7) 加载地应力

由于试验方案考虑应力集中,因此一共有 9 组加载程序,每组控制一个加压液压缸。每加载 100 kN 稳压一段时间,再进行下一步加载,并且按照侧向、后向、垂向的顺序依次加载。

(8) 充气吸附

应力加载稳定一段时间后,打开气瓶阀门,开始充气,用时约 48 h。采取周期性循环充气吸附,每次充气周期 4 h,即第一次充气达到 1.0 MPa 后,关闭气瓶阀门,约 4 h 后,打开气瓶阀门,当气压达到 1.0 MPa 后,再次关闭气瓶阀门,如此循环,直至充气 48 h 后吸附平衡,最后再关闭气瓶阀门。

(9) 诱发突出

突出前要做好以下准备工作:检查软件运行是否良好,数据采集频率是否调到 50 Hz;将实验室门窗打开并开启排风机;照相机及摄像机固定在预定位置;无关人员撤离现场,拍摄人员、软件操作人员就位,并且穿戴工作服和佩戴口罩。一切准备工作就绪后,软件操作人员点击“开始”按钮,左右推拉门瞬间打开,突出口暴露,从而诱发突出。突出发生后,立即关闭液压伺服机,防止空载破坏突出孔洞形态。突出后继续开启数据采集系统,以获取突出后各参数的变化规律。

(10) 收集突出煤粉并拓取突出孔洞

突出结束后,必须待实验室内的气体充分逸散后相关人员方可进入现场采集试验数据,并且在拍照之前不能破坏突出现场。首先对突出煤粉区域进行划分,然后根据所划分的区域收集突出煤粉,并进行筛分称重以分析不同区域煤粉的质量分布和破碎情况。

收集完突出煤粉后,首先将突出孔洞内部残留的碎煤清理干净并注意不要破坏孔洞原始形态,然后注满石蜡并堵住突出口,待石蜡凝固后打开箱体盖板;取出突出孔洞石蜡模型后,先将表面清理干净并拍照,然后用三维扫描仪进行扫描,以进一步研究突出孔洞三维形态。

4.2 突出全过程分析

本章以 $K=1.5$ 条件下突出试验为例,先对突出全过程进行总体分析,再对突出的不同阶段分别进行研究。突出全过程不同参数随时间演化规律如图 4-5 所示。

按照突出试验流程,可将突出全过程细分为如下过程[图 4-5(a)]:

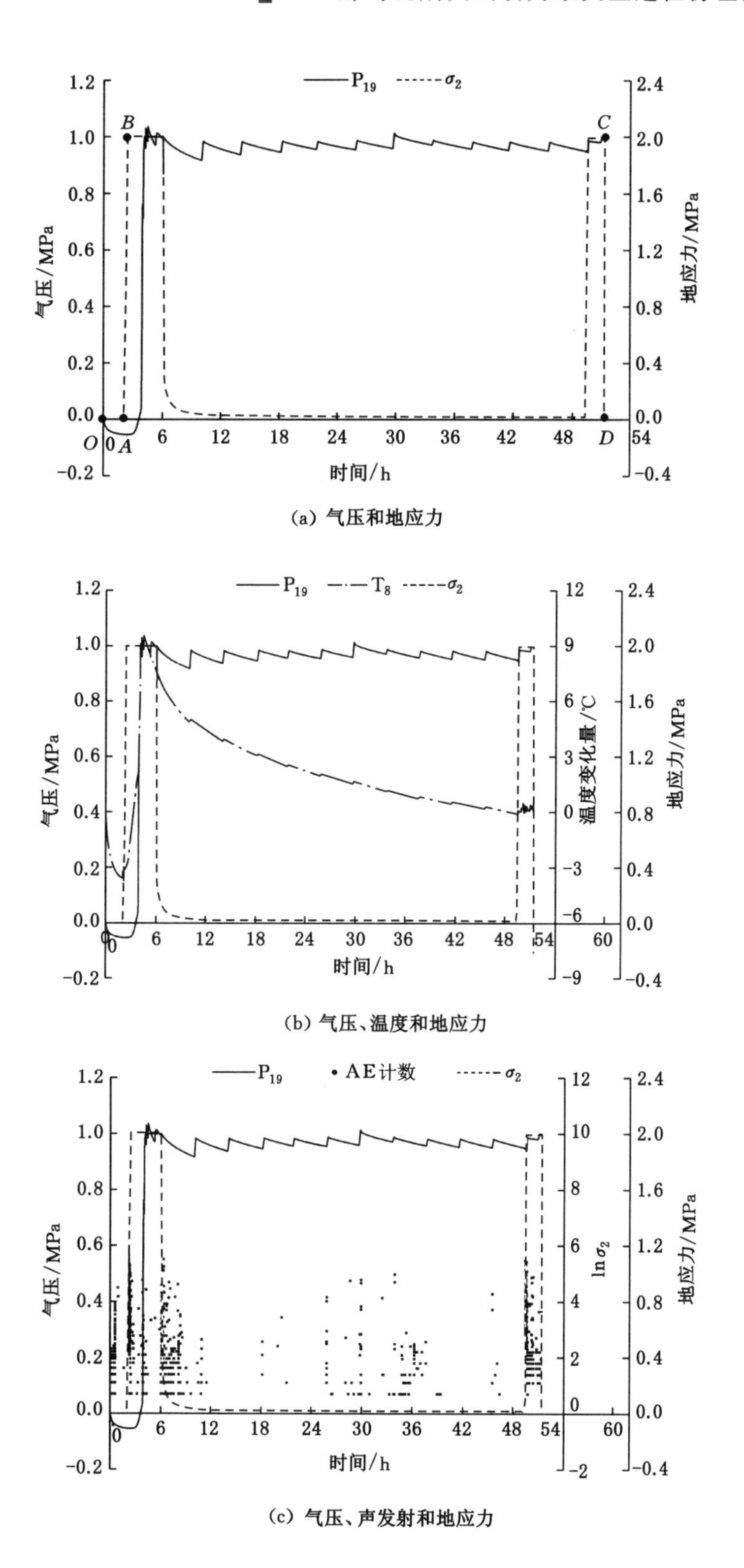

图 4-5 突出全过程不同参数随时间演化规律

(1) 抽真空过程,即 *OA* 段,主要是为了抽出箱体内部游离气体及部分吸附气体,尽量保证煤体吸附气体为单一气体,用时约 2 h。此时,箱体内部气压降至−0.06 MPa 左右,未加载地应力。

(2) 加载地应力过程,即 *AB* 段,根据试验方案进行应力加载,以模拟煤体真实受力状态。考虑到气体吸附阶段时间较长,因此应力不是持续加载,充气约 2 h 后停止加载,并且在突出之前重新加载 2 h,这是因为液压缸难以长期保压。

(3) 充气吸附过程,即 *BC* 段,待应力加载稳定后打开气瓶阀门进行充气。此时,箱体内部气压由于吸附作用缓慢降低,为了保证充分吸附,阶段性打开气阀进行充气,以 4 h 为周期。

(4) 突出过程,即 *CD* 段,当煤体吸附 48 h 后,打开突出门,诱发突出。整个突出试验过程用时约 52 h,突出之后要进一步处理突出煤粉、突出孔洞等。按照煤与瓦斯突出的力学阶段划分标准,可将 *OC* 段划分为突出的准备阶段,*CD* 段划分为突出发动、发展和终止阶段。

图 4-5(b)为突出全过程中气压、温度和地应力的变化。可以看出,温度的变化与气压变化具有较好的相关性,主要表现为:在抽真空阶段,气压下降,煤体温度也下降;在充气阶段,气压迅速上升,温度同步快速上升;在吸附阶段,温度整体为下降趋势,此时煤体温度高于环境温度,与周围环境进行热量交换,导致煤体温度下降,并且每当再次充气时,随着气压的小幅度上升,温度也随之上升;在突出发动、发展阶段,气压瞬间降至大气压,温度也瞬间有大幅度下降。由此可见,气压和温度的变化在时间上具有很好的相关性,这是因为温度的变化主要是由气体的吸附、解吸造成的(气体解吸是吸热反应,气体吸附是放热反应)。

图 4-5(c)为突出全过程中气压、声发射(acoustic emission,AE)和地应力的变化。其中,AE 计数采取自然对数作为纵坐标。在抽真空阶段,煤体内产生少量的声发射信号,AE 计数较小;而在应力加载阶段,同样产生了比之前较为明显的声发射信号,主要是应力加载过程中煤体发生破裂所致;在充气吸附阶段与应力卸载阶段,同样产生了不明显的声发射信号;在突出发动、发展阶段,声发射信号出现剧烈增长,主要是煤体的大量破裂及抛出所致。

4.3 突出准备阶段

突出的准备阶段包括抽真空过程、加载地应力过程、充气吸附 3 个过程。

4.3.1 抽真空过程

(1) 气压和温度演化规律

图 4-6(a)为抽真空过程中第一断面横向 5 个测点气压变化曲线,可以看出,随着抽真空的持续,各测点气压不断下降,但是下降速率越来越慢,在 1 h 时刻下降量约为 0.04 MPa,而在之后 1 h 大约只下降了 0.02 MPa。

图 4-6(b)为抽真空过程中气压和温度随时间变化关系,选取了同一位置对应的 P_{19} 和 T_8。可以看出,随着气压的下降,温度也不断下降,均表现为前期下降较快、后期下降较慢。煤体温度下降主要有两个原因:一是煤体吸附气体解吸吸热导致温度下降;二是气体膨胀吸热导致温度下降。然而随着抽真空的进行,箱体内部越接近真空状态,气压越难以下降,因此气体解吸量越少,温度下降量随之降低。

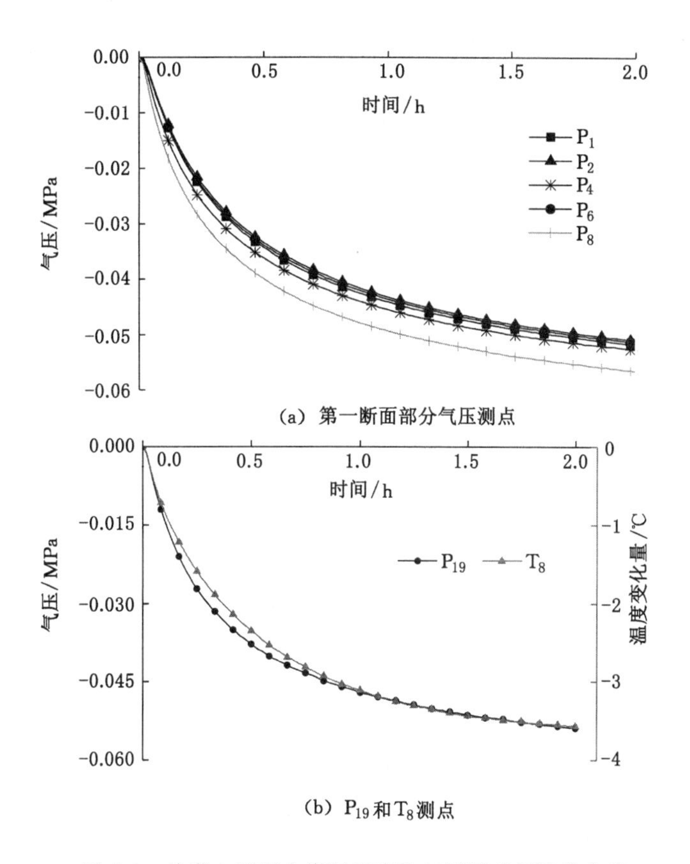

图 4-6 抽真空过程中煤层温度和气压随时间演化曲线

(2) AE 信号

实验室和现场研究表明，尽管煤与瓦斯突出是突发性的，但在突出前均有预兆显现，因为煤岩体是一种非均质体，在其里面存在着大量的孔隙、微裂隙等，在地应力、瓦斯压力及外界扰动影响下，会产生破裂，使得积聚在煤岩体中的能量得以释放，并以弹性波的形式传播，产生声发射现象。本书选取 AE 计数、AE 能量两个参数对不同突出阶段煤体声发射特性进行分析，为煤与瓦斯突出致灾机理的研究以及加强现场对突出的预测提供参考。

设定声发射测试分析系统的主放为 40 dB，门槛值为 45 dB，探头谐振频率为 20～400 kHz，采样频率为 106 次/s。如图 4-7 所示，抽真空过程中声发射信号较少，其中 AE 计数峰值为 89 次/s，AE 能量峰值为 16 V。随着抽真空的进行，箱体内气体压力下降，煤体孔隙内的气体在压力梯度的作用下发生运动，煤颗粒在煤体内重新排列；同时，附着在煤体内的少量空气脱离煤颗粒的束缚，出现少量的微破裂，频繁产生较小的声发射信号，因此 AE 计数值都较小。抽真空前 0.5 h，煤体产生持续较小的信号；在 0.6 h 时刻前后，短时间内声发射信号有明显增加，推断此时煤体内部部分煤颗粒发生了移动，产生较强信号；然而 1 h 后，几乎不再产生声发射信号。

4.3.2 加载地应力过程

(1) 地应力

由图 4-5 可知，地应力加载包括两个阶段：第一阶段是抽真空之后进行的加载，共加载

4 h左右，在充气稳定 2 h 后即卸载；第二阶段是突出之前进行的加载，共加载 2 h 左右，诱发突出后瞬间卸载。试验过程采用分步加载地应力，每步加载稳定一段时间后再进行下一步加载，直至加载到预定值，如图 4-8 所示。由于本次试验 $K=1.5$，因此应力集中 1 区和应力集中 2 区加载应力大小相同。垂向和侧向应力大小分别为 3 MPa 和 1.8 MPa，分别对应 σ_{12}、σ_{13} 和 σ_{32}、σ_{33}；垂向原始应力区和后向应力区均为原始应力，即 2 MPa，对应 σ_{11} 和 σ_2；侧向卸压区应力最小，为 0.6 MPa，对应 σ_{34}；垂向卸压区应力为 1.0 MPa，对应 σ_{14}。

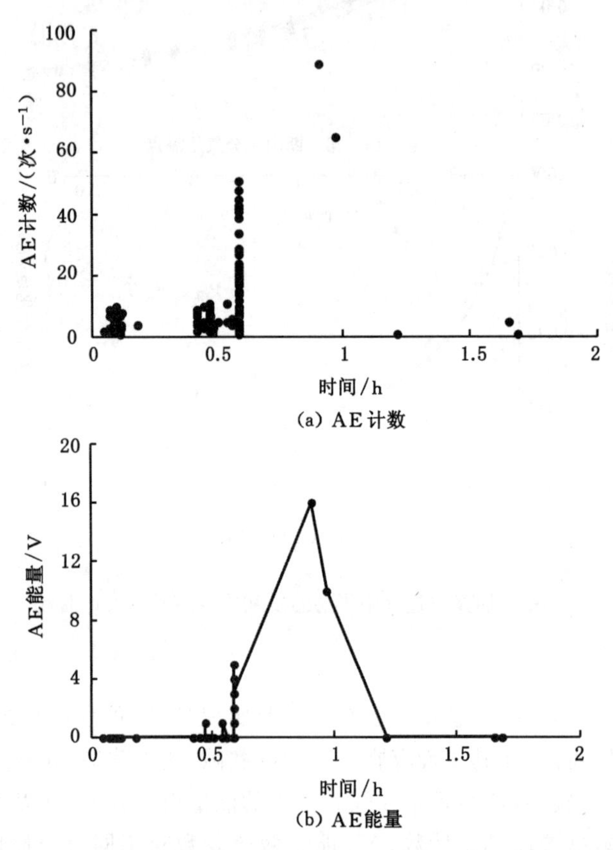

(a) AE计数

(b) AE能量

图 4-7　抽真空过程中 AE 信号

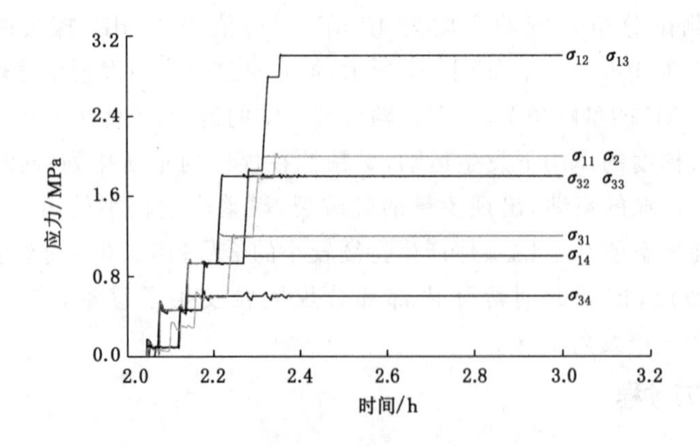

图 4-8　加载地应力第一阶段应力曲线

(2) AE 信号

如图 4-9 所示，加载地应力使得煤体被压缩，导致煤体内部裂隙减小或闭合，产生了较多声发射信号，AE 计数峰值为 282 次/s。当应力稳定后，煤体保持一个稳定状态，声发射信号明显减弱；当 6 h 后进行应力卸载时，声发射信号再次增加，因为煤体的压缩并非永久性变形，应力卸载后煤体会产生部分反弹，部分微裂隙发生了扩张以及煤颗粒的移动产生了声发射信号，AE 计数峰值为 244 次/s，略小于应力加载过程中的 AE 计数峰值。由此可见，声发射的产生、衰弱与应力加载过程紧密相关，应力加载产生声发射信号，而声发射信号又能反映煤体的损伤情况。观察 AE 能量可知，加载过程中 AE 能量峰值为 245 V，而充气过程中 AE 能量仅为 19 V，明显低于加载过程中 AE 能量，表明加载地应力对煤体的破坏较为严重。

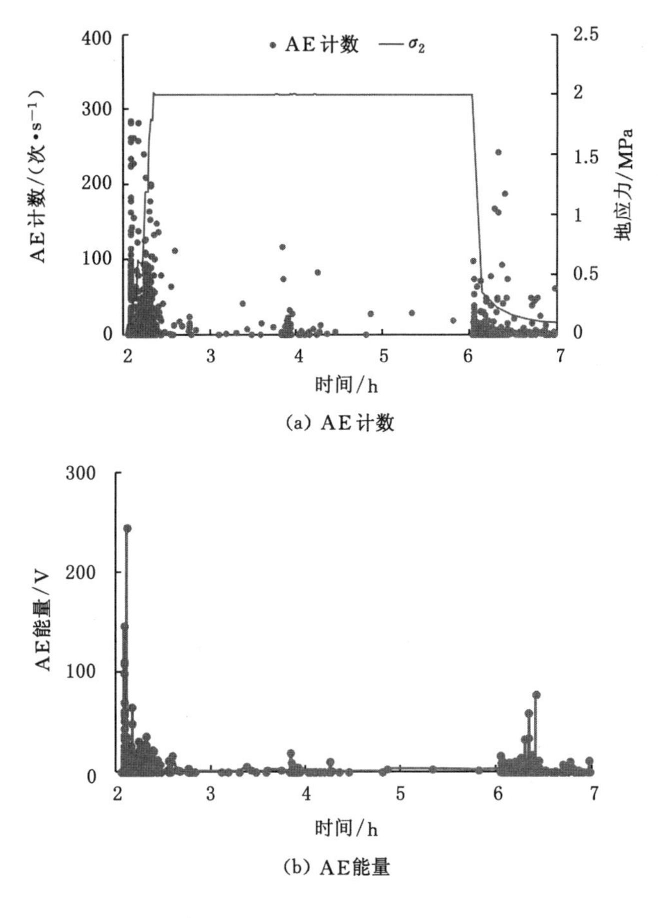

(a) AE 计数

(b) AE能量

图 4-9　加载地应力过程中 AE 信号

(3) 煤体变形

图 4-10 所示，由于加载后期应变比较平稳，仅选取了加载初期 1 h 曲线，与地应力加载过程相对应，应变曲线同样表现出阶段性上升。图中 ε_{11}、ε_{12}、ε_{14} 分别为 σ_1 方向原始应力区、应力集中 1 区、卸压区的应变大小(应力集中 2 区位移传感器出现异常，未获得有效数据)，当应力加载稳定后，应变也基本保持不变，最终分别达到0.014、0.018、0.012；ε_2 达到

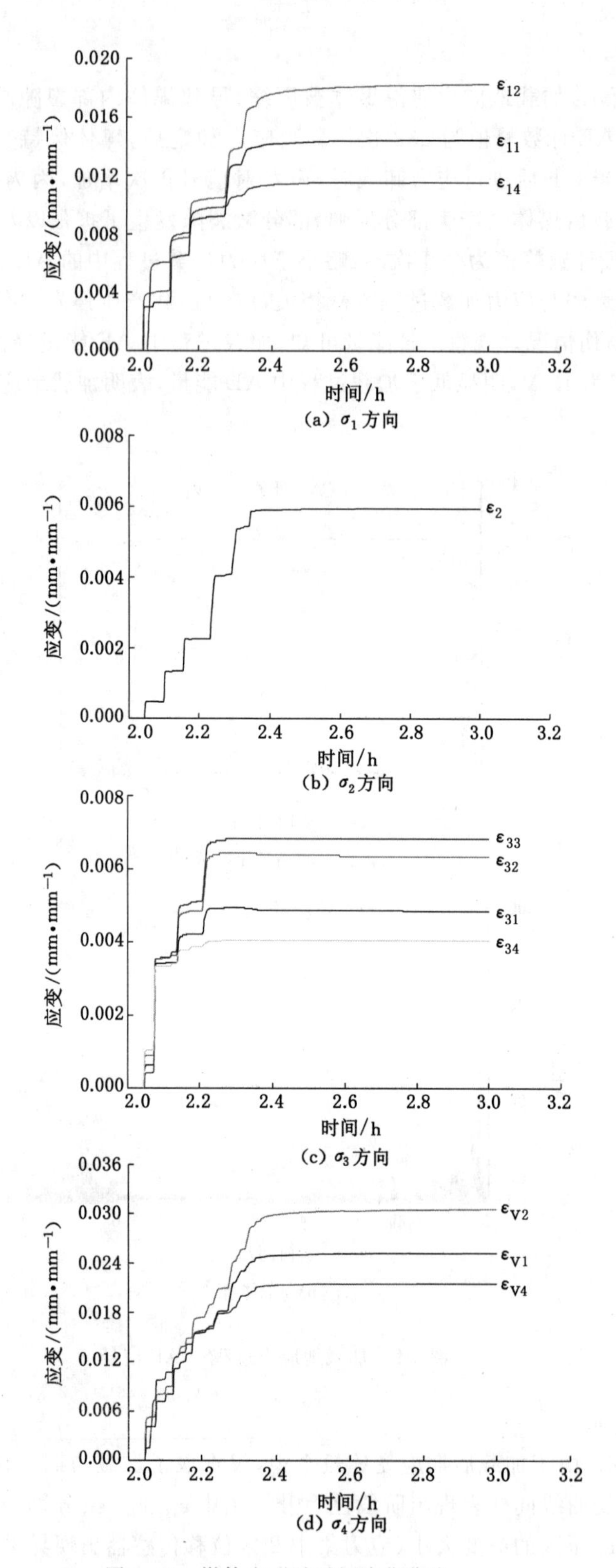

(a) σ_1方向

(b) σ_2方向

(c) σ_3方向

(d) σ_4方向

图 4-10　煤体变形随时间演化曲线

0.006；ε_{31}、ε_{32}、ε_{33}、ε_{34}分别达到0.005、0.006、0.007、0.004；对应的体积应变ε_{V1}、ε_{V2}、ε_{V4}分别达到0.025、0.031、0.022。图4-11为加载3 h后煤体应变的空间分布图，在σ_1、σ_3方向上均表现为"应力越大，应变就越大"，但应变大小与应力大小并非简单的倍数关系。如图4-11(b)所示，应力集中1区和应力集中2区的应力大小相同，但对应的应变却略微有些差异；σ_1、σ_2方向的原始应力区及σ_3方向的应力集中区应力大小都为2 MPa，但其对应的应变各不相同。

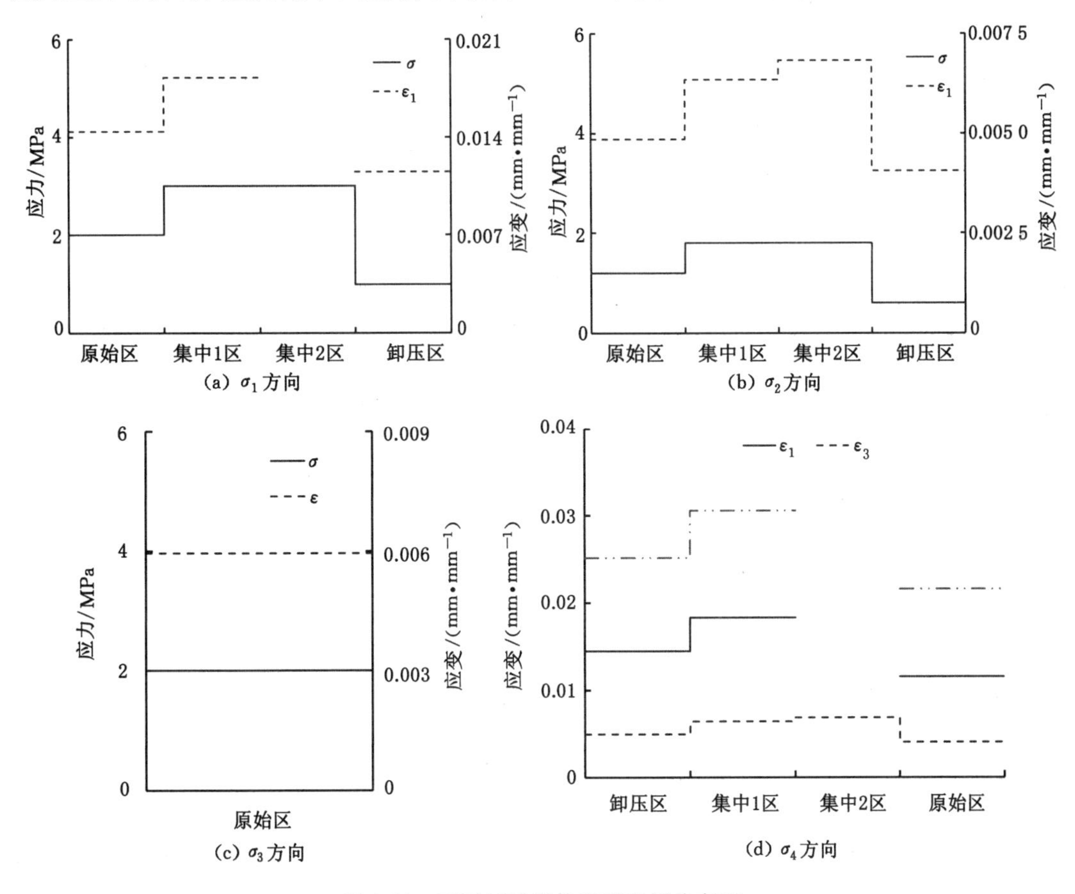

图4-11 不同区域煤体变形空间分布图

4.3.3 充气吸附过程

(1) 气压演化规律

当加载地应力稳定后，打开气瓶气阀进行充气，此时箱体内部气压为负值，随着充气的进行，煤层气压逐渐上升。当气压升至1 MPa左右时，关闭气瓶气阀，煤层不断吸附气体，导致气压不断下降；为保证箱体内部气压始终在1 MPa左右，每隔4 h左右重新打开气瓶气阀进行下一次充气；当气压达到1 MPa左右时，再次关闭气瓶，依次循环，直至煤体吸附48 h左右，如图4-12所示。在达到目标气压1 MPa之前，不同测点气压变化存在差异；在到达气压达到1 MPa之后，不同测点气压变化较为一致，此时整个箱体内部气压分布均一。

(2) 温度演化规律

考虑充气结束后煤体温度高于环境温度，煤体与周围环境发生能量交换导致煤体温度不断下降，而吸附48 h过程中，温度下降量较大。因此，图4-13(a)只绘制了充气阶段温度变化曲线，即 3～4.5 h。

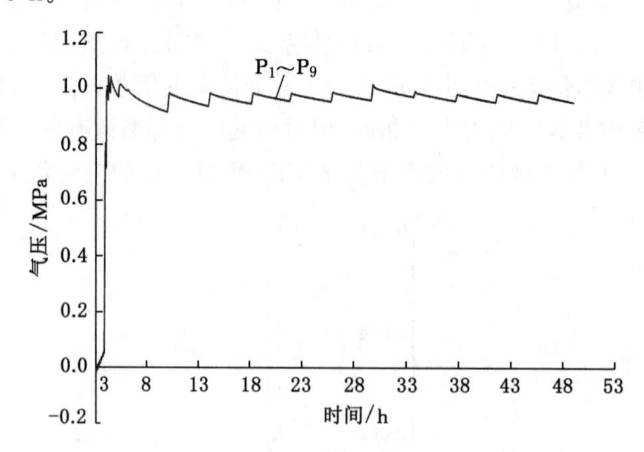

图 4-12　充气吸附过程煤层气压演化曲线

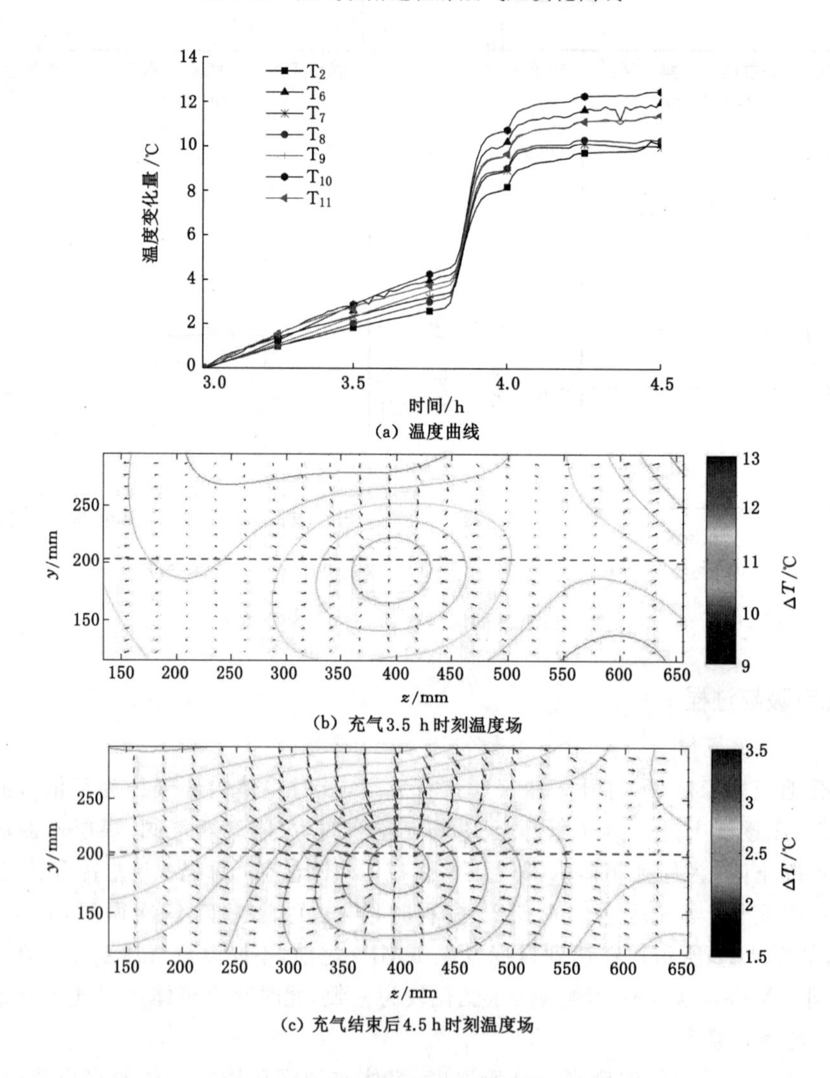

图 4-13　充气过程煤层温度变化云图

随着充气的进行，温度不断上升，前期上升较慢，在 3.8 h 时刻出现快速升高，在 4 h 之后基本稳定不变。由于充气前期考虑到计算充气量，因此在气瓶和箱体之间的充气管道中串联了一个气体流量计，但流量计量程较小，致使充气过程中气压上升非常缓慢，最后拆除流量计，直接进行充气，气压迅速上升，使得温度上升速率加快。气体吸附过程是一个放热过程，因为气体分子从自由运动状态转为吸附态时，其能量降低，传递到周围煤体中，使煤体温度上升，并且气体吸附量越多，其温度上升量也越大。当 4.5 h 充气结束后，温度在短时间内基本保持稳定不变，不同测点温度上升量不同，在 10～12 ℃。

进一步利用 Matlab 软件绘制了充气不同时刻煤层层面温度场，首先使用 griddata 函数根据各个测点数据进行插值，然后用 contour 函数绘制温度等值线，最后使用 quiver 函数绘制矢量箭头，即可得到最终温度场图。图 4-13(b)和图 4-13(c)分别对应充气 3.5 h 时刻和充气结束后 4.5 h 时刻，可见不同充气时刻煤层温度分布相似，即层面中心温度较低，周围温度较高。由于在充气过程中，层面外部气体最先吸附，其吸附量较多，故温度上升量也较大。

(3) AE 信号

图 4-14(a)为 AE 计数与 P_{19} 对比，随着气压的上升，煤体吸附气体量也逐渐增加，煤裂隙内部吸附气体量增加导致裂隙增大，使得煤颗粒发生微破裂，随之产生声发射信号并逐渐增强，当气压达到最大值时，AE 计数达到峰值 117 次/s。在 6 h 前后，AE 计数明显增加，由前面分析可知，这是卸载应力导致的，并非充气产生的声发射信号。当气压稳定后，煤体继续吸附气体，此时不同于充气过程，吸附过程 AE 信号相对比较稳定、信号较少；然而，当再次打开气瓶进行充气时，又会导致吸附量突然增加，同时产生明显的 AE 信号。图 4-14(b)为 AE 能量的变化规律，表现为前期由于充气而上升，然后由于卸载地应力再次明显上升，其余时间段基本保持不变。

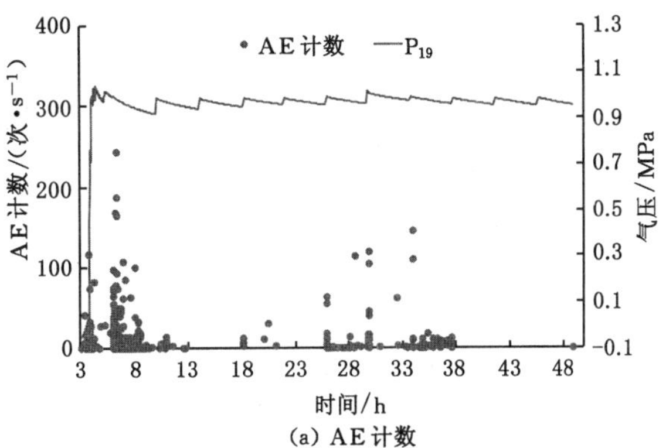

(a) AE 计数

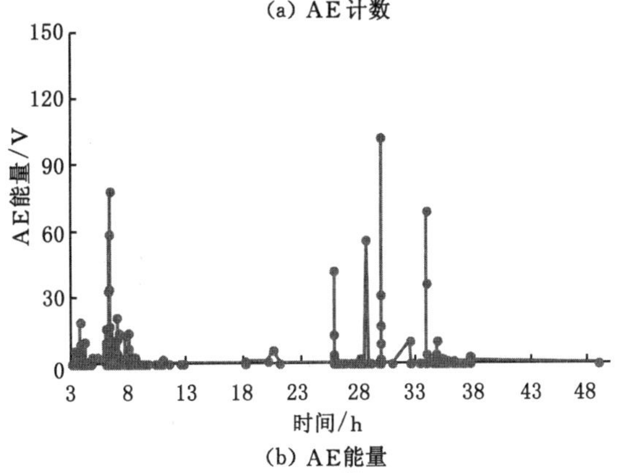

(b) AE能量

图 4-14 充气吸附过程煤体 AE 信号

4.4 突出发动、发展阶段

由于煤与瓦斯突出物理模拟试验过程的发动阶段较短，与发展阶段难以严格区分，因此本节将突出发动阶段和发展阶段合并进行分析。

4.4.1 煤层气压

(1) 气压随时间演化规律

将突出门打开的瞬间定义为突出发动起始点，即突出零时刻，并绘制突出发动、发展过程中不同测点气压随时间演化曲线，如图 4-15 所示。由于突出时间较短，因此时间单位为 s。

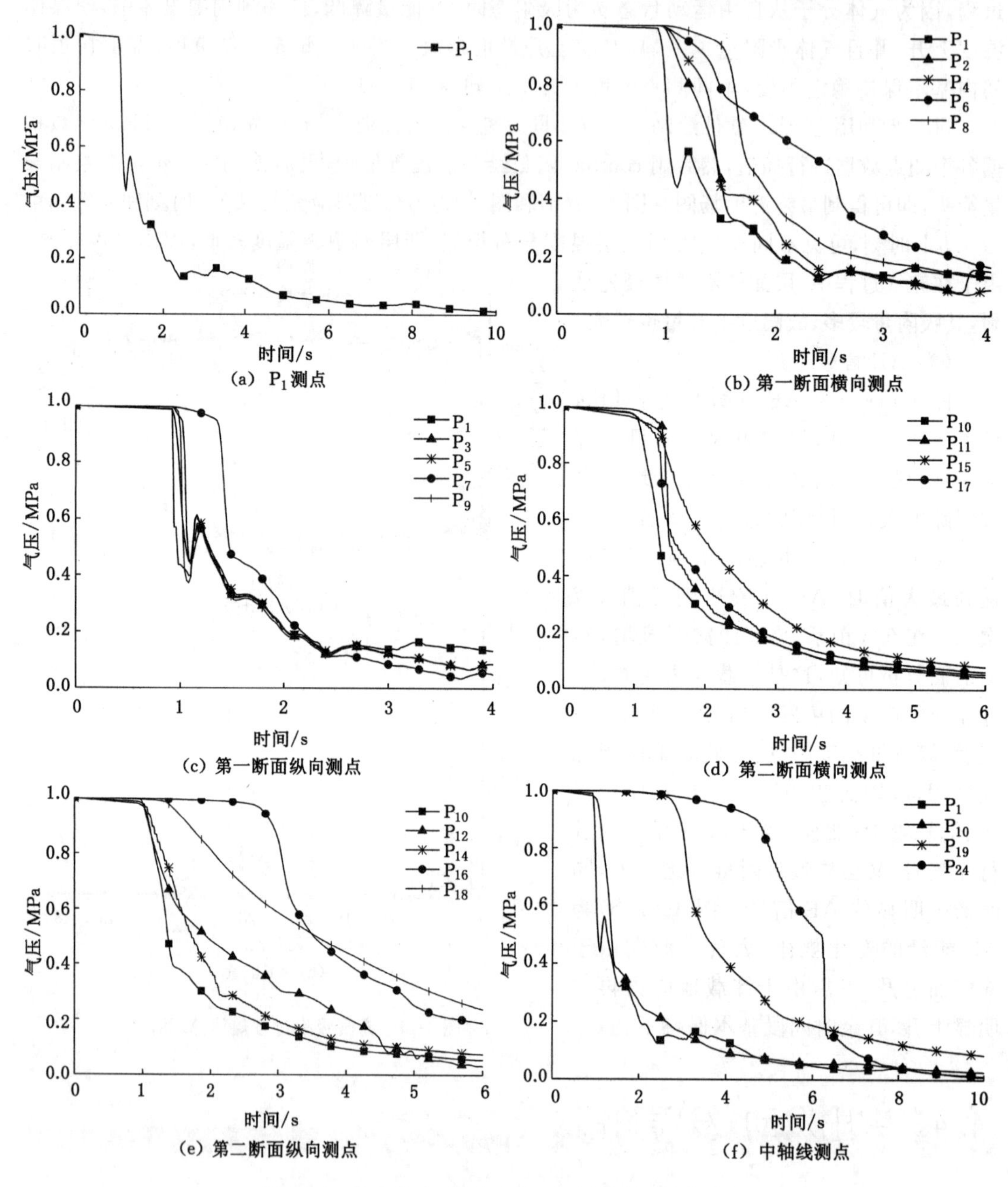

图 4-15 突出发动、发展过程中气压随时间演化曲线

图 4-15(a)为 P_1 变化曲线，突出启动后 0.9 s 内无明显变化，此时气体解吸区域还主要集中在突出口和第一断面之间，之后 P_1 在 0.2 s 内迅速从 1.00 MPa 降至 0.44 MPa，而后在0.1 s内上升至 0.56 MPa，然后在 0.4 s 内再次下降至 0.32 MPa，最后又有所上升，并在

10 s 左右接近大气压，此时突出过程基本结束，无煤粉喷出，突出口前方有微弱气流。分析认为，在推拉密封门打开后，突出口截面内煤体应力状态发生变化导致煤体受力失稳，积聚在煤体内部的弹性势能、瓦斯内能和失稳煤体本身具有的重力势能急剧释放，使得失稳煤体被抛出，并形成最初的突出孔洞。突出孔洞壁附近煤体由于暴露失去支撑力作用，且煤壁内外出现较大气压梯度，在地应力和气压的共同作用下，孔洞壁附近煤体发生破坏并被抛出，同时气压下降并形成新的突出孔洞。随着突出碎煤的堆积，导致瓦斯-煤粉流通道面积减小，而煤体内气体持续解吸导致气压出现上升，当气压上升一定程度时，会再次将孔洞壁附近煤体粉碎并且被抛出，此时气压随之下降，突出孔洞进一步增大，即形成新一轮的煤体破碎抛出。如此循环，煤体内能量逐渐下降，气体解吸量也不断减少，当瓦斯压力无法突破堆积碎煤阻力时，煤粉不再被抛出，突出停止，气压也随着气体解吸的停止慢慢降至大气压。

图 4-15(b)选取了第一断面横向 5 个测点，由于 4.0 s 后气压基本一致，因此只绘制前 4.0 s 曲线。定义垂直突出口截面并通过其中心的直线为中轴线，其中 P_1 位于中轴线上，P_2、P_4 距中轴线 90 mm，P_6、P_8 距中轴线 180 mm。由图可知，P_1 下降最快，P_2、P_4 下降次之，P_6、P_8 下降最慢，则不同测点气压下降快慢与其距中轴线距离相关，即距中轴线越近气压下降越快。另外，距 P_1 较近的 P_2、P_4 虽然出现了类似 P_1 的气压上升阶段，但是变化幅度较小，且距离 P_1 较远的 P_6、P_8 表现为持续下降，未出现气压上升现象。这是因为 P_1 测点距离突出口最近，气压最先开始下降，当碎煤堆积导致气压上升时，P_1 下降量最大，而距中轴线越远的测点其气压下降量越小，因此 P_1 上升量最大，其余距中轴较近测点气压上升量较小，最远处测点气压甚至没有出现上升阶段。

图 4-15(c)为第一断面纵向 5 个测点，与横向 5 个测点气压差异较大不同，纵向 5 个测点变化较为同步。分析认为，突出过程中突出孔洞截面并非圆形而是近似椭圆形，导致纵向煤体较先破碎并抛出，纵向气压梯度较小，因此纵向 5 个测点气压差异较小。

图 4-15(d)和图 4-15(e)分别为第二断面横向和纵向测点气压曲线，与第一断面气压变化规律较为类似，表现为距中轴线越近，气压下降越快。

图 4-15(f)为中轴线上 P_1、P_{10}、P_{19} 和 P_{24} 曲线，4 个测点均位于每个断面中心，距突出口的距离分别为 131 mm、393 mm、655 mm 和 917 mm，其中 P_1、P_{10} 几乎同时下降，而 P_{19}、P_{24} 分别在 3.0 s、5.0 s 左右才有显著下降，6.0 s 后逐渐降至大气压。

(2) 气体流场演化规律

为了进一步探讨突出过程中气体的流动状态及气压梯度分布，利用 Matlab 软件绘制了不同分析面内气体流场图。以第一断面流场图为例，首先使用 griddata 函数根据第一断面内 9 个气压测点数据进行插值，然后用 contour 函数绘制气压等值线，最后使用 quiver 函数绘制矢量箭头，即可得到最终气体流场图，如图 4-16 所示。图中粗虚线圆圈表示突出口正投影位置，闭合曲线表示等压线，曲线颜色对应气压值大小，箭头方向表示气体流动方向，箭头长短表示气压梯度相对大小。

观察第一断面流场图，发现等压线近似呈现椭圆形分布，横向相邻等压线间距较小说明横向气压梯度较大，与前面分析结果相吻合。随着突出的进行，从 1.0～1.4 s，等压线形状基本保持不变。由等压线的颜色可知，同一位置的气压不断降低；同时，由箭头方向可知，气体向突出口方向流动，最终由突出口喷出。第二断面流场图同样表现出随着突出的进行气压不断下降，但等压线明显呈现近似圆形分布，说明在第二断面处气压变化受突出孔洞影响较小,横向和纵向内气压变化较为一致。

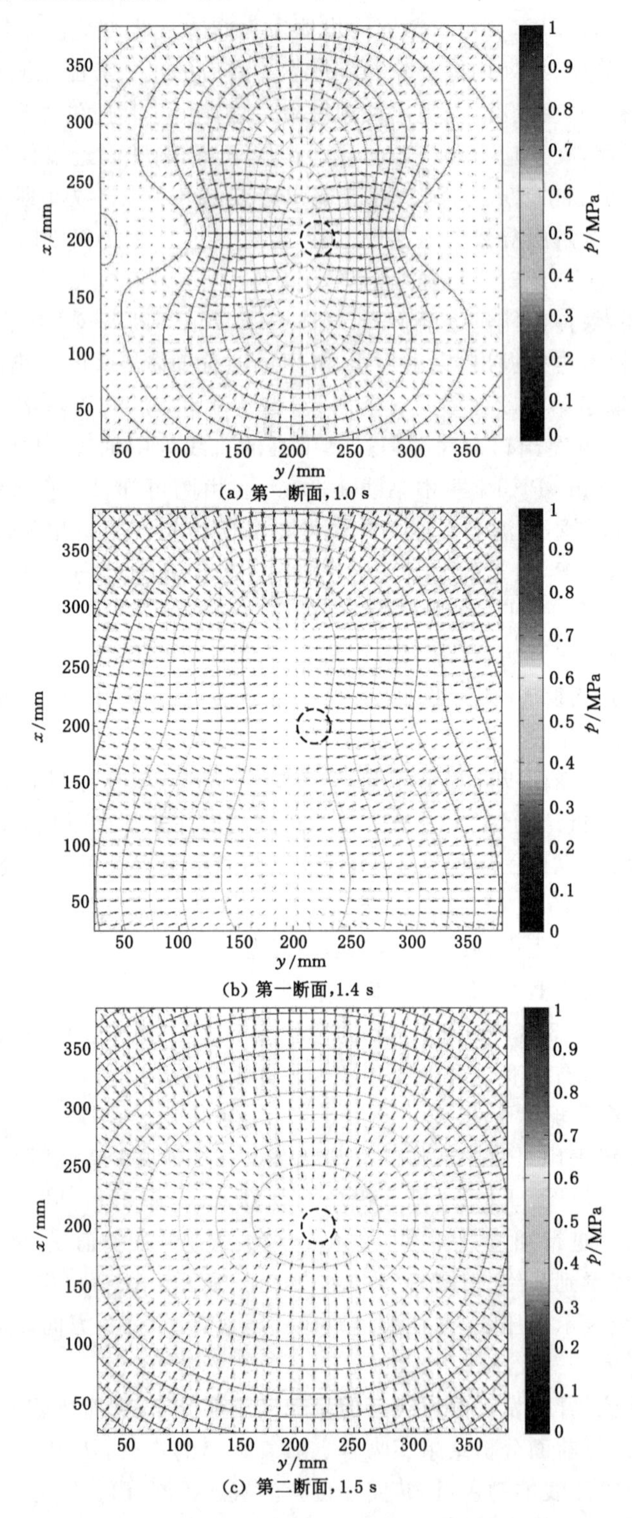

(a) 第一断面,1.0 s

(b) 第一断面,1.4 s

(c) 第二断面,1.5 s

图 4-16　不同断面不同时刻气体流场图

同样对主层面和主纵面内不同测点数据进行插值并绘制突出不同时刻的气体流场图，如图 4-17 和图 4-18 所示。从图中可以看出，突出 1.0 s 时，等压线近似以中轴线(图中虚线)为轴呈现半圆形分布，且距突出口越近，气压梯度越大，气体解吸区域主要集中在突出口附近较小范围内，气流流动方向与中轴线夹角为 45°～90°，且随着距中轴线距离的增加而减小；突出 2.0 s时，气压下降，靠近突出口附近气压梯度明显减小，气体解吸区域主要集中在 400 mm$<z<$700 mm 范围内；突出 6.0 s 时，气压降至 0.2 MPa 左右，气体解吸区域主要集中在 $z<$400 mm范围内，气流流动方向与中轴线夹角基本小于 45°，此时等压线不再是半圆形，可认为是半径较大的圆弧，且仍以中轴线为轴呈上、下对称分布。由于突出过程中气体的流动是三维空间运动，流场图仅为方便分析简化成二维平面运动，因此结合第一断面、第二断面和主层面、主纵面内流场图中等压线演化规律，可得出突出过程中气压等压面近似以突出口为球心呈球面分布，并且气体解吸区域近似呈球壳状逐渐向外扩展，球壳附近气压梯度较大。

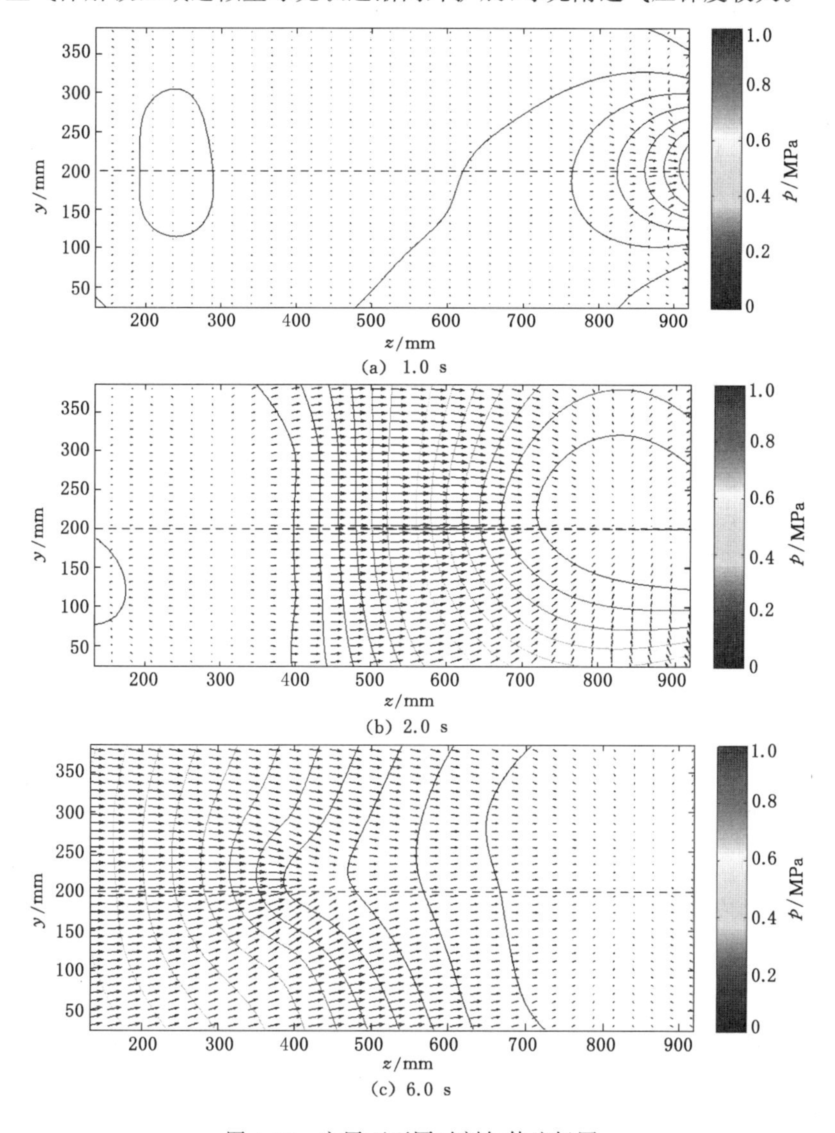

图 4-17 主层面不同时刻气体流场图

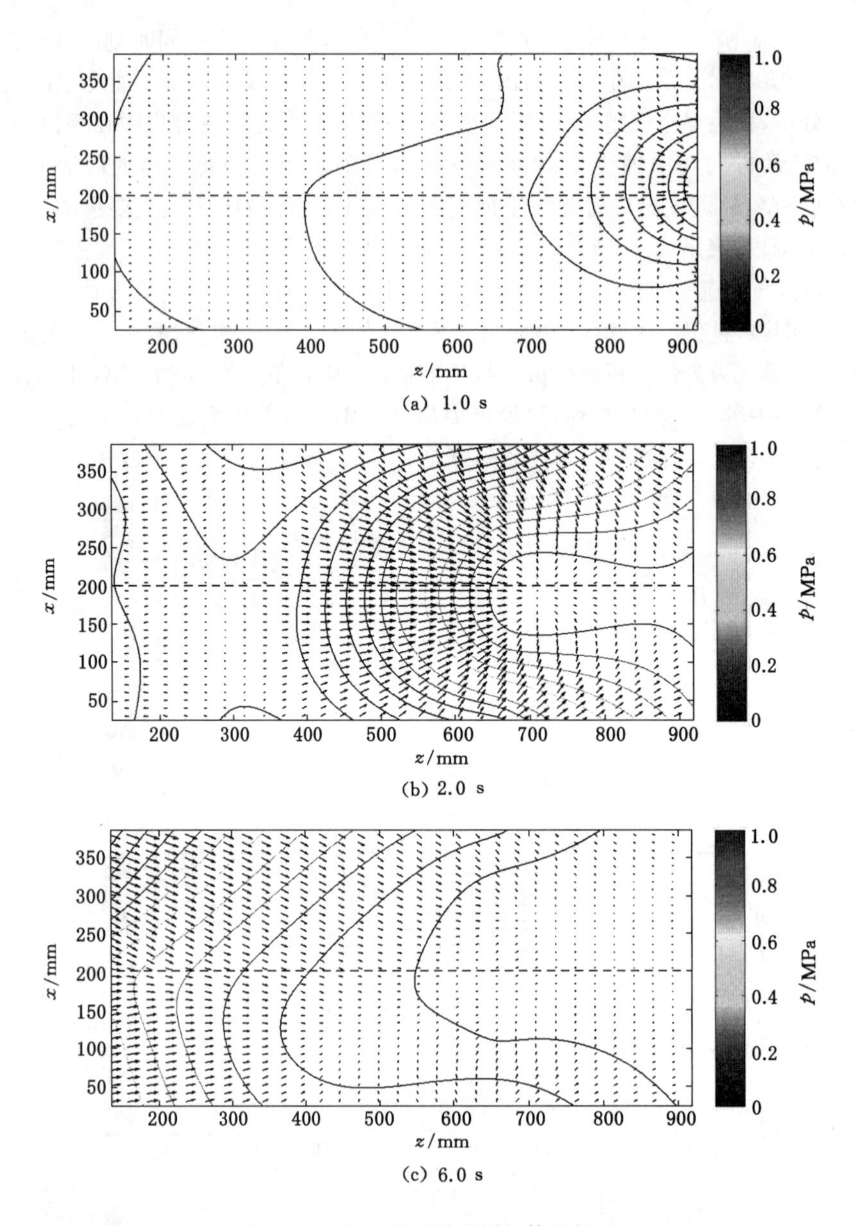

图 4-18　主纵面不同时刻气体流场图

4.4.2　煤层温度

如图 4-19(a)所示，在突出前期气压和温度都快速下降，而后趋于平缓，气压相对于温度下降较快，在数秒内即可降至大气压，而温度则在数分钟后才趋于平稳，温度下降量约为 8 ℃。图 4-19(b)选取了中轴线上 3 个温度测点 T_5、T_8 和 T_{11}，与突出口的距离分别为 393 mm、655 mm 和 917 mm，其温度并不是持续下降的，而是在前期有一个短暂的上升过程而后持续下降。分析认为，在煤与瓦斯突出过程中，煤体温度的升高是由地应力破碎煤体使弹性能释放造成的，而温度降低则是瓦斯气体解吸和膨胀造成的。突出过程中煤体在地应力作用下发生破坏时，吸附在煤体中的瓦斯就会从煤体中解吸出来；同时，由于煤体破裂后裂隙空间增大，瓦斯气体的膨胀也将使煤体温度降低，因此突出过程中煤体温度的降低主

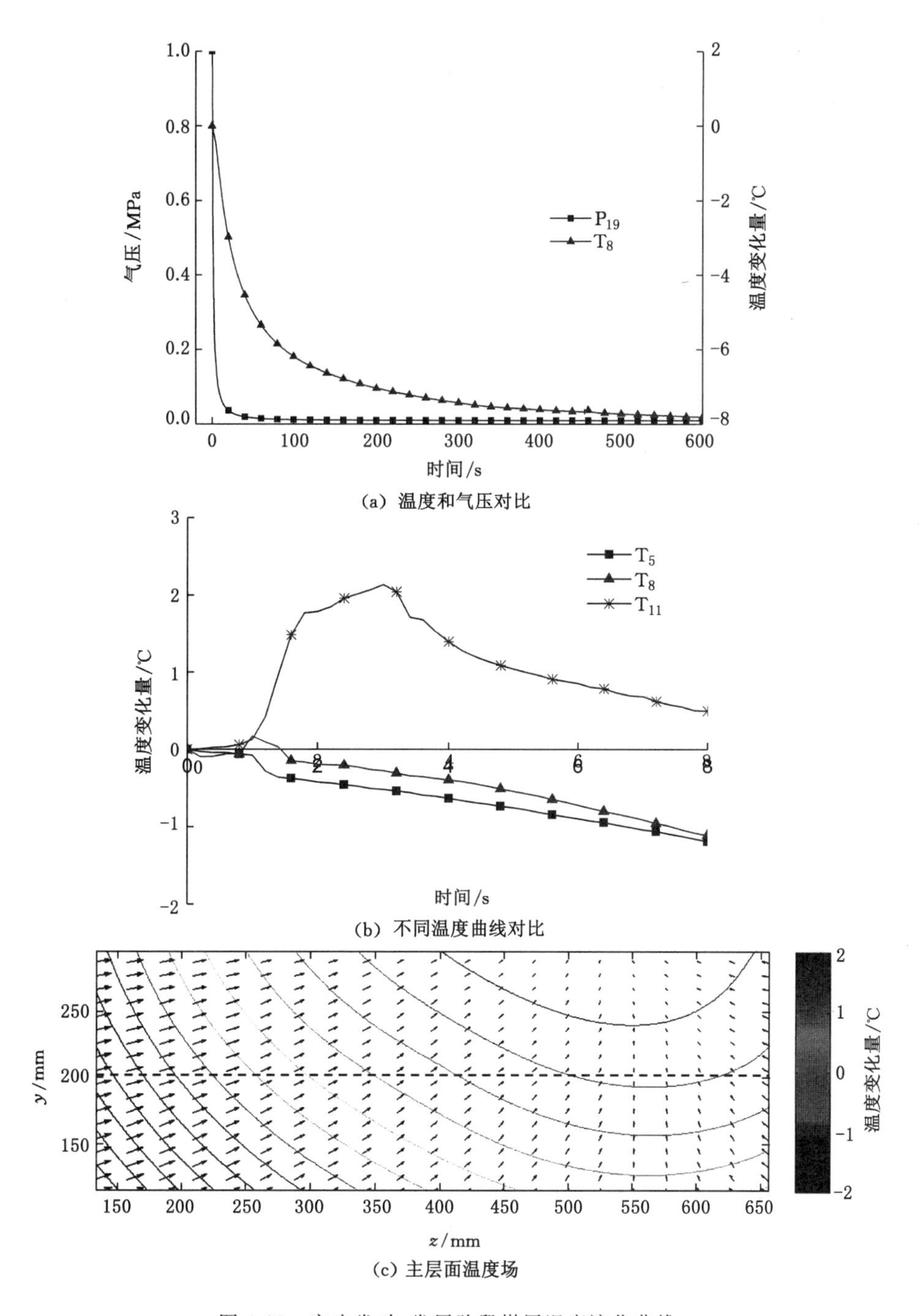

图 4-19 突出发动、发展阶段煤层温度演化曲线

要由瓦斯解吸和瓦斯膨胀吸热造成。仔细观察发现,不同测点温度上升量不同,距离突出最近的测点 T_5 无上升趋势,测点 T_8 上升量较小约 0.15 ℃,而距突出口最远的测点 T_{11} 上升最为明显,约为 2.1 ℃。由此可见,距离突出口越近,温度上升量越大,说明突出过程中地应力破碎煤体使煤体弹性能释放导致温度上升。然而,距离突出口较近的测点,由于在突出瞬间其附近的气体大量解吸和膨胀吸收大量能量,因此温度还未明显上升就已经消耗;距离突

出口较远的测点，由于其附近气体解吸相对缓慢，因此温度明显上升约 3.0 s，3.0 s 后由于气体大量解吸和膨胀，导致温度持续下降。图 4-19(c)为突出 2.0 s 后煤体主层面温度场，由于测点较少，因此温度场可能与实际有些差异，但在突出后的短时间内，靠近突出口处的温度开始下降，而远离突出区域的温度有所上升。

由此可见，通过现场实时监控煤矿工作面前方煤体温度，可以作为煤与瓦斯突出监控预警手段之一。

4.4.3 煤体声发射

图 4-20 为煤与瓦斯突出发动、发展阶段煤体声发射信号图。突出门打开后，煤体暴露在空气中，在地应力和瓦斯压力作用下诱发突出，煤体在地应力作用下破裂，并由于气体的大量解吸、膨胀使得煤中裂隙扩张，煤体由外向内逐渐被粉碎最终抛出，煤体的破裂及运移产生了大量的声发射信号，AE 计数瞬间上升至 1.6 万次/s 左右，之后略有下降，4 s 左右再次上升，达到和前一个峰值相近的高度，然后慢慢下降，16 s 左右基本接近 0。对比气压的变化可知，突出发生后气压迅速降低，用时约为 10 s；而 AE 计数是升到峰值后保持一定的时间，大约 10 s，而当气压下降为 0 MPa 后，AE 计数才开始明显下降，最终在 16 s 不再有明显的声发射信号。研究表明，当气压降为大气压后，煤体内仍然有破裂持续，而这种破裂是气体解吸造成的，只是解吸量较小不足以造成煤粉的再次抛出；同时，在 AE 计数达到第一峰值时，AE 能量并未达到峰值，而是在 AE 计数第二个峰值处，才达到峰值为 1.2×10^4 V。

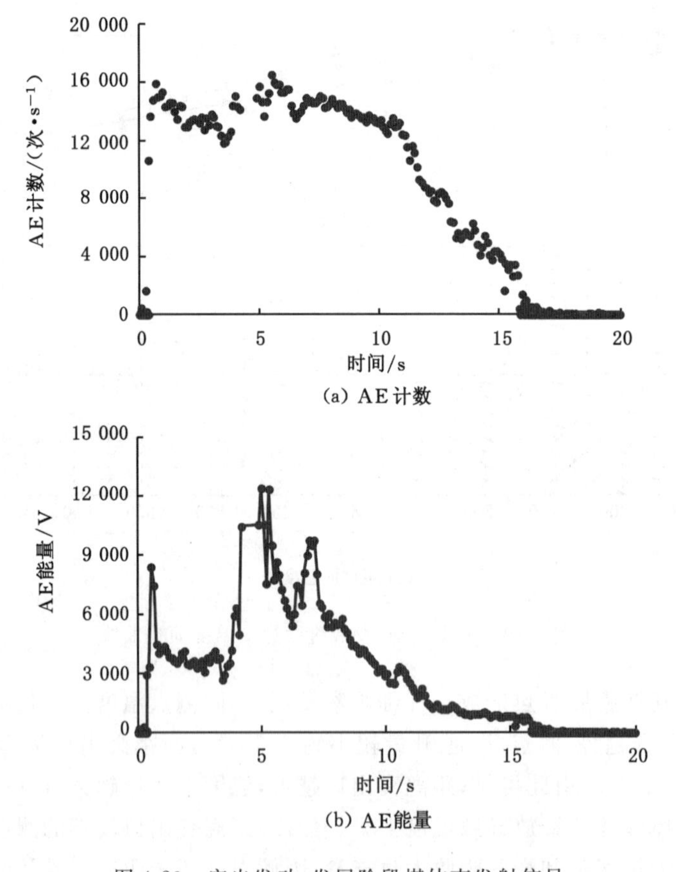

图 4-20　突出发动、发展阶段煤体声发射信号

4.4.4 两相流冲击力

煤与瓦斯突出是一种具有极其复杂动力现象的工程地质灾害，在突出发动、发展过程中，破碎的煤与瓦斯由煤体内突然向采掘空间大量喷出，并形成一定的动力效应，如推倒矿车、破坏支架等，喷出的煤粉可以充填数百米长的巷道，喷出的煤-瓦斯两相流有时带有“暴风”般的性质，瓦斯可以逆风流运行，充满数千米长的巷道。因此，研究煤与瓦斯突出发动、发展过程中煤-瓦斯两相流冲击力的演化规律具有重要意义。

试验用冲击力传感器直径 58 mm，距突出口距离 40 cm，以突出门打开瞬间为零时刻绘制两相流冲击力演化曲线，如图 4-21 所示。由此可见，冲击力在 0.3 s 时升至峰值 80 N，然后又快速下降，并且随着突出的发展出现反复的升降，具有明显的波动性，每次波动后，冲击力的大小都有所下降，最终降为 0 N。在煤与瓦斯突出试验过程中，可明显观察到突出煤粉不是持续性被抛出，而是呈现多次被抛出，期间有短暂的不抛出煤粉时间段，并且随着突出的发展，抛出的煤粉量也越来越小。考虑到突出发展过程中煤层气压的变化同样具有反复升降趋势，将气压和冲击力进行对比可知，气压的下降要延迟于冲击力的上升，延迟约 0.6 s。分析其原因主要有两方面：一方面，冲击力传感器距突出口有一定的距离，煤体从突出口喷出到接触冲击力传感器需要一段时间；另一方面，在突出瞬间，突出口附近的气体首先大量解吸导致气压迅速下降，而 P_1 测点距突出口也有一段距离，因此 P_1 的下降要延迟于突出门打开时刻。总体来说，气压和冲击力的变化趋势相同，都表现为在突出前期下降迅速，并且具有反复的升降过程；同时，随着突出的发展不断下降，最后趋于稳定，证实了煤与瓦斯突出发展过程的阵发性。

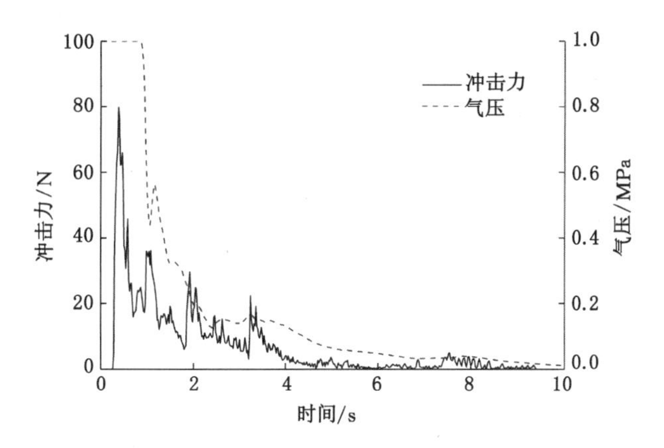

图 4-21 两相流冲击力与气压曲线对比图

4.5 突出终止阶段

煤与瓦斯突出终止后，首先对突出煤粉分布区域进行划分；然后收集不同区域突出煤粉，并进行筛分、称重，分析突出强度及突出过程中突出煤粉的分选性；最后对突出孔洞的三维形态进行描述。

4.5.1 突出强度

大量煤与瓦斯突出实例表明，煤与瓦斯突出是地应力和瓦斯压力共同作用下，采煤工作面煤体遭到破坏后，破碎煤体夹杂大量高压瓦斯以极快的速度向采掘空间抛出、涌出或喷射而出，煤与瓦斯固、气两相混合流极具动力破坏效应，掩埋采掘人员，严重破坏井巷设施，其突出强度必然是巨大的。

由第2章可知，现场一般根据突出煤(岩)数量将突出强度划分为小型突出、中型突出、大型突出和特大型突出。在突出试验中，采用突出煤岩量衡量突出强度缺乏可比性。因此，本书定义相对突出强度(突出煤粉质量占突出试验用煤总质量的百分比)作为评价突出强度的参数。图4-22为煤与瓦斯突出突出物理模拟试验现场。在突出过程中，煤粉-瓦斯两相流强烈喷出，并伴随沉闷的声响。由表4-4可知，第一次煤与瓦斯突出试验成型过程中共装煤240.85 kg，突出煤粉质量共计12.84 kg，得到第一次突出试验的相对突出强度为5.33%。

图4-22 煤与瓦斯突出物理模拟试验现场照片

表4-4 煤粉质量统计表

K	试验用煤总质量/kg	突出煤粉质量/kg	相对突出强度/%
1.5	240.85	12.84	5.33

4.5.2 突出煤粉分选性

为进一步分析突出发生后煤粉的空间分布状况，对突出口前方区域进行了划分，并按照划分区域对煤粉质量进行统计并筛分，如图4-23所示。以突出口中轴线为基准分为左区域(L)和右区域(R)，每个区域进一步划分为4个小区，共计8个区域，分别表示为L1～L4和R1～R4。对突出后各区域煤粉进行收集、筛分，统计结果见表4-5。

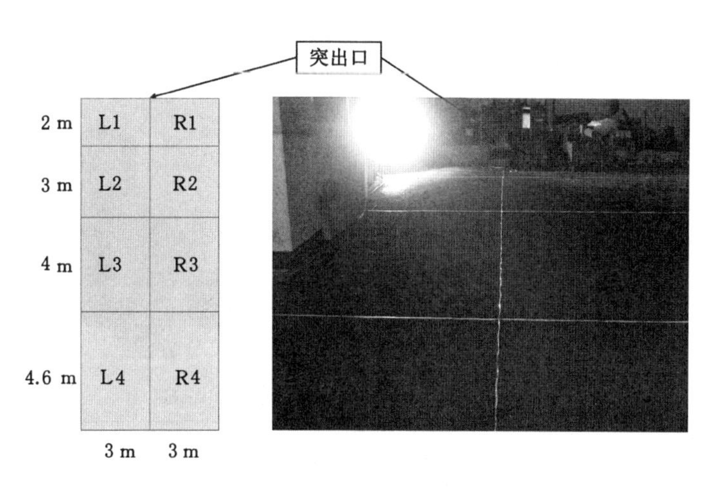

图 4-23　突出煤粉区域划分

表 4-5　突出煤粉粒径统计表

分区	$m_{L1/g}$	$m_{L2/g}$	$m_{L3/g}$	$m_{L4/g}$	$m_{R1/g}$	$m_{R2/g}$	$m_{R3/g}$	$m_{R4/g}$	比例/%
10～20 目(含)	36.3	35.0	71.8	829.3	28.9	28.1	93.1	1056.8	17.0
20～40 目(含)	58.8	112.6	211.9	1 222.3	44.3	94.2	203.0	1 255.2	24.9
40～60 目(含)	82.1	87.7	122.1	555.8	42.4	83.3	133.5	755.6	14.5
60～80 目(含)	51.4	42.4	84.3	372.9	25.3	49.5	111.7	419.4	9.0
80～100 目(含)	34.8	35.5	75.1	290.9	27.0	34.2	118.3	452.6	8.3
>100 目	75.7	151.2	300.2	900.4	74.0	117.4	382.4	1 371.0	26.3
总计	339.1	464.4	865.4	4 171.6	241.9	406.7	1 042.0	5 310.6	100.0

图 4-24(a)为突出煤粉质量分布图。突出煤粉基本呈左右对称分布,并且随着距突出口距离的增加而增加,在 4 区达到最大值,因为 4 区后面是墙壁,突出煤粉在这里被迫沉降;图 4-24(b)为突出煤粉各粒径比例与试验用煤各粒径比例对比图。可以看出,突出过程对突出煤粉有较强的破碎作用。其中,最大颗粒 10～20 目(含)所占比例从 35%下降为 17%,下降幅度高达 50%,20～100 目(含)粒径所占比例都表现出不同程度的上升趋势,而大于 100 目的粒径占比基本无明显变化(可能是突出过程中较小颗粒飘散到较远区域、并未完全收集到所有突出煤粉的原因)。图 4-24(c)和图 4-24(d)分别为 L 区域和 R 区域突出煤粉粒径对比图,左侧 4 个区域煤粉粒径所占虽然相对突出前煤粉粒径都有所减少,但不同区域破碎结果存在差异,其中距突出口最远的 L1 区域煤粉,10～20 目(含)粒径所占比例明显减小,20～100 目(含)粒径所占比例增大,大于 100 目粒径同样减少;L4 区域同样表现出类似分布规律;居中的 L2、L3 区域内大于 100 目粒径煤粉所占比例明显增加,说明较细粒径煤粉主要集中在突出区域中部,同时较大粒径煤粉主要集中在突出区域两端。

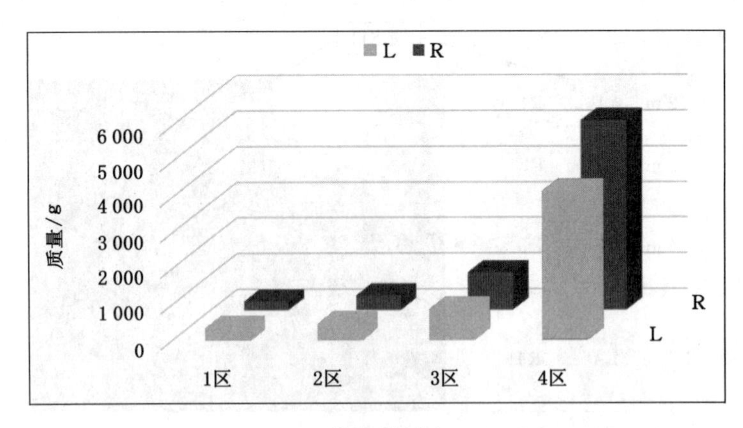

(a) 煤粉质量分布

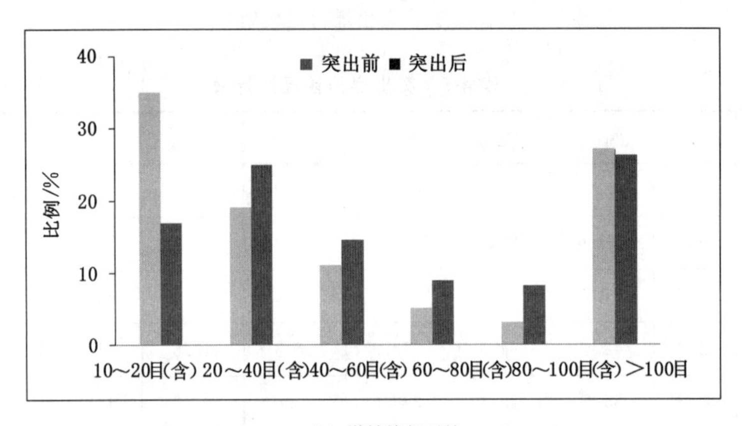

(b) 煤粉粒径对比

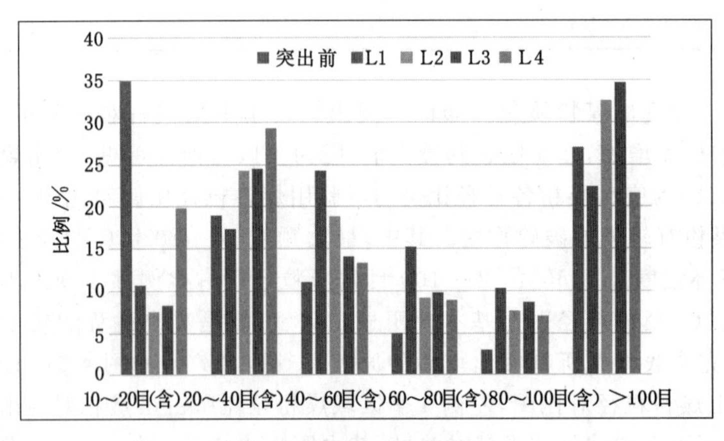

(c) L区域煤粉粒径对比

图 4-24　突出煤粉粒径分布图

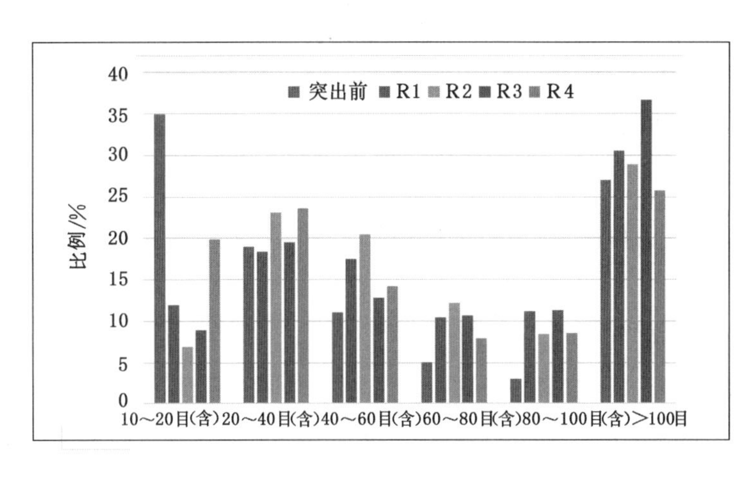

图 4-24(续)

4.5.3 突出孔洞三维形态

突出发生后，待突出煤粉彻底沉降后，首先清理突出口周围，将突出孔洞底部掉落的碎煤小心掏出，然后通过突出口灌注石蜡，2 d后取出石蜡模型，并将其表面清理干净，在石蜡模型表面喷涂一层三维扫描专用显像剂，最后用三维扫描仪进行扫描并绘制六视图，如图 4-25所示。

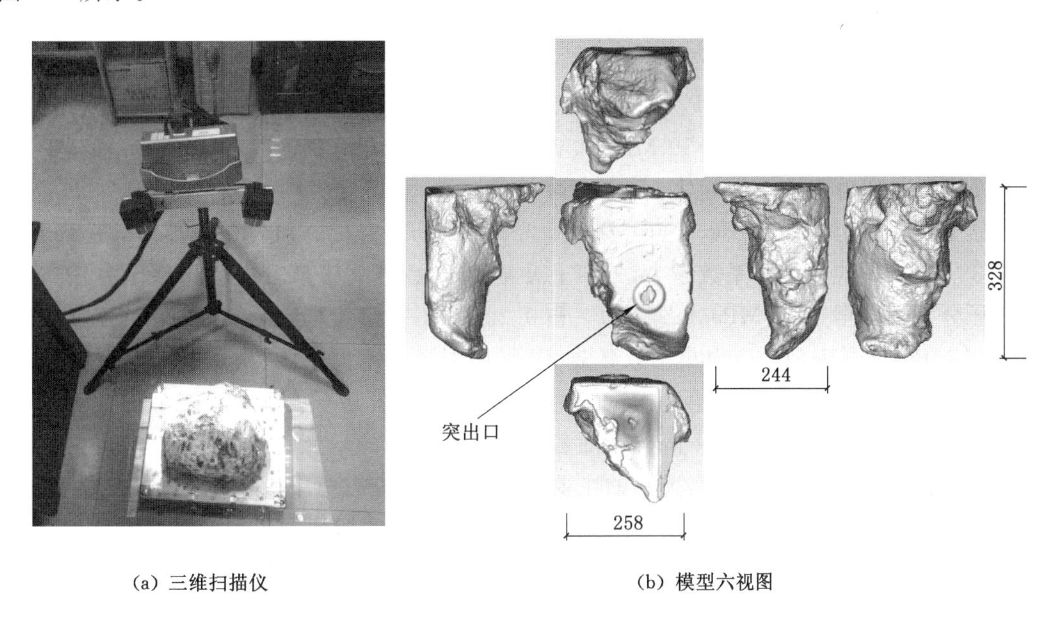

(a) 三维扫描仪 (b) 模型六视图

图 4-25 突出孔洞模型三维扫描图(单位：mm)

突出孔洞模型近似呈现为椭球形，其中突出口位置位于正视图的中下部，正视图的水平尺寸为 258 mm，垂直尺寸为 328 mm，水平尺寸略小于垂直尺寸。观察俯视图和仰视图可知，突出孔洞模型上部尺寸要大于底部尺寸，其底部呈现出不规则的凸出形态，而上部却呈现出凹陷形态，应该是浇灌石蜡成型过程中发生收缩导致的。根据煤样密度和突出煤粉质量，经计算得到突出煤粉初始体积为 9.0×10^{-3} m^3，而通过软件计算突出孔洞模型体积为 5.9×10^{-3} m^3，即突出终止后突出孔洞体积被压缩至初始煤体体积的 0.66 倍，侧面反映出突出过程中箱体残余煤体出现一定的“拉伸”效应，导致残余煤体的强度和密度均有所下降。

4.6 采动应力对突出的影响

4.6.1 突出准备阶段

由 4.3 节可知，突出准备阶段主要包括：抽真空过程、加载地应力过程和充气吸附过程。然而，3 次试验只改变了应力集中系数，应对其加载地应力过程进行对比分析。图 4-26(a)和图 4-26(b)分别是第二次和第三次试验加载地应力过程，对比图 4-8 中第一次试验加载地应力过程可知，只有 σ_{13} 和 σ_{33} 不同，其余应力均保持一致。σ_{13} 和 σ_{33} 分别是应力集中区对应的侧向和垂向应力，其中 3 次试验中 σ_{13} 分别为 3.0 MPa、4.0 MPa 和 5.0 MPa，σ_{33} 分别为 1.8 MPa、2.4 MPa 和 3.0 MPa。图 4-26(c)为 3 次试验加载地应力过程中集中应力区应变对比。由图可知，随着应力集中系数的提高，应变也明显增加，表明煤体中潜藏的弹性势能也相应增加。

4.6.2 突出发动、发展阶段

(1) 采动应力对气压的影响

图 4-27 分别对比了 3 次突出试验 P_1、P_{10}、P_{19} 和 P_{24} 测点气压的大小。由于煤与瓦斯突出的阵发性，导致 3 次试验中 P_1 测点都出现明显的多次上升和下降过程，在第一次下降过程中分别下降至 0.44 MPa、0.39 MPa 和 0.28 MPa，下降量分别为0.56 MPa、0.61 MPa 和 0.72 MPa，即应力集中系数越大，气压下降幅度越大。在气压第一次上升过程中，P_1 测点的气压分别上升至 0.56 MPa、0.66 MPa 和 0.67 MPa，上升量分别为 0.12 MPa、0.27 MPa 和 0.39 MPa，即应力集中系数越大，气压上升幅度越大；在气压第二次下降过程中，P_1 测点的气压分别下降至 0.32 MPa、0.25 MPa 和 0.22 MPa，下降量分别为 0.24 MPa、0.41 MPa 和0.46 MPa，同样表现为应力集中系数越大，气压下降量越大；第二次 P_1 测点的气压上升幅度较第一次明显减小，其中第一次试验中 P_1 测点的气压基本无明显上升。由此可见，在突出后数秒内，气压的上升或下降幅度随着应力集中系数的增加而增加。从能量的角度分析，瓦斯内能和煤体弹性势能是突出的主要能量来源，当应力集中系数增加时，在应力加载阶段，蕴藏在煤体中的弹性势能越多；当突出发动后，释放的能量主要用于煤体的破碎，煤体弹性势能越多，对煤体的破碎越彻底，使破碎的煤体更快更多的抛出，并使煤体的裂隙更加发育，气体的解吸更加迅速，气压的变化幅度更大。

对比图 4-27(b)到图 4-27(d)发现，随着应力集中系数的增加，气压的下降速率明显减小，下降量也减小。与第一断面 P_1 测点的气压变化不同，由于应力加载过程中较高的应力可导致煤体的渗透率较小，而突出后虽然煤体的弹性势能释放并破碎煤体，但是只有距突出口较近的第一断面内，煤体被破碎并抛出，且裂隙发育导致气压变化幅度增大，而距突出口较远处，煤体内部弹性势能还不足以破碎煤体，因此表现出应力集中系数越大，其渗透性能越差，导致气压下降速度越慢。

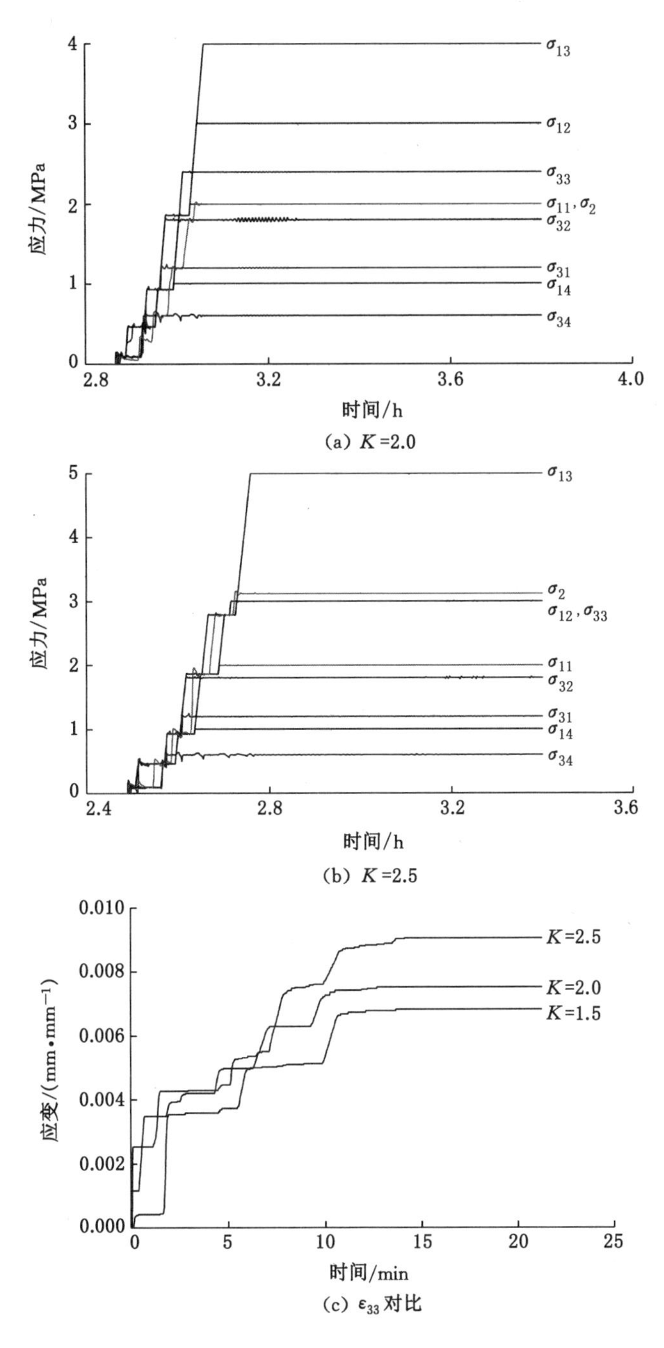

图 4-26　加载地应力过程及煤体变形对比图

在煤和瓦斯突出的发展过程中，瓦斯的运移和对煤体的破坏在很大程度上取决于煤体在破坏时瓦斯的解吸和放散能力。煤体的渗透率对瓦斯运移有很大的影响，当地压力较大导致渗透率较小时，煤体骨架阻力较大，阻碍瓦斯的运移，促使工作面前方形成较大的瓦斯压力梯度，而较大的瓦斯压力梯度更易形成较强的煤与瓦斯突出，同时导致在煤与瓦斯突出过程中气压下降较慢。

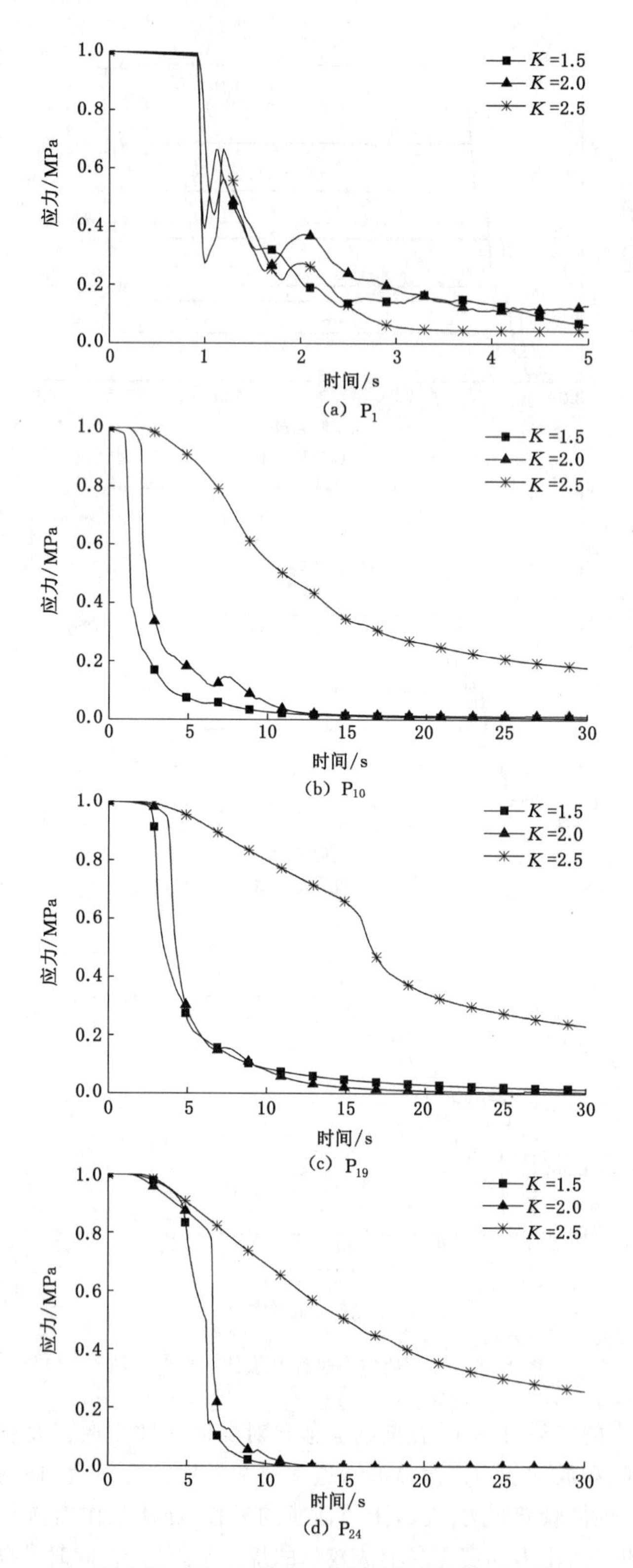

图 4-27　同一测点的 3 次突出试验气压对比图

(2) 采动应力对温度的影响

由图 4-28 可以看出,3 次试验过程中温度的变化趋势类似:在突出之后,温度快速下降,约 1 min 后,温度曲线下降速率减缓,至 10 min 时,曲线基本保持平稳,不再发生明显的下降,说明在突出发生后吸附在煤体孔隙内部的气体开始大量解吸导致煤体温度迅速下降,并且大量解吸气体膨胀同样需要吸收大量的热量,因此突出后煤体温度下降非常明显。3 次突出试验过程中,T_8 测点温度下降量分别为8.0 ℃、8.3 ℃和 7.8 ℃,差异不是特别明显,说明应力集中系数对突出过程中温度的变化影响不明显,因为 3 次试验过程中充气量基本一致。

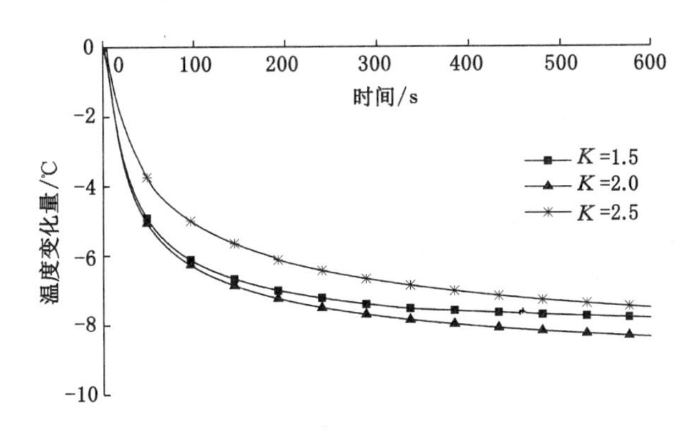

图 4-28 T_8 测点的 3 次突出试验的温度变化情况

(3) 采动应力对 AE 信号的影响

由于第三次试验过程中声发射探头采集数据出现异常,因此只绘制前两次试验的 AE 信号图,如图 4-29 所示。两次试验 AE 计数在突出瞬间迅速上升,并且在 1 s 左右出现第一个峰值,分为 15 953 次/s 和 18 626 次/s。在 4 s 左右,出现第二个峰值,两次试验 AE 计数分别为 16 512 次/s 和 23 359 次/s,其中第一次试验出现峰值时间较晚。4 s 之后,两次试验 AE 计数都开始下降,第一次试验在 16 s 时无明显声发射信号,而第二次试验在 12 s 时即无明显声发射信号。两次试验中 AE 能量与 AE 计数有类似的变化趋势,首先在 1 s 左右出现第一个能量峰值,分别为 8 437 V 和 9 151 V,差异性较小。第一次试验在 5 s 左右出现第二个能量峰值,为 12 441 V,第 2 次试验在 4 s 左右出现第二个能量峰值,为 18 462 V。之后 AE 能量仍有小幅度波动,但整体呈现下降趋势,相应地分别在 16 s 和 12 s 不再有明显能量信号。虽然缺失第三次试验的声发射信号,但是从前两次试验数据分析可知,随着应力集中系数的增加,AE 计数和 AE 能量都有所增加,其原因是地应力越大,对煤体的破碎越明显,同时产生的 AE 信号越强。

(4) 采动应力对两相流冲击力的影响

图 4-30 为 3 次突出试验煤-瓦斯两相流冲击力曲线对比图。同样地,以突出门打开瞬间为零时刻,则突出门打开 0.3 s 后,3 次试验两相流冲击力才有明显变化,并且在 1 s 内快速上升至第一个峰值,分别为 80 N、133 N 和 176 N。随着应力集中系数的增加,冲击力的峰值也有明显的上升。峰值过后,冲击力出现多次上升和下降过程,在 1.2 s 时刻出现一次明显的上升趋势,其中 3 次突出试验冲击力分别上升至 36 N、131 N 和 116 N。随着突出的进一步发展,冲击力也逐渐下降,第三次试验由于在第一峰值处消耗较多能量,导致在突出

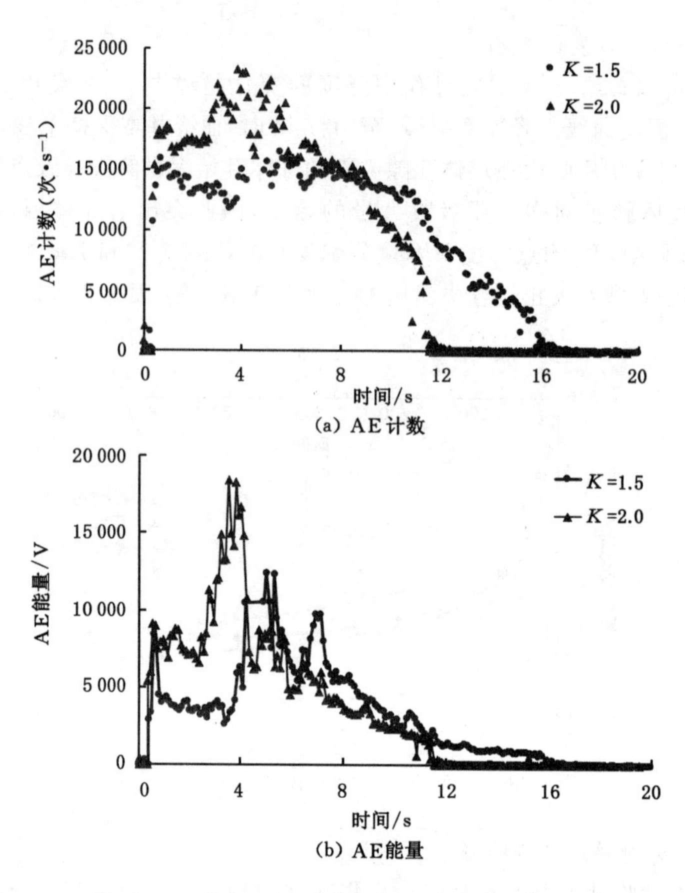

(a) AE计数

(b) AE能量

图 4-29　2次突出试验煤体声发射信号对比图

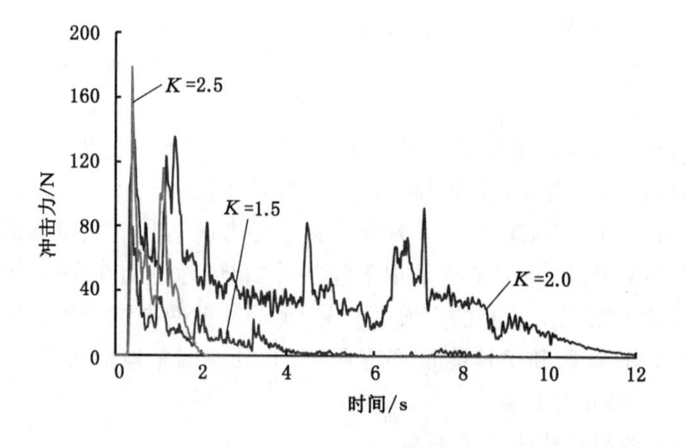

图 4-30　3次突出试验煤-瓦斯两相流冲击力曲线对比图

发生后期迅速降至0,而前两次突出试验过程中冲击力都出现了较多的上升和下降过程。这是因为在煤样应力加载阶段,较大的应力集中系数对应较大的应力,使得煤体内部弹性势能较大,在突出发动后,对煤体的破碎作用更加明显,突出的煤-瓦斯两相流所具有的能量更高,因此对应的冲击力也更大。

4.6.3 突出终止阶段

(1) 采动应力对突出强度的影响

图 4-31 和表 4-6 分别为 3 次突出试验相对突出强度统计表和折线图。3 次试验相对突出强度分别为 5.33%、8.79% 和 10.34%，说明随着采动应力集中程度的增加，相对突出强度也明显增加。后两次相对突出强度在第一次相对突出强度的基础上分别增加了 64.92%和 94.00%，即相对突出强度的增幅并非线性增长，而是随着应力集中系数的增加逐渐减小。可以预测，当应力集中系数继续增加到某一值时，对应的相对突出强度会到达一个峰值；当进一步增加应力集中系数时，相对突出强度不再有明显的增加。由于影响煤与瓦斯突出的因素较多，主要包括地应力、瓦斯压力和煤的基本属性等，因此当保持瓦斯压力和煤的性质一定时，突出强度不会随着采动应力的增加而无限增大。

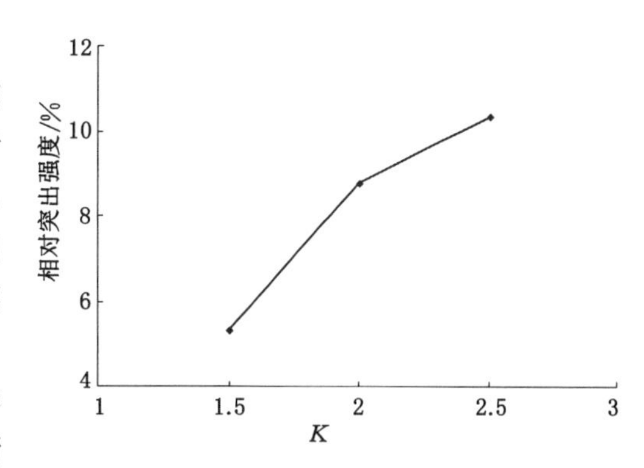

图 4-31 3 次突出试验相对突出强度折线图

表 4-6 相对突出强度统计表

K	试验用煤总质量/kg	突出煤粉质量/kg	相对突出强度/%
1.5	240.85	12.84	5.33
2.0	235.25	20.67	8.79
2.5	242.15	25.05	10.34

(2) 采动应力对突出煤粉分选性的影响

第二次突出试验终止后将突出煤粉区域重新划分为 7 个，其中前 6 个区域宽度均为 2.0 m，最后一个区域宽度为 1.6 m，这样划分可细化煤粉分布区域。第二次突出煤粉质量统计和分布结果见表 4-7 和图 4-32。

可以看出，与第一次试验终止后突出煤粉质量变化趋势不同，第二次试验终止后突出煤粉质量表现出“先增加、后减小、再增加”的“锯齿”状变化趋势。突出煤粉质量在 4 区域最大，在 5 区域明显减小，随后在 6 区域和 7 区域又开始增加。由图 4-32(b)可知，不同区域突出煤粉的破碎情况各不相同。在 10～20 目(含)区间内，7 个区域内煤粉质量比例均有所下降，距突出口越远的区域，相应下降量越小，说明突出对 10～20 目(含)煤粉的破碎程度随着距突出口距离的增加而减小；在 20～40 目(含)区间内，5 区域和 6 区域煤粉比例有所降低，其余区域均有增加，并且 2 区域增幅最为明显；在 40～60 目(含)区间内，各个区域相应比例均有增加，其中 1 区域增幅最为明显；在 60～80 目(含)区间内，各个区域相应比例同样均有增加，其中 3 区域增幅最为明显；在 80～100 目(含)区间内，各个区域增幅基本相同；在大于 100 目粒径区间内，1 至 3 区域对应比例分别减小，4 区域比例基本不变，5 至 7 区域比例分别增大，并且表现为距突出口越远煤粉比例增加越多，说明随着距突出口距离的增加，细粒径煤粉的比例也相应增加，即破碎后的细粒径煤粉主要集中在距离突出口较远处。

表 4-7　第二次突出煤粉质量统计

分区	$m_{1区}$/g	$m_{2区}$/g	$m_{3区}$/g	$m_{4区}$/g	$m_{5区}$/g	$m_{6区}$/g	$m_{7区}$/g	比例/%
10～20 目(含)	53.7	195.2	296.4	644.3	401.3	455.2	800.2	13.7
20～40 目(含)	210.9	652.1	562.4	1 087.7	478.4	564.5	856.2	21.4
40～60 目(含)	246.7	448.1	424.7	849.2	443.0	655.1	560.7	17.6
60～80 目(含)	90.6	187.3	434.6	642.5	277.5	433.7	424.3	12.1
80～100 目(含)	64.0	123.7	219.1	460.3	242.0	314.9	348.2	8.6
>100 目	103.6	350.3	486.2	1 334.3	823.7	1 160.5	1 259.0	26.7
总计	769.4	1 956.5	2 423.5	5 018.1	2 666.0	3 583.8	4 248.5	100

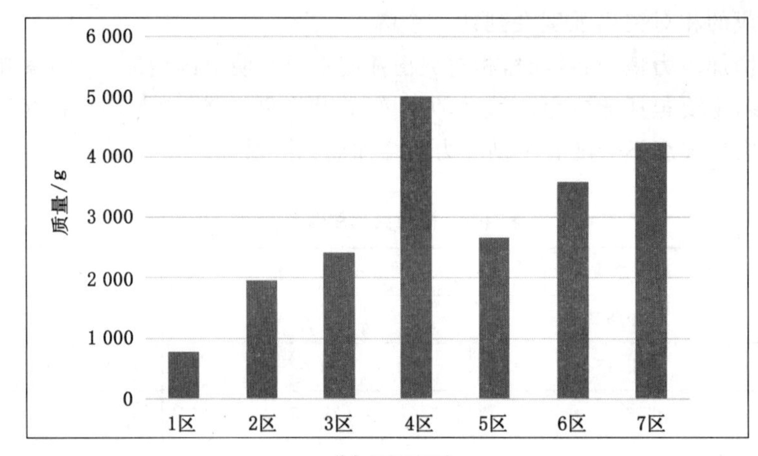

(a) 不同区域

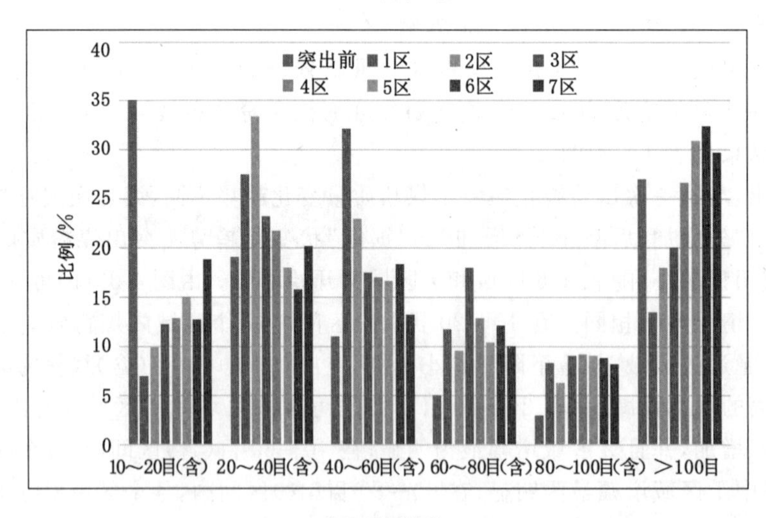

(b) 不同粒径

图 4-32　第二次试验突出煤粉质量分布图

第三次试验突出煤粉区域划分方式和第一次试验相同，即左、右两个大区各划分为4个小区，突出煤粉质量统计和分布结果见表4-8和图4-33。

表4-8 第三次突出煤粉筛分质量统计

分区	m_{L1}/g	m_{L2}/g	m_{L3}/g	m_{L4}/g	m_{R1}/g	m_{R2}/g	m_{R3}/g	m_{R4}/g	比例/%
10～20目(含)	142.9	181.2	444.2	1 055.3	125.3	176.0	398.4	848.4	13.5
20～40目(含)	181.5	393.7	1 018.7	1 420.7	225.9	328.5	918.0	1 062.8	22.2
40～60目(含)	254.8	357.7	826.7	1 567.2	401.9	283.1	521.1	1 403.3	22.4
60～80目(含)	129.7	132.0	292.1	384.8	118.4	117.5	224.6	337.5	6.9
80～100目(含)	101.3	125.4	208.9	342.9	75.1	86.9	167.9	299.1	5.6
>100目	247.2	547.8	1 028.6	1 893.9	267.8	363.6	1 137.6	1 879.4	29.4
总计	1 057.4	1 737.8	3 819.2	6 664.8	1 214.4	1 355.6	3 367.7	5 830.5	100

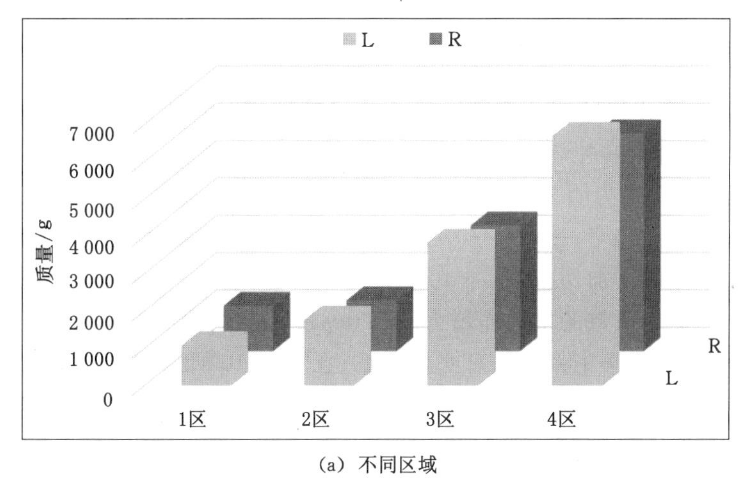

(a) 不同区域

(b) L区域不同粒径

图4-33 第三次试验突出煤粉统计图

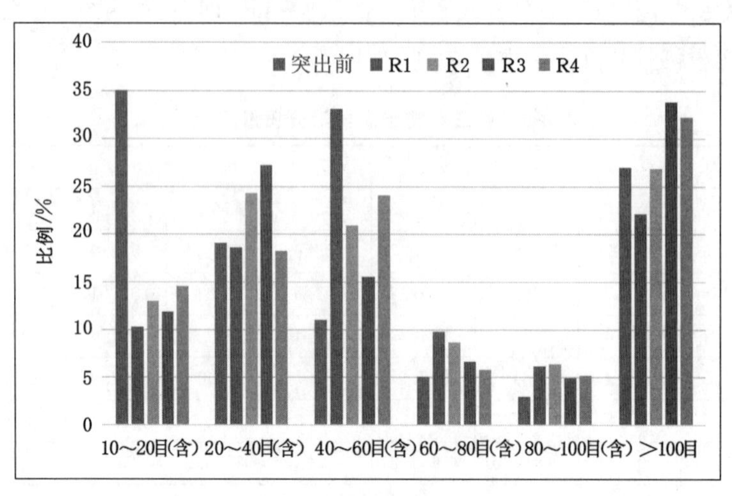

(c) R区域不同粒径

图 4-33(续)

图 4-34 为 3 次突出试验终止后突出煤粉粒径破碎情况对比图。与突出之前原始煤样粒径分布相比,突出后大颗粒煤粉比例总体上均有所下降。其中,在 10~20 目(含)区间内,3 次试验对应比例下降最为明显,并且应力集中系数越大、降低越明显,说明采动应力程度的增强提高了煤粉的破碎率;在 20~40 目(含)区间内,3 次试验对应比例分别增加,增加幅度随着应力集中系数的增加而减小;在 40~60 目(含)区间内,3 次试验对应比例分别增加,增加幅度随着应力集中系数的增加而增大;在 60~100 目(含)区间内,3 次试验对应比例分别增加,增加幅度与应力集中系数没有必然联系;在大于 100 目粒径区间内,突出前后 3 次试验对应比例基本保持不变,说明突出过程对于煤粉的破碎程度有限。综上所述,突出发展阶段是一个煤粉颗粒不断破碎的过程,其中对于 10~20(含)目区间煤粉颗粒的破碎最明显,而对于大于 100 目粒径煤粉颗粒的破碎效果不明显。

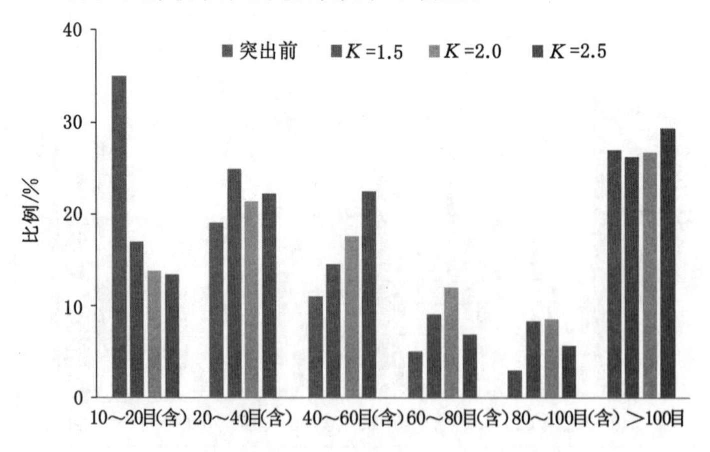

图 4-34　3 次试验突出煤粉分选效应对比情况

（3）采动应力对突出孔洞的影响

图 4-35 为第二次和第三次突出试验的突出孔洞模型三维扫描图。第一次试验突出孔洞模型近似呈现上下较长、左右较窄的椭球形，而后两次试验突出孔洞模型更接近不规则的球形，更接近“球壳失稳”假说中描述的突出孔洞形态。对比后两次试验突出孔洞模型在三个方向的最大尺寸，发现随着应力集中系数的增加，突出孔洞模型的高度有明显增加，而其余两个方向的尺寸相差较小。通过计算突出孔洞体积大小，得到后两次试验突出孔洞体积分别为 11.2×10^{-3} m^3 和 13.5×10^{-3} m^3，与第一次试验突出孔洞体积5.9×10^{-3} m^3 相比，分别增加了 89.83%和 128.81%。由此可见，随着应力集中系数的增大，突出孔洞体积也明显增大，同样和相对突出强度变化规律类似，随着应力集中系数的不断增大，其增加幅度逐渐降低。

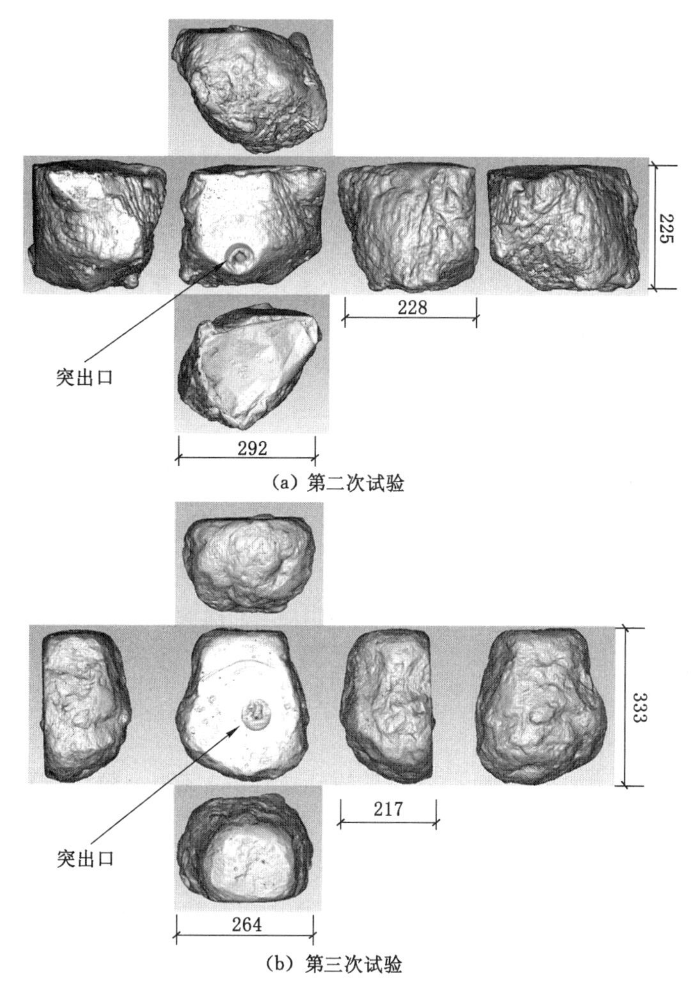

图 4-35　突出孔洞模型三维扫描图(单位：mm)

4.7 本章小结

本章开展了不同采动应力条件下煤与瓦斯突出致灾全过程物理模拟试验，按照突出准备阶段、发动阶段、发展阶段和终止阶段进行分析，得出以下主要结论：

(1) 突出准备阶段包括抽真空过程、加载地应力过程和充气吸附过程。突出准备阶段，煤层气压和温度在时空演化规律上较为一致：抽真空过程中，气压下降、温度随之下降；充气过程中，气压上升、温度随之上升。

(2) 突出的发动和发展阶段本质上是一个煤体由突出启动点向周围逐渐破坏并抛出的过程，且突出发展阶段具有阵发性，表现为煤体的间歇式多次抛出以及煤层气压和煤-瓦斯两相流冲击力的反复升降，说明突出致灾过程具有阶段性，可以据此有针对性地制订防突措施或安装缓冲设施。

(3) 突出发动后，突出口附近气压在前期出现反复升降而后缓慢下降；在突出发展过程中，气压等压面以突出口为球心近似呈球面分布，且气体解吸区域近似呈球壳状逐渐向外扩展，球壳附近气压梯度较大。应力集中系数越大，突出过程中气压下降越慢，同时突出口附近气压的升降幅度也越大。

(4) 突出发动和发展阶段，煤体温度并非持续下降，而是在前期有短暂的上升过程而后持续下降，并且在前期距突出口越远，煤体温度上升幅度越大，在后期距突出口越近，煤体温度下降幅度越大。因此，通过现场实时监控煤矿工作面前方煤体温度，可以作为煤与瓦斯突出监控预警手段之一。

(5) 煤体声发射贯穿突出全过程，在突出准备阶段，煤体声发射信号较弱，在突出发动和发展阶段，煤体声发射信号较强。其中，AE 计数和 AE 能量的变化规律较为一致，且应力集中系数越大，突出发动和发展阶段 AE 计数和 AE 能量的峰值也越大。

(6) 采动应力越大，突出准备阶段蕴藏的弹性势能越多，导致突出发动和发展阶段煤-瓦斯两相流冲击力峰值越高、抛出煤粉质量越大。3 次突出试验终止后分别抛出煤粉 12.84 kg、20.67 kg 和 25.05 kg，对应相对突出强度分别为 5.33%、8.79%和 10.34%。研究表明，为应力集中系数越大，煤与瓦斯突出相对突出强度越大，但随着应力集中系数的增加，相对突出强度的增幅减小。

(7) 突出发展阶段抛出的煤粉具有明显的分选性，表现为大粒径煤粉比例的减小和小粒径煤粉比例的增加。其中，小粒径煤粉主要分布在突出口前方的中部区域，且应力集中系数越大，煤粉的破碎效果越明显。

(8) 突出孔洞模型近似呈不规则的球形或椭球形，符合"球壳失稳"假说中描述的突出孔洞形态。突出孔洞体积随着应力集中系数的增加而增大，3 次试验分别为 5.9×10^{-3} m^3、11.2×10^{-3} m^3 和 13.5×10^{-3} m^3；同时，突出孔洞在突出终止后出现一定的压缩，对应残余煤体的强度和密度均有所下降。

5 煤层瓦斯常规抽采防突物理模拟试验

根据煤层瓦斯(煤层气)赋存特点,其抽采模式主要有两类:一类是煤矿井下瓦斯抽采,侧重煤矿安全和能源开发,与采煤息息相关;另一类是地面钻井抽采,以能源开发为主。煤矿井下瓦斯抽采不仅能有效利用瓦斯资源,关键还在于保证煤矿安全生产,减少煤矿瓦斯事故的发生,是从源头上治理煤与瓦斯突出的治本之策和关键之举。我国煤矿的煤层渗透率普遍较低,通常由多个钻孔进行抽采,其中钻孔的布置方式是影响抽采效果和防突效果的重要因素之一;同时,随着煤矿开采深度的逐年增加,煤矿开采将面临较高的煤层气压和采动应力,研究不同煤层气压和不同采动应力条件下瓦斯抽采防突效果很有必要。因此,本章重点开展不同钻孔布置、不同初始气压和不同采动应力条件下煤层瓦斯常规抽采防突物理模拟试验,系统分析煤层瓦斯抽采过程中不同煤层参数的动态演化特征以及钻孔布置、初始气压和采动应力等条件对抽采防突效果的影响规律。

5.1 试验概述

5.1.1 试验方案

(1) A 组试验方案:不同钻孔布置

研究表明,合理的钻孔布置不仅能提高瓦斯抽采效率,而且能节约成本;反之,钻孔布置不合理不仅会造成资源浪费,甚至导致相邻钻孔之间抽采不达标,产生消突空白带,危及煤矿安全生产。本书共设置 6 次不同钻孔布置抽采试验,见图 5-1。4 个抽采钻孔均位于煤层中部,编号分别为 Ⅰ ~ Ⅳ 号。6 次试验中抽采钻孔布置方案见表 5-1;同时,保持其他条件不变,3 个方向地应力均设为 4.0 MPa,初始气压设为 1.0 MPa。

(2) B 组试验方案:不同初始气压

表 5-2 为不同初始气压条件下 4 次抽采试验方案。初始气压分别为 0.5 MPa、1.0 MPa、1.5 MPa 和 2.0 MPa。3 个方向地应力均设为 4.0 MPa,抽采钻孔对应Ⅰ～Ⅳ号。其中,B-2 号试验和 A-6 试验条件一致。

(3) C 组试验方案:不同采动应力

表 5-3 为不同采动应力条件下 3 次抽采试验方案。试验以 σ_{11}、σ_{31} 模拟卸压区(SRZ)应

力大小，以 σ_{12}、σ_{32} 模拟应力集中 1 区（SCZ-1）应力大小，以 σ_{13}、σ_{33} 模拟应力集中 2 区（SCZ-2）应力大小，以 σ_{14}、σ_{34} 模拟原始应力区（OSZ）应力大小。试验过程中，4 个钻孔同时抽采，初始气压为 1.0 MPa。OSZ 应力为 2.0 MPa，SRZ 应力为 1.0 MPa，而 SCZ-1 应力大小分别为 3.0 MPa、5.0 MPa 和 7.0 MPa，即 3 次试验应力集中系数 K（σ_{12}、σ_{32} 与 σ_2 的比值）分别为 1.5、2.5 和 3.5。

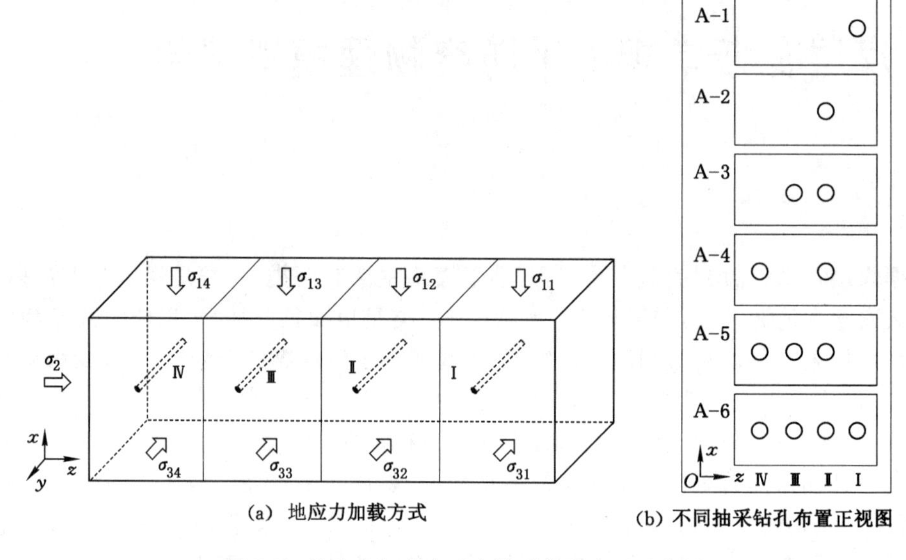

(a) 地应力加载方式　　(b) 不同抽采钻孔布置正视图

图 5-1　地应力加载方式和抽采钻孔布置示意图

表 5-1　不同钻孔布置条件抽采瓦斯试验方案

试验编号	抽采钻孔	地应力/MPa	初始气压/MPa
		$\sigma_1=\sigma_2=\sigma_3$	
A-1	Ⅰ	4.0	1.0
A-2	Ⅱ		
A-3	Ⅱ + Ⅲ		
A-4	Ⅱ + Ⅳ		
A-5	Ⅱ + Ⅲ + Ⅳ		
A-6	Ⅰ + Ⅱ + Ⅲ + Ⅳ		

表 5-2　不同初始气压条件抽采瓦斯试验方案

试验编号	抽采钻孔	地应力/MPa	初始气压/MPa
B-1	Ⅰ + Ⅱ + Ⅲ + Ⅳ	$\sigma_1=\sigma_2=\sigma_3$	0.5
B-2		4.0	1.0
B-3			1.5
B-4			2.0

表 5-3 不同采动应力条件抽采瓦斯试验方案

试验编号	抽采钻孔	地应力/MPa					初始气压/MPa
		$\sigma_{11}=\sigma_{31}$	$\sigma_{12}=\sigma_{32}$	$\sigma_{13}=\sigma_{33}$	$\sigma_{14}=\sigma_{34}$	σ_2	
C-1		1.0	3.0	2.5	2.0	2.0	
C-2	Ⅰ + Ⅱ + Ⅲ + Ⅳ	1.0	5.0	3.5	2.0	2.0	1.0
C-3		1.0	7.0	4.5	2.0	2.0	

5.1.2 传感器布置

瓦斯抽采试验过程中最多安装 4 个抽采钻孔，将传感器布置在 4 个抽采钻孔周围，越靠近钻孔布置越密；同时，由于气压是重要采集参数，故气压传感器数量较多共 40 个，而温度传感器共 14 个。定义垂直 z 轴且过抽采钻孔的平面为断面，分别为 D_1 断面(z=925 mm)、D_2 断面(z=645 mm)、D_3 断面(z=395 mm)和 D_4 断面(z=141 mm)，对应 4 个抽采钻孔编号分别为Ⅰ、Ⅱ、Ⅲ、Ⅳ，如图 5-2 所示。图中抽采钻孔阴影部分为连接段，钻孔外壁不透气，目的是防止钻孔

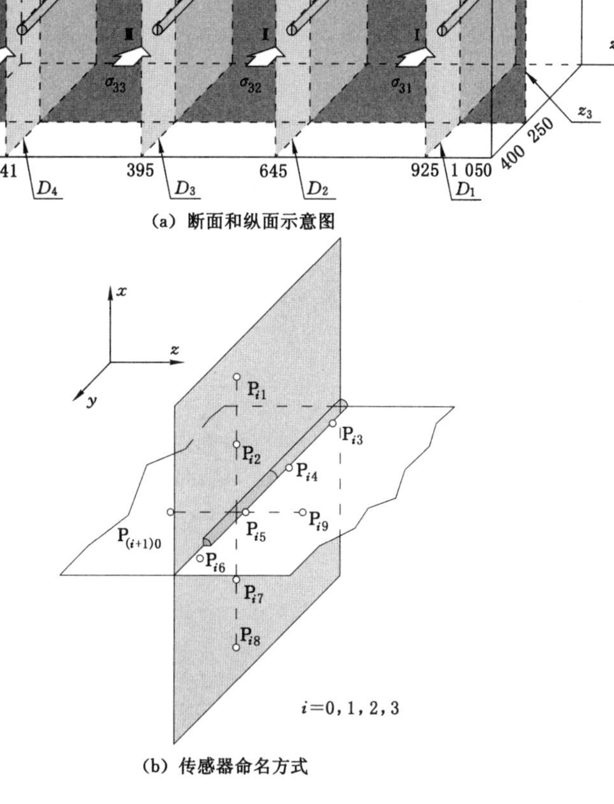

(a) 断面和纵面示意图

(b) 传感器命名方式

图 5-2 传感器布置示意图

在加载应力过程中折断，长度为 170 mm；无阴影部分为抽采段，长度为160 mm，钻孔外壁开有透气小孔，定义钻孔抽采段的中垂面为 z_3 纵面（y=250 mm）。

图 5-3 为气压传感器布置示意图。其中，由上到下、从内到外、从右至左依次增加，编号分别为 P_1～P_{40}，对应传感器坐标见表 5-4。由于温度传感器数量较少，同时考虑到试件边界和外界热交换较为明显，因此将温度传感器主要布置在 D_2 断面上，其余则布置在处于试件内部的 x=200，y=250 直线上，编号分别为 T_1～T_{14}（图 5-4）对应传感器坐标见表 5-5。

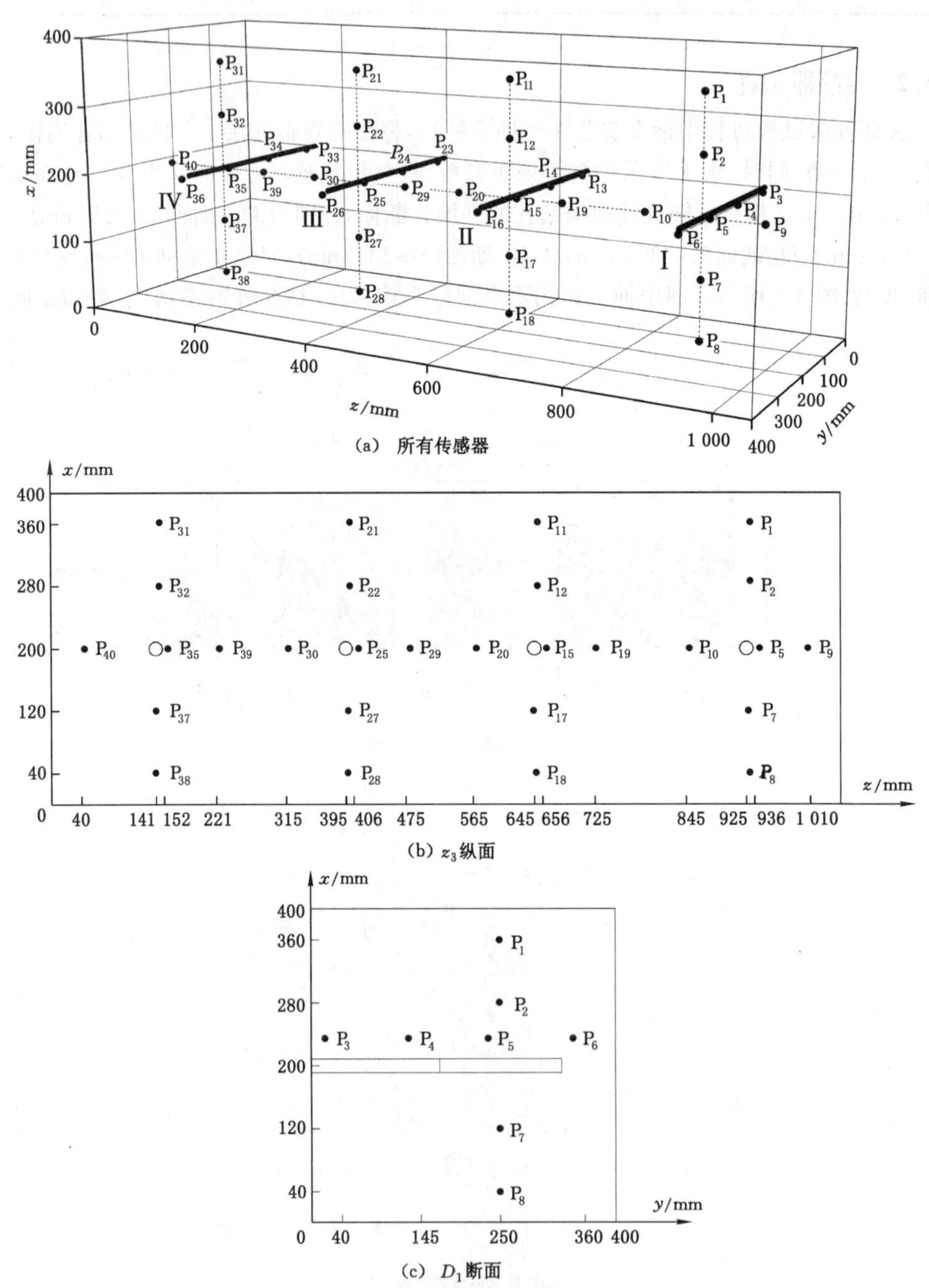

图 5-3 气压传感器布置示意图

表 5-4 气压传感器坐标

不同断面	传感器编号	坐标值/mm		
		x	y	z
D_1 断面	P_1	360	250	925
	P_2	280	250	925
	P_3	200	40	936
	P_4	200	145	936
	P_5	200	250	936
	P_6	200	360	936
	P_7	120	250	925
	P_8	40	250	925
D_2 断面	P_{11}	360	250	645
	P_{12}	280	250	645
	P_{13}	200	40	656
	P_{14}	200	145	656
	P_{15}	200	250	656
	P_{16}	200	360	656
	P_{17}	120	250	645
	P_{18}	40	250	645
D_3 断面	P_{21}	360	250	395
	P_{22}	280	250	395
	P_{23}	200	40	406
	P_{24}	200	145	406
	P_{25}	200	250	406
	P_{26}	200	360	406
	P_{27}	120	250	395
	P_{28}	40	250	395
D_4 断面	P_{31}	360	250	141
	P_{32}	280	250	141
	P_{33}	200	40	152
	P_{34}	200	145	152
	P_{35}	200	250	152
	P_{36}	200	360	152
	P_{37}	120	250	141
	P_{38}	40	250	141

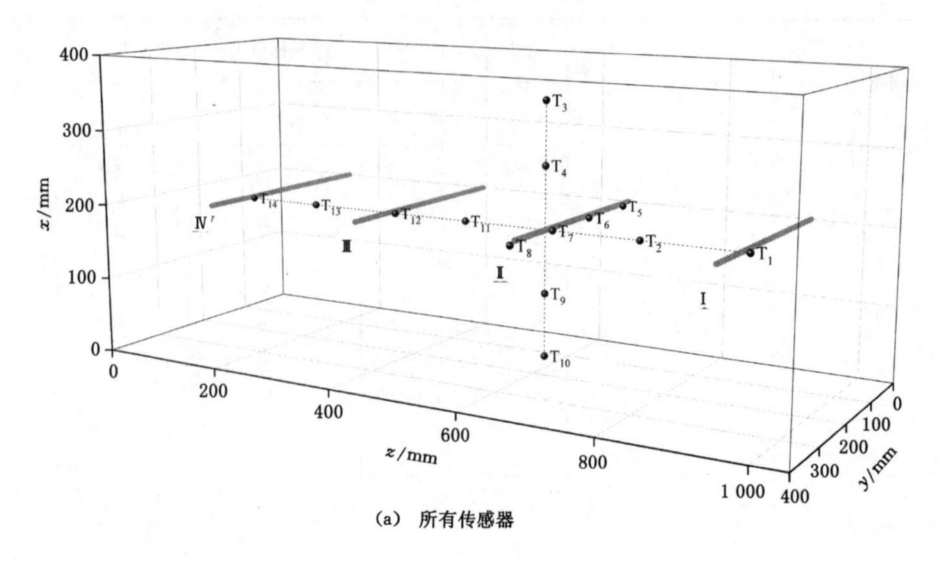

(a) 所有传感器

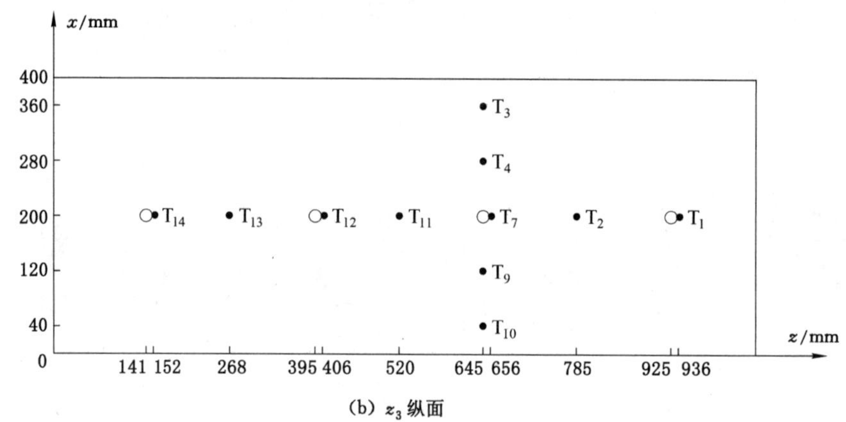

(b) z_3 纵面

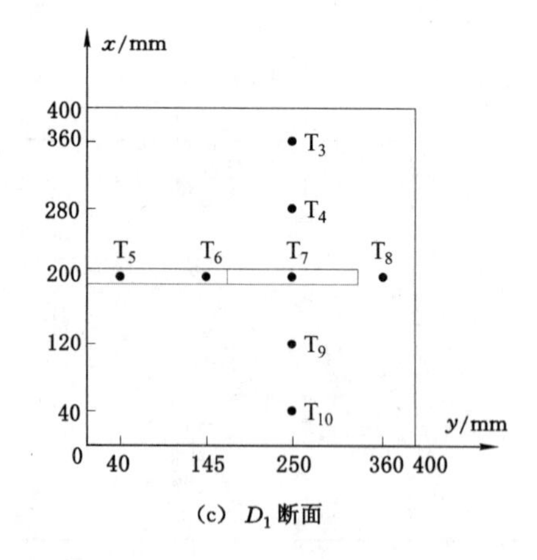

(c) D_1 断面

图 5-4 温度传感器布置示意图

表 5-5 温度传感器坐标

不同断面及区域	传感器编号	坐标值/mm		
		x	y	z
D_2 断面	T_3	360	250	645
	T_4	280	250	645
	T_5	200	40	656
	T_6	200	145	656
	T_7	200	250	656
	T_8	200	360	656
	T_9	120	250	645
	T_{10}	40	250	645
$x=200,y=250$（垂直钻孔轴线）	T_1	200	250	936
	T_2	200	200	785
	T_7	200	250	656
	T_{11}	200	250	520
	T_{12}	200	250	406
	T_{13}	200	250	268
	T_{14}	200	250	152

5.1.3 试验步骤

煤层瓦斯常规抽采物理模拟试验步骤主要包括前期准备、充气吸附、抽采瓦斯 3 个阶段。

(1) 前期准备阶段

试验前期准备包括设备调试、传感器标定、煤岩取样、试件成型和试件箱体密封等。常规瓦斯抽采试验煤样取自贵州金佳煤矿，其煤层瓦斯含量为 7.164～12.065 m^3/t，属煤与瓦斯突出矿井。型煤配比方案见表 5-6，分别选取 0～0.15 mm、0.15～0.18 mm、0.18～0.25 mm 和0.25～0.425 mm 的煤粉；同时选取石膏和乳白胶作为黏结剂，其质量分数分别为 50.5%、5.8%、11.6%、22.3%、6.8%和 3.0%，型煤含水率为 6%，成型压力和成型时间分别为 7.5 MPa 和 1 h。煤样成型过程如图 5-5 所示。

表 5-6 型煤配比方案表

成分	煤粉/mm				石膏	乳白胶
	0～0.15(含)	0.15～0.18(含)	0.18～0.25(含)	0.25～0.425(含)		
质量分数比/%	50.5	5.8	11.6	22.3	6.8	3.0

(2) 充气吸附阶段

启动数据采集系统，连接试件箱体和气源系统。首先对箱体进行抽真空操作，以排出煤体内部空气等杂质气体，待煤层内部气压下降至 0.1 MPa 左右时关闭抽真空阀门，启动地

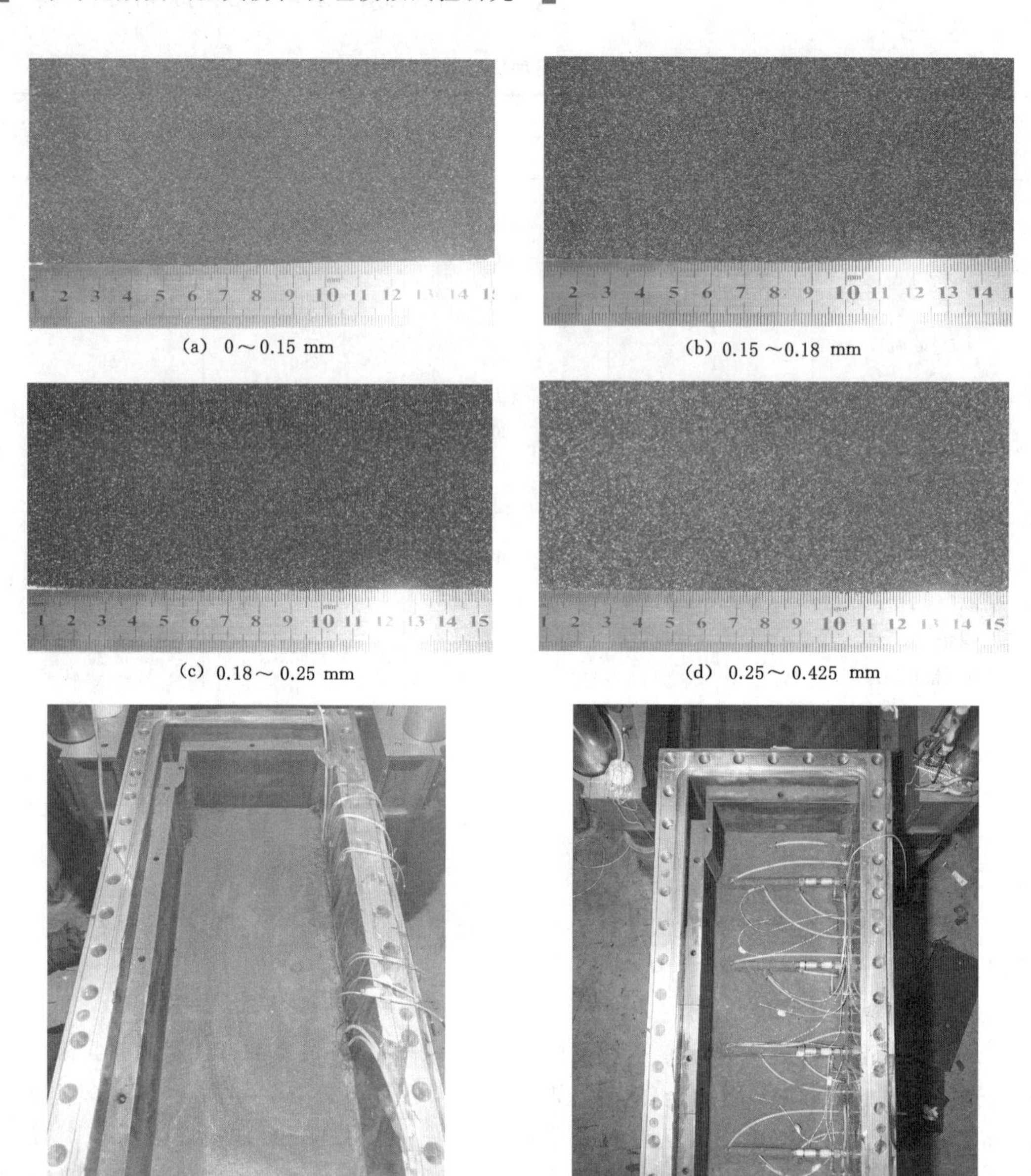

(a) 0～0.15 mm　(b) 0.15～0.18 mm　(c) 0.18～0.25 mm　(d) 0.25～0.425 mm　(e) 成型煤样　(f) 布置传感器和抽采钻孔

图 5-5　煤样成型过程

应力加载程序，然后打开充气阀门进行周期性充气操作，一般吸附平衡用时约 48 h。

(3) 抽采瓦斯阶段

吸附平衡后关闭进气阀门，打开对应试验方案抽采钻孔出气阀门，开始进行瓦斯抽采。抽采过程中出气口连通大气，不设置负压，待流量降到一定程度时关闭阀门，同时卸除地应力，完成一次试验。接下来，根据试验方案重复以上步骤，进行下一次试验。

5.2 瓦斯抽采过程中煤层参数动态演化

瓦斯抽采是一个动态的“解吸-扩散-渗流”过程。当煤层气压下降到临界吸附解吸压力时,吸附在煤基质表面的气体分子开始解吸并运移至煤基质孔隙中,然后转化为游离态气体。孔隙中游离态气体在气体浓度梯度下扩散至煤裂隙中,进一步在气压梯度作用下渗流至抽采钻孔,最终经井筒排出。渗流过程会进一步促进“降压-解吸-扩散”持续循环下去,直至煤层气压下降到一定程度,导致“解吸-扩散-渗流”过程难以持续。另外,气体解吸吸热导致煤层温度下降,同时煤层气压下降伴随有效应力增加以及煤体变形,而煤层温度变化同样会影响煤体热应变,因此解吸导致的煤基质收缩带来的正效应和有效应力增加引发的负效应两方面因素共同作用于煤层。由此可见,在瓦斯抽采过程中,不同因素相互耦合,不同变量相互影响,它们共同影响着煤层瓦斯抽采效果。下面以 A-2 试验为例,分别从煤层气压、煤层温度、煤体变形以及抽采流量等几个方面进行讨论。

5.2.1 煤层气压

(1) 气压演化曲线

如图 5-6 所示,所有测点煤层气压均随着抽采时间的进行逐渐下降,但是不同测点有所差异,下降速率也不同。图 5-6(a)中,D_1 断面 x 轴方向的 5 个气压测点,对应 x 轴坐标依次减小,分别为 360 mm、280 mm、200 mm、120 mm 和 40 mm,虽然不同气压测点位置不同,但是对应气压大小较为一致,不同气压曲线基本重合,即这 5 个测点气压演化规律基本相同,差异性较小。图 5-6(b)中,D_1 断面 y 轴方向的 4 个气压测点对应 y 轴坐标依次增加,分别为 40 mm、145 mm、250 mm 和 360 mm,由于 4 个测点对应气压曲线也基本重合,因此 D_1 断面不同测点气压差异性较小,气压演化规律基本一致。研究表明,由于 A-2 试验中只抽采Ⅱ号钻孔,而Ⅱ号钻孔和较远处的 D_1 断面不同气压测点的距离相差不大,因此对于不同测点气压影响程度较为接近,导致 D_1 断面上不同测点气压下降规律一致。类似的现象同样在另外两个非钻孔抽采断面上出现,即 D_3、D_4 断面平行 x 轴方向的不同测点气压下降趋势同样较为一致。图 5-6(c)选取Ⅱ号钻孔所在 D_2 断面平行 x 轴方向的 5 个气压测点,其相对位置和 D_1 断面的 5 个气压测点完全一致。可以看出,位于Ⅱ号钻孔附近的测点 P_{15} 对应气压始终最小,且下降速率最大,而其余 4 个测点对应气压明显偏大,同时可进一步观测到位于边界测点 P_{11}、P_{18} 的气压下降最慢,侧位于边界测点 P_{12} 和钻孔中间测点 P_{17} 的气压下降稍快。图 5-6(d)中,D_2 断面 y 轴方向的 4 个气压测点相对位置和 D_1 断面测点 P_3、P_4、P_5 和 P_6 的完全一致。由此可见,不同测点气压同样出现明显的差异性,下降最快的依然是钻孔抽采段中部测点 P_{15} 气压,其次是抽采段附近测点 P_{16} 的气压,最慢的是钻孔连接段测点 P_{13} 和 P_{14} 的气压。结合图 5-6(c)不难发现,在抽采钻孔所在平面内,距钻孔距离的远近决定了不同测点气压下降趋势及下降速率,说明在 D_2 断面且不同测点气压变化存在较大差异性,即距钻孔越近的测点对应气压值越小,下降速度越快。相反,远离钻孔的测点气压下降较慢,这也印证了上述推论,即抽采钻孔对于其所有平面内不同测点气压有较强的影响作用,而且对于远离抽采钻孔的其他平面内不同测点影响程度基本一致。

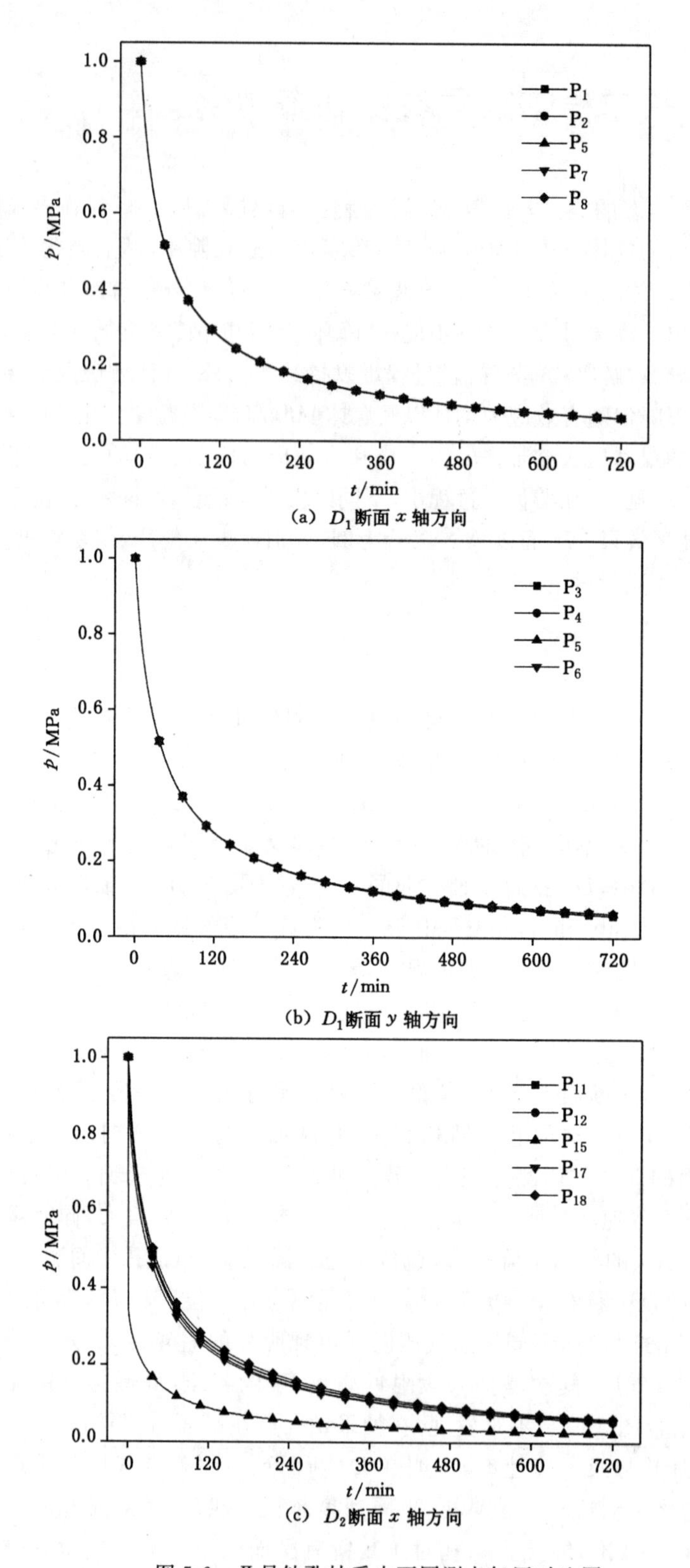

(a) D_1断面 x 轴方向

(b) D_1断面 y 轴方向

(c) D_2断面 x 轴方向

图 5-6 Ⅱ号钻孔抽采中不同测点气压对比图

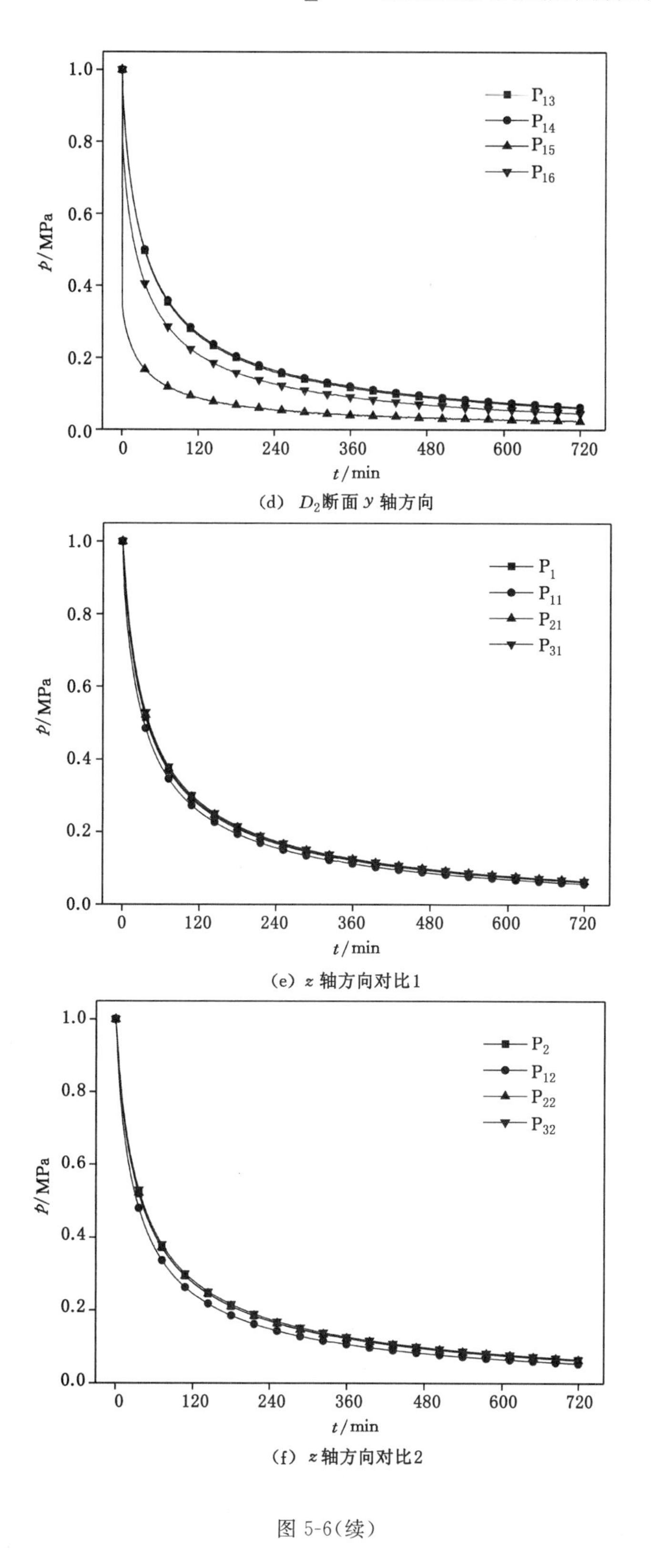

(d) D_2断面 y 轴方向

(e) z 轴方向对比1

(f) z 轴方向对比2

图 5-6(续)

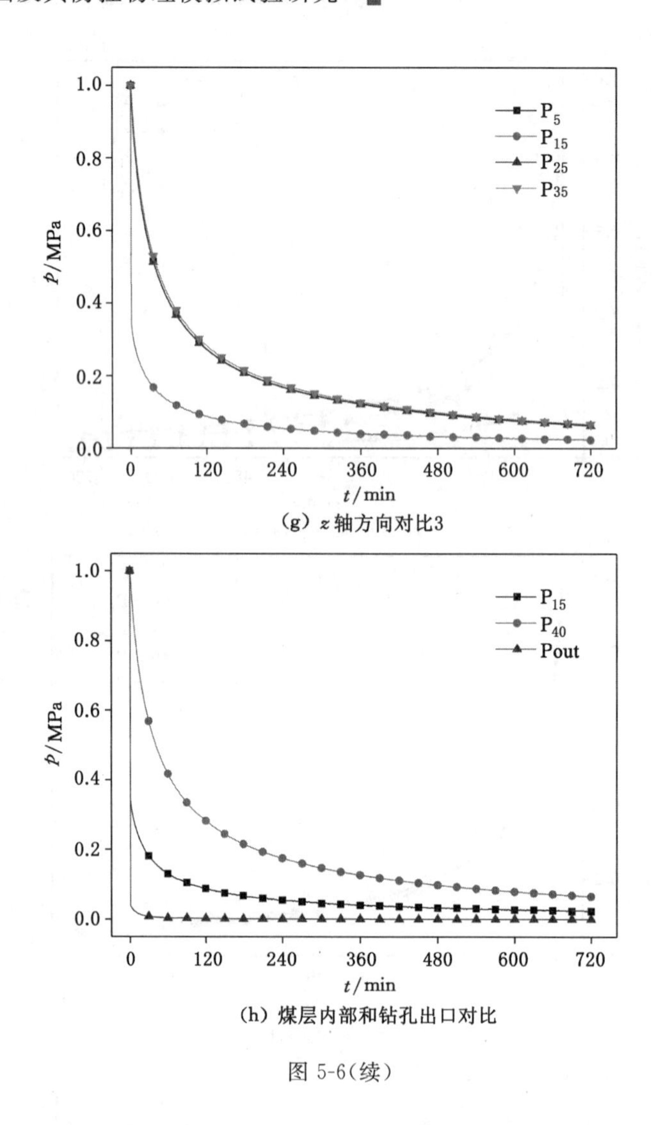

(g) z 轴方向对比3

(h) 煤层内部和钻孔出口对比

图 5-6(续)

图 5-6(e)中,4 个测点对应 z 轴坐标依次减小,分别为 925 mm、645 mm、395 mm 和 141 mm。由此可见,只有位于抽采钻孔断面内 P_{11} 测点的气压下降较快,其他 3 个测点气压演化并无明显差异;同时对比了测点 P_2、P_{12}、P_{22}、P_{32} 和测点 P_5、P_{15}、P_{25}、P_{35} 对应气压的变化规律,观察到钻孔所在断面内的气压始终下降较快,其余测点变化基本一致。研究发现,随着测点与抽采钻孔距离的减小,其气压变化更加明显,说明抽采钻孔对不同区域测点气压控制作用的差异性随着距离的减小会进一步增加。煤层内部和抽采钻孔出口气压的对比情况如图 5-6(h)所示。可以看出,在钻孔出口气压在抽采启动后,其出口气压立即下降至大气压,而位于钻孔抽采段附近的 P_{15} 的气压下降速率次之,位于煤层内距钻孔最远处的测点 P_{40} 的气压则下降最慢。

综上所述,在煤层瓦斯抽采过程中,煤层气压随着抽采的进行逐渐下降,而抽采钻孔对不同测点处气压影响程度不同。总之,距抽采钻孔越近,其影响程度越强,对应测点气压下降越明显。

(2) 气压数据可视化

数据可视化是将数据以图形、图像方式显示，拓宽了传统图标的功能，提高了人们对数据的处理及解释能力，为更好地利用数据奠定了基础。通过在煤层内部不同位置布置不同的传感器，可实时监测煤层内部煤层参数实时动态演化。为了充分利用传感器所监测的数据，基于 Matlab 编程功能，可实现煤层瓦斯抽采过程中不同时刻煤层内部瓦斯场二维、三维和四维可视化。

① 二维可视化。如图 5-7 所示，x 轴和 y 轴分别对应试件模型坐标系的 y 轴和 x 轴，不同颜色代表不同气压大小。由图可以看出，Ⅱ号钻孔所在 D_2 断面在中部偏右侧形成明显的低压区域，并且近似呈圆形分布，这是由于抽采钻孔左端是不透气的连接段，右端是透气的抽采段，抽采段对应 y 轴坐标范围为[170，330]，因此低压区域以钻孔抽采段为中心分布，并非位于断面正中部；同时发现非抽采钻孔所在 D_1、D_3、D_4 断面气压云图未出现明显的低压区域，表明这些断面内没有形成明显的气压梯度。

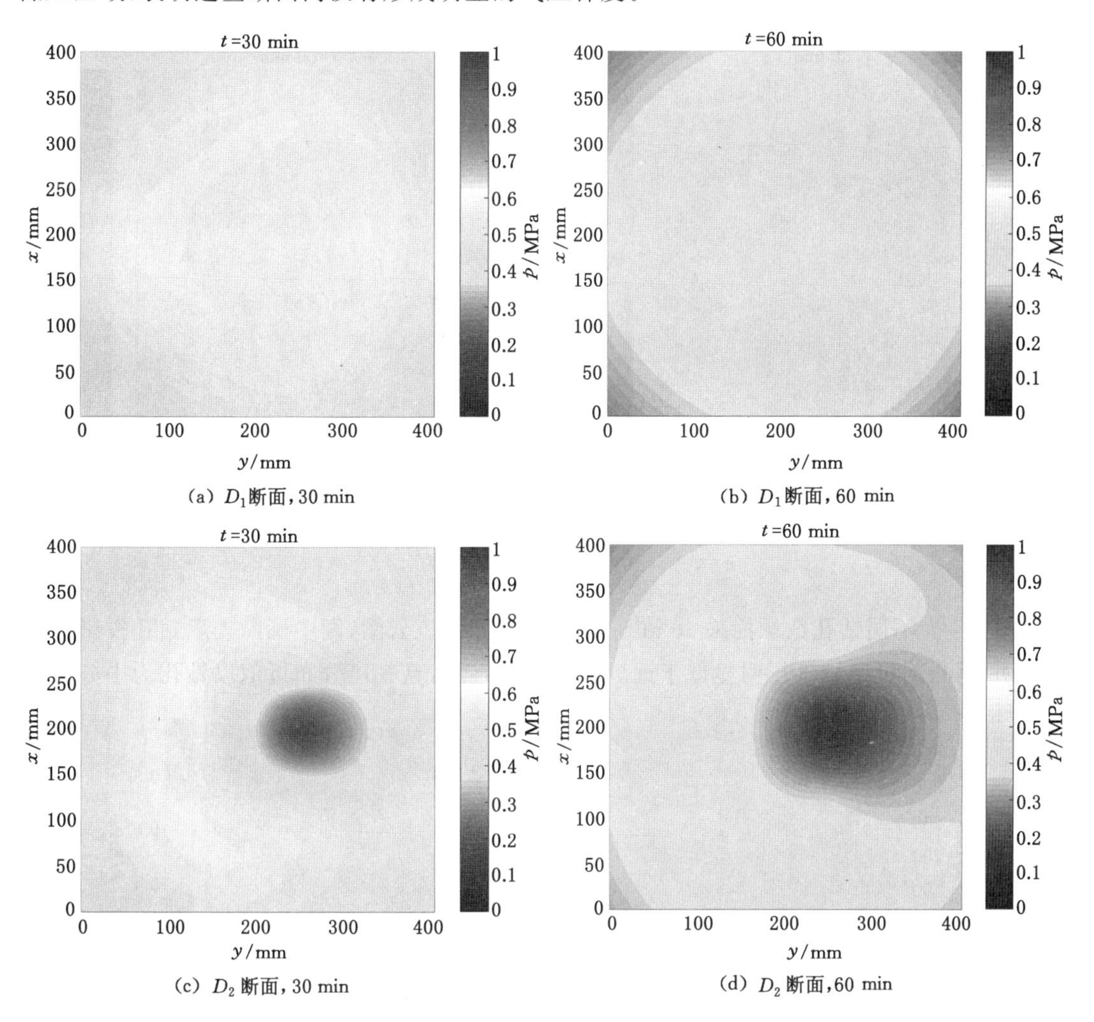

(a) D_1断面，30 min

(b) D_1断面，60 min

(c) D_2断面，30 min

(d) D_2断面，60 min

图 5-7 Ⅱ号钻孔抽采不同时刻不同断面内气压云图

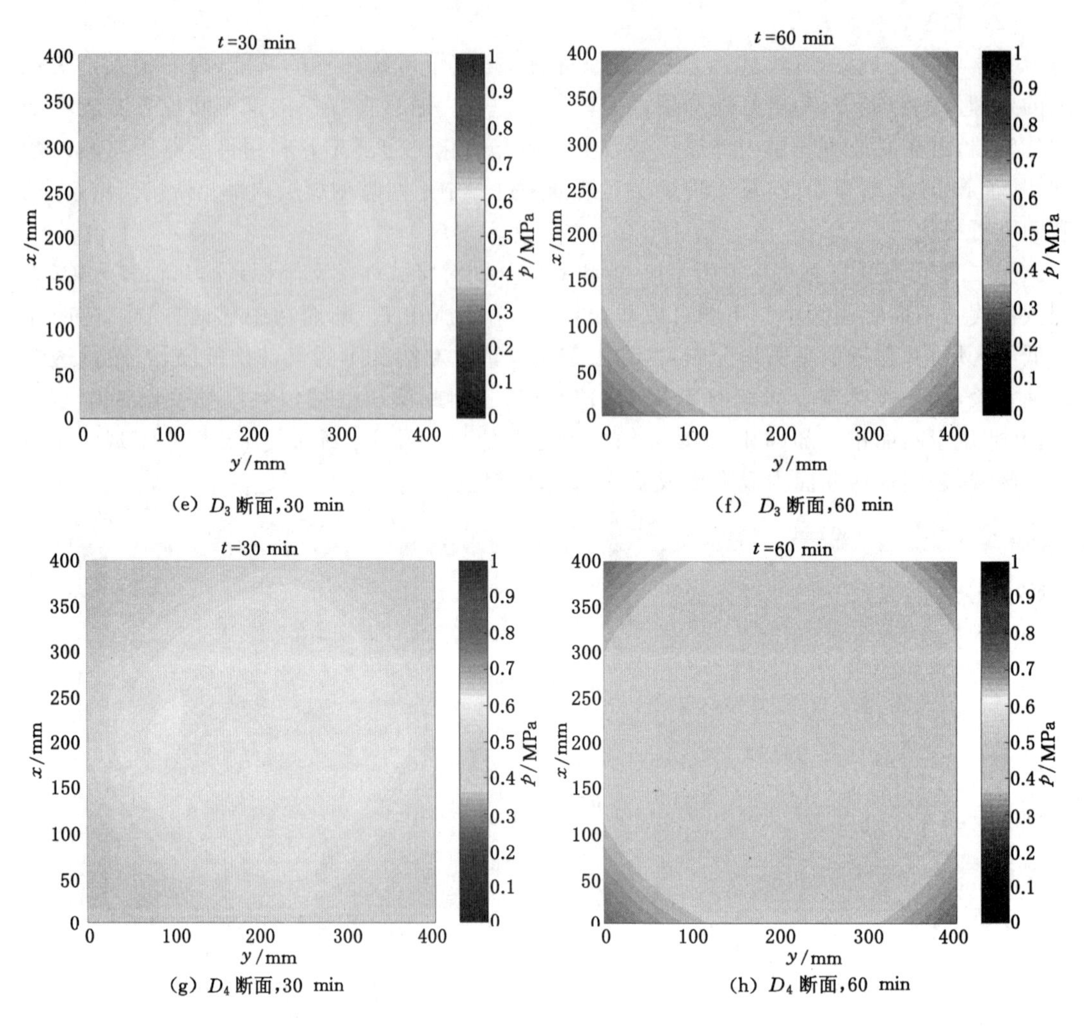

(e) D_3 断面,30 min　　(f) D_3 断面,60 min

(g) D_4 断面,30 min　　(h) D_4 断面,60 min

图 5-7(续)

图 5-8 为不同钻孔数量抽采 30 min 时刻 z_3 纵面气压云图,图中圆圈表示钻孔投影。研究表明,钻孔附近区域气压明显低于远离钻孔区域气压,且气压分布近似以钻孔为中心呈现

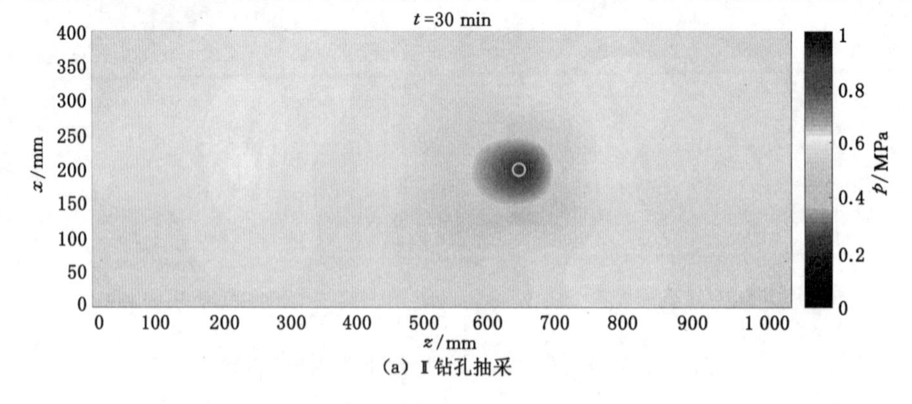

(a) Ⅰ钻孔抽采

图 5-8　不同钻孔数量抽采 30 min 时 z_3 纵面气压云图

对称分布；当增加抽采钻孔数量时，不仅钻孔附近气压值更低，而且整个平面内气压均发生显著下降；多钻孔同时抽采时，相邻钻孔由于发生叠加效应，使相邻钻孔之间区域气压较单一钻孔抽采时下降得更快。

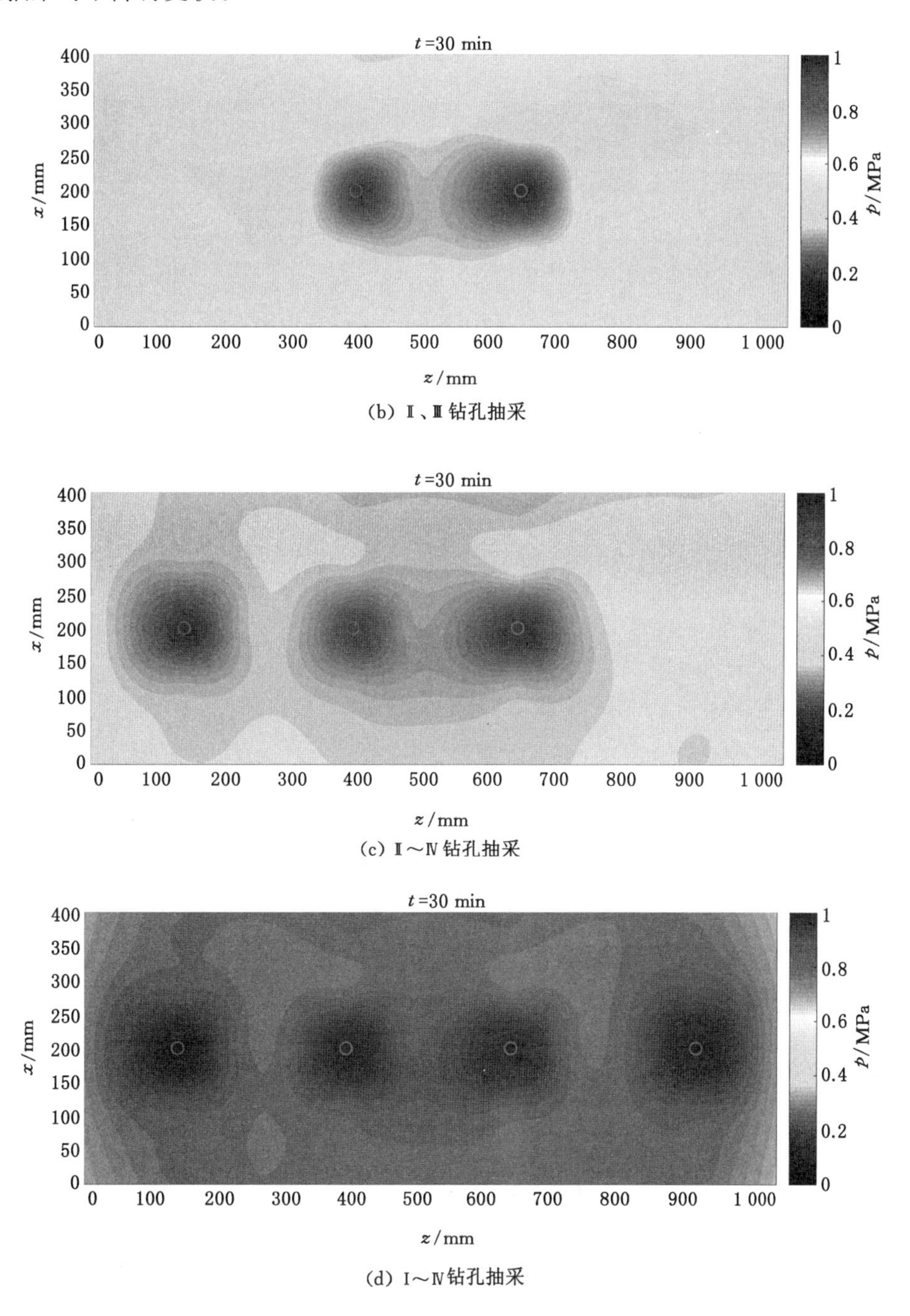

(b) Ⅱ、Ⅲ钻孔抽采

(c) Ⅱ～Ⅳ钻孔抽采

(d) Ⅰ～Ⅳ钻孔抽采

图 5-8(续)

② 三维可视化。如图 5-9 所示，x 轴和 y 轴分别对应试件模型坐标系的 z 轴和 x 轴，z 轴表示气压值大小，与右侧色柱颜色一一对应。由图中可以看出，当煤层瓦斯抽采 1 min

时，纵面气压曲面形成 4 个相连的漏斗状分布，每个漏斗均以相应抽采钻孔在 z_3 纵面投影为中心，漏斗顶部气压最大，接近 1.0 MPa，而漏斗底部气压最小，约为 0.6 MPa。随着抽采的进行，漏斗颜色对应气压值逐渐下降，漏斗高度也在减小，当抽采到 30 min 时，漏斗顶部气压降至 0.6 MPa 左右，而漏斗底部气压则下降至 0.2 MPa 左右。

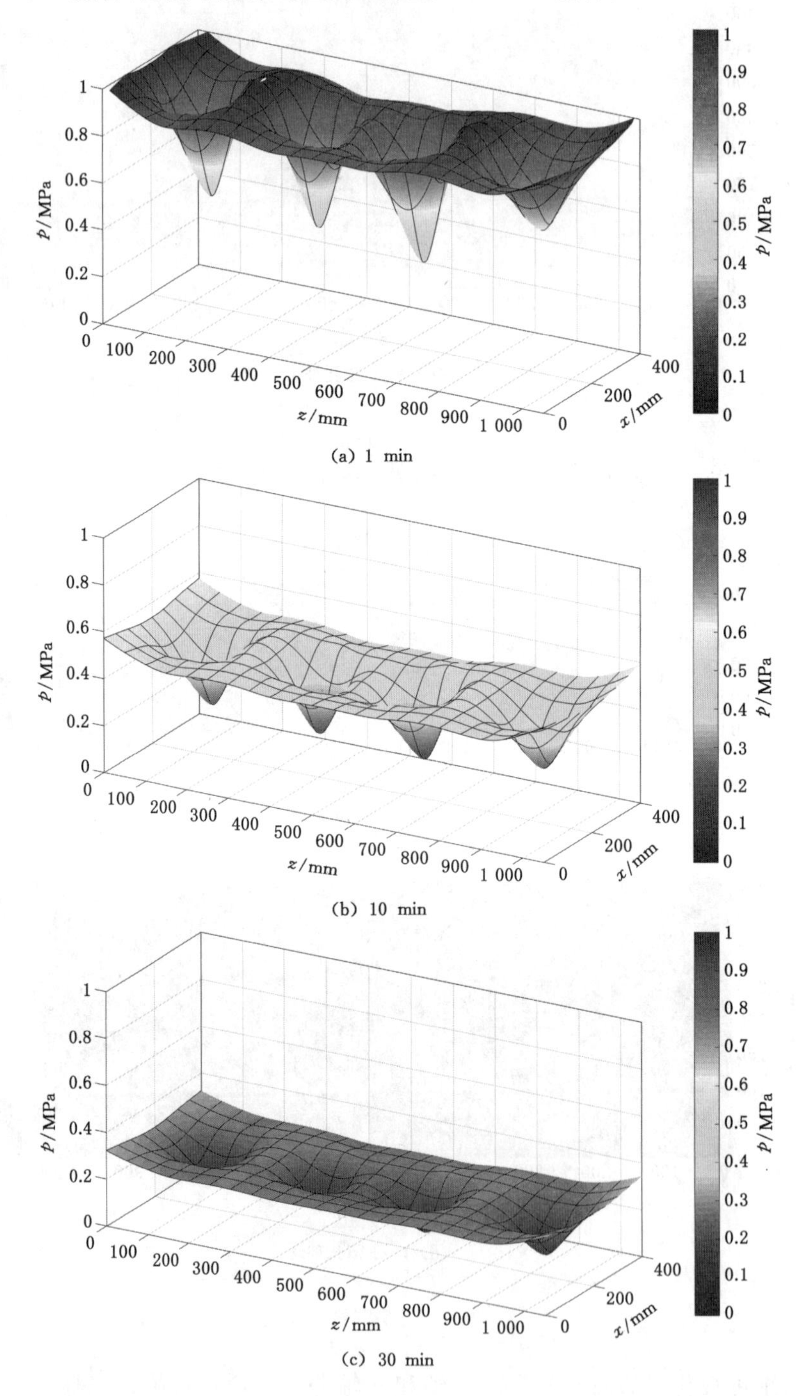

图 5-9　Ⅰ～Ⅳ号钻孔抽采不同时刻 z_3 纵面气压三维曲面图

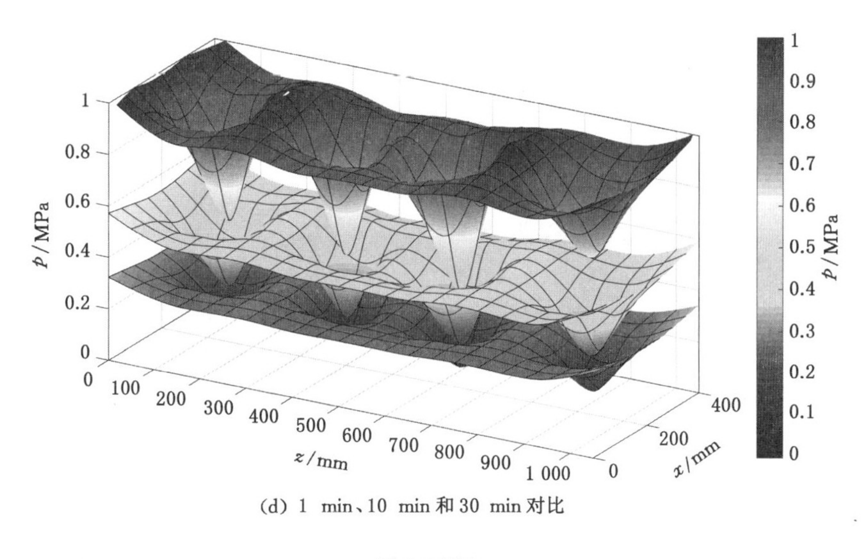

(d) 1 min、10 min 和 30 min 对比

图 5-9(续)

③ 四维可视化。为了整体呈现气压的空间分布规律,进一步绘制四维气压切片图,其本质就是通过图片颜色映射 $P=f(x,y,z)$ 函数关系。图 5-10 为Ⅰ、Ⅱ、Ⅲ、Ⅳ号钻孔分别抽采 1 min、10 min 和 60 min 时气压空间分布,同时对平行和垂直钻孔的 6 个切片进行展示(x=200 mm,y=250 mm,z=141 mm、395 mm、645 mm、925 mm),其中 3 个坐标轴分别对应试件模型坐标系的坐标轴,气压大小以颜色进行区分。由图可以看出,对于不同抽采时刻,气压下降区域均近似以钻孔为长轴呈椭球状分布形态,越靠近钻孔区域其气压梯度越大;同时,由于钻孔叠加效应,导致椭球区域之间产生连通。研究表明,煤层瓦斯抽采过程中气压总是从钻孔处开始下降,而钻孔长度大于钻孔直径,导致卸压区呈现以钻孔走向为长轴方向的椭球状分布,并逐渐向外扩展,随着抽采的不断进行,煤层内部气压均呈下降趋势。

5.2.2 煤层温度

由于 A-2 试验过程中 T_3、T_4 和 T_{10} 温度传感器的数据线被压断,因此仅对其余正常的 11 个测点温度进行分析。考虑到试验装置处于一个开放的热力系统,试验装置尺寸大且试验周期长,难以进行恒温控制,因此有必要监测环境温度(T_0)并作为参考。为了方便对比分析,统一使用温度变化量(ΔT)作图。

如图 5-11 所示,在煤层瓦斯抽采的 720 min 内,尽管环境温度处于变化之中,但是其变化幅度较小,最大上升量和最小下降量分别为 0.62 ℃和 0.37 ℃,仅为煤层内部温度变化量的 5%~10%,在定性分析的情况下,可以忽略其对试验过程中煤层温度变化的影响。由平行 x 轴且垂直钻孔的两个温度测点 T_7、T_9 的曲线可知,煤层瓦斯抽采过程中温度变化量为负值,表明抽采过程中煤层温度出现下降,这主要是气体解吸导致的;同时,两条曲线下降快慢不一,且在 360 min 附近出现交叉,而后发生反转,表明温度的变化和气压变化规律相似,与测点位置相关。具体来说,温度测点 T_7 位于抽采钻孔附近,与气压测点 P_{15} 对应。由前文分析知,瓦斯抽采前期此处气压下降最快,因此气体最先解吸,同时解吸速率最快,导致相同位置煤层温度下降最为迅速,下降量也较大。然而,随着瓦斯抽采的持续进行,测点 T_7

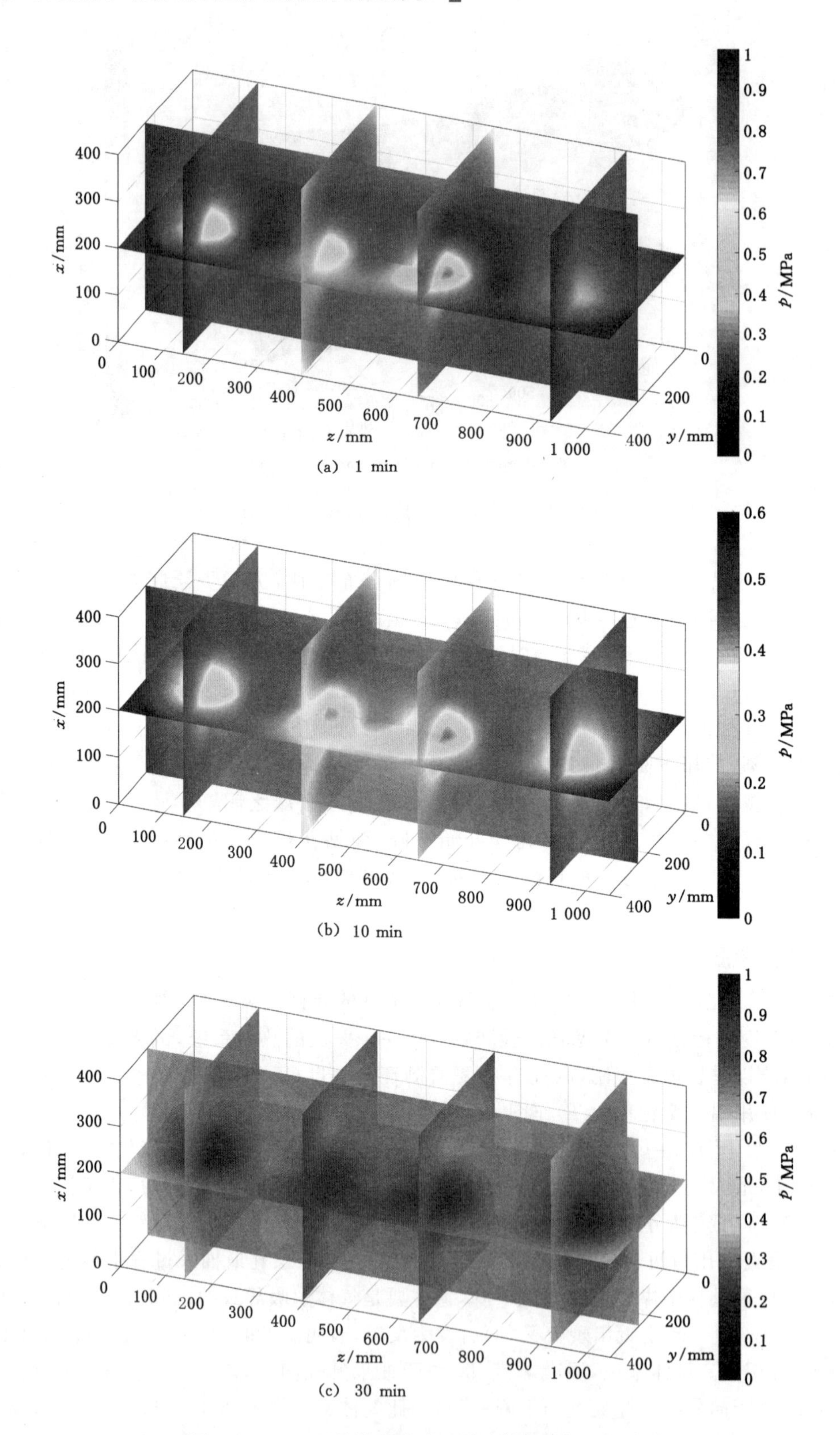

图 5-10　Ⅰ～Ⅳ号钻孔抽采不同时刻四维气压切片图

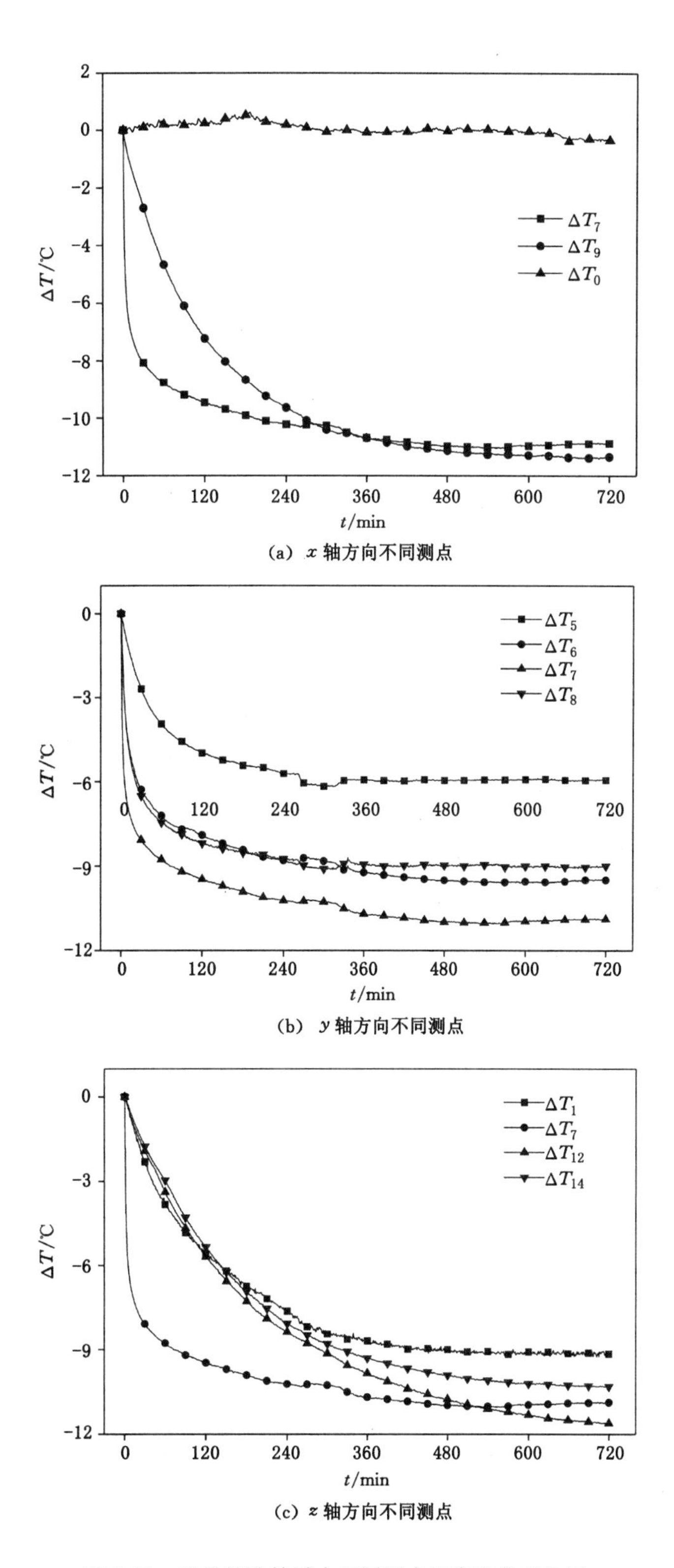

(a) x 轴方向不同测点

(b) y 轴方向不同测点

(c) z 轴方向不同测点

图 5-11　Ⅱ号钻孔抽采中不同测点温度变化对比图

附近气压下降到一定程度，对应气体解吸速度减缓，而此时气体解吸区域向远离钻孔测点 T_9 附近扩展，导致测点 T_9 的温度加速下降。抽采 360 min 左右，两条曲线出现交叉，抽采后期，测点 T_9 温度下降量，甚至反超测点 T_7，抽采 720 min 后，测点 T_7、T_9 分别下降了 10.9 ℃和 11.4 ℃，相差 0.5 ℃。分析出现曲线交叉并反超的原因，可能是测点 T_7 距钻孔出口较近，由于钻孔出口始终处于温度较高的环境中，因此在气体流动过程中，外界高温环境会通过钻孔及气体管路传递一部分能量至测点 T_7 附近，导致测点 T_7 在后期温度下降不明显，被测点 T_9 反超。考虑二者之间的差异较小，出现该现象的原因可能是试验本身误差导致。

图 5-11(b)选取 y 轴方向钻孔附近测点 T_5、T_6、T_7 和 T_8。由图可知，不同温度下降量曲线整体保持先陡后缓的变化趋势。其中，测点 T_7 温度下降最快，下降量也最大；测点 T_6 和测点 T_8 温度下降幅度基本一致，分别为 9.5 ℃和 9.0 ℃；而 T_5 下降最慢，下降量最小，为 5.9 ℃，表明煤层温度同样具有很强的空间效应，即不同位置演化规律差异较大，表现为距钻孔抽采段越近下降量越大，下降速率越明显。图 5-11(c)选取 z 轴方向测点 T_1、T_7、T_{12} 和 T_{14}，尽管 4 个测点均和Ⅱ号钻孔位于同一平面，但是只有测点 T_7 位于钻孔外壁附近，其余测点则距离较远。在煤层瓦斯抽采前期，测点 T_7 温度最先下降，而其余 3 个测点温度曲线则基本重合，抽采 2 h 后逐渐出现差异，至抽采结束时，测点 T_1、T_7、T_{12} 和 T_{14} 温度分别下降了 9.2 ℃、10.9 ℃、11.6 ℃和 10.3 ℃。测点 T_1、T_{12} 距抽采钻孔距离接近，然而温度下降量出现较大差异，这是因为测点 T_1 距离箱体边界较近，与环境存在一定的能量交换，导致在抽采后期温度下降极为缓慢，而测点 T_{12} 距离箱体边界较远，与环境之间能量交换较弱，最终保持较高的温度下降量。

5.2.3 煤体变形

煤是一种由有机质、矿物质和煤中各类孔隙、裂隙所构成的复杂多孔介质，在煤层瓦斯抽采过程中，煤层气压下降引起有效应力增加，从而压缩煤体骨架，并导致煤体发生压缩变形；同时，随着瓦斯的抽采，煤基质表面吸附气体发生解吸，从而产生基质收缩效应。由前文分析可知，在瓦斯抽采过程中，煤层温度发生下降，导致煤体在热应力的作用下产生热应变，上述 3 种因素相互耦合，最终表现为煤体的宏观变形。如图 5-12(a)所示，本章煤体变形均指煤体的体积应变，且应变角标和图 5-1 中应力角标保持一致，煤体 9 个区域线应变分别记为 $\varepsilon_{11}\sim\varepsilon_{14}$、$\varepsilon_2$、$\varepsilon_{31}\sim\varepsilon_{34}$。

同时，煤体体积应变又可分为不同区域体积应变（$\varepsilon_{V1}\sim\varepsilon_{V4}$）以及煤体总体积应变（$\varepsilon_V$），如下式所列：

$$\begin{cases}\varepsilon_{1i}=\dfrac{\Delta l_{1i}}{l_{xx}}\\ \varepsilon_2=\dfrac{\Delta l_2}{l_{zz}}\\ \varepsilon_{3i}=\dfrac{\Delta l_{3i}}{l_{yy}}\\ \varepsilon_{Vi}=\varepsilon_{1i}+\varepsilon_2+\varepsilon_{3i}\\ \varepsilon_V=\overline{\varepsilon_x}+\overline{\varepsilon_y}+\overline{\varepsilon_z}=\dfrac{1}{4}\sum\limits_{i=1}^{4}\varepsilon_{1i}+\varepsilon_2+\dfrac{1}{4}\sum\limits_{i=1}^{4}\varepsilon_{3i}=\dfrac{1}{4}\sum\limits_{i=1}^{4}\varepsilon_{Vi}\end{cases}\tag{5-1}$$

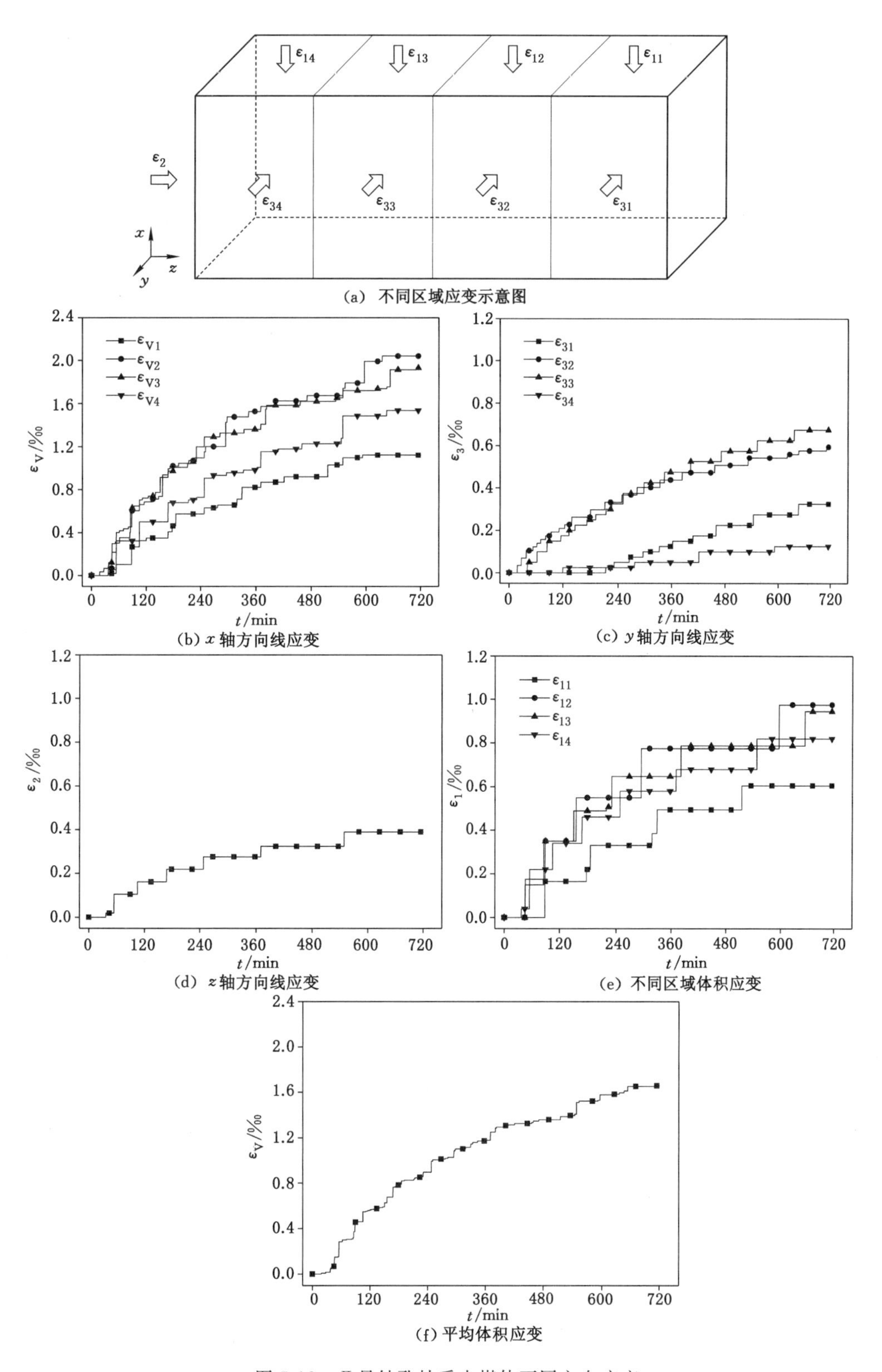

图 5-12 Ⅱ号钻孔抽采中煤体不同方向应变

式中，i 为煤体区域编号，与钻孔编号一致，$i=1,2,3,4$；Δl 为不同方向煤体变形，mm；l_{xx}、l_{yy}、l_{zz}分别表示煤体对应 3 个方向原始尺寸，单位为 mm，即 400 mm、400 mm、1 050 mm；$\overline{\varepsilon_x}$、$\overline{\varepsilon_y}$、$\overline{\varepsilon_z}$分别为 3 个方向平均线应变。

根据式(5-1)计算煤体不同方向线应变及不同区域体积应变，如图 5-12(b)至图 5-12(f)所示。由图可知，随着煤层瓦斯抽采的进行，x 轴方向线应变逐渐增加，且不同区域线应变不同，其中 1 区域线应变始终最小，而 2 区域、3 区域和 4 区域线应变则相差不大，抽采结束时，$\varepsilon_{11}\sim\varepsilon_{14}$分别为 0.61‰、0.98‰、0.95‰和 0.82‰，对应大小排序为 $\varepsilon_{12}>\varepsilon_{13}>\varepsilon_{14}>\varepsilon_{11}$；同样，$y$ 轴方向线应变$\varepsilon_{31}\sim\varepsilon_{34}$最终分别为 0.33‰、0.60‰、0.68‰和 0.13‰，即 $\varepsilon_{33}>\varepsilon_{32}>\varepsilon_{31}>\varepsilon_{34}$；而 z 轴方向线应变 ε_2 为 0.39‰。4 个区域煤体体积应变 $\varepsilon_{V1}\sim\varepsilon_{V4}$ 最终分别为1.12‰、2.04‰、1.93‰和1.54‰，同样表现出 $\varepsilon_{V2}>\varepsilon_{V3}>\varepsilon_{V4}>\varepsilon_{V1}$，对应煤体平均体积应变 ε_V 为 1.66‰。

综上所述，煤体变形表现出较强的方向性以及区域性，煤体在 x 轴方向的线应变大于 y 轴方向的线应变，而 y 轴方向的则大于 z 轴方向的线应变；同时，Ⅱ号抽采钻孔所在 2 区域位置对应线应变以及体积应变均为最大值，而相邻的 3 区域相应应变次之，其他区域较小。随着抽采时间的进行，煤体变形速率也逐渐减缓。

5.2.4 抽采流量

煤层瓦斯抽采流量是工程现场最为关心的参数之一，也是衡量消突效果的重要指标之一。图 5-13 为煤层瓦斯抽采过程中抽采流量 q、累积抽采量 Q 和预抽率 η 等参数随时间的演化曲线。其中，预抽率 η 是表征煤层瓦斯累积抽采流量占煤层瓦斯原始含量的比例，如下式所列：

$$\eta=\frac{Q}{Q_0}\times100\% \tag{5-2}$$

式中，Q、Q_0 分别为累积抽采量和原始含气量，L；η 为瓦斯预抽率，%。

由图可知，抽采前期，抽采流量 q 瞬间达到峰值 94.45 L/min，而后急速下降，抽采1 h后下降至 5.25 L/min，抽采 2 h 后下降至 4.51 L/min，而后保持较为稳定的下降幅度，抽采 12 h 后降为 0.62 L/min；累积抽采量 Q 在抽采前期先快速上升，抽采 1 h 增加至946.03 L，抽采 2 h 增加至 1 308.87 L，而后平稳增加，直至抽采结束 12 h 后达到2 237.69 L。由此可见，在抽采前 2 h，累积抽采量超过总累积抽采量的 1/2；预抽率 η 的变化趋势和累积抽采量 Q 变化趋势保持一致，增速先快后慢；本次试验中充气量为3 054.43 L，预抽率最终达到 73.26%。

研究表明，抽采流量、累积抽采量以及预抽率的变化趋势保持一致，均为前期变化较快，后期变化平稳，与煤层气压、温度、煤体变形其他煤层参数演化规律保持一致，说明不同煤层参数之间的一致性。在煤层瓦斯抽采初期，煤层气压较高，煤层内外气压梯度较大，此时煤层瓦斯运移速度较快，而随着抽采的进行，煤层气压下降，煤层内外气压梯度降低，最终导致抽采流量下降。研究还表明，煤层瓦斯预抽率最终没有达到 100%，说明有一部分气体吸附在煤层内部，如果要继续提高预抽率，则需要通过其他方法实现，即强化瓦斯抽采措施；同时，根据煤层瓦斯累积抽采量增速先快后慢的演化特征不难推测，越到抽采后期，越难提高预抽率，而通过增加煤层瓦斯抽采钻孔数量，即增加抽采钻孔密度，则能更加高效地提高煤层瓦斯预抽率，使得煤层瓦斯抽采成本增加，因此这是涉及经

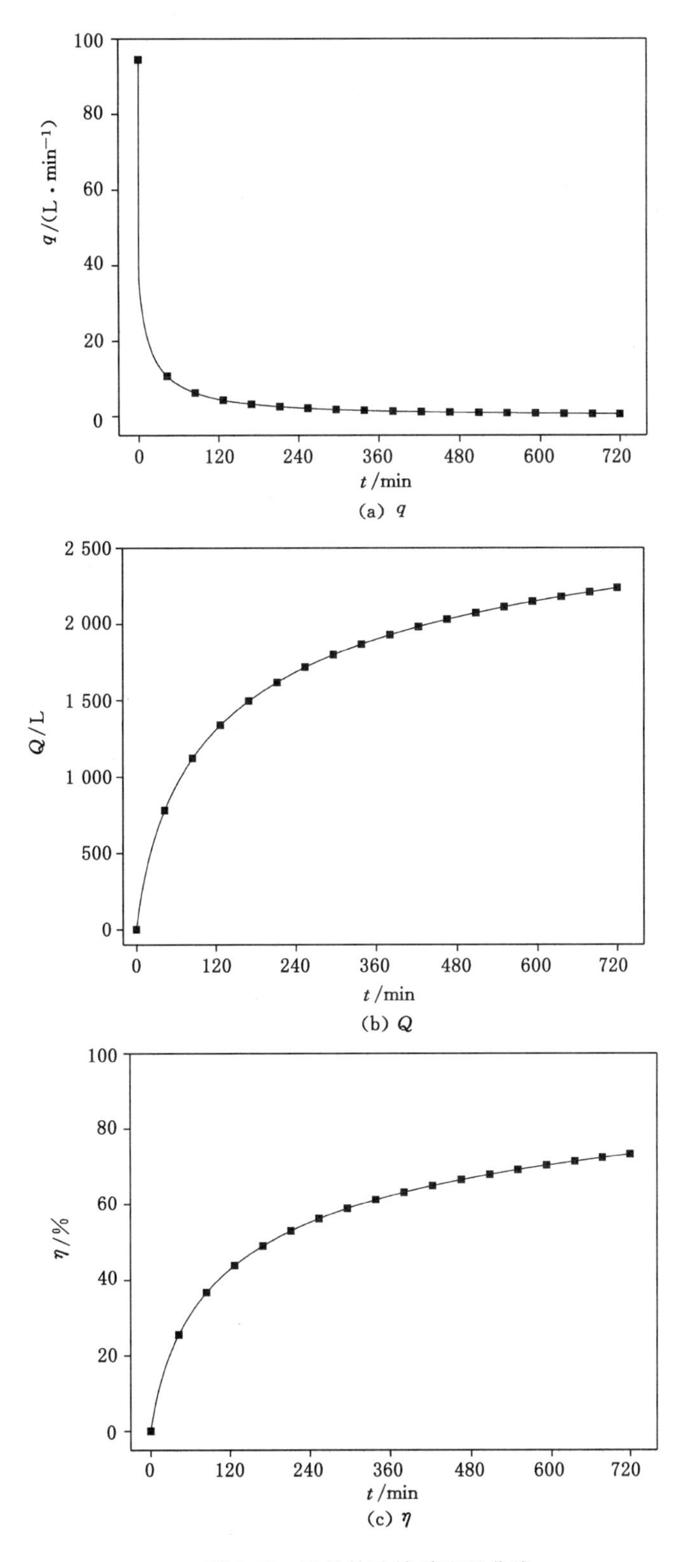

图 5-13 Ⅱ号钻孔抽采流量曲线

济成本和时间成本的一个综合考虑。

5.2.5 耦合规律

前文分析了煤层瓦斯抽采过程中煤层气压、煤层温度、煤体变形和抽采流量演化规律，然而不同参数的演化并非相互独立，而是相互影响、相互耦合。图 5-14(a)绘制了Ⅱ号钻孔抽采中煤层气压、煤层温度、煤体变形和抽采流量 4 个参数，它们之间具有较好的一致性。随着煤层瓦斯抽采的进行，煤层气压和煤层温度同步下降，而煤体体积应变和抽采流量则相应上升；气体解吸是产生游离气体的基础，同时也是导致煤层温度下降的主要原因。因此，煤层瓦斯抽采中气压和温度的变化具有直接的相关性。如图 5-14(b)所示，随着煤层瓦斯的抽采，煤层气压开始下降，煤层温度也随之下降；同时煤层温度随着气压下降而下降的速率具有明显的分段特征，在煤层气压下降前期，煤层温度下降速率较快，而后煤层温度下降速率显著降低。

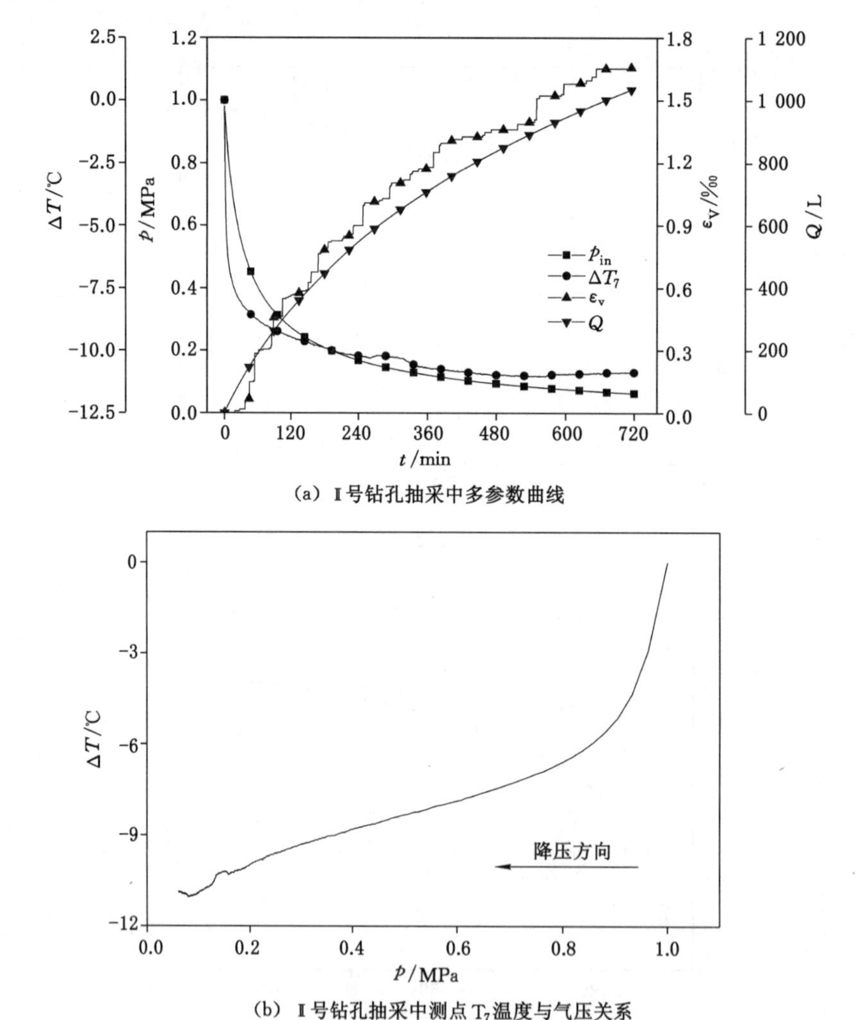

(a) Ⅱ号钻孔抽采中多参数曲线

(b) Ⅱ号钻孔抽采中测点 T_7 温度与气压关系

图 5-14 煤层瓦斯抽采中不同参数耦合特性

由图 5-14(c)可知，抽采初期以游离气体的排出为主，煤层气压和煤层温度变化不明显，随后吸附气体开始解吸，煤层温度随之下降，且煤层温度的变化略微滞后于煤层气压。在煤层气压和煤层温度下降阶段，煤层气压与抽采流量近似呈线性相关，且钻孔数量越多，斜率越小，而煤层温度与抽采流量呈现明显的非线性关系，且下降速率逐渐变大。对比不同试验曲线发现，随着抽采钻孔数量的增加，对应最大流量也同步增加；同时，煤层气压或温度下降启动点对应流量明显变大，即钻孔数量越多气体越早开始解吸，而不同试验煤层内游离气体基本相同，表明增加钻孔数量能促进气体的解吸，更有利于煤层瓦斯的抽采。

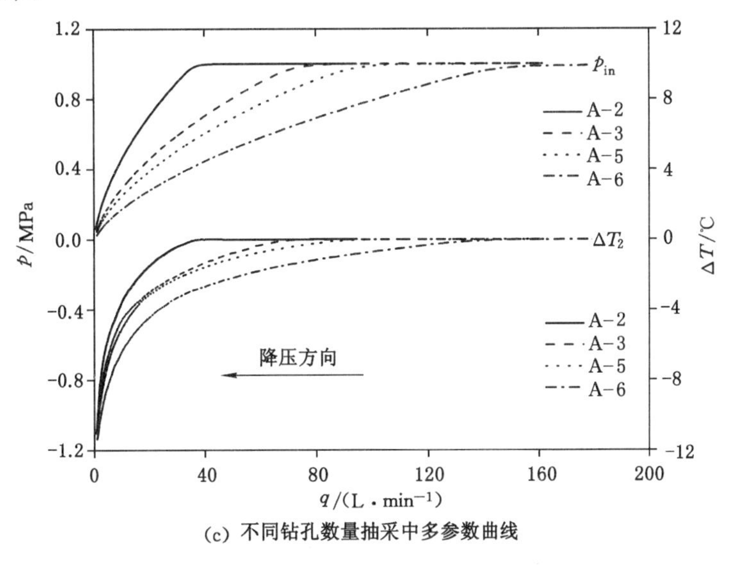

(c) 不同钻孔数量抽采中多参数曲线

图 5-14(续)

5.3 钻孔布置对抽采防突效果的影响

本节针对 A 组不同钻孔布置条件下 6 次试验进行分析讨论，首先以 A-1、A-2 试验进行对比，分析了本书所研发试验系统开展试验过程中的边界效应；然后以不同钻孔间距布置的 A-3、A-4 试验为例定量评价了煤层瓦斯抽采中相邻钻孔叠加效应；接着基于 Matlab 编程实现了 A-2、A-3 和 A-6 试验中瓦斯抽采范围的可视化，并在此基础上进一步提出抽采半径的计算模型并计算和分析了抽采半径与抽采时间的相互关系；最后系统探讨了钻孔布置对瓦斯抽采过程中煤层参数演化以及防突效果的影响。

5.3.1 试件模型边界效应

模型边界效应[149-150]是指模型所处试验装置对其试验结果产生的偏离实际规律的影响。本节以 A-1、A-2 试验进行对比，即抽采钻孔分别位于煤层边界和煤层中部时，以煤层气压、温度和抽采流量作为比对参量，分析模型边界效应对相应位置处不同煤层参数的影响程度，如图 5-15 所示。煤体变形特征的边界效应在 4 个钻孔同时抽采时分析更具针对性，因此在 5.3.4 节进行相应分析。

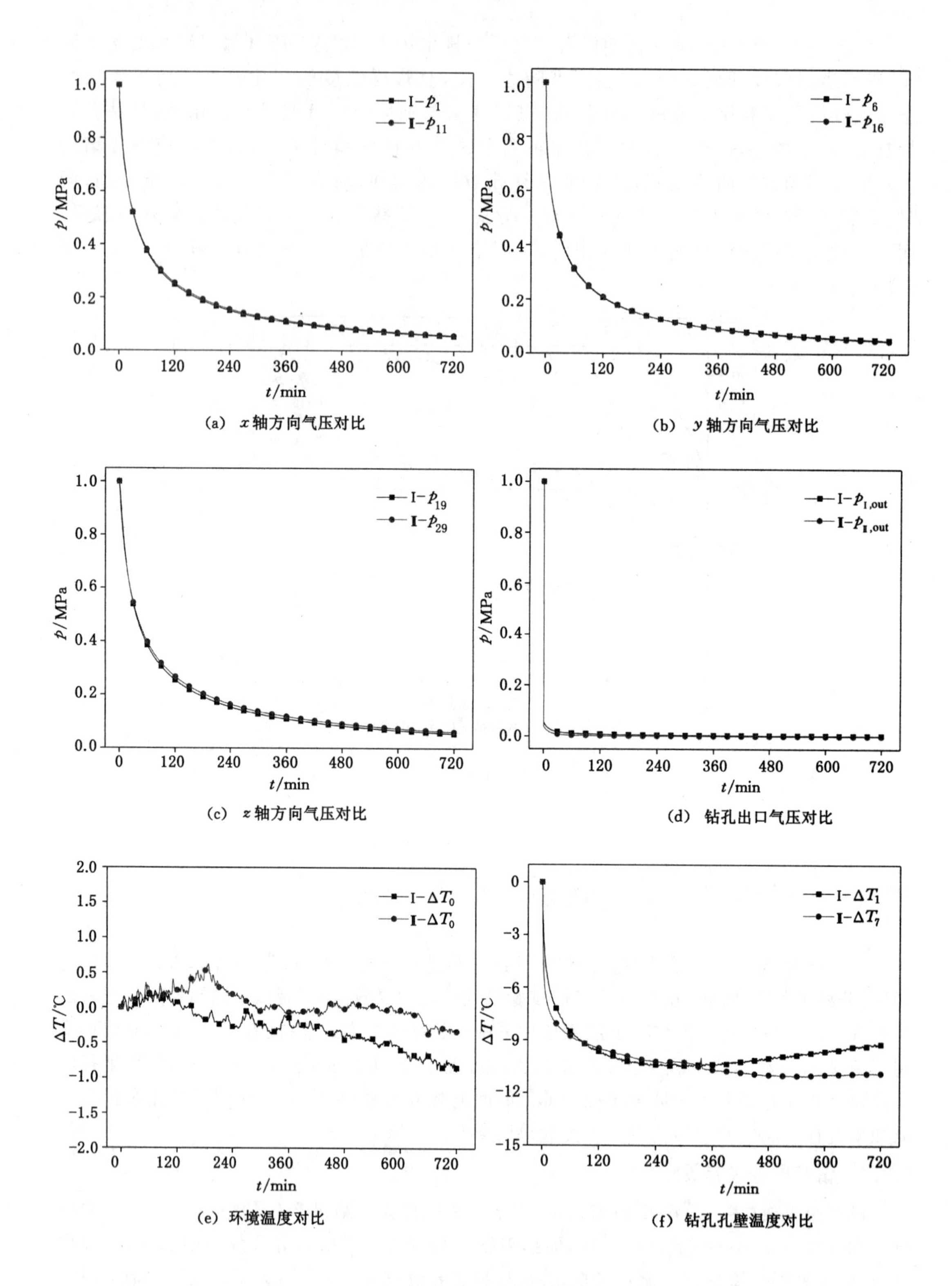

图 5-15 瓦斯抽采试验边界效应分析

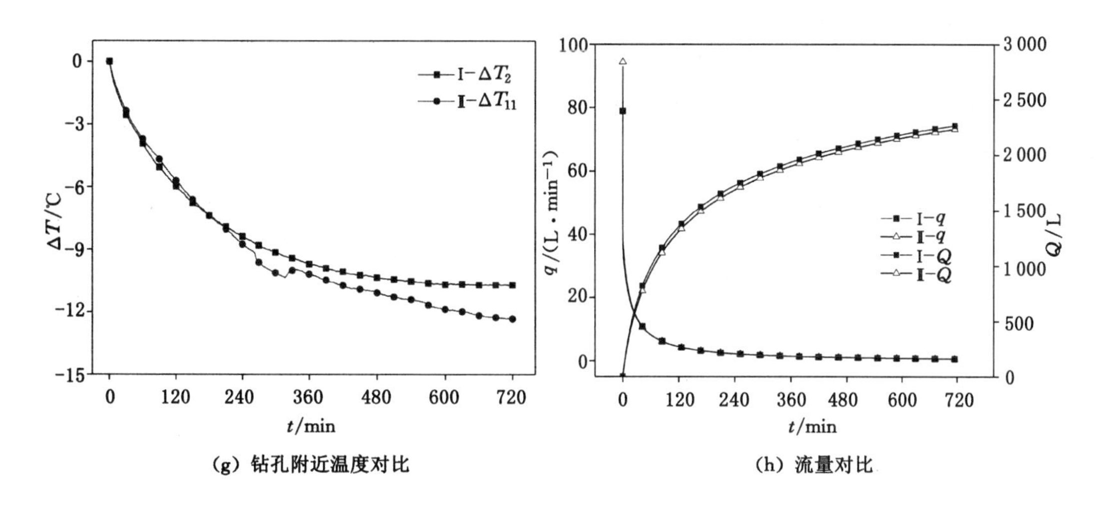

(g) 钻孔附近温度对比

(h) 流量对比

图 5-15(续)

图 5-15(a)分别选取了位于Ⅰ、Ⅱ号钻孔 x 轴方向正上方 160 mm 处的气压测点 P_1 和 P_{11}。两个测点相对抽采钻孔的位置相同,距箱体右壁距离分别为 125 mm 和 405 mm,可见,Ⅰ号钻孔对应测点 P_1 的气压曲线(Ⅰ-p_1)和Ⅱ号钻孔对应测点 P_{11} 的气压(曲线Ⅱ-p_{11})基本重合。图 5-15(b)～图 5-15(d)分别选取了位于Ⅰ、Ⅱ是抽采钻孔在 y 轴、z 轴方向以及出口处相应位置测点气压,均未呈现明显的差异,表明模型边界效应对煤层气压的影响较小,在相关分析中可以忽略。由图 5-15(e)可知,两次试验过程中环境温度均有小幅波动,但是波动均在 1 ℃范围内,对煤层温度的影响较小。5-15(f)选取了Ⅰ、Ⅱ号钻孔外壁处两个温度测点 T_1、T_7 进行对比,两次试验相应测点温度在抽采前期演化规律较为一致,而在抽采后期出现明显的差别,曲线Ⅰ-ΔT_1 出现明显的上升现象,曲线Ⅱ-ΔT_7 则一直表现为平稳的变化规律。分析认为,测点 T_1 距煤体边界较近,当Ⅰ号钻孔抽采时,随着气体的解吸吸热,测点 T_1 附近温度开始下降,而到后期气体解吸程度较弱,此时测点温度已远低于环境温度,由于其距箱体边界较近,容易和外界环境之间发生热交换,且热交换速率大于气体解吸导致的温度下降速率,最终表现出测点温度上升的趋势,而Ⅱ号钻孔抽采过程中,相应位置的 T_7 测点则由于距边界较远,测点温度未发生明显的上升现象。图 5-15(g)选取了Ⅰ、Ⅱ号钻孔左侧两个温度测点 T_2、T_{11},同样出现了明显的差异,但是两条温度曲线均未发生上升现象,表明即使温度测点距边界有一定距离,仍然导致不同试验中温度受边界效应影响,只是影响程度稍弱。图 5-15(h)对比了两次试验的抽采流量 q 和累积抽采量 Q,相应曲线基本重合,累积抽采量相差仅 1%左右,可以忽略其差异性。

综上所述,试验所用煤体尺寸较大,在布置传感器测点时,为了降低边界效应的影响,气压和温度传感器均距边界有一定距离,然而试验过程中仍存在边界效应。其中,煤层气压及抽采流量受边界效应影响较弱,基本可以忽略不计;而煤层温度受边界效应影响的程度随着测点距煤体边界距离的缩小而逐渐增强,在分析煤层温度演化过程中需要特别注意。

5.3.2 抽采钻孔叠加效应

在多个钻孔抽采时，钻孔之间会互相影响、互相干扰，即产生钻孔叠加效应[151-152]。钻孔间距是影响钻孔叠加效应的一个关键因素，本节选取 A-3、A-4 试验进行定量评价，两次试验均采用典型双钻孔进行煤层瓦斯抽采，而钻孔间距分别为 250 mm 和 504 mm。下面介绍基于煤层气压演化的定量评价指标，即叠加系数 S。

以双钻孔模型为例，假设钻孔间距为 L，以其中一个抽采钻孔为参考钻孔，记为钻孔 i，同时选取距钻孔 i 距离为 d 且小于 0.5 L 的一个观测点，观测点煤层气压记为 p_{id}，则：

$$p_{id} = p_{od} - \sum_{j=1}^{n} p_{ij} \quad (i,j = 1,2,3,\cdots,n) \tag{5-3}$$

式中，p_{id}为观测点实际煤层气压，MPa；p_{od}为观测点不受任一钻孔影响条件下的煤层气压，即初始气压，MPa；p_{ij}表示抽采钻孔 i 观测点处煤层气压受抽采钻孔 j 影响的下降量，MPa；下标“i”和“j”分别表示抽采钻孔编号，取值 1,2,3…,n。

由于 p_{ij}包含了钻孔 i 观测点处煤层气压受钻孔 i 本身影响的下降量，即 p_{ii}，因此可进一步得到下式：

$$\sum_{j=1}^{n} p_{ij} = p_{ii} + \sum_{j=1,j\neq i}^{n} p_{ij} = p_{ii}\left(1 + \sum_{j=1,j\neq i}^{n} \frac{p_{ij}}{p_{ii}}\right) \quad (i,j = 1,2,3,\cdots,n) \tag{5-4}$$

定义钻孔叠加系数 S_{ij}，即观测点煤层气压受钻孔 j 影响下降量和受钻孔 i 影响下降量之比。该值越大，表明观测点煤层气压受钻孔 j 影响越显著，用以表征钻孔相邻钻孔在某一测点处的叠加程度。

$$S_{ij} = \frac{p_{ij}}{p_{ii}} \quad (i,j = 1,2,3,\cdots,n) \tag{5-5}$$

将式(5-4)和式(5-5)代入式(5-3)，可得：

$$p_{id} = p_{od} - p_{ii}\left(1 + \sum_{j=1,j\neq i}^{n} S_{ij}\right) \quad (i,j = 1,2,3,\cdots,n) \tag{5-6}$$

进一步整理上式，可得：

$$S = \sum_{j=1,j\neq i}^{n} S_{ij} = \frac{p_{od} - p_{id} - p_{ii}}{p_{ii}} \quad (i,j = 1,2,3,\cdots,n) \tag{5-7}$$

式中，p_{ii}可通过 A-2 试验获得，p_{od}和 p_{id}均可在 A-3 和 A-4 两次试验中测得。两次试验中的叠加系数对比分析如图 5-16 所示。

图 5-16(a)为Ⅱ、Ⅲ钻孔抽采过程中以Ⅱ号钻孔为基准计算得到的不同测点叠加系数整体演化曲线。由图可知，不同测点叠加系数整体演化特征可分为两类，分别以 $S_{20,\text{ⅡⅢ}}$ 和 $S_{15,\text{ⅡⅢ}}$ 为代表，其他测点叠加系数始终处于两条曲线之间，且呈现类似的规律，因此单独将 $S_{15,\text{ⅡⅢ}}$ 和 $S_{20,\text{ⅡⅢ}}$ 两条曲线进行对比，如图 5-16(b)所示。可见，$S_{15,\text{ⅡⅢ}}$ 随着抽采的进行先增大，至抽采 24 min 增至最大值 0.059，而后不断下降，至抽采 8 h 降至 0.010；$S_{20,\text{ⅡⅢ}}$ 在抽采初期即为最大值，为 0.956，而后快速下降，至抽采 8 h 结束时下降为 0.044，但是抽采过程中始终大于 $S_{15,\text{ⅡⅢ}}$。叠加系数越大，表明Ⅱ、Ⅲ号钻孔抽采过程中Ⅲ号钻孔对该测点影响越大，$S_{20,\text{ⅡⅢ}}$ 逐渐减小，说明测点受Ⅲ号钻孔的影响慢慢减弱；而 $S_{15,\text{ⅡⅢ}}$ 先增加、后减小，说明测点 15 受Ⅲ号钻孔的影响在前期慢慢增加，后面逐渐减弱，即存在一定的滞后，表明相邻钻孔抽采时对不同位置的叠加程度不一，对靠近基准钻孔附近的测点影响较小，且存在一定的滞后现象。

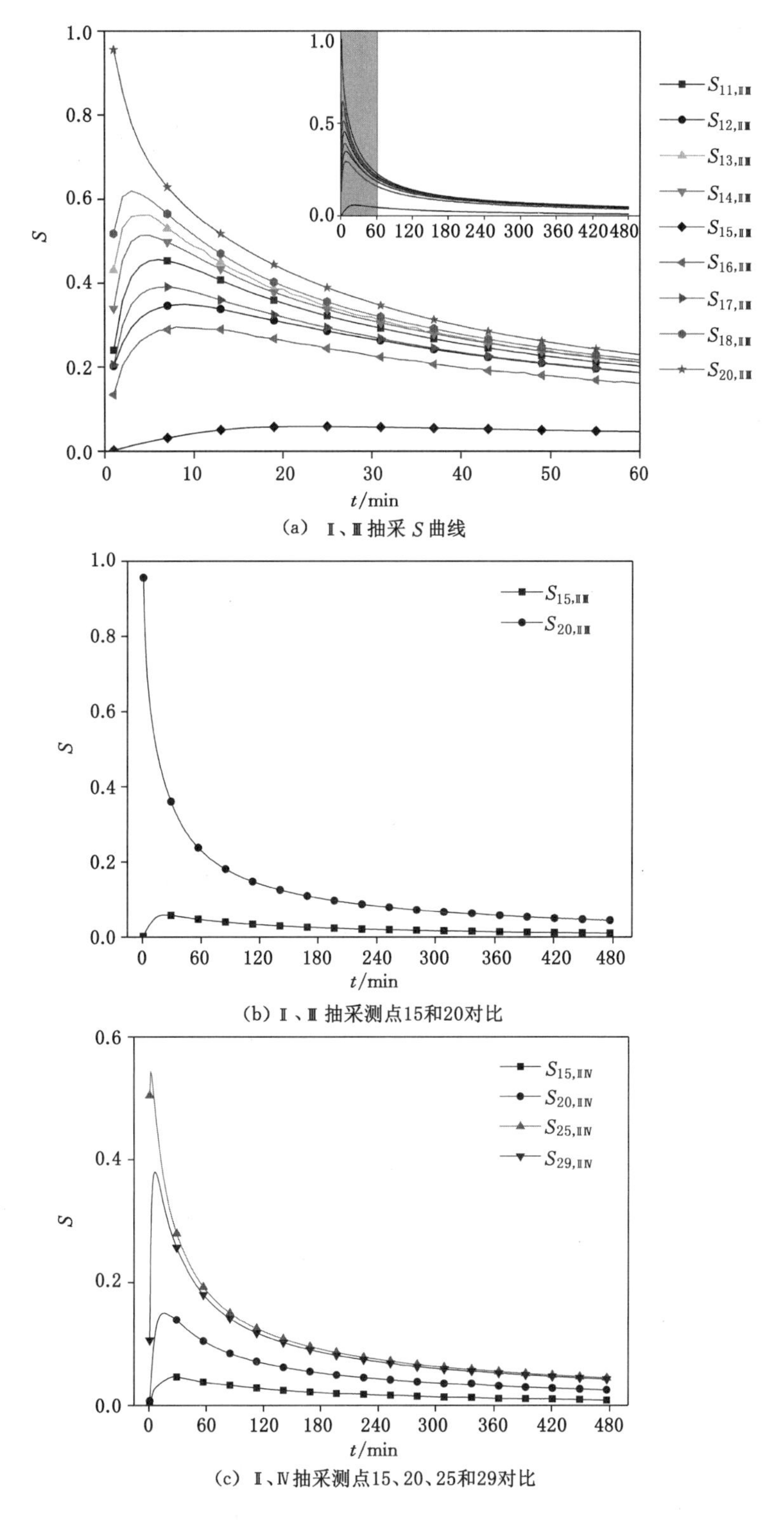

(a) Ⅱ、Ⅲ抽采 S 曲线

(b) Ⅱ、Ⅲ抽采测点15和20对比

(c) Ⅱ、Ⅳ抽采测点15、20、25和29对比

图 5-16　不同钻孔间距(Ⅱ、Ⅲ和Ⅱ、Ⅳ)抽采叠加系数对比图

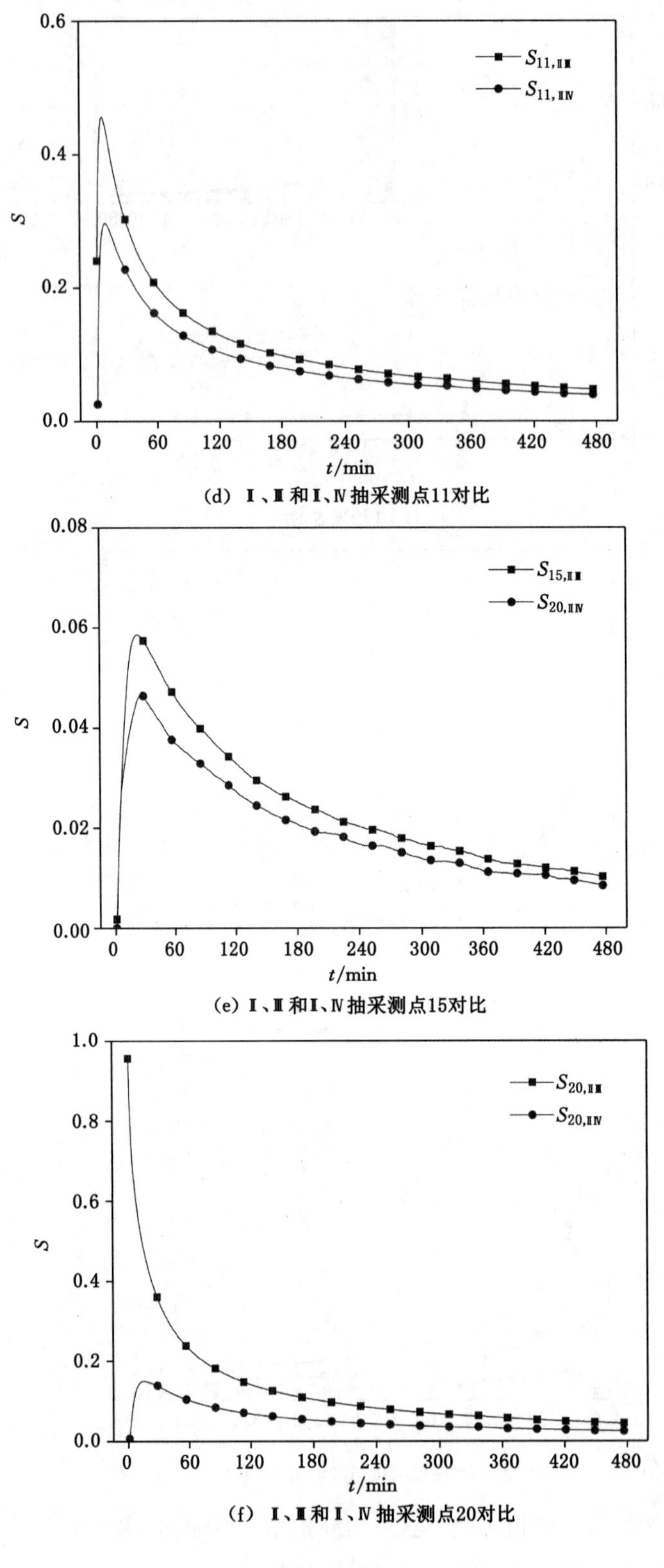

(d) Ⅰ、Ⅲ和Ⅰ、Ⅳ抽采测点11对比

(e) Ⅰ、Ⅲ和Ⅰ、Ⅳ抽采测点15对比

(f) Ⅰ、Ⅲ和Ⅰ、Ⅳ抽采测点20对比

图 5-16(续)

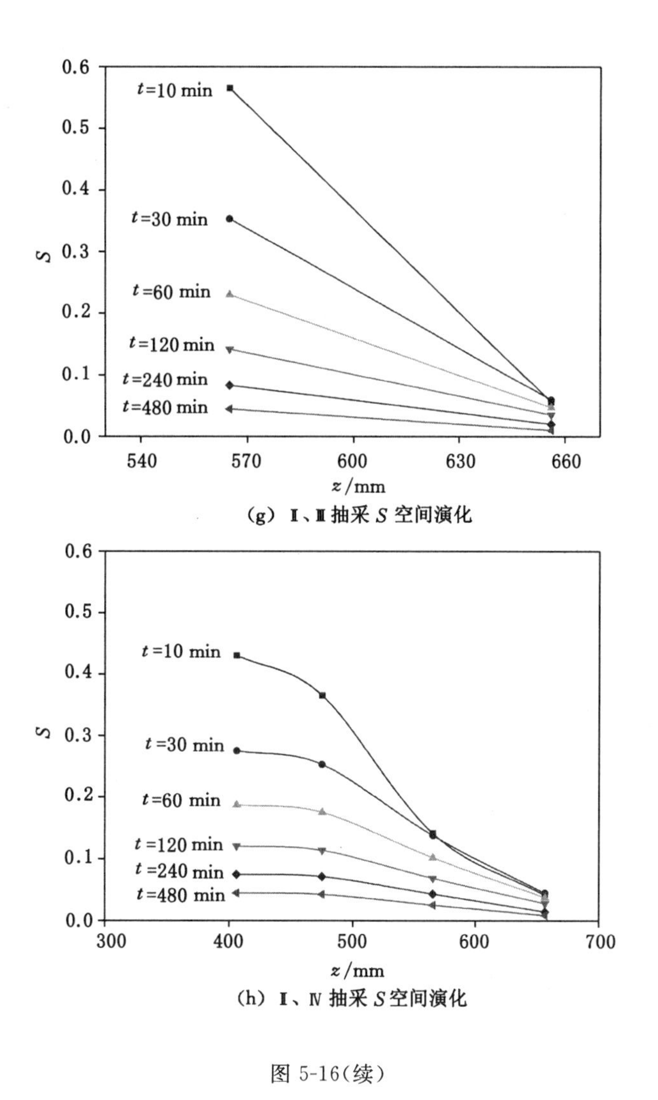

(g) Ⅰ、Ⅲ抽采 S 空间演化

(h) Ⅰ、Ⅳ抽采 S 空间演化

图 5-16(续)

图 5-16(c)为Ⅱ、Ⅳ钻孔抽采过程中以Ⅱ钻孔为基准计算得到的 4 个测点叠加系数演化曲线。与图 5-16(a)规律类似,同样存在明显的滞后现象,且距基准钻孔越近,滞后越明显。为了对比不同钻孔间距条件下同一测点叠加系数差异,将两组试验过程中同一测点叠加系数曲线进行对比,如图 5-16(d)至图 5-16(f)所示,分别选取了测点 11、15 和 20 进行对比。由图可以看出,演化规律基本一致,均表现出钻孔间距越小,叠加系数越大,即相邻钻孔对某一测点影响越明显。图 5-16(g)和图 5-16(h)则绘制了两组试验中不同时刻叠加系数在空间上的演化曲线,进一步展示了叠加系数的空间分布规律,即随着距基准钻孔距离的减小,叠加系数也明显减小。在双钻孔抽采模式下,每个钻孔都有其影响范围,且距离某一钻孔越近,则距另一钻孔越远,受其影响程度势必减弱。

5.3.3 有效抽采半径演化

本节在此基础上进一步实现有效抽采范围可视化,同时提出一种有效抽采半径计算模型,利用该模型计算得到不同钻孔数量条件下有效抽采半径,同时分析有效抽采半径与抽采时间以及钻孔数量的关系。

(1) 有效抽采范围扩展规律

在煤层瓦斯抽采过程中,煤层气压总是以抽采钻孔为中心降低,距抽采钻孔越近,煤层气压下降越快,残余气压越小。有效抽采范围是指在煤层瓦斯抽采过程中,以钻孔为中心的区域内煤层气压下降至某一程度时,该区域称为有效抽采范围。我国关于有效抽采范围煤层气压下降准则有两个,其中《防突细则》要求残余煤层气压必须下降至 0.74 MPa,才可进行煤矿安全生产活动,即:

$$p_{c1} < 0.74 \text{ MPa} \tag{5-8}$$

式中,p_{c1} 为第一准则残余煤层气压,MPa。

而《煤矿安全规程》则以煤层瓦斯预抽率达到 30% 为指标,相应煤层残余瓦斯含量 X_c 小于 70%,即:

$$X_c < 70\%X \tag{5-9}$$

式中,X_c 和 X 分别为煤层残余瓦斯含量和原始瓦斯含量,m^3/t。

根据煤层瓦斯抽采工程现场生产经验,周世宁院士提出煤层瓦斯含量与煤层气压存在如下关系式[153]:

$$X = \alpha\sqrt{p} \tag{5-10}$$

式中,α 为煤层瓦斯含量系数,$m^3/(t \cdot MPa^{0.5})$;p 为煤层瓦斯压力,MPa。

联立式(5-9)和式(5-10),可得第二残余煤层气压:

$$p_{c2} < 49\%p \tag{5-11}$$

式中,p_{c2} 为第二准则残余煤层气压,MPa。

关于确定有效抽采范围边界的两个准则存在一定差异,为了更加直观对比分析,将两个准则临界气压值绘制在同一图中,如图 5-17 所示。其中,横、纵坐标轴分别表示原始煤层气压和残余煤层气压,虚线和点划线分别表示第一、第二准则气压临界值。可见,两条直线存在唯一交点,即 $A(1.51,0.74)$。当煤层原始气压小于 1.51 MPa 时,第二准则更加严格,即 $p_{c2}<0.49\ p$;当煤层原始气压大于 1.51 MPa 时,则第一准则更加严格,即 $p_{c1}<0.74$ MPa。

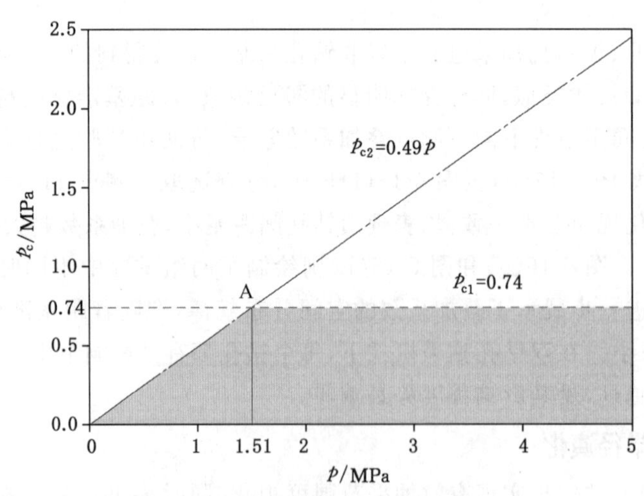

图 5-17 有效抽采范围临界气压图

因此,为了最大程度保证煤矿安全生产,两个准则统一为:当 $p<1.51$ MPa 时,$p_c<0.49p$;当 $p>1.51$ MPa 时,$p_c<0.74$ MPa,即 $p_c<0.74$ MPa$\cap\eta>30\%$,如图 5-17 中阴影区域所示。本章试验方案中初始气压范围为 0.5~2.0 MPa,气压相似系数为 5,模拟现场工况煤层气压范围为 2.5~10.0 MPa。根据以上准则,本书选择第二准则,即残余煤层气压小于 0.74 MPa,对应物理模拟试验则应小于 0.148 MPa。

以 A-2、A-3 和 A-6 试验为例讨论典型的单钻孔、双钻孔和多钻孔条件下有效抽采范围扩展规律。首先利用 Matlab 编程功能将 3 次试验不同时刻 Z_3 纵面临界等压线提取出来,即 0.148 MPa 等压线,其所围成的区域即是试验过程中有效抽采范围,提取结果如图 5-18 和图 5-19 所示。

由此可知,在单一钻孔抽采中,有效抽采区域以抽采钻孔(图中小圆圈)为中心近似呈现圆形分布,且有效抽采区域随着抽采时间增加而向外扩展,直到抽采 257 min 时,Z_3 纵面上部边界出现一个不规则且未封闭的等压线;而当两个钻孔同时抽采时,纵面内形成两个有效

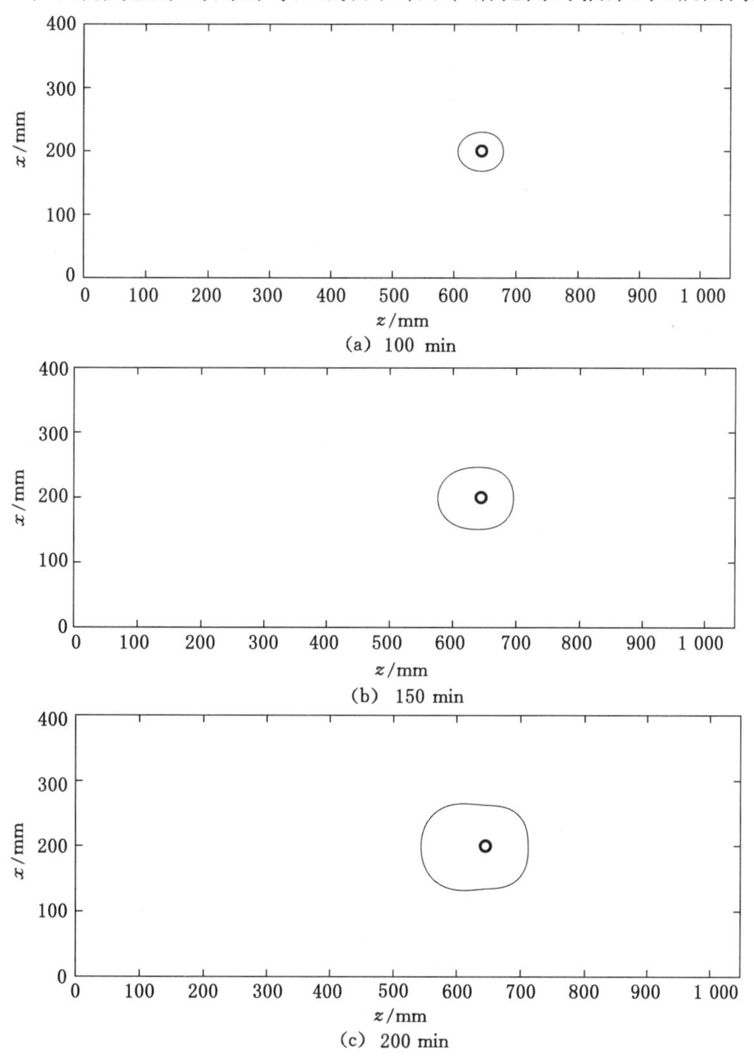

(a) 100 min

(b) 150 min

(c) 200 min

图 5-18 Ⅱ号钻孔抽采不同时刻 z_3 纵面有效抽采范围云图

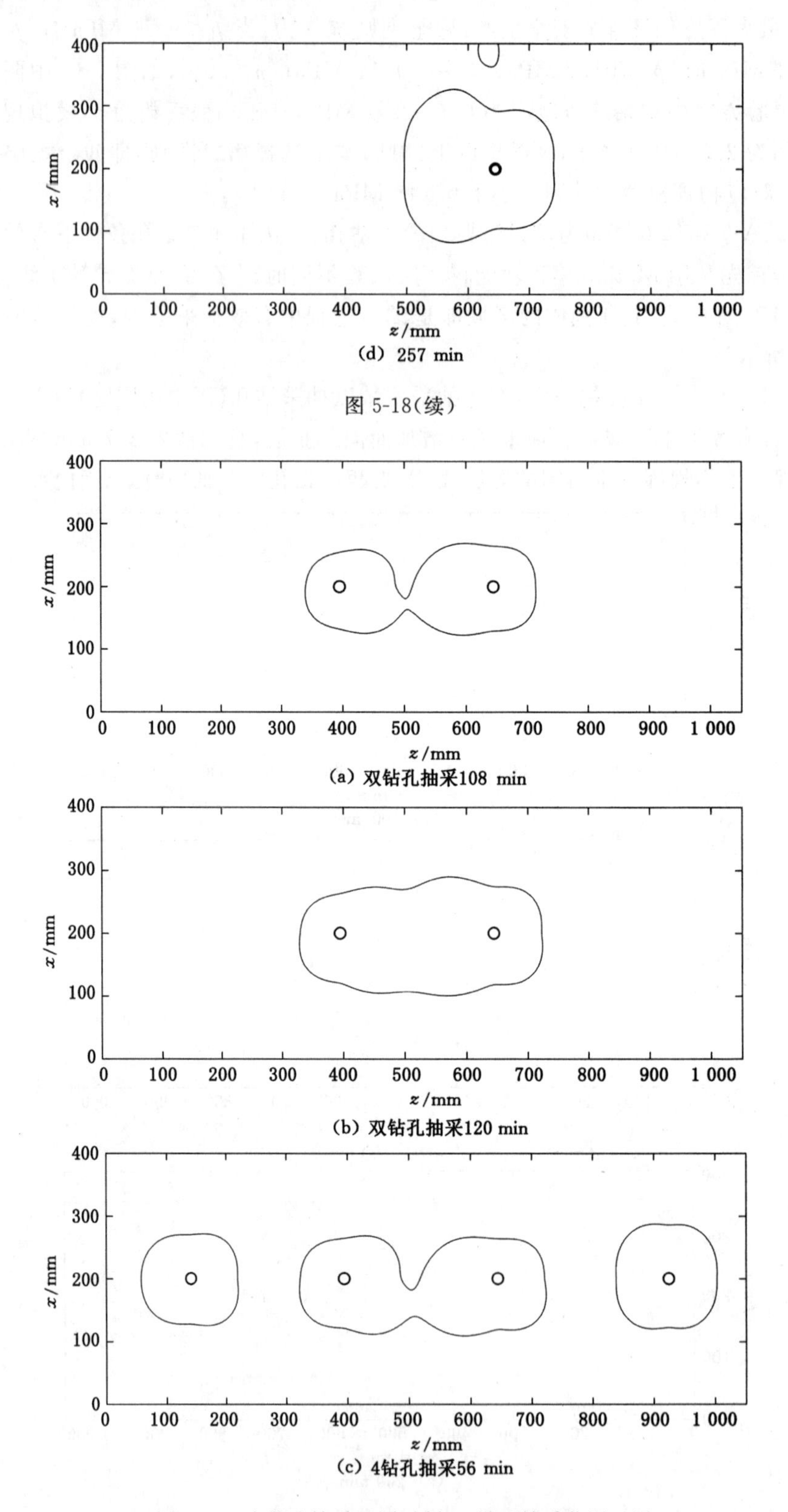

(d) 257 min

图 5-18(续)

(a) 双钻孔抽采108 min

(b) 双钻孔抽采120 min

(c) 4钻孔抽采56 min

图 5-19　多钻孔抽采不同时刻 z_3 纵面抽采范围云图

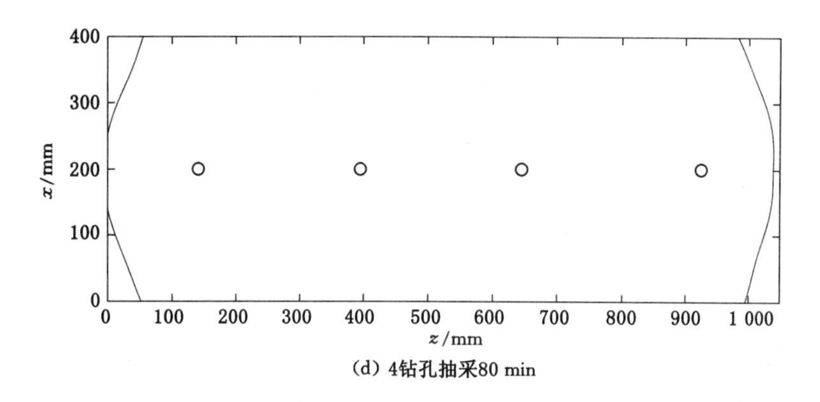

(d) 4钻孔抽采80 min

图 5-19(续)

抽采区域,分别以Ⅱ、Ⅲ号钻孔为中心近似呈圆形分布。当抽采 108 min 时,两个圆形逐渐相互合并,最终在 120 min 时形成一个近似椭圆形的有效抽采范围;而当 4 个钻孔同时抽采时有效抽采范围演化特征和双钻孔规律类似,不同的是在抽采前期形成 4 个独立的圆形区域,而后分别在 56 min 和 80 min 时刻部分合并以及全部合并。当有效抽采范围覆盖整个纵面时,表明此时抽采已达标。

综上所述,有效抽采范围动态扩展的两种模式:对于单一钻孔抽采时,有效抽采范围以抽采钻孔为圆心近似呈圆形向外扩展,直到扩展至煤层边界;对于双钻孔或多钻孔抽采时,有效抽采范围在抽采前期分别以相应钻孔为中心形成独立的圆形分布,并且随着抽采的进行,相邻钻孔对应有效抽采范围逐渐合并,直到所有抽采范围完全合并最终扩展至煤层边界。另外,通过对比不同钻孔布置条件下有效抽采范围扩展速度不难发现,多钻孔抽采时有效抽采范围扩展速度最快,双钻孔次之,而单钻孔最慢。有效抽采范围扩展速度越快,达到安全规程所需时间越少,说明多钻孔能显著提高煤层瓦斯抽采效率,降低抽采达标时间。

(2) 有效抽采半径演化规律

为了定量评价有效抽采范围,本书提出一种基于临界等压线的有效抽采半径计算模型。如图 5-20 所示,抽采钻孔垂直于 xOy 平面,假设平面内有效抽采范围是以 O 点为圆心的圆,$A_i(x_i,y_i)$、$A_{i+1}(x_{i+1},y_{i+1})$为圆周上两个相距很近的点,则有效抽采范围的面积可表示为:

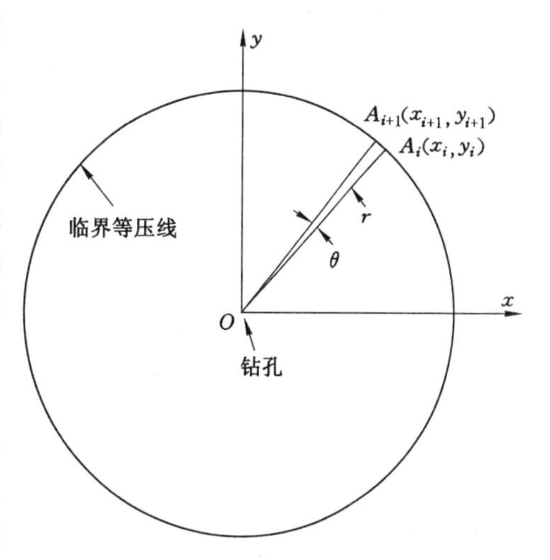

图 5-20　有效抽采半径计算模型

$$S=\sum_{i=1}^{n}S_{A_iOA_{i+1}}=\sum_{i=1}^{n}\left(\frac{1}{2}r_i{}^2\theta_i\right)=\frac{\pi}{n}\sum_{i=1}^{n}r_i{}^2=\frac{\pi}{n}\sum_{i=1}^{n}(x_i{}^2+y_i{}^2) \tag{5-12}$$

式中,S 为有效抽采范围的面积,mm^2;$S_{A_iOA_{i+1}}$ 为第 i 个扇形 AOB 面积,mm^2;r_i 为第 i 个扇形 A_iOA_{i+1} 半径;θ_i 为第 i 个扇形 A_iOA_{i+1} 的角度,等于圆周的 $1/n$ 倍,即 $2\pi/n$。

假设同等面积的圆形半径为 R,即:

$$S = \pi R^2 \tag{5-13}$$

式中，R 为等效抽采半径，即有效抽采半径，mm。

联立以上两式，可得：

$$R = \sqrt{\frac{1}{n}\sum_{i=1}^{n}({x_i}^2 + {y_i}^2)} \tag{5-14}$$

通过以上分析可知，无论有效抽采范围是否为标准的圆形，只需在图 5-18、图 5-19 的基础上进一步提取足够多临界等压线上各点的坐标，即可利用式(5-14)并编制求解程序，计算得到有效抽采半径。

为了对比单钻孔、双钻孔、多钻孔条件下有效抽采半径演化规律，根据式(5-14)对 A-2、A-3 和 A-6 试验中同一钻孔，即Ⅱ号钻孔的有效抽采半径进行计算。由于计算模型只能针对封闭曲线进行计算，因此当有效抽采范围在边界处出现不闭合等压线时，停止计算。最终 3 次试验有效抽采半径分别计算至 265 min、107 min 和 55 min 时刻，结果见图 5-21。由此可知，随着抽采的进行，有效抽采半径也随之增加，且钻孔数量越多，有效抽采半径增加速度越快。

通过拟合，发现有效抽采半径与抽采时间符合幂函数关系：

$$R = at^b \tag{5-15}$$

式中，R 为有效抽采半径，mm；t 为抽采时间，min；a 和 b 分别为拟合常数。

由表 5-7 可知，决定系数 R^2 均大于 0.99，表明拟合效果较好；同时，拟合常数 a 近似呈现直线增加，拟合常数 b 则基本保持稳定不变。在式(5-15)中，a 可看作变量 t^b 的斜率，因此 a 近似呈现直线增加且 b 基本保持稳定不变，表明随着钻孔数量的增加，有效抽采半径同样呈线性增加。如前所述，由于计算模型只能针对闭合等压线，因此只计算了一部分时间的有效抽采半径。通过拟合公式绘制全段曲线，考虑 z_3 纵面的宽度为 400 mm，因此绘制有效抽采半径到 200 mm 的区间，如图 5-21(c)所示。由图可知，当有效抽采半径达到 200 mm 时，单钻孔、双钻孔和多钻孔对应抽采时间分别为 385 min、192 min和 97 min，即当抽采钻孔由单钻孔增加至双钻孔以及由双钻孔增加至 4 钻孔时，达到同一有效抽采半径所需时间均下降了 50%；而当抽采 97 min 时，单钻孔和双钻孔对应有效抽采半径分别为 31 mm 和 78 mm，即当抽采钻孔由单钻孔增加至双钻孔以及由双钻孔增加至 4 钻孔时，同一抽采时间对应有效抽采半径也增长近 50%。以上分析表明，增加抽采钻孔数量能显著降低抽采瓦斯消突达标时间。

表 5-7　有效抽采半径拟合结果

抽采钻孔	拟合公式	a	b	R^2
Ⅱ	$R=at^b$	0.062 1	1.356 8	0.997 4
Ⅱ、Ⅲ		0.149 2	1.369 6	0.996 4
Ⅰ、Ⅱ、Ⅲ、Ⅳ		0.313 8	1.374 0	0.995 8

5.3.4 钻孔数量对煤层参数的影响

钻孔数量是影响煤层瓦斯抽采效果的关键因素，钻孔数量越少，越容易造成煤层瓦斯抽采盲区；相反，钻孔数量越多，瓦斯抽采效率越高，同时会增加人力、物力等生产成本。因此，

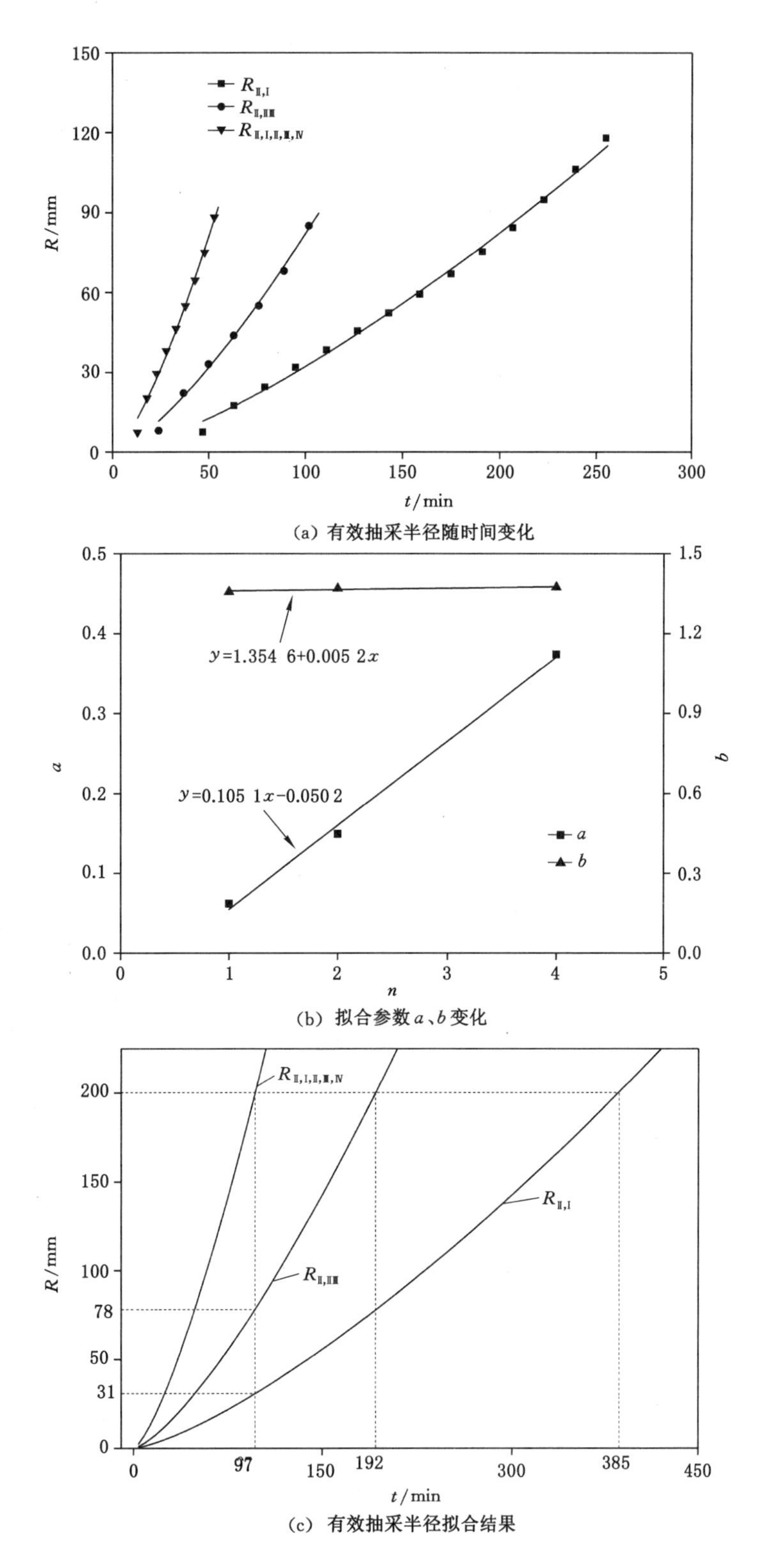

图 5-21 有效抽采半径演化曲线

研究瓦斯抽采效果与钻孔数量之间的关系，对于指导钻孔的布置以及生产制度的制定具有重要的意义。本节以 A-2、A-3、A-5 和 A-6 试验为例(钻孔数量及布置方案见图 5-1，试验用时分别为 720 min、480 min、420 min 和 360 min)，从煤层气压、煤层温度、煤体变形以及抽采流量等角度进行探讨，重点研究不同试验之间的差别。

(1) 钻孔数量对煤层气压的影响

图 5-22 对不同钻孔数量条件下煤层气压进行了对比分析，分别为Ⅰ号钻孔上方两个测点气压 P_1、P_2 以及Ⅰ～Ⅳ号钻孔外壁 4 个气压测点 P_5、P_{15}、P_{25}、P_{35} 的气压，进气口和出气口测点的气压。由于进气口测点只有一处，因此只能选取测点 P_{in} 的气压进行对比，而 4 个钻孔出气口均有气压测点。为了便于对比，选取 A-2、A-3、A-5 和 A-6 试验中均存在Ⅱ号钻孔出气口的气压进行对比，即测点 $P_{Ⅱ,out}$ 的气压。

由图 5-22(a)可知，试验结束时(720 min)，4 次试验测点 P_1 对应的气压分别为 0.063 MPa、0.049 MPa、0.046 MPa 和 0.026 MPa；而抽采 360 min，4 次试验测点 P_1 对应的气压分别为 0.122 MPa、0.066 MPa、0.054 MPa 和 0.026 MPa，表明随着钻孔数量的增加，同一测点煤层气压随之下降，同一测点煤层气压达到相同气压所需时间减少。图 5-22(b)中，测点 P_2 呈现相似的演化特性，不再赘述。图 5-22(c)～图 5-22(f)中，Ⅰ～Ⅳ号钻孔靠近外壁测点的气压尽管总体上均表现出钻孔数量越多，气压下降越快，仍具有明显的差异

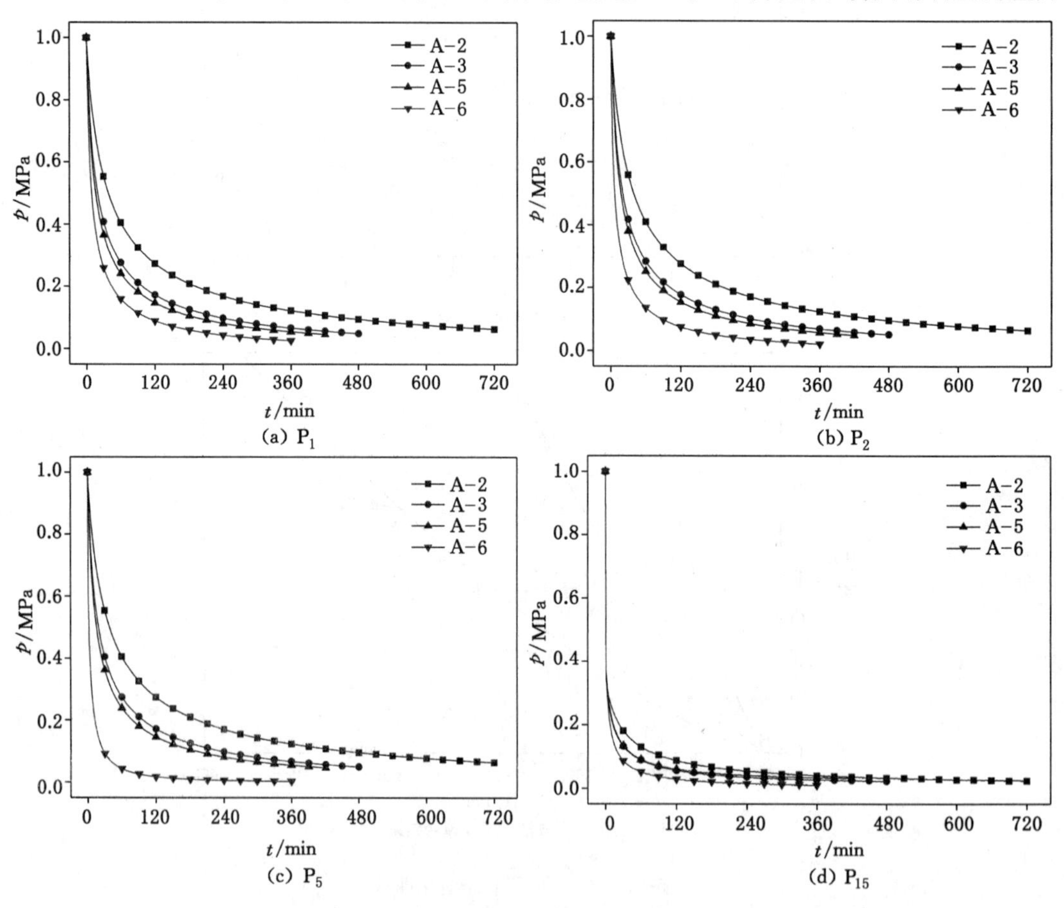

(a) P_1　(b) P_2　(c) P_5　(d) P_{15}

图 5-22　不同钻孔数量条件下煤层气压对比图

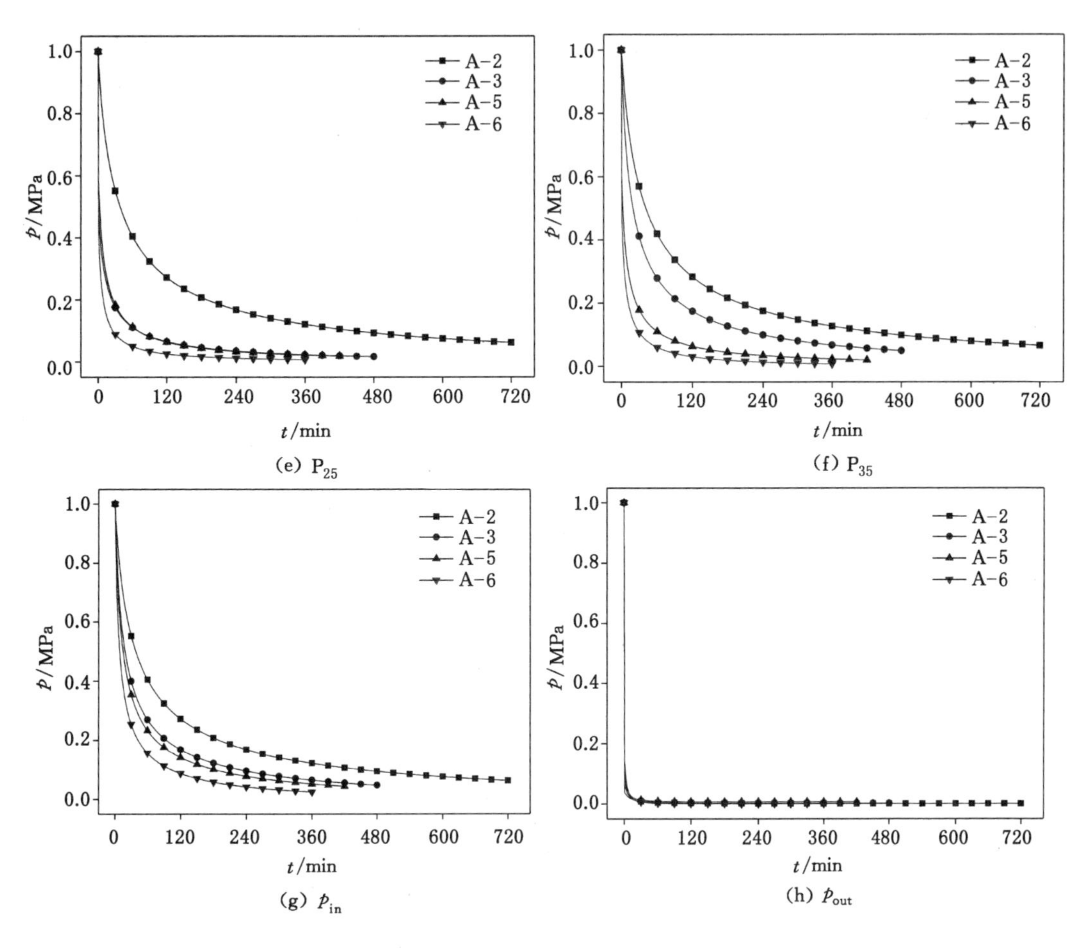

图 5-22(续)

性。通过对比不难发现,出现差异的主要原因在于测点附近是否有抽采钻孔,如 A-2 试验只有Ⅱ号钻孔,则对应测点 P_{15} 的气压下降较快,而其他测点 P_5、P_{25}、P_{35} 的气压下降较慢。图 5-22(g)中进气口气压传感器位于箱体底部进气口附近,呈现与测点 P_1、P_2 类似的变化规律。图 5-22(h)中,Ⅱ号钻孔出气口的气压对应 4 条曲线基本重合,表明出气口气压无明显差异。

(2) 钻孔数量对煤层温度的影响

图 5-23 选取了 8 个典型测点的温度变化量进行对比,分别为 ΔT_1、ΔT_2、ΔT_5、ΔT_7、ΔT_8、ΔT_{12}、ΔT_{13} 和 ΔT_{14}。研究表明,8 个测点温度演化规律整体上仍表现为钻孔数量越多、同一测点温度下降越快、温度下降量越大的特点,但是不同位置测点温度仍存在一些差异。

其中,ΔT_1、ΔT_7、ΔT_{12}、ΔT_{14} 对应的温度测点分别位于Ⅰ～Ⅳ号钻孔外壁,ΔT_7 在 4 次试验过程中演化曲线基本重合,而其余测点曲线下降快慢则受控于抽采钻孔。例如,ΔT_1 在 A-6 试验中下降速率明显高于其余 3 次试验中 ΔT_1 的下降速率,测点 T_{12}、T_{14} 表现出类似的演化规律。T_2、T_5、T_8 和 T_{13} 主要表现出两种演化趋势:一种是以位于钻孔之间的温度测点 T_2 和 T_{13} 为代表,随着煤层瓦斯抽采的进行,测点温度逐渐下降,且钻孔数量越多,下

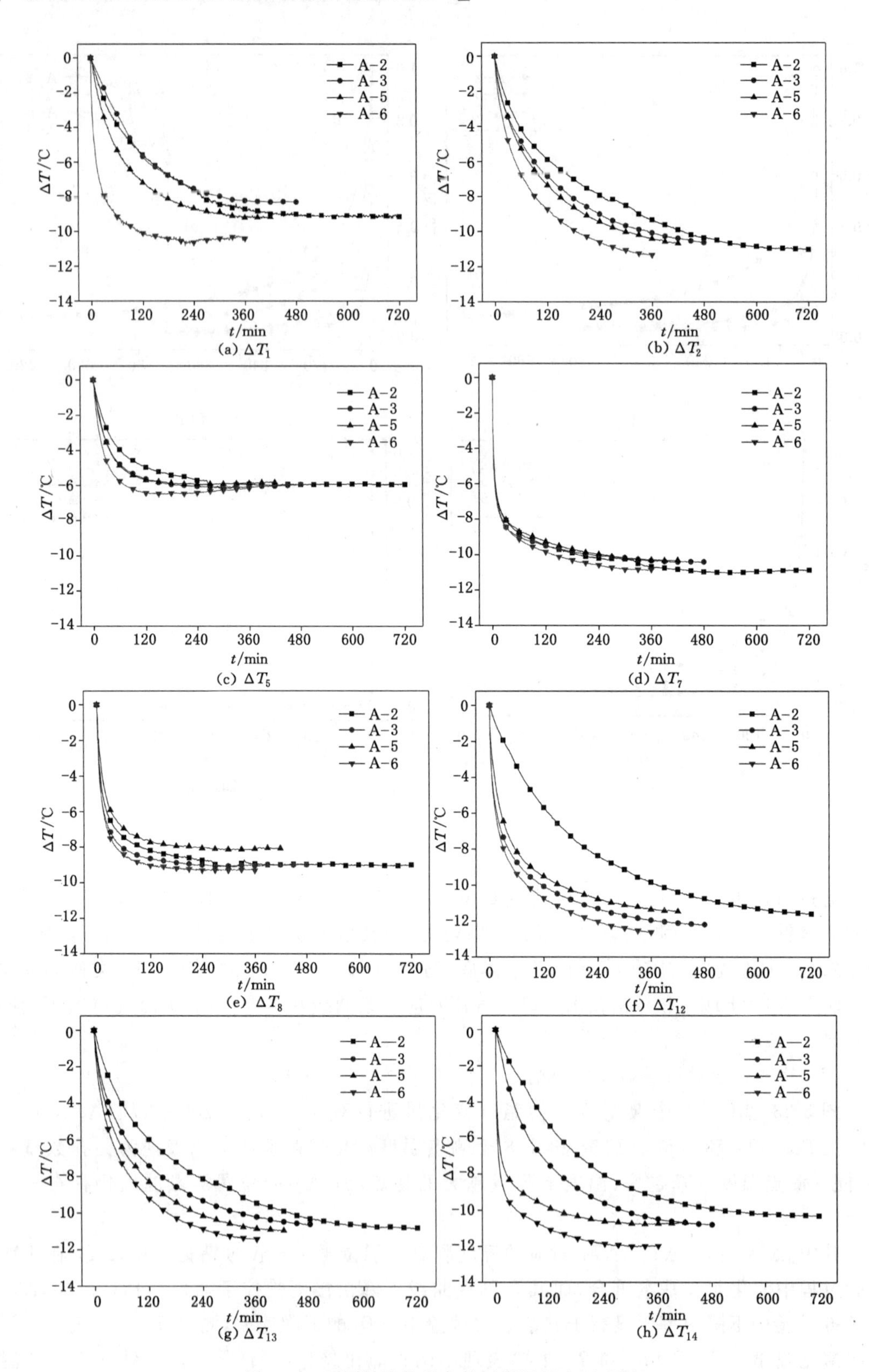

图 5-23　不同钻孔数量条件下煤层温度对比图

降量越大;另一种则是以位于试件边界处的测点 T_5、T_8 为代表,在煤层瓦斯抽采后期,测点温度下降缓慢,甚至出现回升的现象,这是边界处温度测点受环境温度影响导致的。当测点温度随着气体解吸下降到一定程度(远低于环境温度)时,外界环境则会通过煤体向测点处传递部分热量,导致测点温度有小幅回升;同时,发现尽管温度测点 T_5 和 T_8 均位于边界处,但是 ΔT_5 较 ΔT_8 回升更加明显。这主要是测点 T_5 更加靠近钻孔连接段,而测点 T_8 靠近钻孔抽采段附近,此处气体解吸更加明显,在一定程度上减弱了环境温度对其的影响。

综上所述,不同钻孔数量条件下煤层瓦斯抽采过程中煤层温度呈现出 3 种不同演化趋势,分别以钻孔附近、钻孔之间以及煤体边界处测点温度演化特征为代表。

(3) 钻孔数量对煤体变形的影响

考虑 A-2、A-3、A-5 和 A-6 试验均在 2 区域布置有同一抽采钻孔,即Ⅱ号抽采钻孔,故选取煤体 2 区域 3 个方向的线应变进行对比,即 ε_{12}、ε_2 和 ε_{32};同时选取了 4 个区域的体积应变以及煤体总体积应变,即 ε_{V1}、ε_{V2}、ε_{V3}、ε_{V4} 和 ε_V,如图 5-24 所示。

研究表明,煤体变形具有显著的方向性,这可能与型煤成型制备过程以及钻孔布置方向有关;然而不同钻孔数量抽采条件下煤体不同区域体积应变和煤体总体积应变均呈现相似

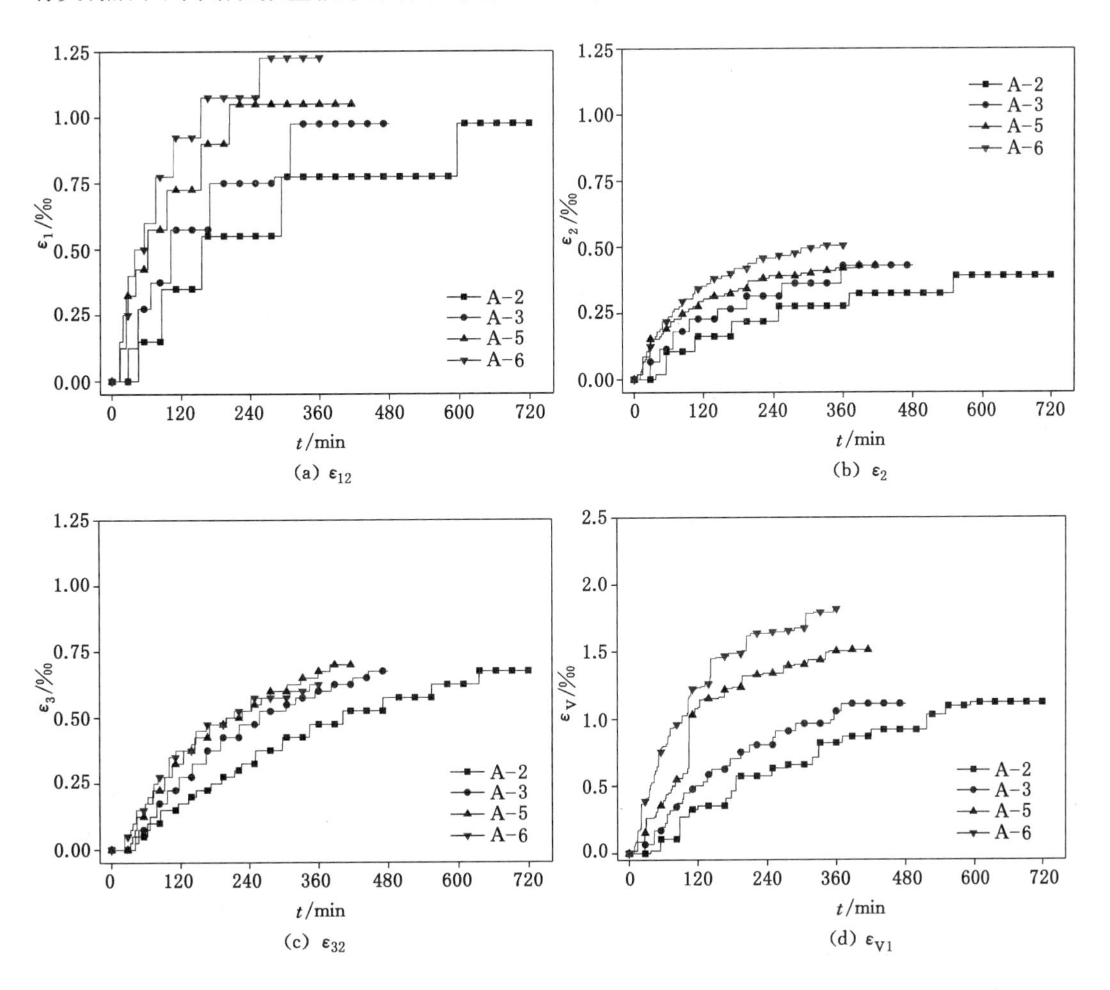

图 5-24 不同钻孔数量条件下煤体变形对比图

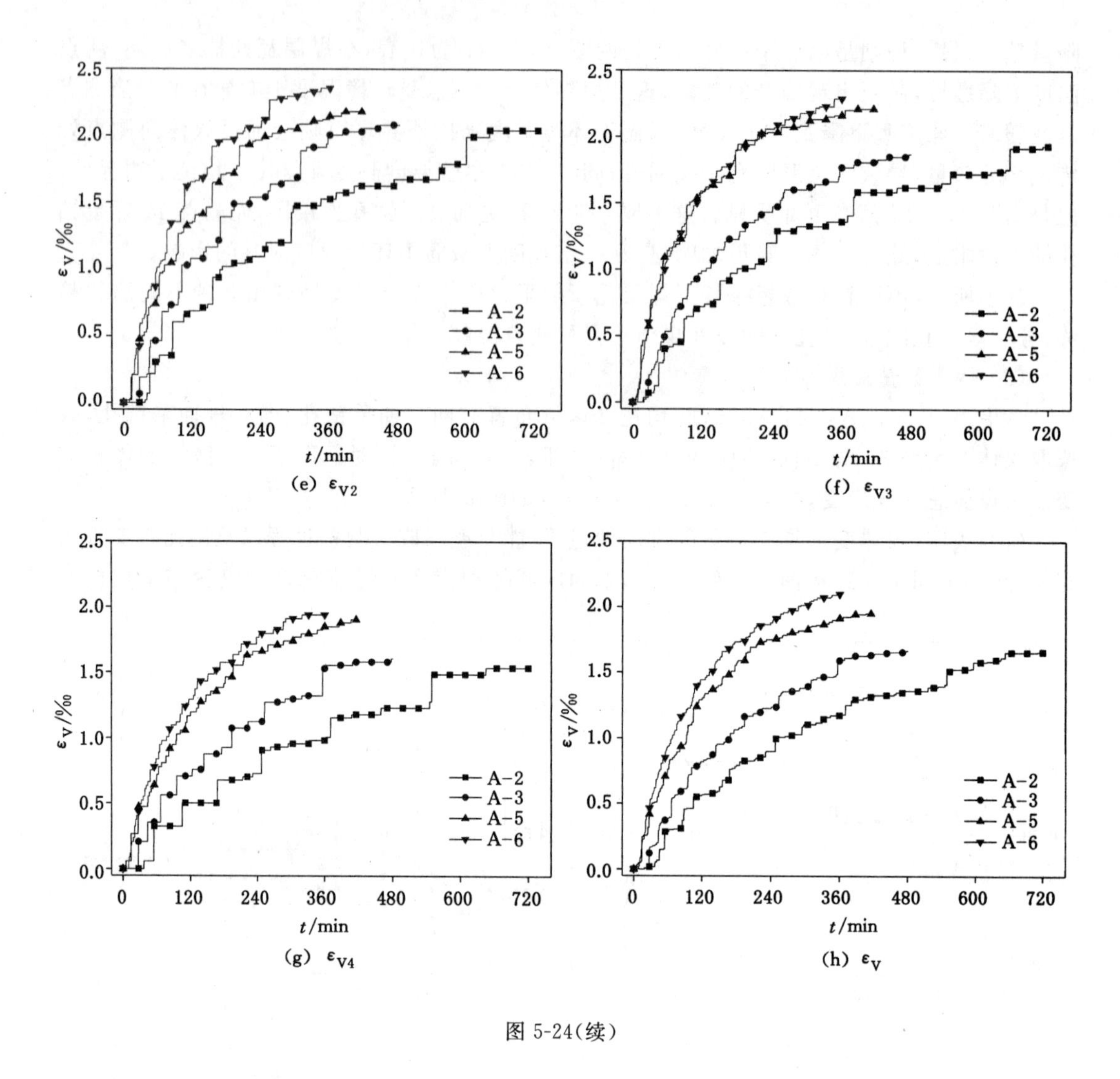

(e) ε_{V2}

(f) ε_{V3}

(g) ε_{V4}

(h) ε_{V}

图 5-24(续)

的变化特征;另外,无论抽采某一时刻还是抽采结束,煤体总体积应变均随钻孔数量的增加而增加。

5.3.5 抽采流量及防突效果分析

对于多钻孔抽采,抽采流量包括分支钻孔流量和总流量。为了便于区分不同符号含义,对抽采流量符号命名规则如下:q_{II} 表示Ⅱ号钻孔分支抽采流量;q 表示多个钻孔同时抽采时总抽采流量,简称抽采流量。累积抽采量 Q 命名规则类似。

由图 5-25(a)可知,煤层瓦斯抽采后钻孔分支各抽采流量从 0 升至 50 L/min,总抽采流量从 0 增加到180 L/min,而后随着抽采的进行而持续下降。由抽采流量局部放大图可知,抽采过程中各分支钻孔抽采流量差异较小。图 5-25(b)可知,抽采前共充入气体 3 088 L,抽采 360 min 累积抽采量为 2 450 L,约占充入气体的 79%。A-2、A-3、A-5 和 A-6 试验虽然每个均包括Ⅱ号钻孔,但对于 A-2 试验而言,Ⅱ号钻孔分支累积抽采量即为总累积抽采量;对于其他方案,Ⅱ号钻孔分支累积抽采量占总累积抽采量比例依次降低。为了研究抽采钻孔数量的增加对同一分支钻孔抽采流量的影响规律,分别作 4 次试验中Ⅱ号钻孔分支抽采

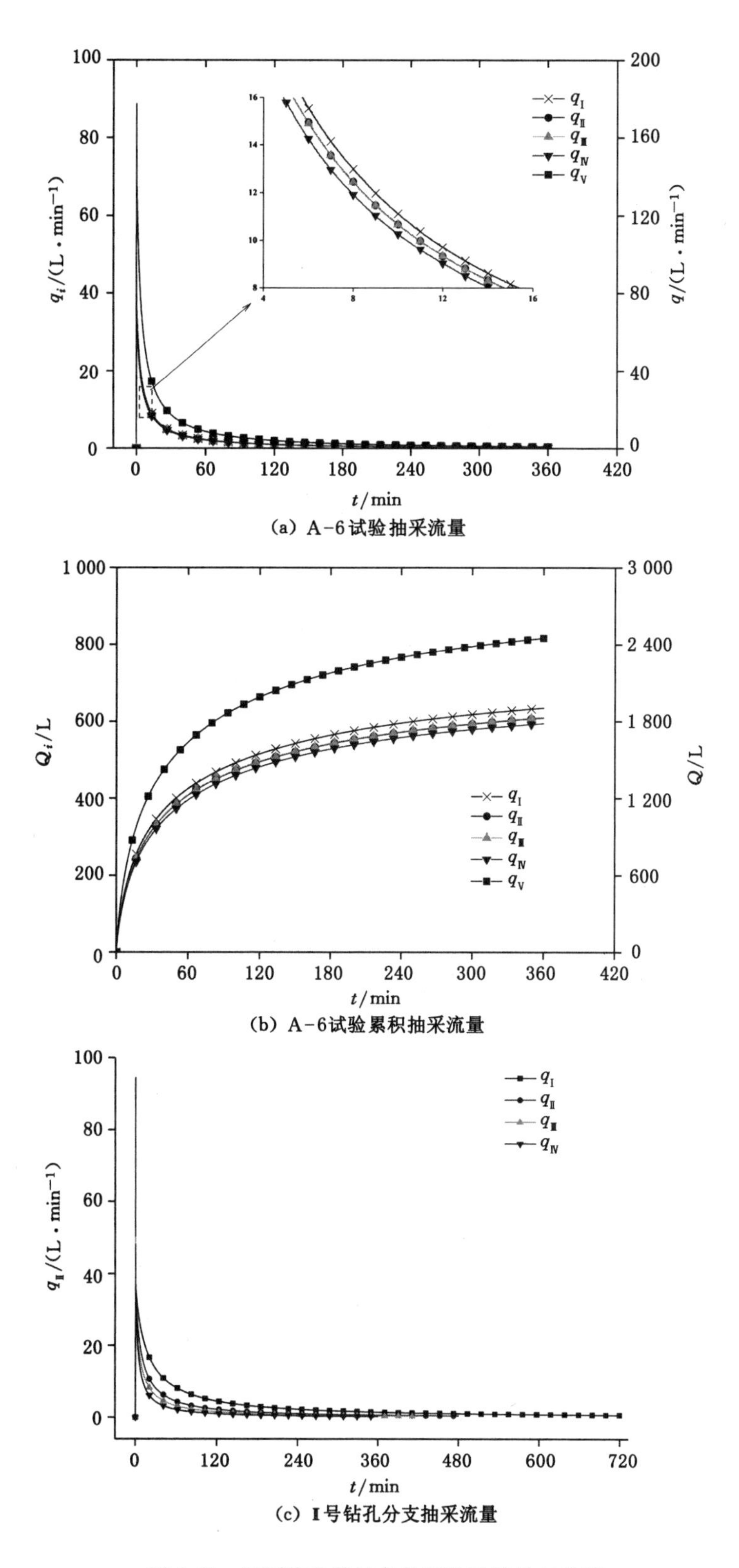

图 5-25 不同钻孔数量条件下抽采流量对比图

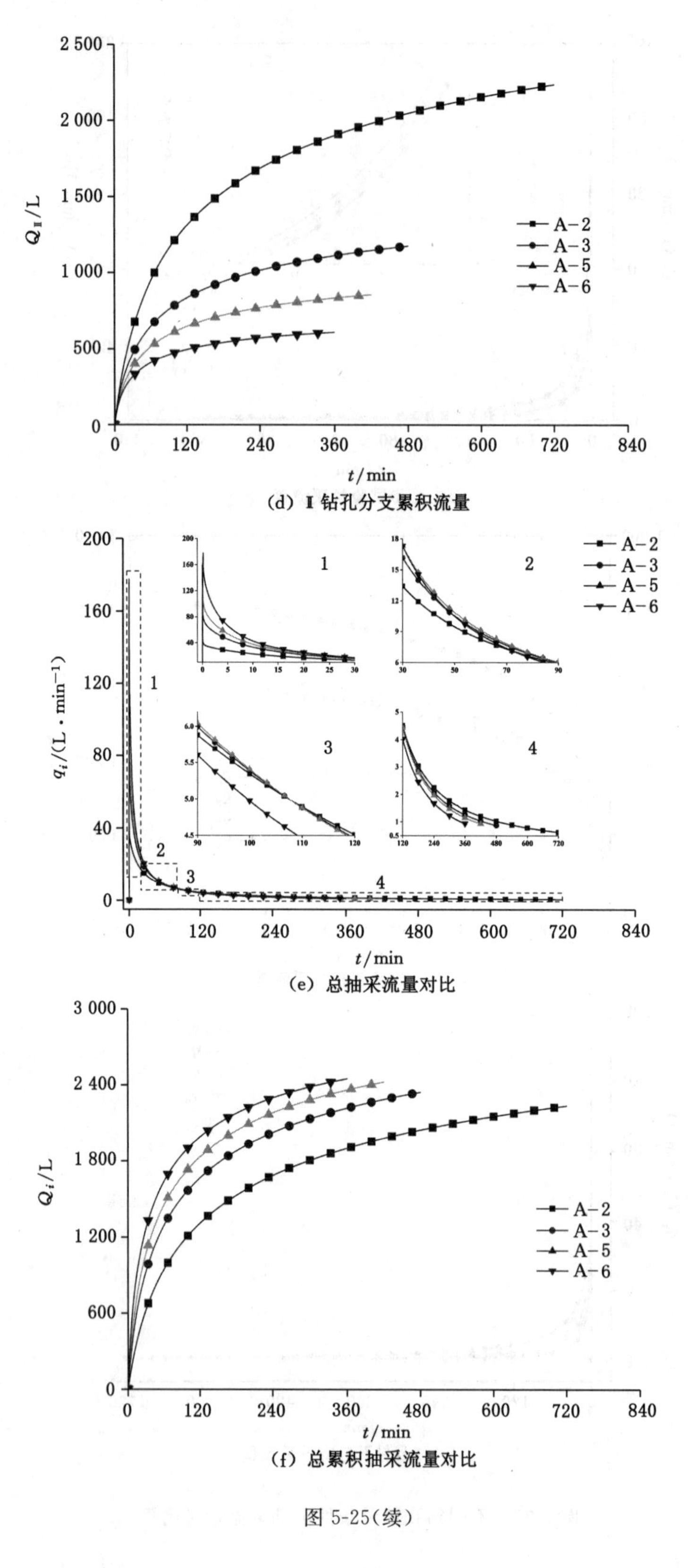

(d) Ⅰ钻孔分支累积流量

(e) 总抽采流量对比

(f) 总累积抽采流量对比

图 5-25(续)

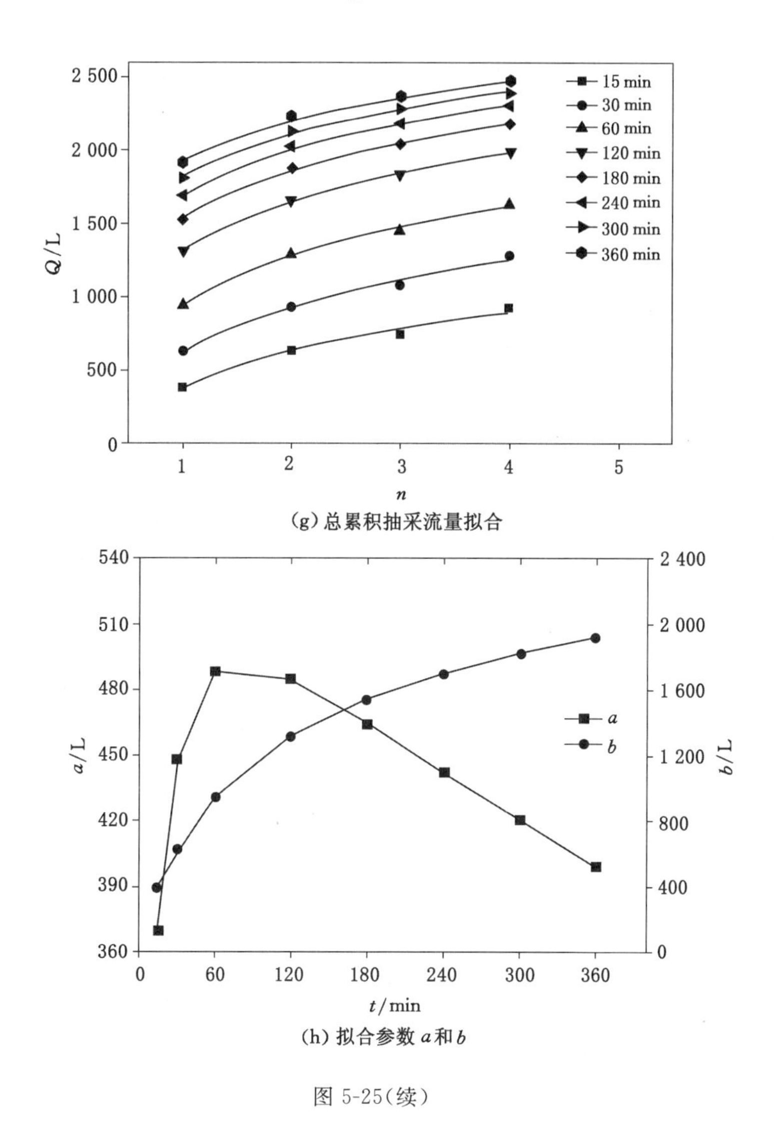

(g) 总累积抽采流量拟合

(h) 拟合参数 a 和 b

图 5-25(续)

流量 $q_{\text{Ⅱ}}$ 和累积抽采量 $Q_{\text{Ⅱ}}$ 对比曲线，如图 5-25(c)和图 5-25(d)所示。抽采瞬间 4 次试验对应Ⅱ号钻孔分支抽采流量分别上升至 94 L/min、88 L/min、50 L/min 和 48 L/min，而随着抽采的进行，始终保持抽采钻孔数量越多，$q_{\text{Ⅱ}}$ 越小的趋势，直到抽采结束；累积抽采量表现出同样的规律，抽采结束后Ⅱ钻孔分支累积抽采量分别为 2 238 L、1 174 L、856 L 和609 L，最大相差约 4 倍。可见，增加抽采钻孔的数量不仅不能增加Ⅱ分支钻孔累积抽采量，反而使其大幅降低。具体原因如下：由于试验过程中无其他气源的补给，即模拟现场煤层边界不透气工况，同时所有试验的充气总量大致相同，当只有一个钻孔抽采时，所有气体均需经过该钻孔排出，而增加钻孔数量相当于在煤层其他地方增加了气体流通路径，部分流量会被其他钻孔分担，所以总钻孔数量越多，单一分支钻孔的抽采流量越小。当然，以上规律是针对无气源补充这一特定条件，当煤层边界有气源补充时，则单一分支钻孔的抽采流量与流量补充速度有关，需要根据实际情况进一步分析。

如图 5-25(e)所示，抽采开始后对应抽采流量分别上升至 94 L/min、160 L/min、

163 L/min和 178 L/min，而随着抽采的不断进行，不同曲线之间出现交叉。针对抽采流量曲线出现交叉现象，分析其原因如下：由于不同试验过程中原始含气量基本相同，当增加抽采钻孔时，钻孔与煤层接触面积增加，气体流通通道变大，游离气体更易排出，使得煤层气压下降更快，气压梯度增加导致吸附气体更迅速解吸从而产生更多游离气体，如此往复，使得钻孔数量越多对应抽采流量越大；然而随着抽采的持续进行，气体流通通道对抽采流量的控制作用逐渐减弱，取而代之的是煤层内残余气体含量，残余气体含量越低则抽采流量越小，而钻孔数量越多导致煤层内残余气体含量越低，因此抽采流量曲线在抽采过程中出现交叉。

由图 5-25(f)可知，随着钻孔数量的增加，相同时刻累积抽采量也相应增加。4 次试验结束后，抽采用时分别为 720 min、480 min、420 min 和 360 min，对应累积抽采量分别为 2 238 L、2 344 L、2 424 L 和 2 450 L，说明即使钻孔数量较少，随着其长时间的持续抽采，对应抽采流量也能接近多钻孔抽采结束时对应抽采流量。为了定量分析钻孔数量对相同时刻抽采量的影响规律，选取 8 个特定时刻累积抽采量绘制散点图，如图 5-25(g)所示。同时，对同一时刻条件下累积抽采量与钻孔数量进行拟合，发现服从自然对数分布，即：

$$Q = a \cdot \ln n + b \tag{5-16}$$

式中，n 为钻孔数量，取大于 0 的自然数；Q 为 t 时刻对应钻孔数量为 n 时累积抽采流量，L；a,b 分别为拟合参数，L。

拟合结果见表 5-8，决定系数 R^2 均大于 0.98，表明拟合效果较好。

表 5-8　拟合参数 a、b

t/min	拟合公式	a/L	b/L	R^2
15	$Q=a \cdot \ln n+b$	369.880 7	380.706 6	0.980 1
30		448.072 8	625.663 3	0.989 7
60		488.293 9	944.871 1	0.995 6
120		484.584 4	1 313.677 9	0.997 9
180		464.466 3	1 538.001 6	0.997 8
240		442.111 0	1 696.900 1	0.996 6
300		420.100 0	1 818.500 0	0.994 7
360		399.099 0	1 915.947 8	0.992 2

对式(5-16)进行求导，可得：

$$Q' = \frac{a}{n} \tag{5-17}$$

上式表明，随着钻孔数量增加累积抽采量的增速不断下降，假设钻孔数量接近无限多，则总累积抽采量将无限接近一个定值，即充入气体量。当钻孔数量较少时，钻孔与煤层接触面积是影响抽采的关键因素，此时增加钻孔数量使得累积抽采量明显增加；当钻孔数量增加到一定程度时，煤层气体含量变成影响抽采的主要因素，此时即使再增加钻孔数量，累积抽采量的增加也不再明显。因此，在实际工作生产中，钻孔数量的选取并非越多越好。

研究表明，当 $n=1$ 时，$Q=b$，则 b 值为Ⅱ号钻孔抽采不同时刻的累积抽采量。式(5-16)表明，在Ⅱ号钻孔单独抽采的基础上增加钻孔数量时，累积抽采量 b 值基础上增加了 $a\cdot\ln n$。a 为增加项的“斜率”，影响累积抽采量的大小。由图 5-25(h)可知，a 呈现显著的“分段”特性，表明在抽采前 60 min，随着抽采的进行，增加钻孔数量引起的累积抽采量增量逐渐增加，而在抽采 120 min 后不断减少。

5.4 初始气压对抽采防突效果的影响

本节针对 B 组不同初始气压条件下 4 次试验进行讨论，首先分析煤层瓦斯抽采中煤层气压演化规律以及煤层气压对瓦斯流场的影响特征；其次，基于渗透率计算模型得到煤层内三维渗透率空间分布，并进行不同条件下的对比分析；然后依次探讨降压抽采中煤层温度和煤体变形规律；最后评价初始气压对煤层瓦斯抽采流量和防突效果的影响规律。

5.4.1 煤层气压及流场分布

(1) 煤层气压演化

如图 5-26 所示，抽采后 4 条曲线分别从 0.5 MPa、1.0 MPa、1.5 MPa 和 2.0 MPa 快速下降，抽采 360 min 后分别下降至 0.025 MPa、0.033 MPa、0.039 MPa 和 0.047 MPa。在整个抽采过程中，初始气压较高，试验对应测点 P_1 的气压曲线始终处在最上方，即初始气压越高，抽采过程中同一测点煤层气压也越大。同时，分析不同条件下测点 P_1 的气压下降至临界气压 0.148 MPa 时所对应的抽采时间，即初始气压由 0.5 MPa 上升至 1.0 MPa、1.5 MPa、2.0 MPa，对应临界抽采时间分别从 49 min 增加到 66 min、79 min 和 93 min，表明初始气压越高，抽采达标时间越高。

为了进一步对比其相对变化快慢，定义煤层气压相对下降率为：

$$D_{\mathrm{P}}=\frac{\Delta p}{p_0}\times 100\%=\frac{p_0-p_t}{p_0}\times 100\% \tag{5-18}$$

式中，D_{P} 表示煤层气压相对下降率，取值 0～100%；Δp 为煤层气压绝对下降量，MPa；p_0、p_t 分别为初始气压和抽采 t 时刻残余气压，MPa。

以 D_{P1} 为例进行计算，其结果见图 5-26(c)。可以看出，不同条件对应气压相对下降率均先快速上升，而后平稳增加，且相互之间的差异性逐渐降低。抽采 6 h 后较为接近，分别为 94.94%、96.74%、97.41%和 97.65%，但整体上仍然表现为初始气压越大，对应煤层气压相对下降率越大。根据达西流动理论，气压梯度是影响气体流动速度的主要因素之一。在其他条件不变的情况下，随着初始气压的增加，抽采过程中煤层气压梯度同样增加，使得气体抽采流量增加，导致煤层气压下降更快，气压相对下降速率更大，这是出现以上现象的本质原因。其余测点气压表现出类似的变化规律，此处不再赘述。

(2) 瓦斯流场分布

如图 5-27 所示，细实线框和虚线框为钻孔连接段和抽采段边界，不同线型曲线表示不同煤层气压等压线，矢量箭头长短和方向则分别表示气体流速相对大小和流动方向。由图 5-27(a)可知，煤层瓦斯抽采 10 min，在平行抽采钻孔的 D_1 断面内，等压线以钻孔抽采段为中心近似呈现圆环形分布，且越靠近钻孔区域，其煤层气压值越小，由钻孔向外等压线对

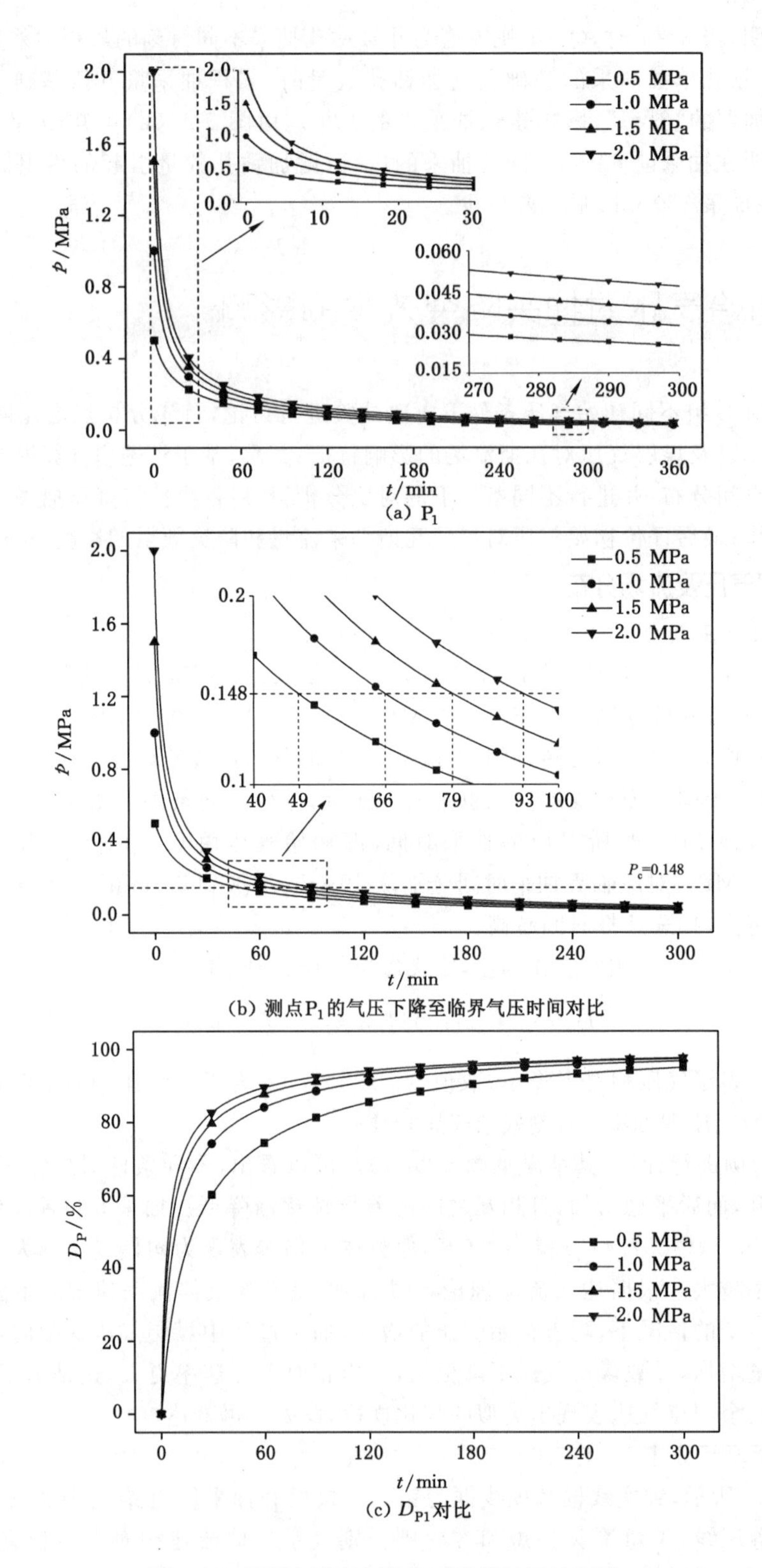

(a) P_1

(b) 测点P_1的气压下降至临界气压时间对比

(c) D_{P1}对比

图 5-26　不同初始气压条件下煤层气压对比图

应煤层气压大小分别为 0.1 MPa、0.2 MPa、0.3 MPa 和 0.4 MPa；同时，矢量箭头方向均指向钻孔抽采段，且越靠近钻孔其长度越长，表明抽采过程中气体从煤层向钻孔抽采段流动，且钻孔附近气体相对流速较大。由图 5-27(b)可知，等压线形状几乎保持不变，而等压线对应煤层气压均发生减小，由钻孔向外等压线对应煤层气压大小分别为 0.06 MPa、0.12 MPa、0.18 MPa 和 0.24 MPa；同时，矢量箭头方向也基本保持不变，而其长度出现一定程度的减小，表明抽采过程中解吸气体通过煤层孔隙裂运移至抽采钻孔并排出，且气体总是沿着距钻孔较近路径方向运移，但随着抽采的持续进行，煤层气压下降，导致气压梯度减小，运移相对速度下降。由图 5-27(c)至图 5-27(h)可知，1.0 MPa、1.5 MPa 和 2.0 MPa 初始气压条件下瓦斯流场图在整体上和 0.5 MPa 演化规律类似，等压线和矢量箭头分布也基本相同；不同之处仅在于，随着初始气压的增加，相同时刻相同位置对应等压线的煤层气压变大，且相同位置处矢量箭头对应气体相对流速有所增加。$D_2 \sim D_4$ 断面内瓦斯流场分布特征呈现相似的规律。

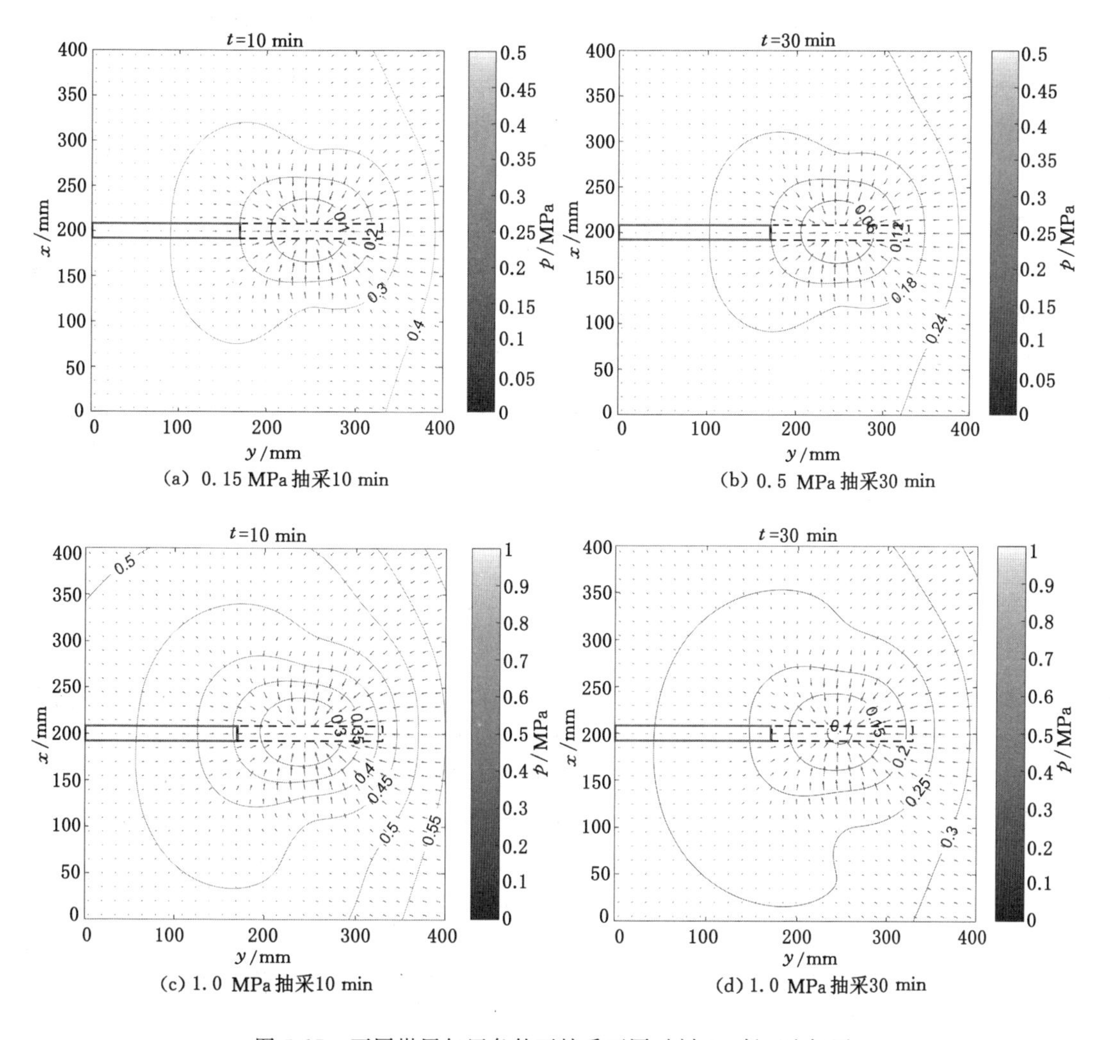

(a) 0.15 MPa抽采10 min　(b) 0.5 MPa抽采30 min

(c) 1.0 MPa抽采10 min　(d) 1.0 MPa抽采30 min

图 5-27　不同煤层气压条件下抽采不同时刻 D_1 断面流场图

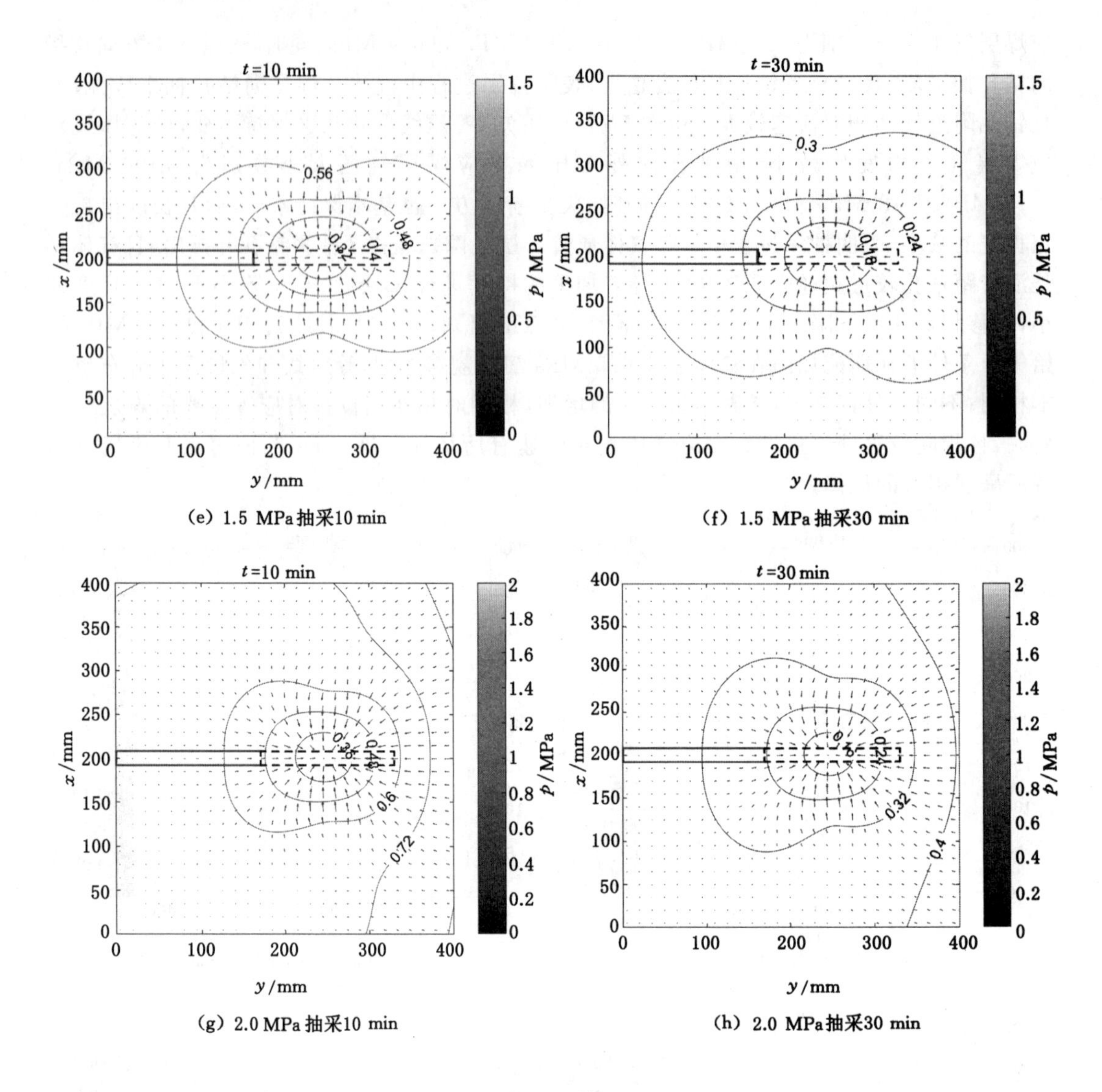

(e) 1.5 MPa抽采10 min

(f) 1.5 MPa抽采30 min

(g) 2.0 MPa抽采10 min

(h) 2.0 MPa抽采30 min

图 5-27(续)

如图 5-28 所示，4 个粗线圆圈分别表示 4 个抽采钻孔的投影位置，其他符号含义同前文所述。由图 5-28(a)可知，抽采 10 min z_3 纵面内形成 4 个以抽采钻孔为中心的圆形等压线，而等压线对应煤层气压和 D_1 断面表现出同样的变化趋势，即距抽采钻孔越近，其煤层气压值越大；矢量箭头则沿垂直钻孔的方向分别指向 4 个抽采钻孔。靠近 4 个钻孔区域气体的相对流速较大，而钻孔之间以及边界处气体相对流速较小；同时，最靠近钻孔处等压线对应煤层气压均为 0.2 MPa，而 4 个钻孔区域等压线分布形状存在一定的差异，这是煤样成型过程中不均匀所致，但不影响对瓦斯流场分布规律的分析。对比图 5-28(b)至图 5-28(d)不难发现，当初始气压增加时，瓦斯流场整体分布规律不变，改变的是相同位置处等压线对应煤层气压以及气体相对流速大小。

5.4.2 煤层渗透率时空演化规律

煤层渗透率是影响煤层瓦斯抽采效率的最重要因素之一，也是历来受到重点研究的对

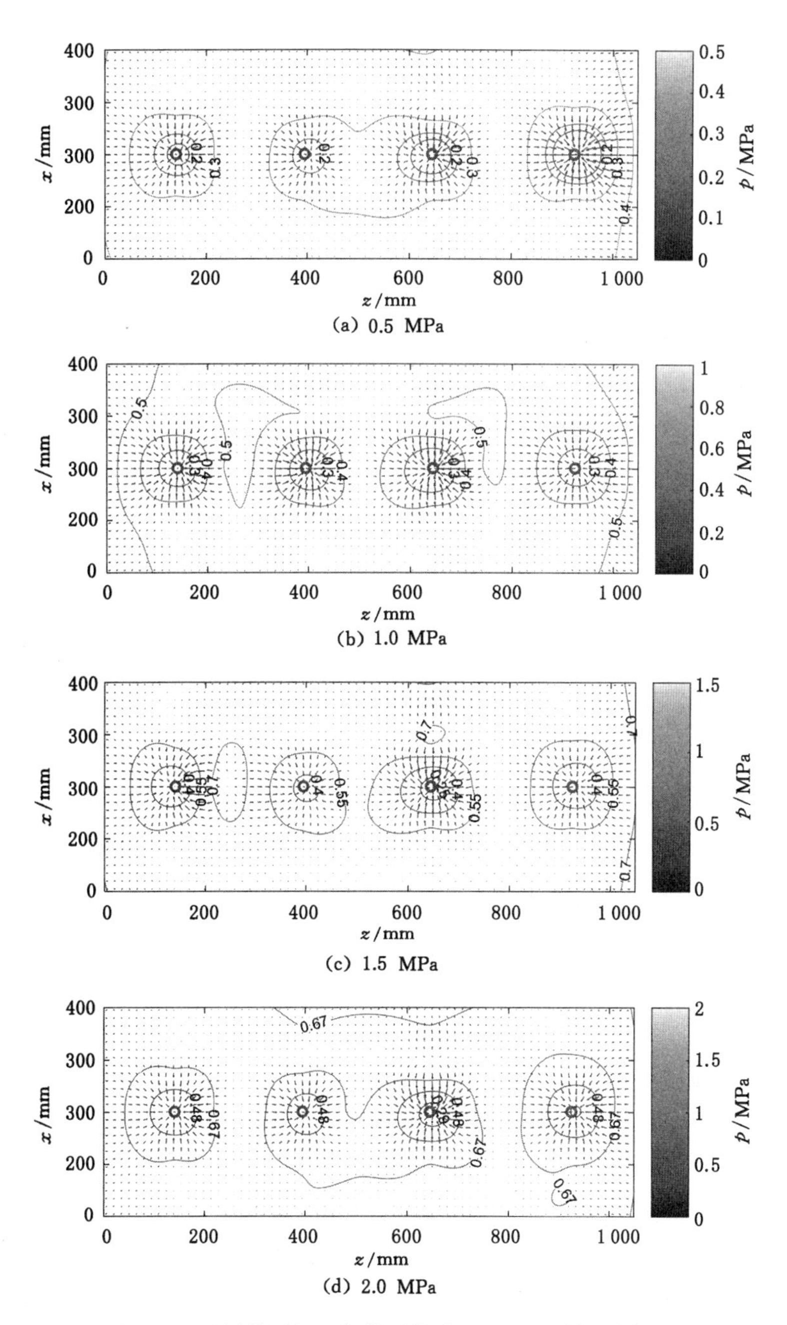

图 5-28　不同煤层气压条件下抽采 10 min z_3 纵面流场图

象之一。由于渗透率无法直接测量,往往需要借助一些假设和模型进行计算,因此发展出了多种渗透率计算模型,比如应用较为广泛的 P&M 模型[154]、S&D 模型[155]和 C&B 模型[156]。每种渗透率模型的建立都是针对特定的边界条件,以上 3 种模型均建立在单轴应变条件下。考虑到本书试验均处在三轴应力条件下,因此参考基于三轴应力条件建立的渗透率模型[157-158],同时考虑了有效应力和基质收缩效应,即:

$$\frac{k}{k_0}=\exp\left\{-3C_{\mathrm{f}}\left[(\bar{\sigma}-\bar{\sigma}_0)-(p-p_0)+f\frac{E}{3(1-2\mu)}\frac{\varepsilon_{\max}^{\mathrm{S}}p_\varepsilon(p-p_0)}{(p+p_\varepsilon)(p_0+p_\varepsilon)}\right]\right\} \tag{5-19}$$

式中,k 和 k_0 分别为煤层渗透率和初始渗透率,mD;C_f 为裂隙压缩系数,MPa^{-1};$\bar{\sigma}$ 和 $\bar{\sigma}_0$ 分别为平均应力和初始平均应力,MPa;p 和 p_0 分别为煤层气压和初始煤层气压,MPa;f 为基质内向膨胀变形率,无量纲量;E 为弹性模量,MPa;μ 为泊松比,无量纲;ε_{max}^{S} 为基质最大膨胀应变,%;p_ε 为基质吸附变形压力,MPa。

煤层瓦斯抽采试验过程中外部应力始终保持不变,因此外部应力增量为 0,即 $\Delta\sigma_x = \Delta\sigma_y = \Delta\sigma_z = 0$,根据平均应力计算公式可得,平均应力增量同样为 0,即 $\bar{\sigma} - \bar{\sigma}_0 = 0$,则:

$$\frac{k}{k_0} = \exp\left\{-3C_f\left[-(p-p_0) + f\frac{E}{3(1-2\mu)}\frac{\varepsilon_{max}^{S} p_\varepsilon (p-p_0)}{(p+p_\varepsilon)(p_0+p_\varepsilon)}\right]\right\} \tag{5-20}$$

以上等外部应力条件下渗透率模型中 C_f、f、E、μ、ε_{max}^{S}、p_ε 等相关参数取自煤样基础测试以及文献[157-158],而煤层瓦斯抽采试验中 p_0 已知,而 p 可以实时监测获得,因此可计算求得不同时刻的煤层渗透率比值,见表 5-9。

表 5-9　渗透率模型参数取值

参数	取值	参数	取值
裂隙压缩系数(C_f),MPa^{-1}	0.191 26	泊松比(μ)	0.158
基质内向膨胀变形率/(f)	0.5	基质最大膨胀应变(ε_{max}^{S})	0.051 87
杨氏模量(E),MPa	292	基质吸附变形压力(p_ε),MPa	2.913

图 5-29 为不同初始气压条件下煤层渗透率随时间演化曲线。其中,图 5-29(a)选取了 0.5 MPa 初始气压条件下 D_2 断面垂直钻孔的测点 11、12、15、17 和 18,对应渗透率为 $k/k_{0(11)}$、$k/k_{0(12)}$、$k/k_{0(15)}$、$k/k_{0(17)}$、$k/k_{0(18)}$。抽采前期,不同测点渗透率表现出不同的变化趋势,其中钻孔附近测点 15 对应渗透率 $k/k_{0(15)}$ 快速上升,而后平缓增加,而距钻孔较远的其余 4 个测点对应渗透率均先出现一定下降,之后开始上升。

一般认为,降压抽采中煤层渗透率的影响因素主要有两个方面:一方面,随着煤层瓦斯的抽采,游离气体逐渐排出,吸附气体开始解吸,导致煤层气压下降,而在外部总应力保持不变的条件下,煤层气压的降低意味着有效应力的增加,而有效应力的增加会压缩煤层内部孔裂隙,导致气体运移通道的减小,甚至部分闭合,表现为煤层渗透率的降低,不利于煤层瓦斯的抽采;另一方面,煤基质表面由于吸附气体解吸而发生基质收缩现象,间接增大了气体运移通道,使得煤层渗透率上升,对于煤层瓦斯的抽采起到有利的作用。

可以看出,0.5 MPa 初始气压条件下测点 15 处基质收缩效应引起的正效应大于有效应力导致的负效应,使得渗透率呈现持续上升的趋势,而其余测点在抽采前期有效应力占据主导地位,而后两种作用达到平衡,最后基质收缩效应占据主导作用,渗透率总体表现为先下降后上升的趋势。

由图 5-29(c)至图 5-29(d)所有测点渗透率均先迅速下降、后缓慢上升。其中,$k/k_{0(5)}$ 在抽采后 4.6 min 时刻下降至最低点,为 94.27%,然后出现反弹,抽采 360 min 后回升至 96.73%;$k/k_{0(1)}$ 则下降趋势持续了 16.5 min,同样下降至 94.27%,最终回升至 96.33%。不难发现,距钻孔越近的测点,其渗透率越早下降至最低点,同时也越早出现回升。

为了进一步对比分析不同初始气压条件下同一测点渗透率异同,选择了测点 1、2、5 和 15 对应 4 条渗透率演化曲线,如图 5-29(e)至图 5-29(h)所示。不同曲线演化趋势大致分为两类:一类以渗透率直接上升或略微下降后即上升为特征,且抽采结束时 $k > k_0$,以初始气

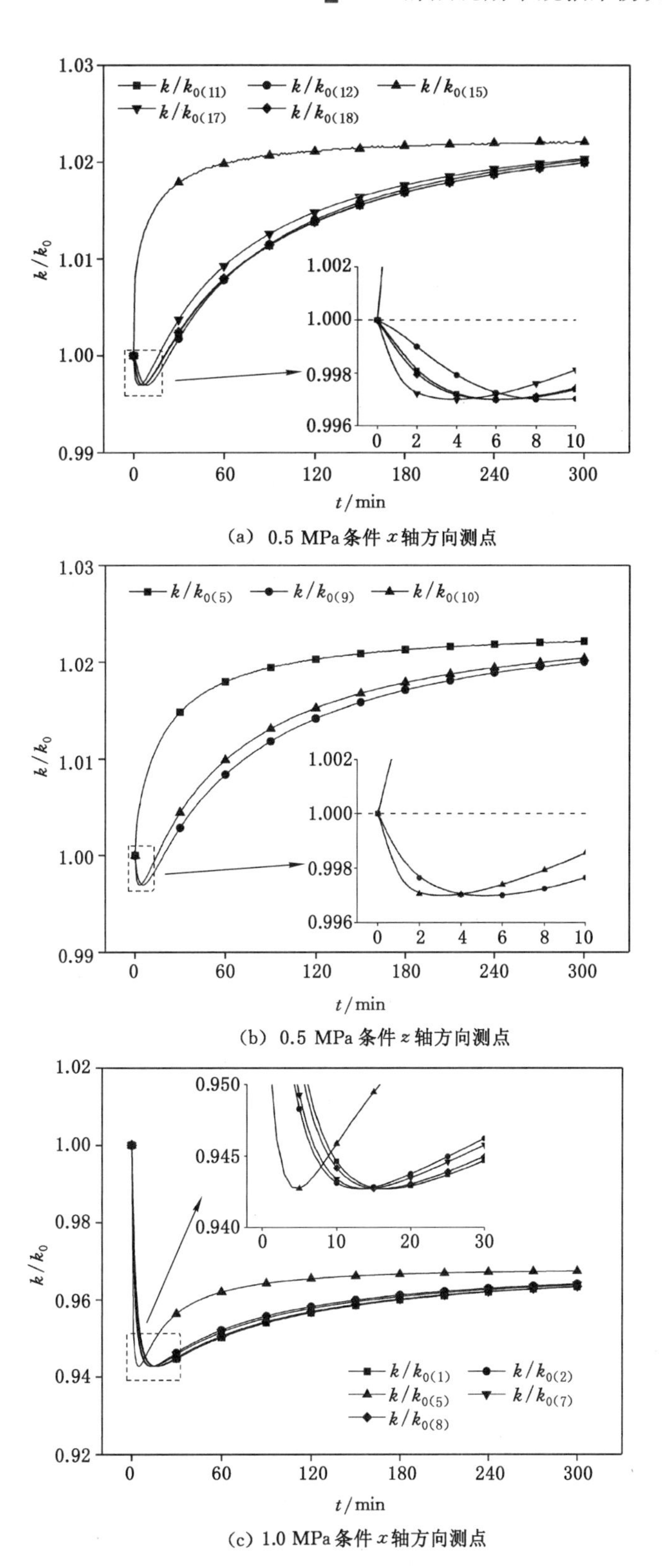

(a) 0.5 MPa条件 x 轴方向测点

(b) 0.5 MPa 条件 z 轴方向测点

(c) 1.0 MPa 条件 x 轴方向测点

图 5-29 不同初始气压条件下煤层渗透率演化曲线

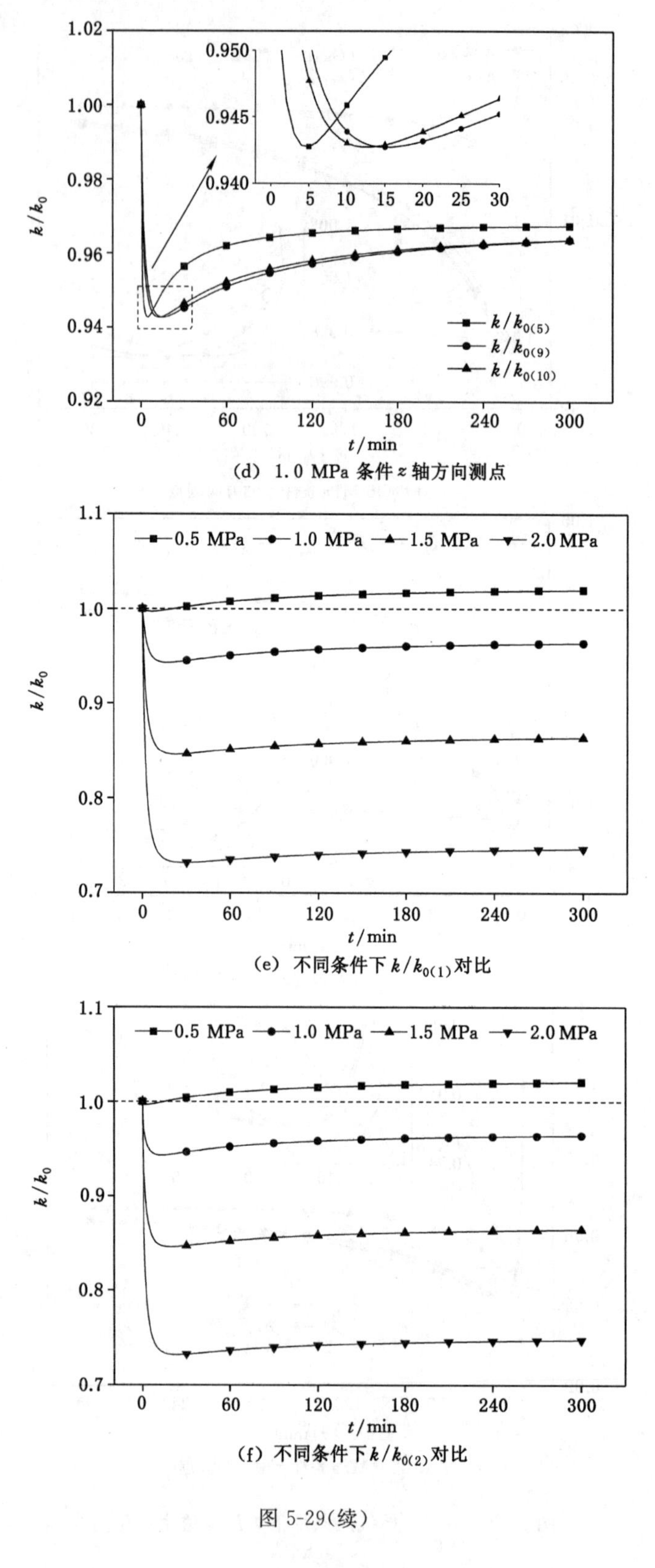

(d) 1.0 MPa 条件 z 轴方向测点

(e) 不同条件下 $k/k_{0(1)}$ 对比

(f) 不同条件下 $k/k_{0(2)}$ 对比

图 5-29(续)

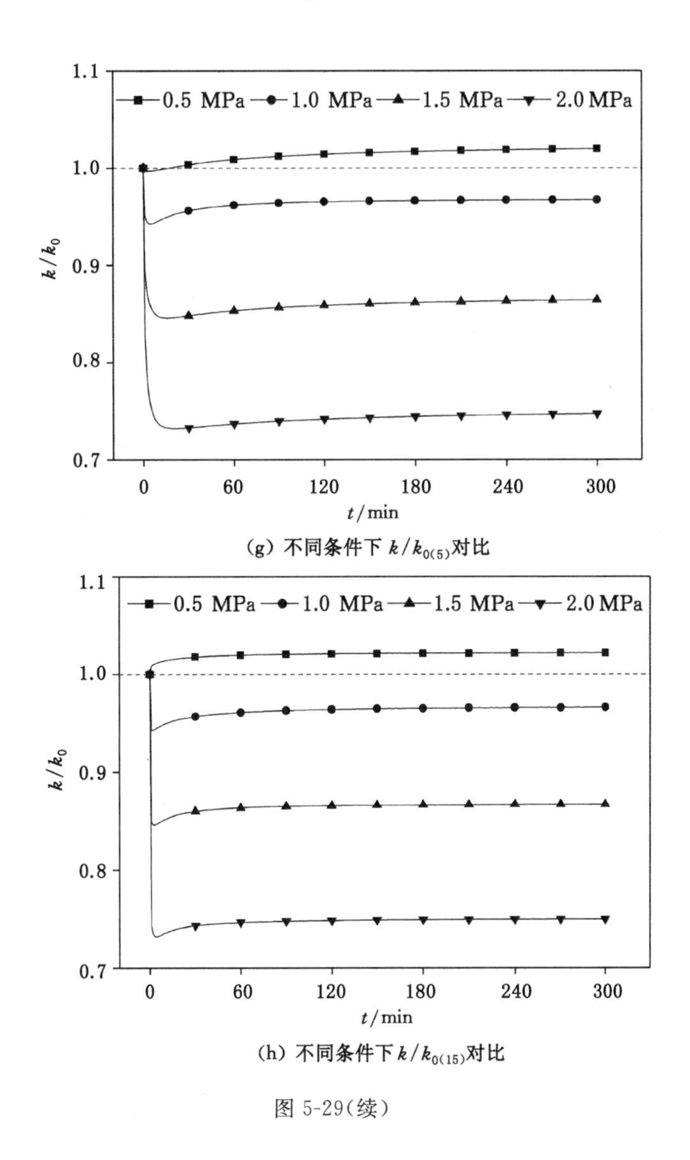

(g) 不同条件下 $k/k_{0(5)}$对比

(h) 不同条件下 $k/k_{0(15)}$对比

图 5-29(续)

压为 0.5 MPa 时渗透率曲线为代表;另一类则以渗透率出现较大幅度下降,且抽采结束后 $k<k_0$,以初始气压为 1.0 MPa、1.5 MPa 和 2.0 MPa 对应渗透率曲线为代表。不同测点渗透率演化规律类似,如 5-29(e)所示,初始气压由小至大对应的 4 条渗透率曲线分别在6 min、17 min、23 min 和 27 min 下降至最低,分别为 0.997、0.925、0.846和 0.732,而后渗透率开始回升,至抽采结束时,分别回升至 102、0.963、0.864 和0.747。因此,随着煤层初始气压的降低,煤层渗透率更早发生回升,且随着煤层瓦斯的抽采,渗透率更易大于初始渗透率。

由图 5-30(a)和图 5-30(b)可知,渗透率等值线和气压等压线形状类似,均以 4 个抽采钻孔为中心呈现圆形分布,不同的是越靠近钻孔气压越低,而渗透率刚好相反,越靠近钻孔渗透率越高。例如,抽采 10 min,最内侧渗透率等值线为 1.005,而第二圈等值线为 1;抽采 50 min,最内侧渗透率等值线为1.015,而第二圈等值线为 1.01,即渗透率随着抽采时间在增加,并始终保持靠近钻孔区域渗透率较大。抽采后短期内渗透率出现反弹,选取的10 min和 50 min 均为渗透率回升阶段。

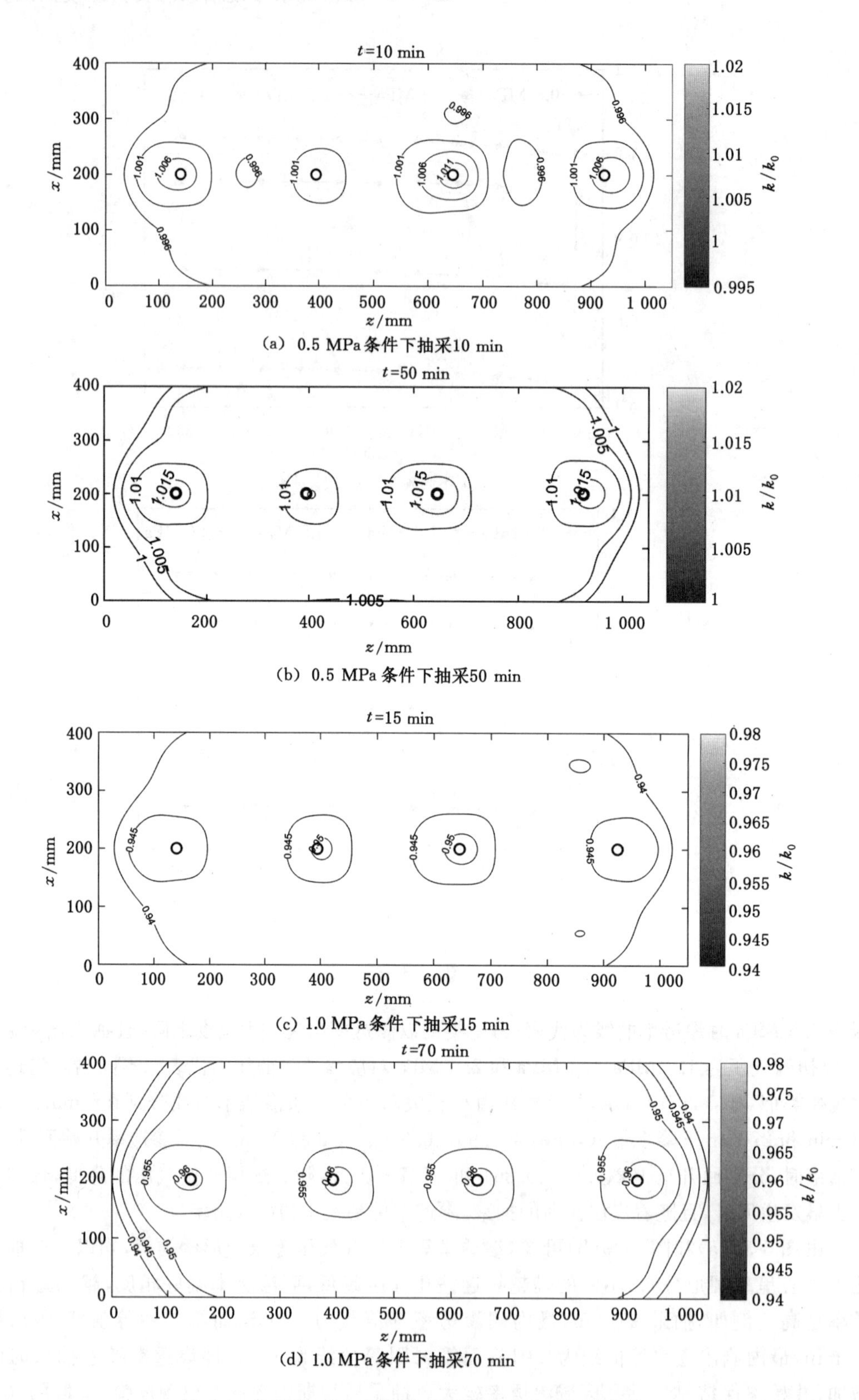

(a) 0.5 MPa 条件下抽采10 min

(b) 0.5 MPa 条件下抽采50 min

(c) 1.0 MPa 条件下抽采15 min

(d) 1.0 MPa 条件下抽采70 min

图 5-30　不同初始气压条件下煤层渗透率空间分布图

图 5-30(c)和图 5-30(d)展示了相似的分布特征,不同的是 k/k_0 始终小于 1,进一步表明初始气压越低,渗透率反弹越明显。

5.4.3 降压抽采中煤层温度变化

由于试件边界处温度变化受边界效应影响较大,因此选取了垂直钻孔抽采段的轴线上测点 7、11、13 和 14 进行分析。图 5-31(a)至图 5-31(d)分别为不同初始气压条件下 ΔT_7、ΔT_{11}、ΔT_{13}和 ΔT_{14}对比曲线,其中测点 7 和 14 靠近抽采钻孔,前期下降较快,而测点 11 和 13 位于相邻两个钻孔之间,下降趋势较为平滑,但是 4 组曲线整体上均表现为随着初始气压的增加,温度下降量越大,下降速率越快。为了更加直观分析其中的差异,以 0.5 MPa 条件下煤层温度变化为基准,定义温度下降量系数和平均温度下降量系数两个参数:

$$n_{t,p}=\frac{\Delta T_{t,p}}{\Delta T_{t,0.5}} \tag{5-21}$$

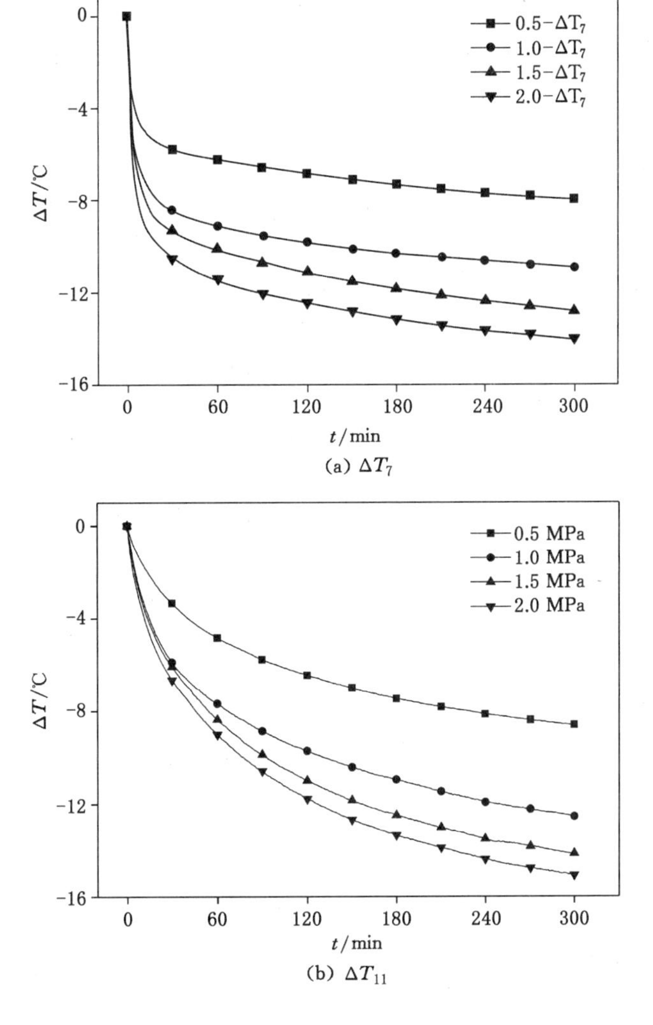

(a) ΔT_7

(b) ΔT_{11}

图 5-31 不同初始气压条件下煤层温度对比图

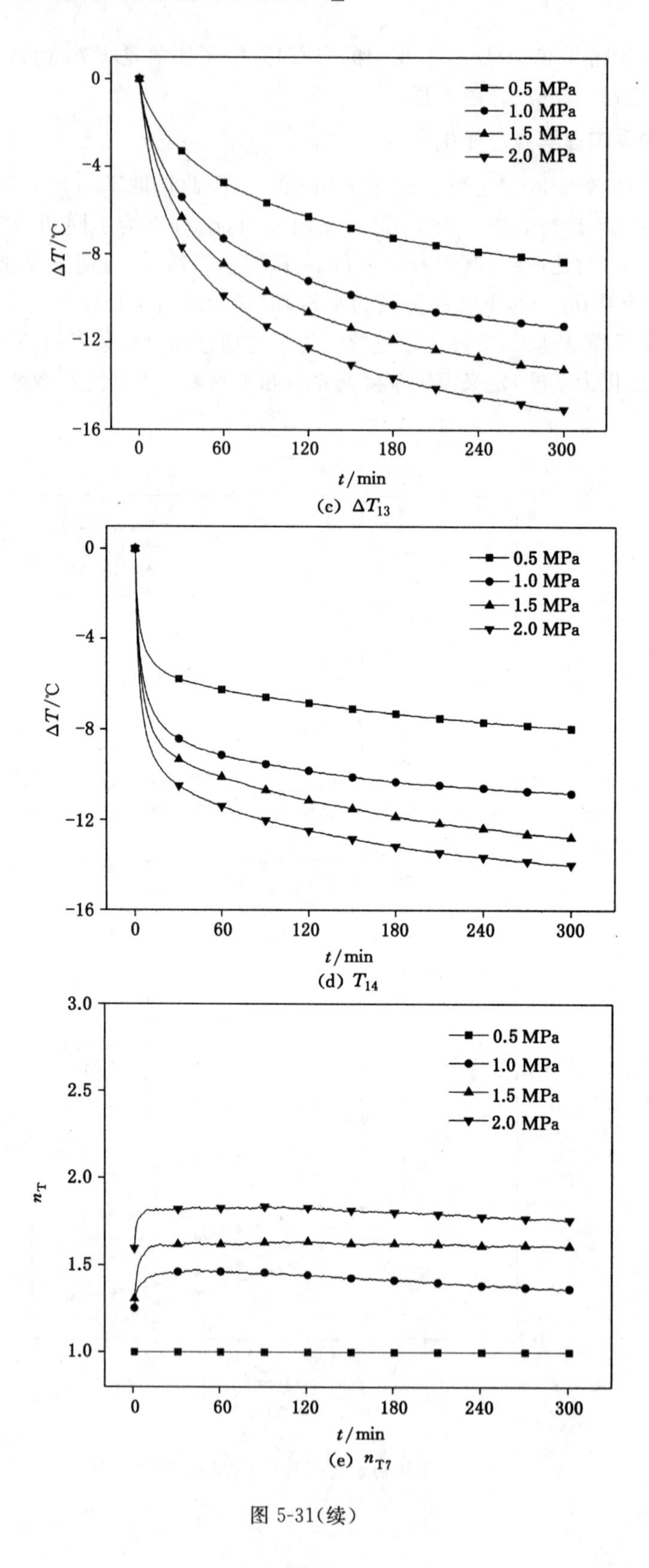

(c) ΔT_{13}

(d) T_{14}

(e) n_{T7}

图 5-31(续)

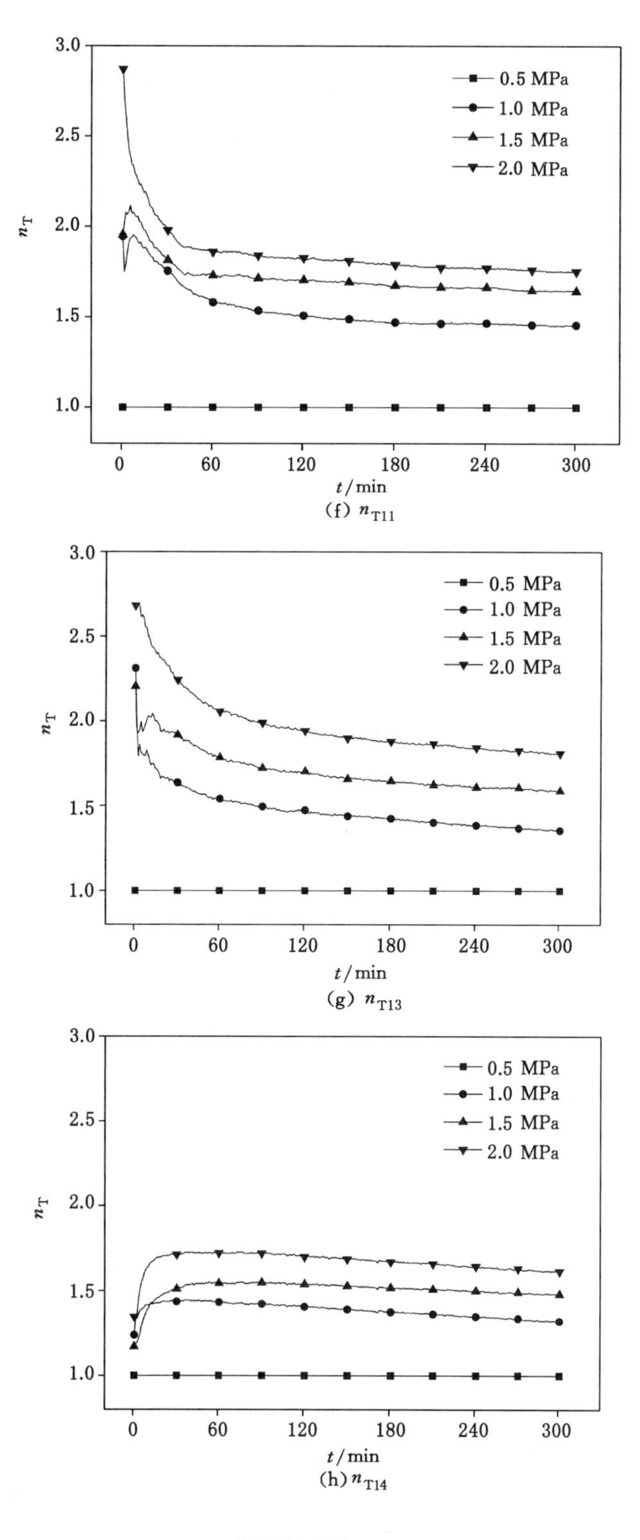

图 5-31(续)

$$\overline{n}_{t,p}=\frac{1}{300}\sum_{t=1}^{300}n_{t,p} \tag{5-22}$$

式中，$\Delta T_{t,p}$为 t 时刻初始气压条件下煤层温度下降量，℃；、$\Delta T_{t,0.5}$为 t 时刻 0.5 MPa 条件下煤层温度下降量和 0.5 MPa；$n_{t,p}$为 t 时刻初始气压条件下温度下降量系数，表征温度下降量相对 0.5 MPa 条件下温度下降量的倍数；为抽采 300 min 平均温度下降量系数。下标 p 为初始气压，取值 0.5 MPa、1.0 MPa、1.5 MPa、2.0 MPa；t 为抽采时间，min。

由图 5-31(e)至图 5-31(h)可知，不同温度下降量系数均保持如下大小关系：$n_{t,2.0}>n_{t,1.5}>n_{t,1.0}>n_{t,0.5}=1$，即 0.5 MPa 条件下温度下降量系数始终为 1，而较高气压条件下温度下降量系数始终大于 1。温度下降量系数随时间演化规律出现两种情况：一种是以靠近钻孔的测点 7 和 14 为代表，温度下降量系数均先增加后平稳下降；另一种是以钻孔之间的测点 11 和 13 为代表，表现为抽采前期处于较大值，随着抽采先快速下降，后平稳下降。由于0.5 MPa条件下测点 7 和 14 的距钻孔较近，导致前期温度下降量较大。

由图 5-32(a)可以看出，平均温度下降量系数在空间上呈现出明显的差异性，靠近钻孔处区域其值越大，而位于相邻钻孔之间区域其值较小，表明随着初始气压的增加，煤层气抽采过程中，钻孔附近煤层温度下降量越明显，而其余区域则相对较弱。由图 5-32(b)则可以看出，随着初始气压的增加，平均温度下降量系数呈现相应增加，但整体上增幅逐渐减小，说

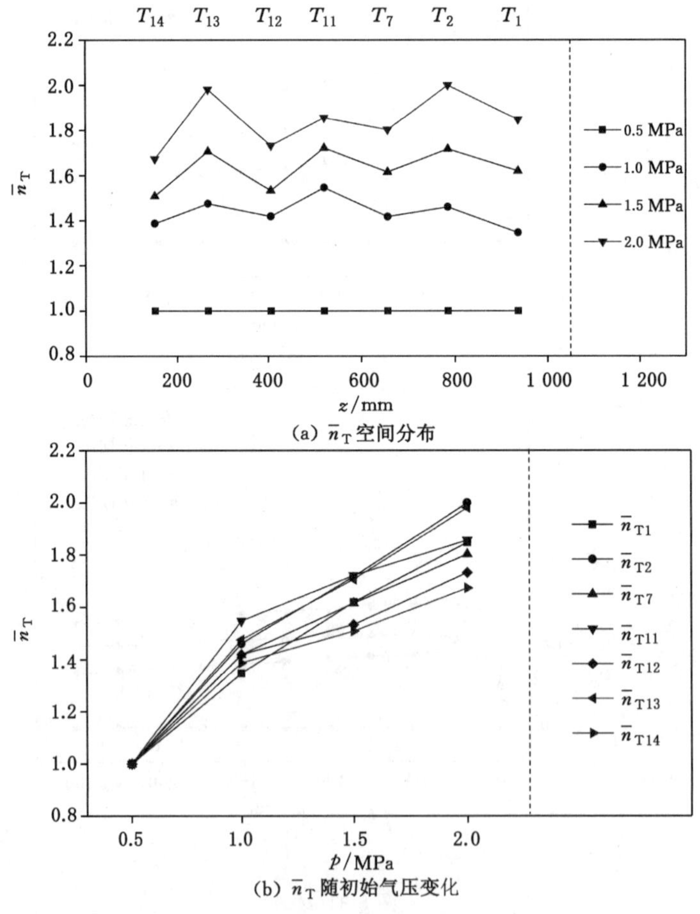

(a) $\overline{n}_T$空间分布

(b) $\overline{n}_T$随初始气压变化

图 5-32　不同初始气压条件下 $\overline{n}_T$ 对比图

明当初始气压逐渐增加时，煤层温度下降量的增幅越来越小。研究表明，导致煤层温度下降的根本原因是吸附气体解吸吸热，而煤层吸附气体量与平衡气压符合朗缪尔(Langmuir)吸附方程，随着吸附平衡气压的增加，吸附曲线逐渐平稳，即吸附量不再明显增加，因此对应温度下降量的增幅也越来越小。

5.4.4 降压抽采中煤层变形特征

由图 5-33(a)至图 5-33(e)可知，当 4 个钻孔同时抽采时，煤体线应变在同一方向不同区域具有一致性，但在不同方向同一区域具有明显的差异性。研究表明，煤体 x 轴方向线应变最大，而 y 轴方向和 z 轴方向线应变较小；同时，无论是煤体线应变还是体积应变，均表现出煤体中部 2 区域和 3 区域应变均稍大于边界处 1 区域和 4 区域应变，这可能是试件边界效应导致的。由于位移传感器是安装在加压压板上的，当煤体变形时，通过直接测量接触煤体的加压压板位移来表征煤体变形，而位于中间 2、3 区域的压板，其上、下或前、后移动比较

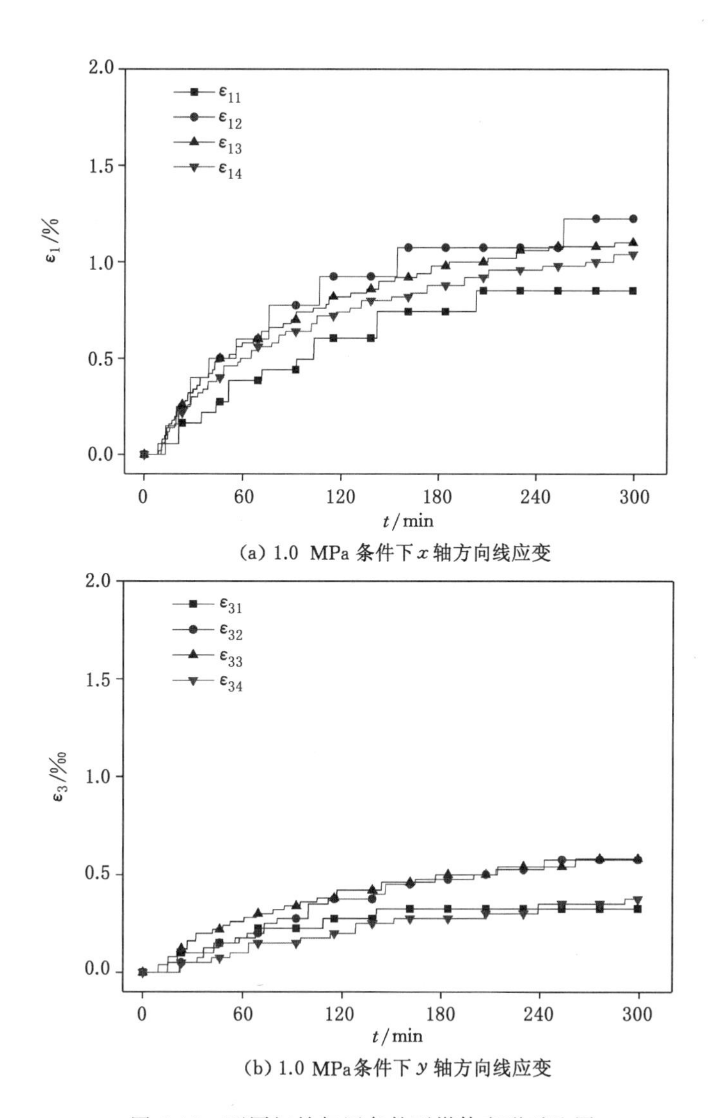

(a) 1.0 MPa 条件下 x 轴方向线应变

(b) 1.0 MPa条件下 y 轴方向线应变

图 5-33 不同初始气压条件下煤体变形对比图

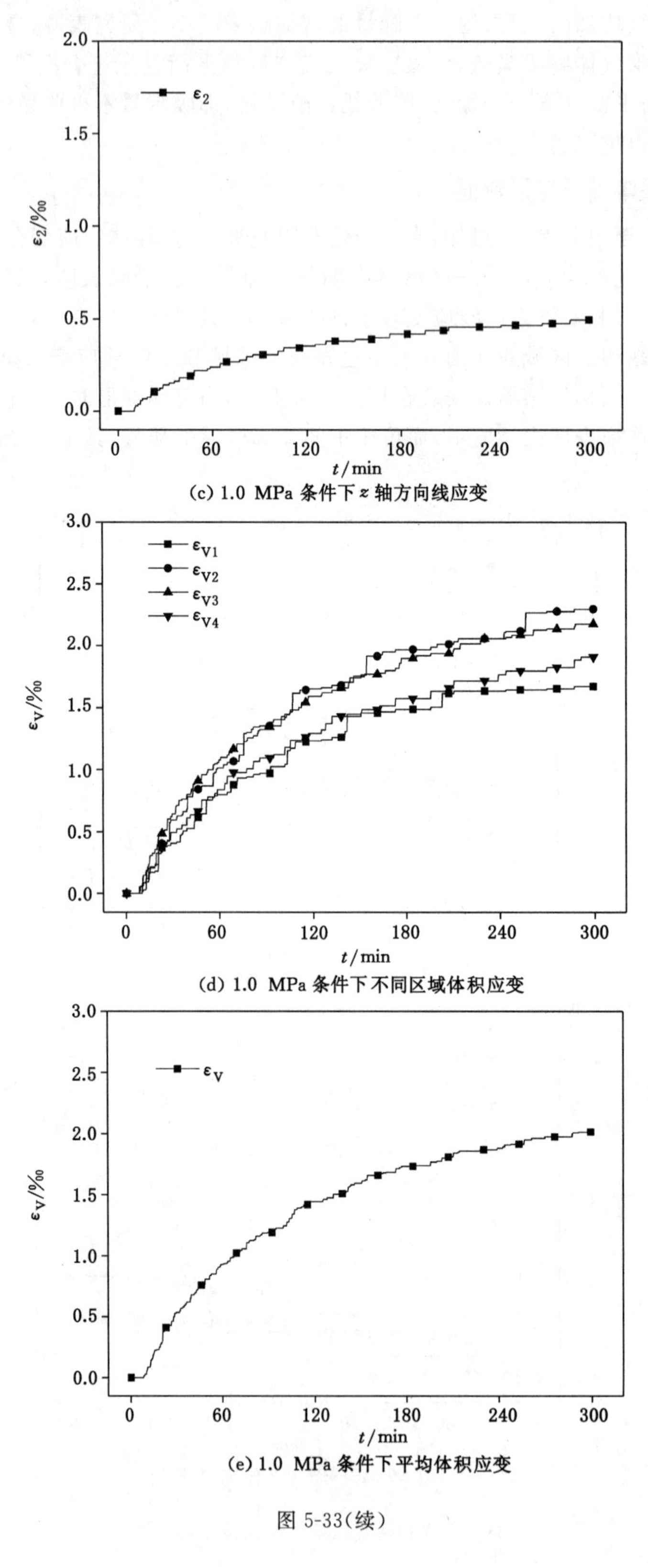

(c) 1.0 MPa 条件下 z 轴方向线应变

(d) 1.0 MPa 条件下不同区域体积应变

(e) 1.0 MPa 条件下平均体积应变

图 5-33(续)

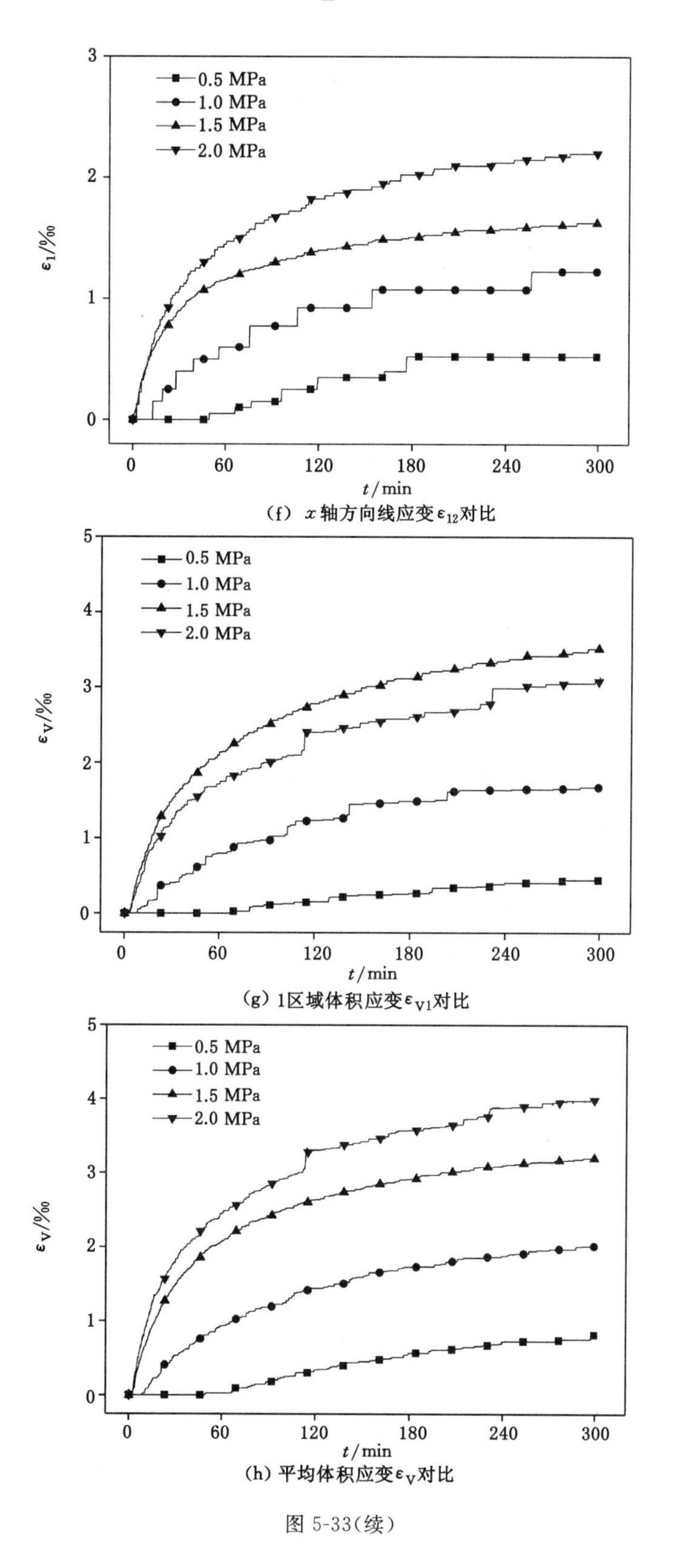

0.5 MPa
1.0 MPa
1.5 MPa
2.0 MPa
$\varepsilon_1/‰$
t/min
(f) x轴方向线应变ε_{12}对比
0.5 MPa
1.0 MPa
1.5 MPa
2.0 MPa
$\varepsilon_V/‰$
t/min
(g) 1区域体积应变ε_{V1}对比
0.5 MPa
1.0 MPa
1.5 MPa
2.0 MPa
$\varepsilon_V/‰$
t/min
(h) 平均体积应变ε_V对比

图 5-33(续)

自由，而边界处的压板由于位于三个面相交处，在移动时会受到一定的干扰。尽管加工了相应的防干涉板，但仍然无法保证其完全不受影响，因此变形量稍小；同时，不同区域煤体变形过程中泊松效应对相邻煤体的变形也会起到一定的干扰作用。

由图 5-33(f)至图 5-33(g)可知，初始气压对煤体变形起到明显的控制作用，随着初始气压的增加，煤体的变形也同样增大。以煤体平均体积应变为例，当初始气压从 0.5 MPa 分别增加至 1.0 MPa、1.5 MPa 和 2.0 MPa 时，抽采结束后煤体体积应变分别从 0.82‰增加至2.01‰、3.20‰和 4.00‰。煤体变形主要受到有效应力效应、煤基质收缩效应以及热膨胀效应共同影响，不同初始气压条件下瓦斯抽采结束后煤体受到有效应力基本一致，而初始气压越大，煤体所受初始有效应力越小，因此抽采结束后煤体受到有效应力增量越大，导致煤体变形越大；另外，初始气压越大，煤基质吸附瓦斯量越多，在抽采过程中解吸瓦斯量同样较多，相应地煤基质收缩变形也越大，并且解吸吸热引起的煤体骨架变形也越大。

5.4.5 抽采流量及防突效果分析

本节以 0.5 MPa 初始气压条件下煤层瓦斯抽采为例，对比抽采流量和累积抽采量随抽采时间变化的演化关系。如图 5-34(a)所示，在抽采初期，抽采流量达到峰值并急剧下降，在抽采中后期缓慢下降；与此同时，累积抽采量出现先快速上升、而后缓慢增加的规律。由图 5-34(b)和图 5-34(c)可以看出，抽采流量随着初始气压的增加而增大，累积抽采量也随着初

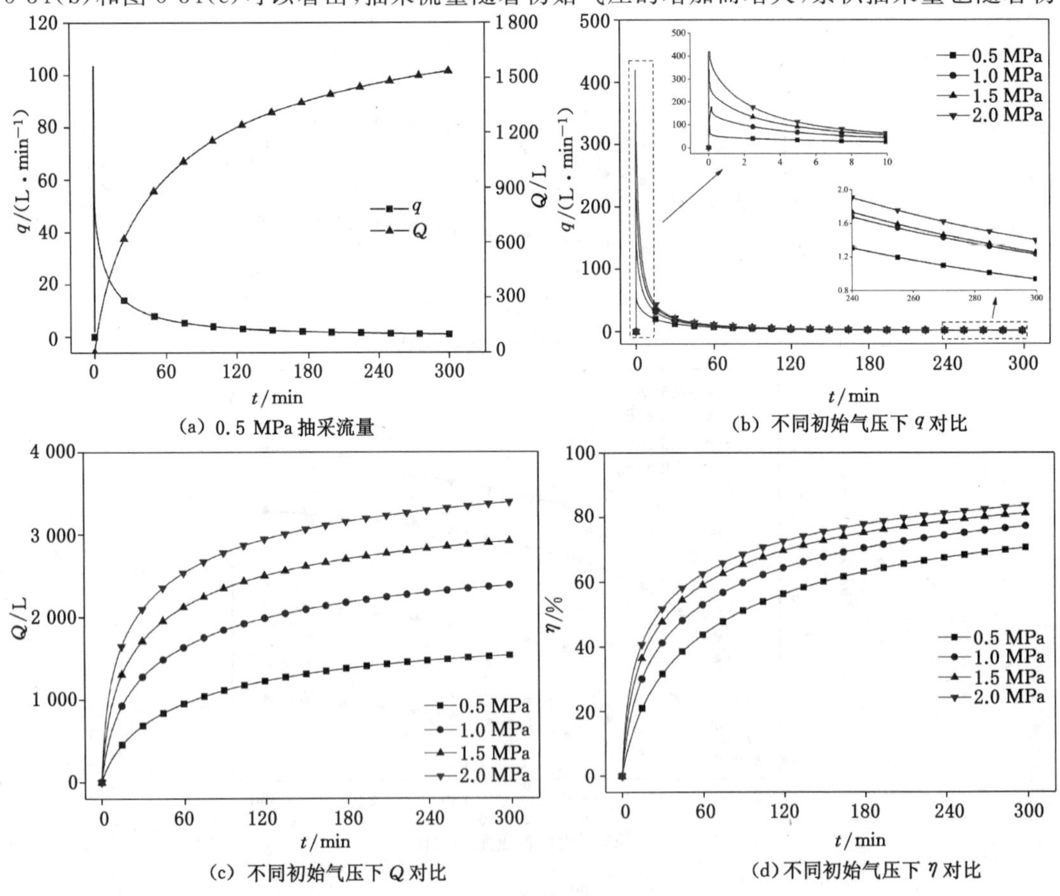

(a) 0.5 MPa 抽采流量　(b) 不同初始气压下 q 对比

(c) 不同初始气压下 Q 对比　(d) 不同初始气压下 η 对比

图 5-34　不同初始气压条件下抽采流量对比图

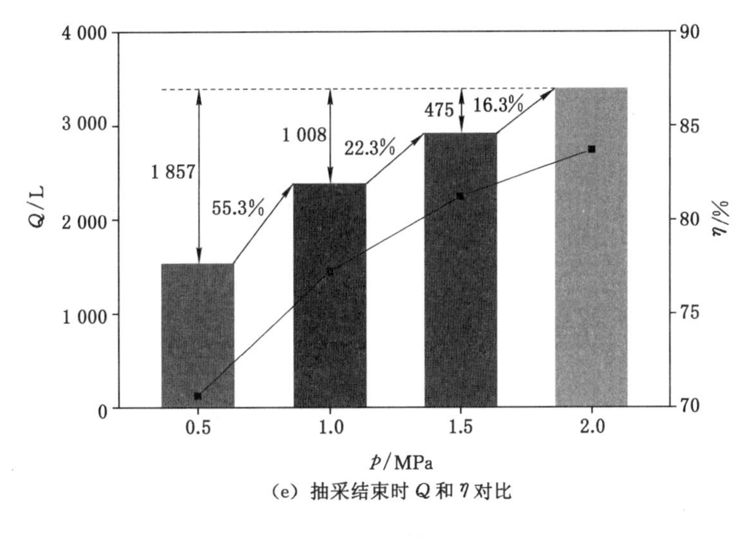

(e) 抽采结束时 Q 和 η 对比

图 5-34(续)

始气压的增加而增大。

需要注意的是,B-2 试验和 A-6 试验为同一次试验,而此处 B-2 累积抽采量和 5.3.5 节中 A-6 试验累积抽采量不同。由于 5.3.5 节中选取的是抽采 360 min 的累积抽采量,而此处为了和 B-1 试验抽采时间保持一致,对比时间选取了 300 min,因此累积抽采量较小。

由图 5-34(d)可以看出,以各自煤层原始含气量为基准,对应预抽率差异性较累积抽采量差异性小,但同样表现出初始气压越高,对应预抽率越大。图 5-34(e)直观地展示了不同初始气压条件下抽采结束后抽采效果。

综上所述,初始气压越高,累积抽采量越大;同时,累积抽采量和预抽率的增加速率随着初始气压的增加而减小。

5.5 采动应力对抽采防突效果的影响

本节针对 C 组不同采动应力条件下 3 次试验进行讨论,对应应力集中系数分别为 1.5、2.5和 3.5,重点探讨采动应力对煤层参数及防突效果的影响。

5.5.1 煤层气压及气压梯度分布

(1) 煤层气压演化

图 5-35 分别在卸压区和应力集中 1 区选取两个气压测点 P_1 和 P_{19},分析了两个测点对应煤层气压的演化规律。

由表 5-3 可知,当应力集中系数由 1.5 分别增加至 2.5 和 3.5 时,卸压区采动应力保持不变,始终为 1.0 MPa,而应力集中 1 区采动应力则由 3.0 MPa 分别增至 5.0 MPa 和 7.0 MPa。由图 5-35 可知,测点 P_1 和 P_{19}的气压均随着应力集中系数的增加而降低,位于卸压区的测点 P_1 的气压变化较小,而位于应力集中 1 区测点 P_{19}的气压变化较大。研究表明,当应力集中区地应力增加时,不仅影响应力集中区煤层气压的下降速率,同时也会影响相邻

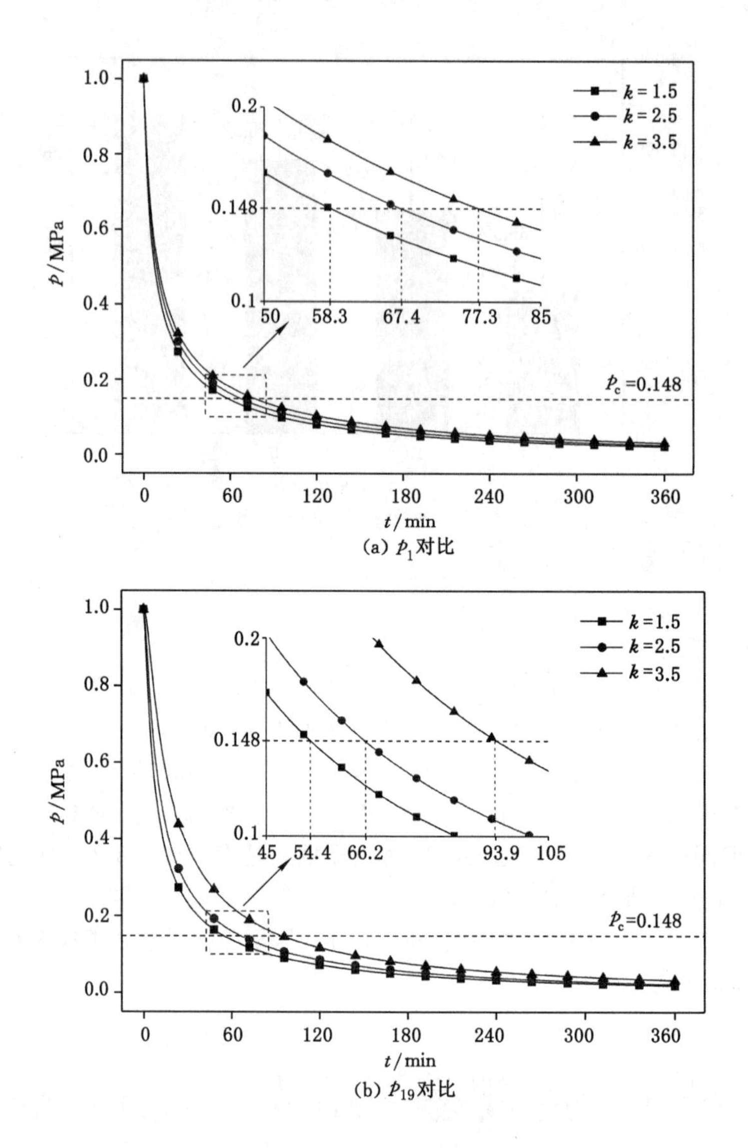

(a) p_1对比

(b) p_{19}对比

图 5-35　不同采动应力条件下煤层气压对比图

区域煤层气压的下降速率,只是影响程度较弱。

为了整体分析采动应力对煤层气压影响效果,进一步选取分布在应力"三区"的 12 个气压测点,即 P_9、P_5、P_{10}、P_{19}、P_{15}、P_{20}、P_{29}、P_{25}、P_{30}、P_{39}、P_{35} 和 P_{40}。以上测点位于垂直 4 个抽采钻孔的同一轴线上,并近似均匀分布在抽采钻孔两侧,如图 5-3(a)所示。

由图 5-36(a)至图 5-36(c)可以看出:一方面,所有测点对应煤层气压均随着抽采的进行不断下降,且下降速率越来越慢;另一方面,不同采动应力区域对应煤层气压演化特征具有明显的差异性。其中,卸压区对应煤层气压下降最快,其次为原始应力区,最后是应力集中 2 区和应力集中 1 区。研究表明,采动应力的分布对煤层气压的变化有一定的控制作用,采动应力越大,煤层所受有效应力越大,煤层内部孔隙以及裂隙更易被压缩,甚至压密闭合,使得气体运移通道孔径减小,导致煤层气压下降速率减缓。图 5-36(d)为不同应力集中系数条件下同一时刻煤层气压演化曲线对比,分别选取了抽采 1 min、30 min 和 360 min。在抽

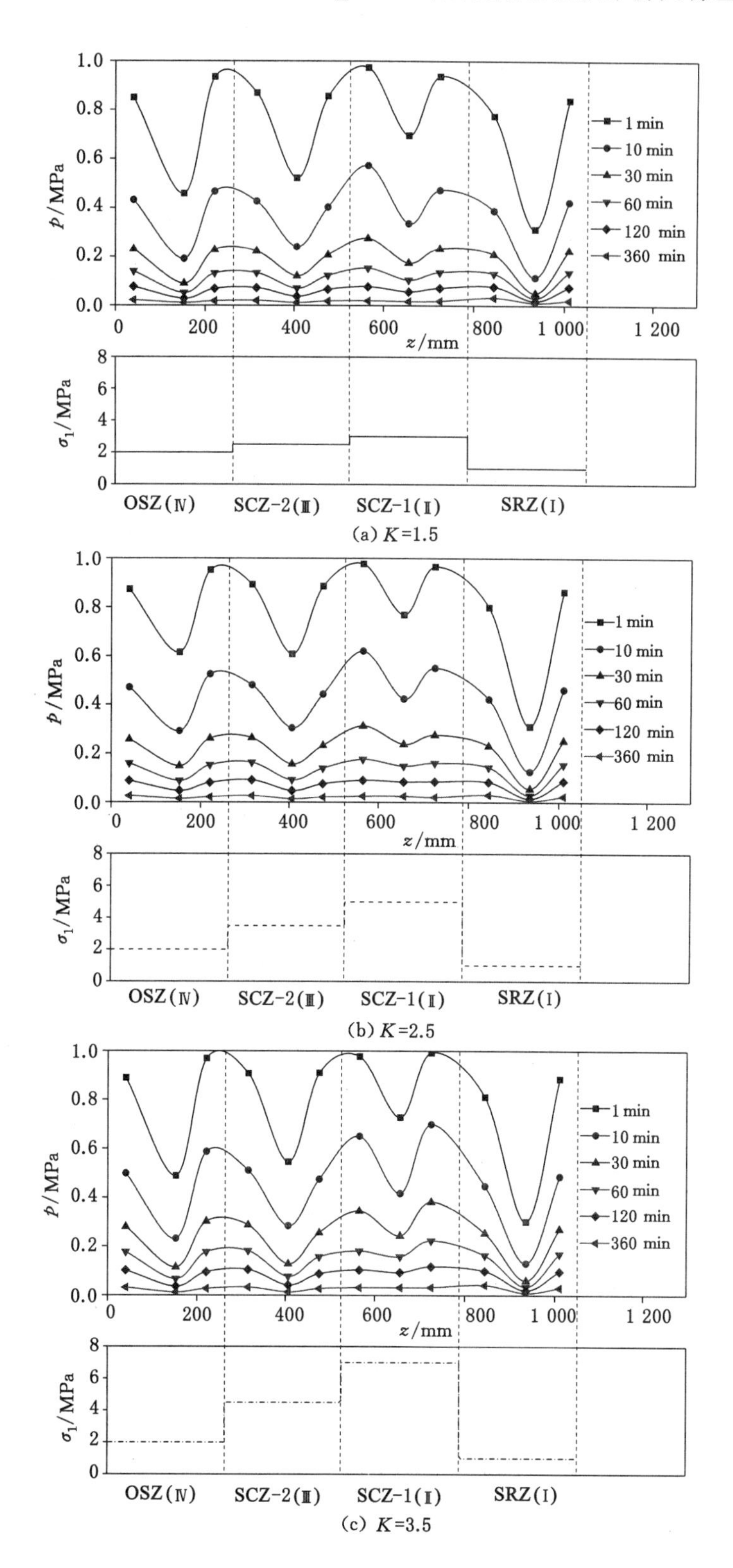

图 5-36　不同时刻不同采动应力条件下煤层气压曲线

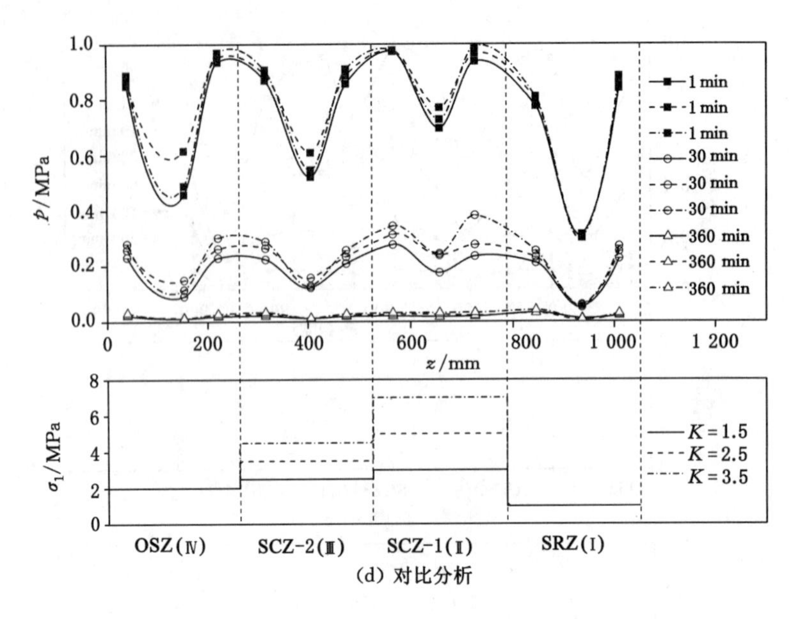

(d) 对比分析

图 5-36(续)

采初期，3 条曲线对应煤层气压存在一定的差异，表现为应力集中系数越大，煤层气压下降越慢，并且不同应力区域煤层气压差异不同。其中，卸压区内煤层气压差异最小，而随着抽采的进行，差异性逐渐增加，且应力集中 1 区对应煤层气压差异最为明显。与此对应的是，应力集中 1 区地应力增加幅度最大，而卸压区煤层气压依然基本重合，差异最小，直到抽采结束后，不同煤层气压差异降到最低，但仍然保持“应力集中系数越大、煤层气压越大”的整体趋势。

(2) 气压梯度分布

根据相邻测点煤层气压值以及测点间距，可以求出两个测点间的平均气压梯度，可进一步分析采动应力对不同区域气压梯度分布的影响特性。为此，提出以下计算方法及定义：

$$\nabla p = \left| \frac{p_m - p_n}{p_m(x_m, y_m, z_m) - p_n(x_n, y_n, z_n)} \right| = \frac{|p_m - p_n|}{\sqrt{(x_m - x_n)^2 + (y_m - y_n)^2 + (z_m - z_n)^2}} \tag{5-23}$$

式中，∇p 表示相邻气压测点间的平均气压梯度，MPa/m；$p_m(x_m, y_m, z_m)$、$p_n(x_n, y_n, z_n)$ 分别表示气压测点 p_m 和 p_n 的坐标值；下标 m、n 分别为气压测点编号。

图 5-37(a)至图 5-37(c)为不同应力集中系数条件下垂直抽采钻孔轴线上的气压梯度分布图。由图可知，气压梯度的分布仍然和采动应力的分布相对应，卸压区采动应力最小，对应气压梯度最大，而应力集中 1 区采动应力最大，对应气压梯度最小，且 4 个应力区域中部气压梯度大于相邻区域交界处。例如，抽采 1 min 时，卸压区气压梯度最大为 0.007 MPa/m，应力集中 1 区对应气压梯度为 0.003 MPa/m，而原始应力区和应力集中 2 区之间区域气压梯度最小，为 0.001 MPa/m。

图 5-37(d)对比了不同采动应力条件下抽采 1 min 时气压梯度。由图可知，不同采动应力区域气压梯度大小关系不一致，其中卸压区表现为应力集中系数越大，气压梯度越大，而其他区域近似呈现相反的规律。研究表明，随着应力集中区地应力的增加，导致应力集中区气压梯度减小，而气体更多通过卸压区运移，使得卸压区气压梯度增加。

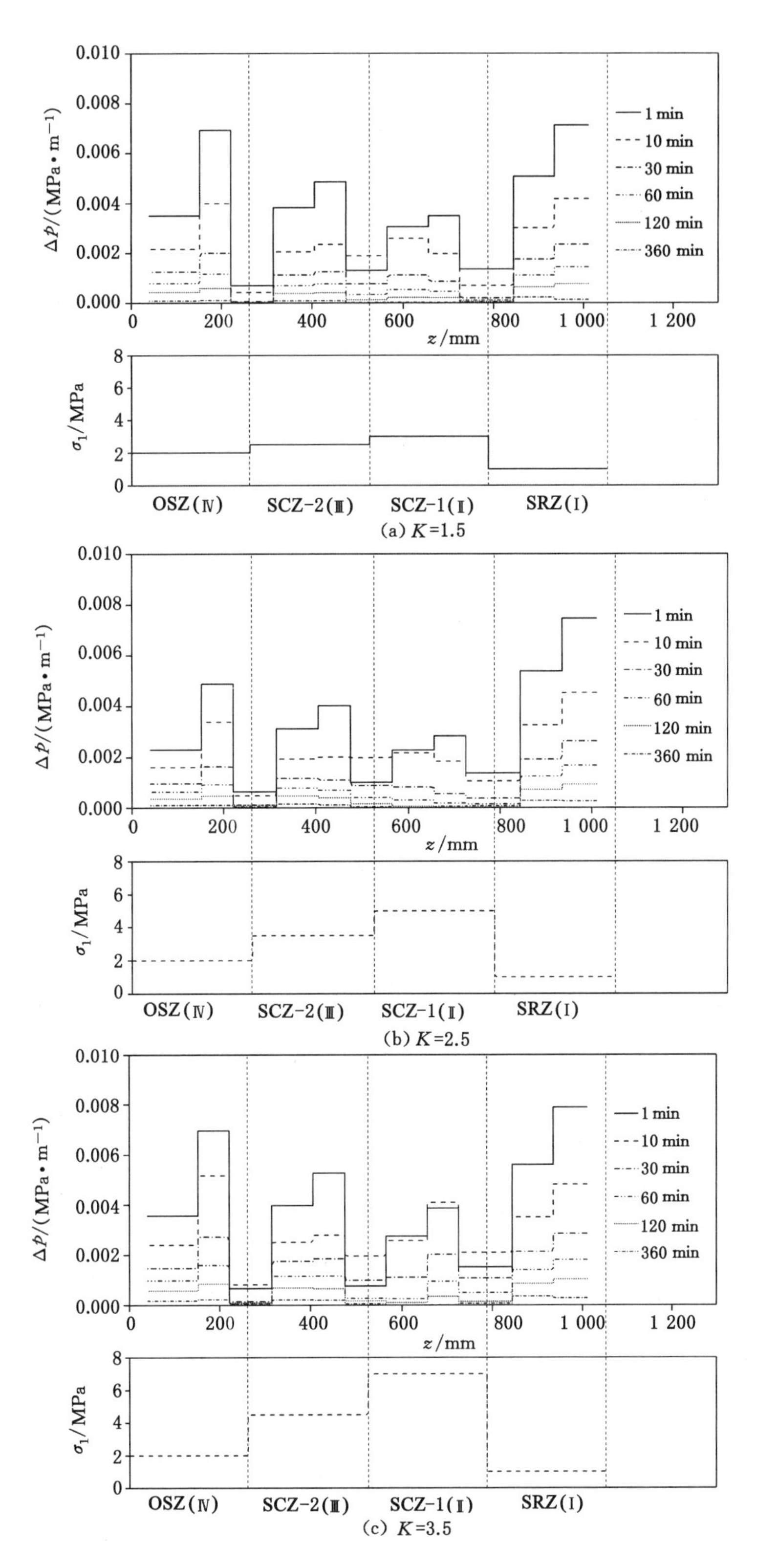

图 5-37　不同时刻不同采动应力条件下气压梯度

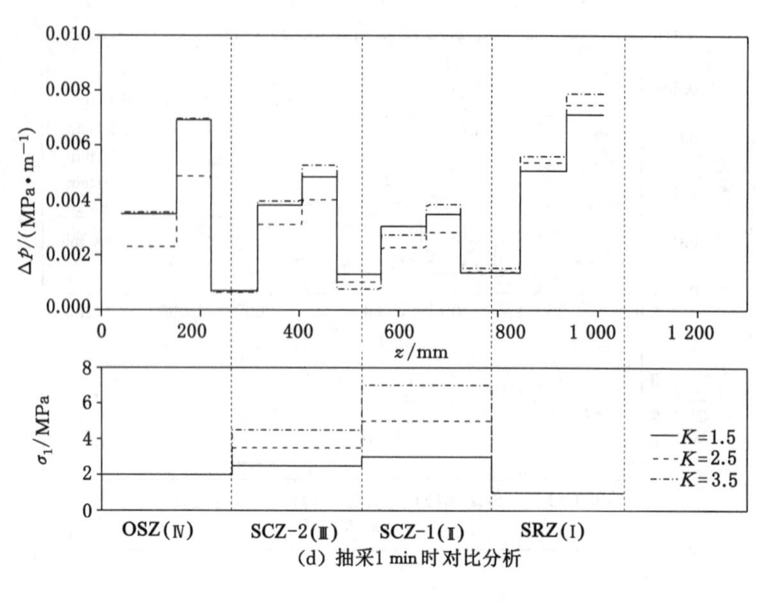

(d) 抽采1 min时对比分析

图 5-37(续)

5.5.2 煤层渗透率时空演化规律

由 5-38(a)图可知,抽采前期 $k/k_{0(1)}$ 下降速率更快,且一直小于 $k/k_{0(19)}$,两个测点渗透率分别在 19 min 和 32 min 时下降至最低点 0.942 7,而后发生反弹,即 $k/k_{0(1)}$ 由小于 $k/k_{0(19)}$ 变成大于 $k/k_{0(19)}$,至抽采结束。由图 5-38(b)和图 5-38(c)可知,不同采动区域渗透率演化具有一定的差异性,对于卸压区测点 1 而言,3 种采动应力条件对应 $k/k_{0(1)}$ 分别在 15 min、17 min 和 19 min 下降至最低点,约为 0.942 7,而抽采结束后分别回升至 0.964 7、0.964 2和 0.963 3。对于应力集中 1 区的测点 19 而言,虽然同样表现出采动应力越大,渗透率越先出现反弹,且回升渗透率越大,但 3 条曲线的差异性明显增加。

如图 3-39 所示,煤层渗透率和煤层气压具有不同的分布特征,在抽采前 1 min,煤层渗透率与采动应力表现出正相关关系,即卸压区采动应力最小,对应渗透率最低,应力集中 1 区采动应力最大,对应渗透率最高;抽采 30 min,煤层渗透率与采动应力却表现出负相关关系,卸压区煤层渗透率由最小反转为最大,而应力集中 1 区煤层渗透率由最大反转为最小,这种大小关系一直持续到抽采结束。分析表明,随着煤层瓦斯的抽采,卸压区由于采动应力最小和初始渗透率较大,因此煤层气压下降更快,有效应力也增加得更快,导致在抽采前期卸压区渗透率下降快于其他采动区域。当抽采到一定程度时,有效应力占据的主导地位被基质收缩效应所取代,而卸压区由于气体解吸较快,其基质收缩效应也最为明显,基质收缩对于渗透率起到正效应,最终表现为卸压区渗透率反转更加明显。

综上所述,在采动应力影响下煤层瓦斯抽采过程中,无论是单个测点渗透率发生反弹,还是不同区域煤层渗透率或不同采动应力条件下同一区域煤层渗透率发生反转,其本质原因均为有效应力效应和基质收缩效应之间的竞争所致。一般表现为:在抽采前期有效应力占据主导作用,地应力越小,煤体孔裂隙被压缩越不明显,使得煤层气压下降更加迅速,导致有效应力增加较为明显,煤层渗透率下降得更快;而随着煤层瓦斯的持续抽采,当煤层气压下降至一定程度时,有效应力对煤体的压缩不再明显,此时煤基质表面由于吸附瓦斯解吸而

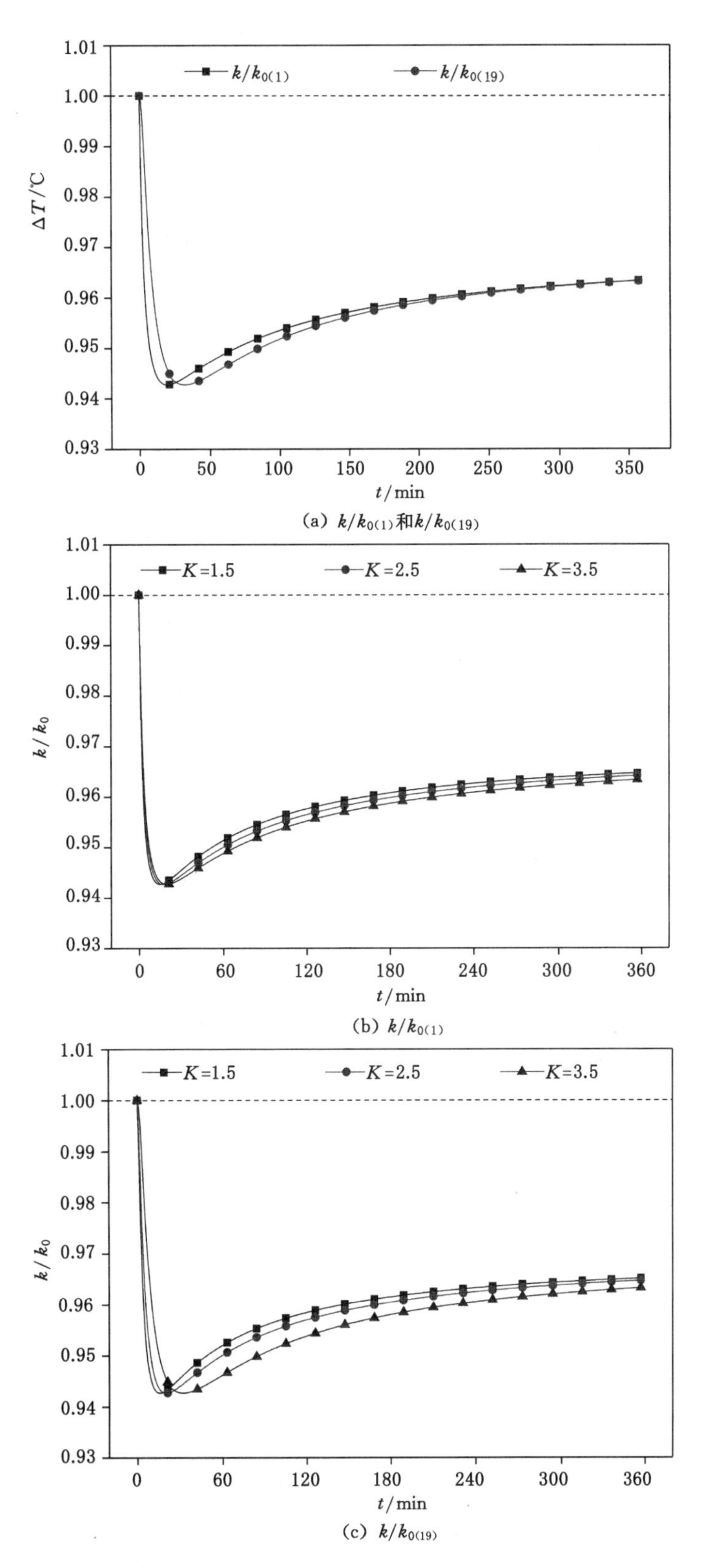

(a) $k/k_{0(1)}$和$k/k_{0(19)}$

(b) $k/k_{0(1)}$

(c) $k/k_{0(19)}$

图 5-38　不同采动应力条件下煤层渗透率演化曲线

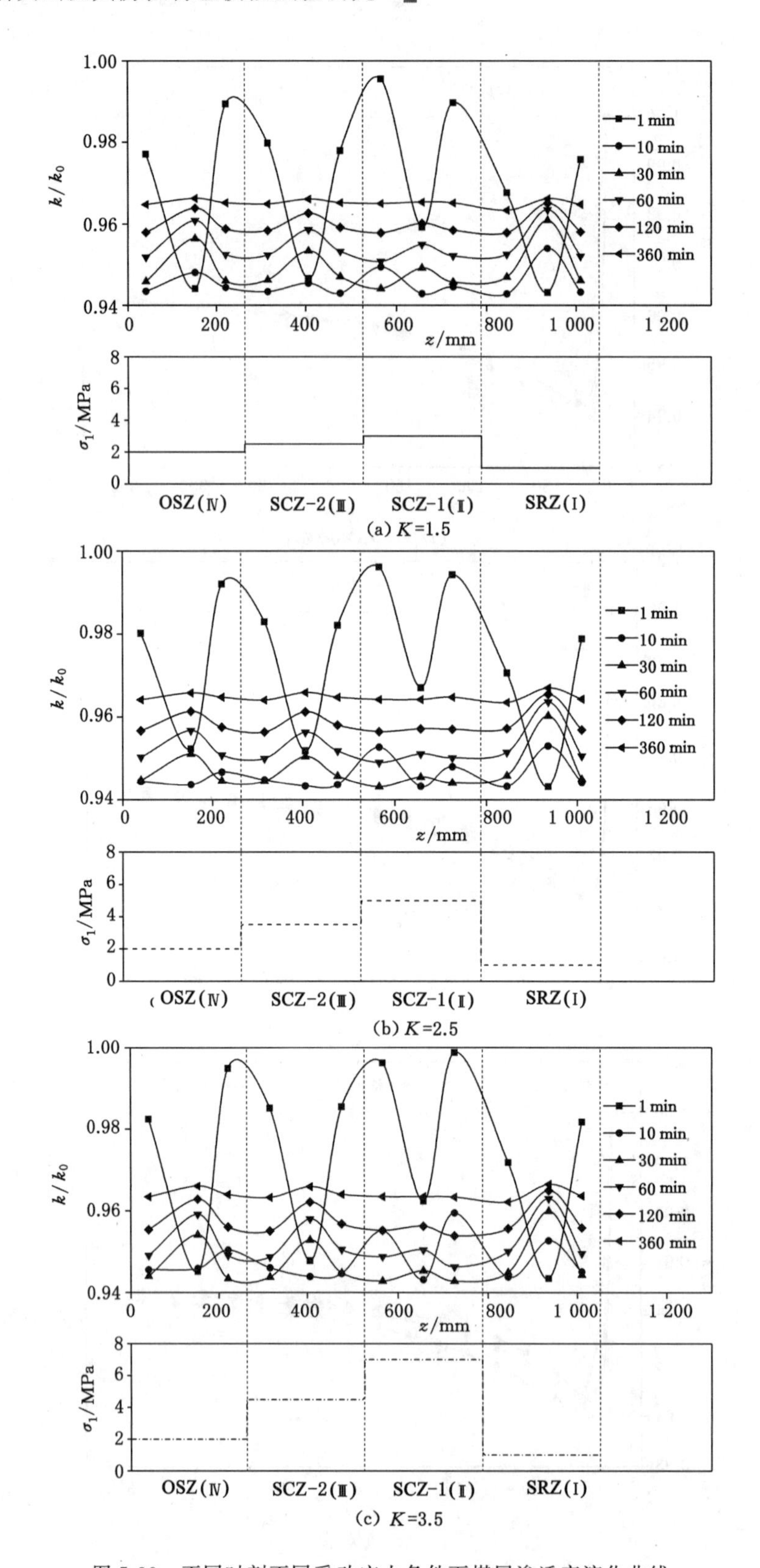

(a) K=1.5

(b) K=2.5

(c) K=3.5

图 5-39　不同时刻不同采动应力条件下煤层渗透率演化曲线

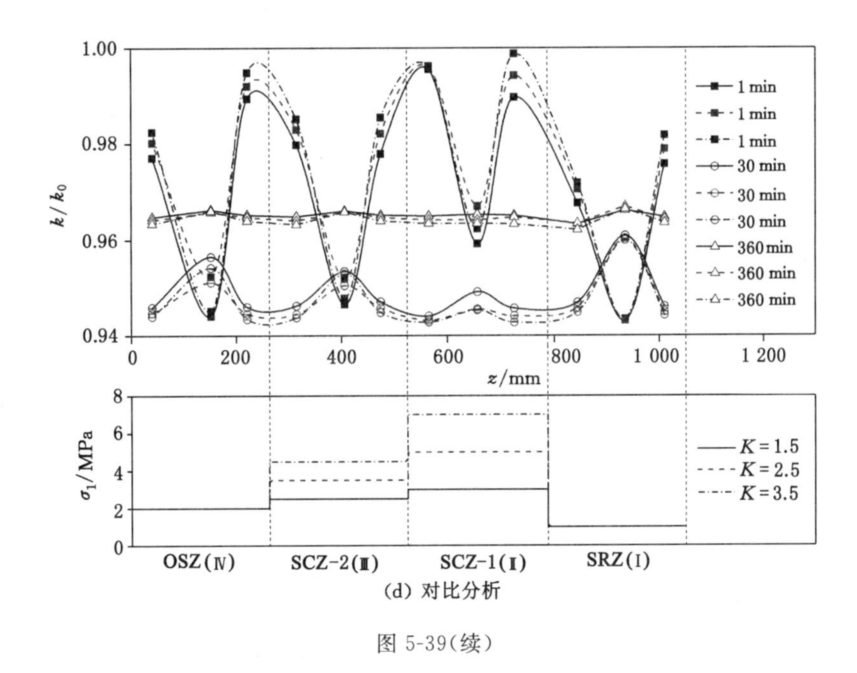

(d) 对比分析

图 5-39(续)

发生收缩,增加了气体运移通道孔径,使得煤层渗透率上升。当基质收缩效应强于有效应力作用而占据主导地位时,同一测点渗透率发生反弹,同时采动应力越小的区域,其气压下降更快,基质收缩更加明显,最终导致不同区域煤层渗透率大小关系发生反转。

5.5.3 采动影响下煤层温度变化

图 5-40(a)至图 5-40(c)分别选取位于卸压区、应力集中 1 区和原始应力区的测点 1、7 和 13,分析对应测点温度变化规律。由图可知,不同采动应力条件下同一测点温度变化量相差较小,远小于不同初始气压条件抽采中同一测点温度变化量的差异;同时,当应力集中系数为 2.5 时,对应不同测点温度下降量在后期均有减小趋势,在抽采结束后,和应力集中系数为 1.5 条件下同一测点温度下降量接近。由图 5-40(d)可知在应力集中系数为 2.5 条件下,环境温度有所上升,最高上升近 1℃,而其余两次试验过程中环境温度基本保持整体下降的趋势,下降量约 0.5 ℃。研究表明,环境温度的升高导致了应力集中系数为 2.5 时煤层温度有所上升,最终和应力集中系数为 3.5 时温度变化量相接近。定义温度下降量系数和平均温度下降量系数两个参数(此处以应力集中系数 $K=1.5$ 时温度变化量为基准,同时抽采时间增加至 360 min,具体如下:

$$n_{t,K}=\frac{\Delta T_{t,K}}{\Delta T_{t,1.5}} \tag{5-24}$$

$$\bar{n}_{t,K}=\frac{1}{360}\sum_{t=1}^{360} n_{t,K} \tag{5-25}$$

式中,$\Delta T_{t,K}$ 为 t 时刻应力集中系数为 K 条件下煤层温度下降量,℃;、$\Delta T_{t,1.5}$ 为 t 时刻应力集中系数为 1.5 条件下煤层温度下降量;$n_{t,K}$ 为 t 时刻应力集中系数为 K 条件下温度下降量系数,表征温度下降量相对应力集中系数为 1.5 条件下温度下降量的倍数;$\bar{n}_{t,K}$ 为 $t=360$ min时平均温度下降量系数。下标 K 表示应力集中系数,取值 1.5、2.5、3.5;下标 t 表示抽采时间,min。

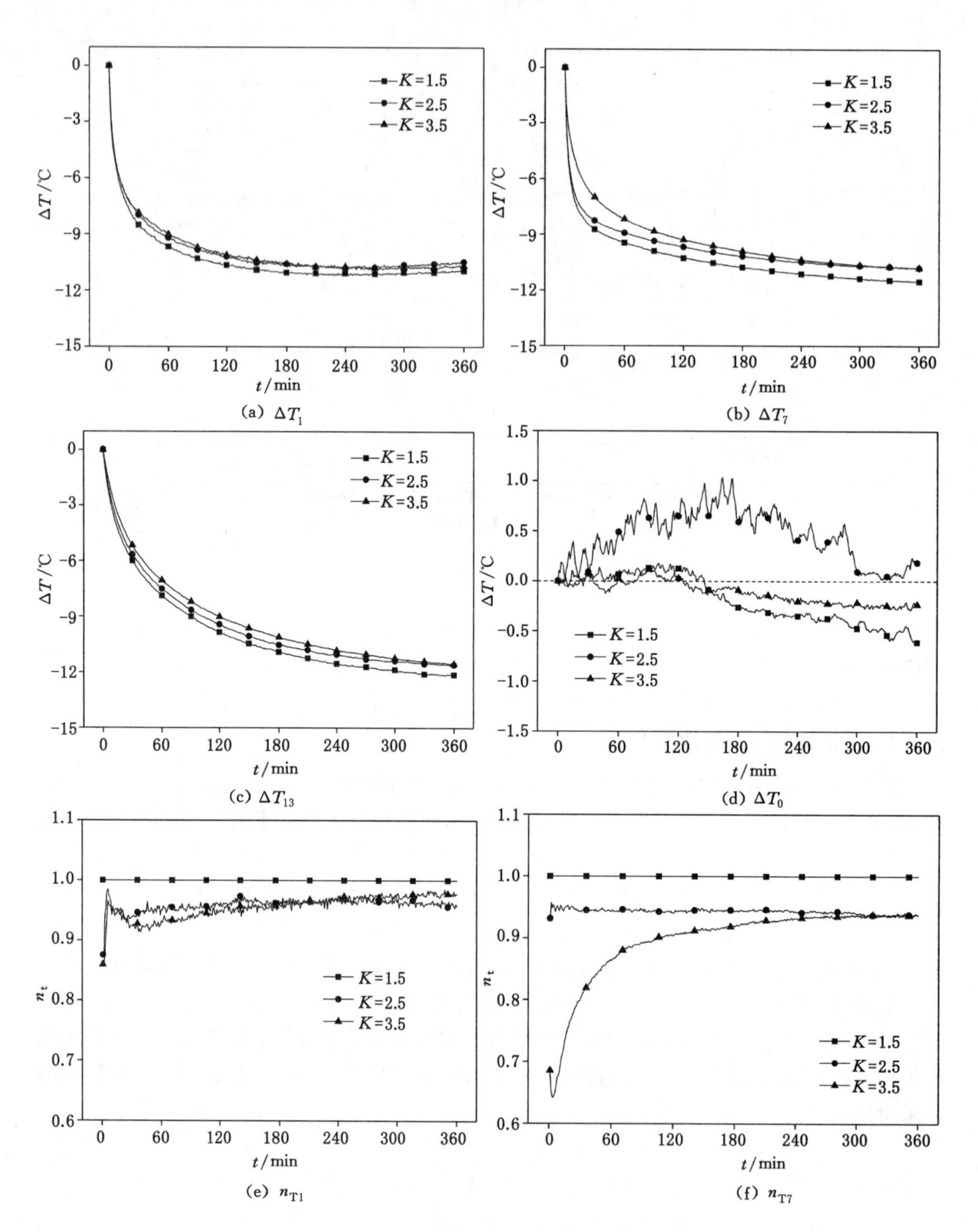

图 5-40　不同采动应力条件下煤层温度对比图

图 5-40(e)至图 5-40(f)分别选取位于卸压区、应力集中 1 区、应力集中 2 区和原始应力区的测点 1、7、11 和 13 对应温度下降量系数。由图可知，不同区域同一温度下降量系数均随着应力集中系数的增加而减小，且随着抽采的进行逐渐增大。

如图 5-41(a)所示，虽然随着抽采的进行，各测点煤层温度均不断下降，但是不同采动区

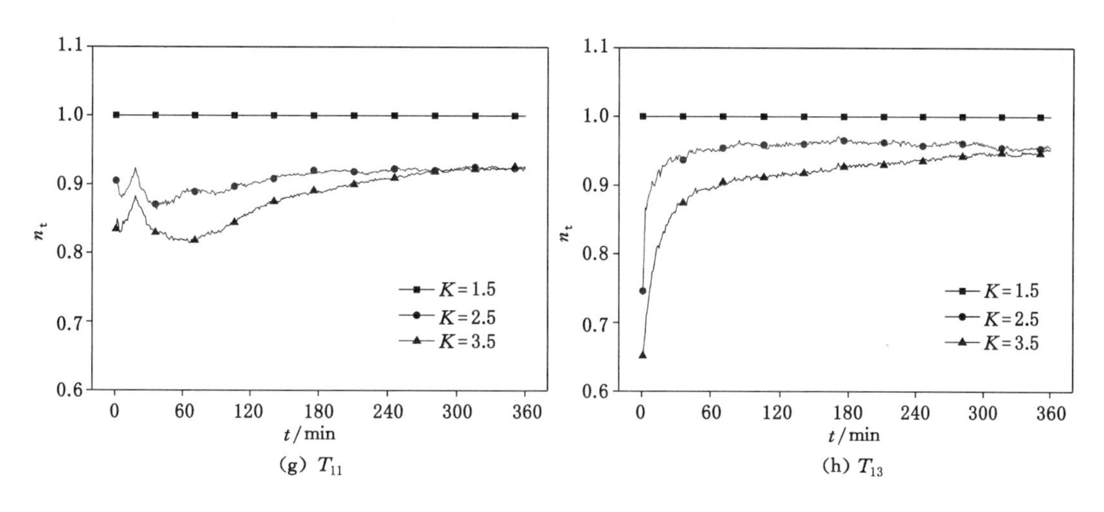

(g) T_{11}　　(h) T_{13}

图 5-40(续)

域煤层温度的差异性较小,仅在抽采前期表现出卸压区温度下降量略微大于其他采动区域,而后则整体表现为各抽采钻孔附近煤层温度下降最大,其他钻孔相邻区域煤层温度下降最小,而不同区域之间的差异不明显。

由图 5-41(b)和图 5-41(c)可知,随着 K 值 1.5 增加至 3.5,平均温度下降量系数均呈下降趋势,但是下降量较小;当初始气压从 0.5 MPa 增加至2.0 MPa 时,平均温度下降量系数由1.0增加至 2.0 左右,再次说明采动应力对煤层温度变化的影响较弱。

5.5.4 采动影响下煤层变形特征

图 5-42(a)至图 5-42(e)分别为应力集中系数为 1.5 条件下煤体不同方向线应变、不同区域体积应变以及煤体平均体积应变,同样表现为抽采前期变形速率快、变形量较大,抽采后期趋于稳定,且煤体 x 轴方向线应变最大,y 轴方向线应变次之,z 轴方向线应变最小。图 5-42(f)～图 5-42(g)可以看出,不同采动区域煤体变形与采动应力整体呈现负相关关系,采动应力越大,煤体变形越小。其中,应力集中 1 区采动应力最大,而其变形并非最小,反而略小于应力集中 2 区煤体变形,可能是由于卸压区煤体变形最大,由于泊松效应对相邻的应力集中 1 区煤体变形起到一定的限制作用,导致应力集中 1 区煤体变形略有下降。由图 5-42(h)还可以看出,随着应力集中系数的增加,煤体平均体积应变呈现降低的趋势,且应力集中系数越大,降低效果越不明显。

无论是同一试验中不同采动应力区域煤体变形的差异,还是不同采动应力条件下同一区域煤体变形的差异,均表现出随采动应力的增加而减小,且响应程度越来越小。出现这种现象的原因主要有以下几个方面:

首先,在抽采前期平衡状态下,采动应力越大,煤体压缩越密,气体运移通道越小,导致抽采过程中煤层气压下降越慢。气体吸附平衡气压相同,导致抽采相同的时间内,采动应力越大,有效应力下降量越小,且有效应力引起的煤体压缩量越小。

其次,采动应力越大,煤层气压下降越慢,导致抽采过程中解吸瓦斯量越小。相应地,煤基质收缩变形也越小,气体解吸吸热引起的煤体骨架变形亦越小。

最后,由于煤体变形近似符合 Langmuir 函数形式[159],即煤体变形在前期变化较大,而

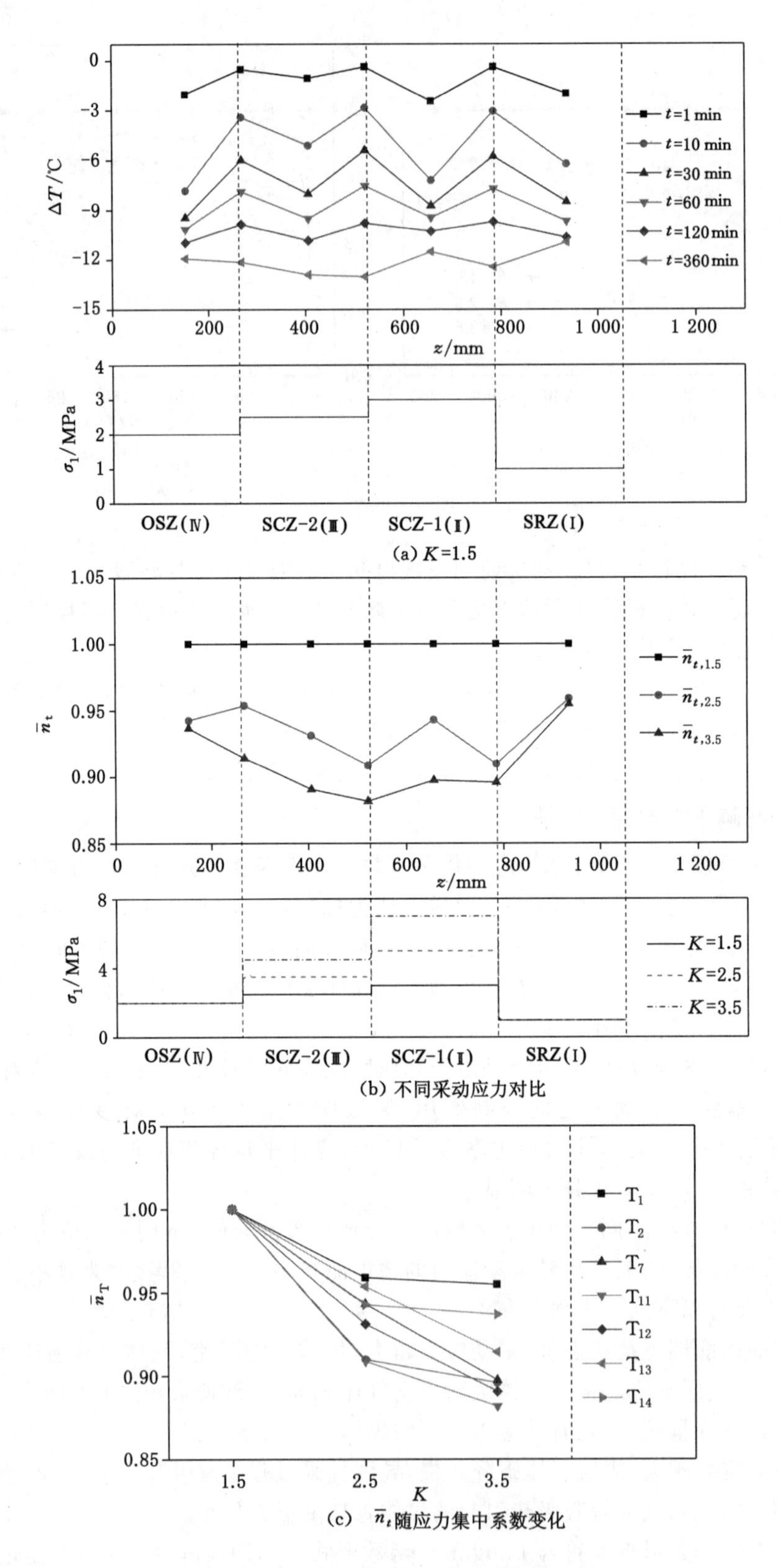

(a) K=1.5

(b) 不同采动应力对比

(c) $\overline{n}_t$随应力集中系数变化

图 5-41 不同采动应力条件下$\overline{n}_t$对比图

后变形速率下降，逐渐趋于极限平衡状态。综上所述，在相同的煤层气压条件下，采动应力越大，有效应力引起的煤体压缩变形量越大，同时煤体变形也更加接近极限平衡状态。此时，煤层气压下降量即使相同，有效应力增量引起的煤体变形量也较低采动应力状态下引起的煤体变形量小，这是导致采动应力越大、煤体变形量越小的原因之一，也是引起煤体变形随采动应力增加其响应程度减小的主要原因。

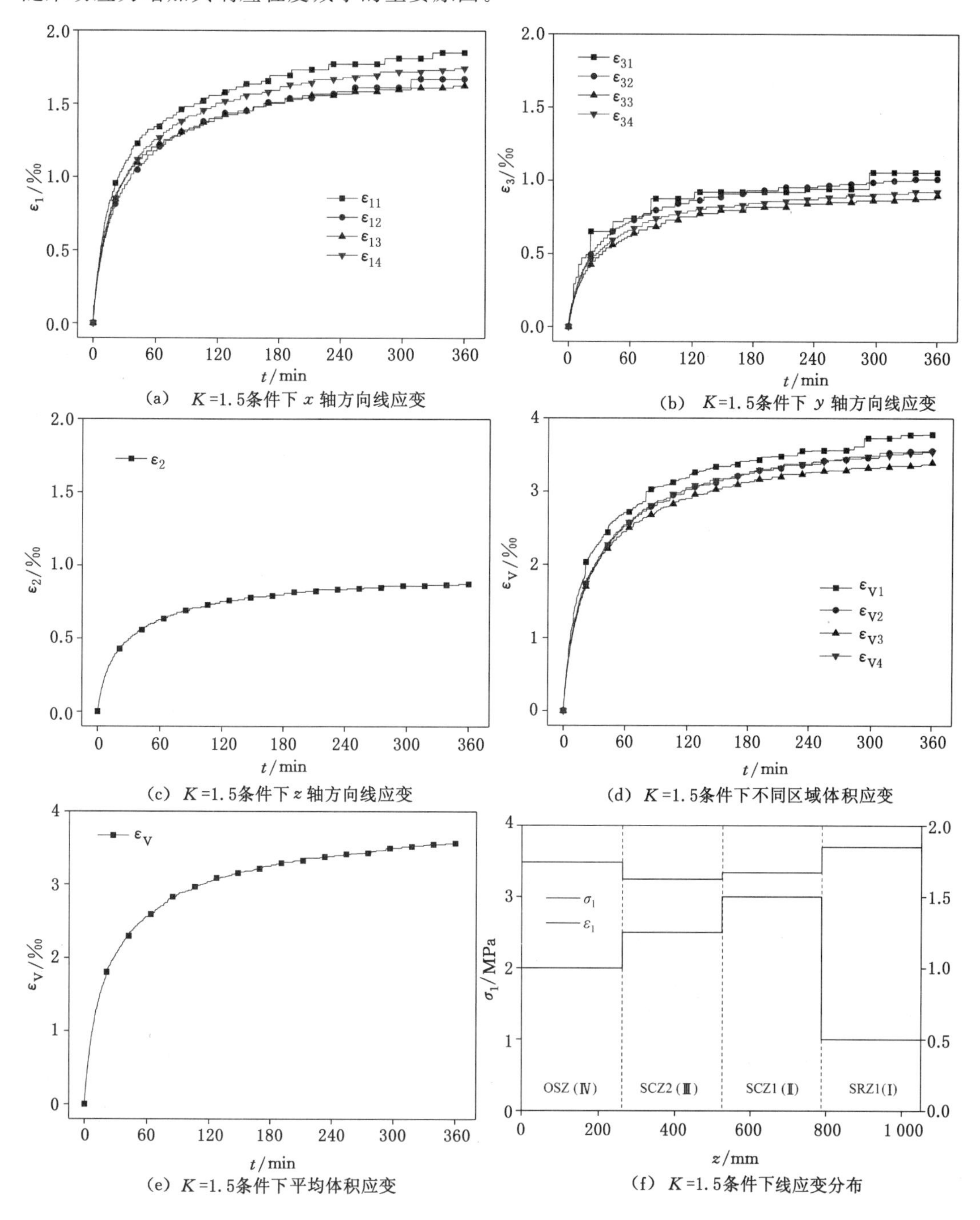

图 5-42 不同采动应力条件下煤体变形对比图

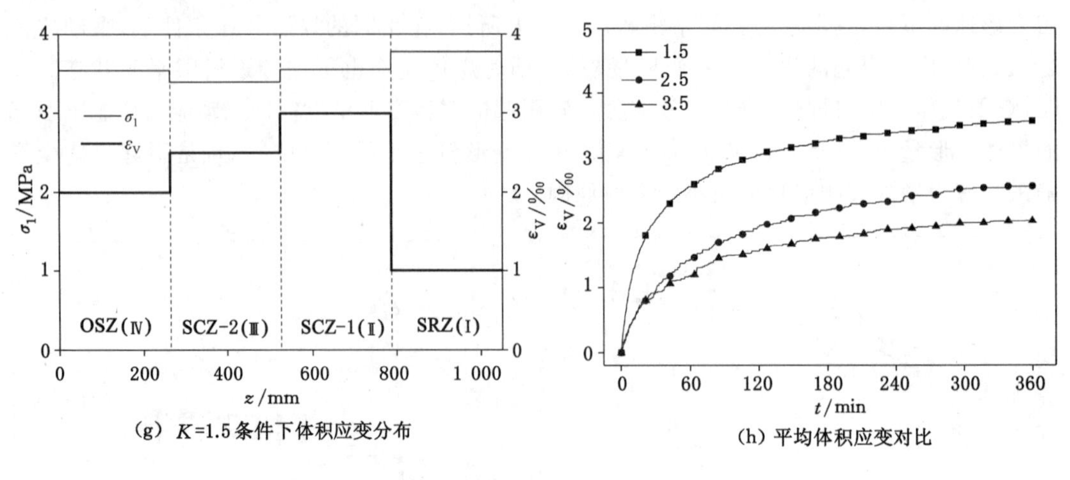

(g) K=1.5条件下体积应变分布

(h) 平均体积应变对比

图 5-42(续)

5.5.5 抽采流量及防突效果分析

图 5-43(a)的整体演化规律和前文其他条件下较为一致，表现为抽采前期快而陡，抽采后期缓而平。图 5-43(b)和图 5-43(c)为应力集中系数 1.5 条件下 Ⅰ～Ⅳ号钻孔各自累积抽

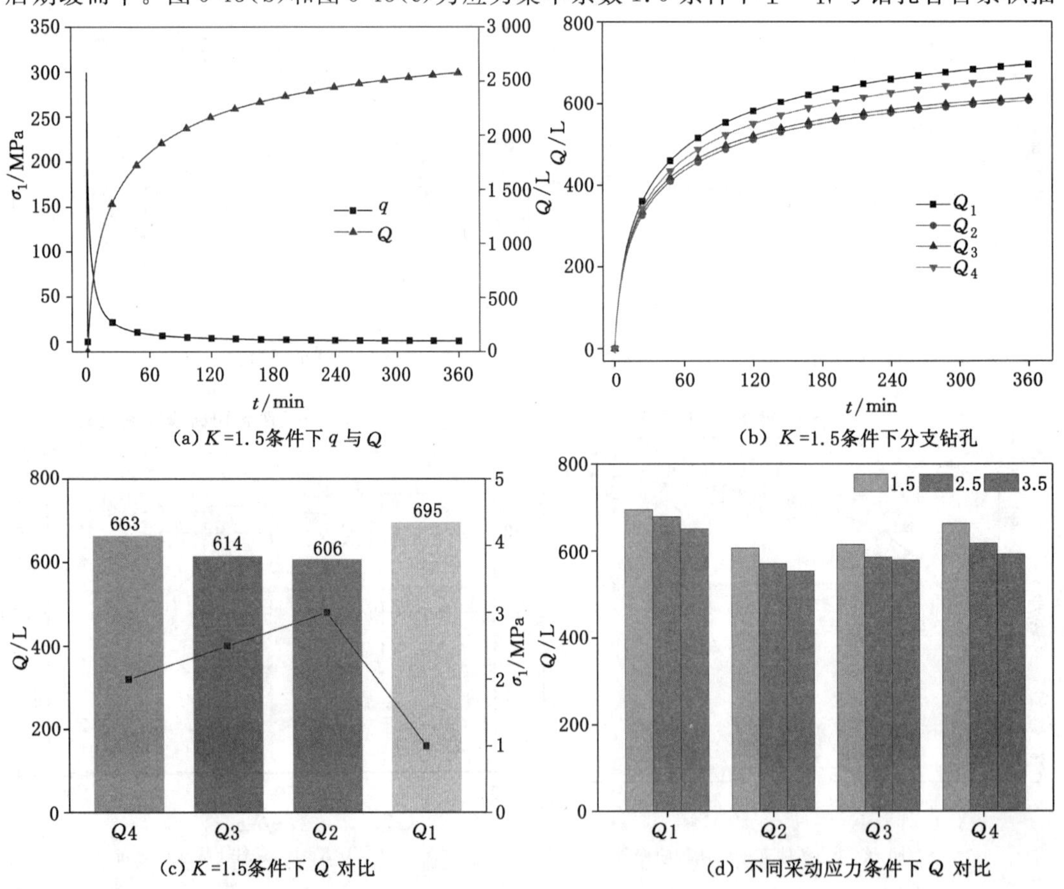

(a) K=1.5条件下 q 与 Q

(b) K=1.5条件下分支钻孔

(c) K=1.5条件下 Q 对比

(d) 不同采动应力条件下 Q 对比

图 5-43　不同采动应力条件下抽采流量对比图

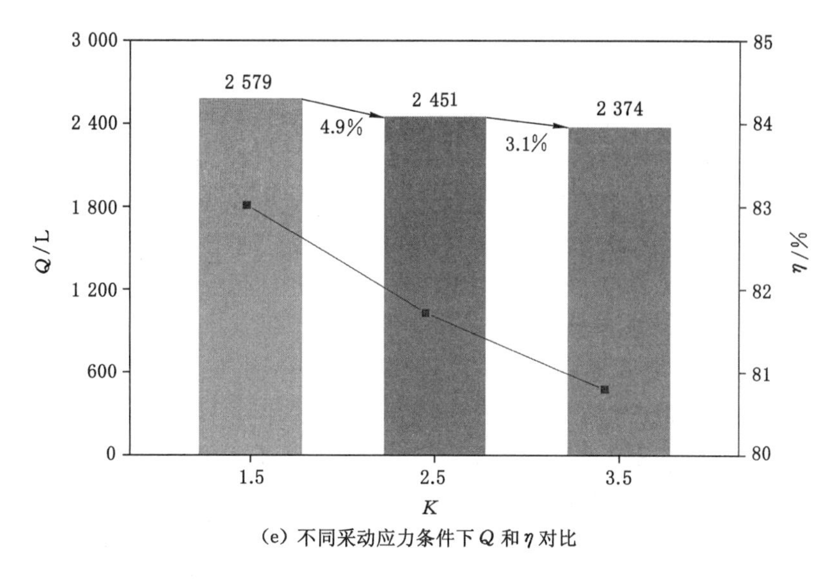

(e) 不同采动应力条件下 Q 和 η 对比

图 5-43(续)

采量演化曲线及其分布规律。在抽采过程中，不同钻孔累积抽采量大小关系为：$Q_1>Q_4>Q_3>Q_2$，抽采结束后分别为 695 L、663 L、614 L 和 606 L；与此对应的是，采动应力大小关系为：$\sigma_{11}<\sigma_{14}<\sigma_{13}<\sigma_{12}$，即采动应力越大，对应抽采钻孔累积抽采流量越小。由图 5-43(d)可以看出，无论是同一试验不同抽采钻孔累积抽采量，还是不同试验同一钻孔累积抽采量，均表现为采动应力越大，对应抽采钻孔累积抽采量越小。如图 5-43(e)所示，当应力集中系数由 1.5 分别增加至 2.5 和 3.5 时，累积抽采量由 2 579 L 分别下降为 2 451 L 和2 374 L，分别减小了 4.9%和 3.1%；同时，预抽率由 83.02%分别下降至 81.72%和 80.80%。

以上分析表明，煤层参数对采动应力的响应程度较低。一方面，试验过程中加载地应力较低且应力集中系数梯度较小；另一方面，试验过程中使用压制成型的型煤进行试验，虽然针对型煤的粒径配比进行了相关优化，但型煤的强度仍较原煤偏低，在加载地应力过程中煤体更易产生塑性变形，从而使得煤体变形对地应力响应程度较低。研究还表明，不同采动应力条件下煤层参数较为相近，使得煤层瓦斯抽采流量及抽采效果差异性不显著，但不同采动应力条件下各参数演化规律仍和理论分析结果保持一致。

5.6 本章小结

本章开展了不同钻孔布置、不同初始气压和不同采动应力条件下煤层瓦斯常规抽采防突物理模拟试验，系统分析了瓦斯抽采过程中不同煤层参数的动态演化特征以及各因素对抽采防突效果的影响规律，取得以下主要研究成果：

(1) 煤层瓦斯常规抽采防突过程中，各煤层参数的演化具有较好的一致性，煤层气压和温度同步下降，距抽采钻孔越近，其变化越为明显，而煤体变形和抽采流量则相应上升，且均表现为前期变化较为明显、后期平稳发展的趋势。

(2) 评价了试件模型边界效应，在此基础上分析了抽采瓦斯抽采中钻孔叠加效应，发现叠加程度在相邻钻孔中部时最为明显，并随钻孔间距的减小而逐渐增大，且距基准钻孔越近，钻孔叠加程度越弱，同时会出现一定的滞后现象。

(3) 统一了有效抽采半径临界气压准则，利用 Matlab 软件实现了有效抽采范围可视化，并提出有效抽采半径计算模型，研究了 3 种典型钻孔布置方式的有效抽采半径演化，发现有效抽采半径与抽采时间符合幂函数关系，且钻孔数量越多，同一钻孔有效抽采半径增加速度越快。

(4) 分析了瓦斯抽采过程中流场动态演化特征，等压线以钻孔抽采段为中心近似呈现圆环形分布，且越靠近钻孔区域，瓦斯流速越快，对应煤层气压越小；气体总是沿着距钻孔较近路径方向运移，而气体运移路径一旦形成，则基本保持不变，但是随着抽采的持续进行，煤层气压下降，导致气压梯度减小，运移相对速度下降。

(5) 基于三轴应力状态下煤层渗透率模型分析了瓦斯抽采过程中煤层渗透率时空演化规律。研究表明，当初始气压较高时，有效应力效应占据主导地位，导致煤层渗透率快速下降，而后由于基质收缩而发生反弹；当初始气压较低时，基质收缩效应占据主导地位，使得煤层渗透率持续上升。另外，初始气压越低，同一测点渗透率越早发生反弹且反弹越明显。采动应力条件下煤层瓦斯抽采前期的卸压区渗透率下降较快而低于应力集中区，而抽采中后期不同区域渗透率大小关系发生反转。研究还表明，应力集中系数越小，采动区域渗透率越早发生反转且反转越明显。

(6) 抽采流量和预抽率是反映防突效果的关键指标，对比不同条件下抽采流量和预抽率发现，其对初始气压响应程度较强，对采动应力响应程度较弱。不同钻孔数量抽采时，瞬时流量曲线出现交叉现象，即抽采前期钻孔数量越多瞬时流量越大，中期逐渐变化为钻孔数量越多瞬时流量越小，直到抽采结束；累积抽采量随钻孔数量增加呈对数函数增加，钻孔数量越多，其增加效果越不明显；而抽采时间随钻孔数量增加呈幂函数降低，钻孔数量越多，其下降效果越不明显。

6 水力冲压一体化强化抽采防突物理模拟试验

针对我国低透气性煤层抽采效率低这一特点，国内外学者多采用水力压裂、水力冲孔、水力割缝等技术对煤层进行卸压，并形成渗流缝网增大煤层渗透率，从而提高抽采效率。由于采用单一的水力压裂或水力冲孔技术存在一定的局限性，专家和学者们提出水力冲压一体化强化抽采防突措施。具体措施如下：首先利用高压水射流进行冲孔，形成大直径的孔洞，从而使应力状态重新分布、应力集中带外移；然后在此基础上进一步对煤体进行水力压裂，形成复杂裂隙缝网，从而显著提高煤层瓦斯渗透性。本章分别开展了单一水力冲孔、单一水力压裂和水力冲压一体化 3 种强化瓦斯抽采防突物理模拟试验，并针对不同增透防突措施的增透机理和增透效果开展研究。

6.1 试验概述

6.1.1 试验方案

如图 6-1 所示，水力冲压一体化物理模拟试验流程分为 3 部分单一水力冲孔强化抽采、单一水力压裂强化抽采和水力冲压一体化强化抽采。其中，煤层水力冲孔开展了 1 次，煤层水力压裂开展了 2 次，分别为瓦斯常规抽采后的单一水力压裂和水力冲孔后的水力压裂。

表 6-1 为单一水力冲孔强化抽采物理模拟试验方案。通过前期预演试验发现，在应力控制加载条件下，采用冲孔卸压，为了保持预定应力状态，加载压头会压缩煤体导致水力冲孔坍塌。为了分析冲孔卸压作用，正式试验均采用位移控制加载方式，同时在冲孔口位置设置直径 45 mm、长 150 mm 的支撑段，模拟岩巷中的钻孔。预制钻孔长 700 mm，其中前 150 mm为支撑段，冲孔段长 550 mm（z＝350～900 mm），如图 6-2 所示。为了研究不同冲孔转速对水力冲孔效果的影响，将 550 mm 的冲孔段划分为 4 段、分别为 110 mm、130 mm、130 mm和 180 mm，每段的冲孔转速分别为 160 r/min、80 r/min、40 r/min 和 20 r/min；同时，对煤体施加均布荷载以避免每个区域应力不同影响试验对比效果，设定冲孔试验 3 个方向地应力分别为 3.14 MPa、1.95 MPa 和 1.40 MPa。根据水力冲孔预演试验，选定合适的冲孔水压力为 3 MPa。为了实现水力冲孔卸压增透效果评价，在水力冲孔试验前后分别进

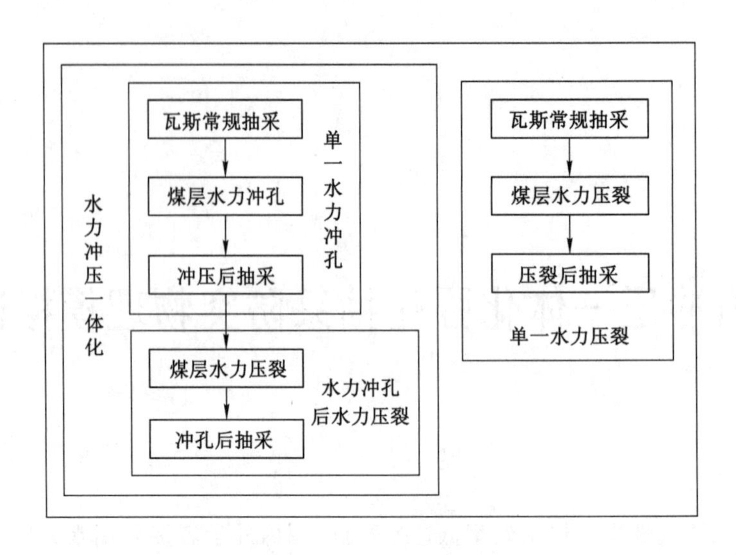

图 6-1　水力冲压一体化物理模拟试验流程图

行煤层瓦斯抽采试验，煤层初始应力与冲孔过程应力保持一致，煤层初始气压设定为 0.7 MPa，选用 CO_2代替 CH_4进行试验。

表 6-1　单一水力冲孔强化抽采物理模拟试验方案

试验流程	σ_1/MPa	σ_2/MPa	σ_3/MPa	气压/MPa	水压/MPa	转速/($r\cdot min^{-1}$)
常规抽采	3.14	1.95	1.40	0.7	0	0
水力冲孔				0	3.0	160/80/40/20
冲孔后抽采				0.7	0	0

表 6-2 为单一水力压裂强化抽采物理模拟试验方案。为了便于对比，煤层地应力加载大小和水力冲孔试验中保持一致。压裂钻孔直径为 12 mm，压裂段长度为 550 mm(z=350～900 mm)。为了实现水力压裂卸压增透效果评价，在水力压裂试验前后分别进行煤层瓦斯抽采试验，煤层初始应力与压裂过程应力保持一致，煤层初始气压设定为 0.7 MPa，选用 CO_2进行试验。

表 6-3 为水力冲压一体化强化抽采物理模拟试验方案。其中，3 次瓦斯抽采试验的水力冲孔、水力压裂和瓦斯抽采参数均与前两部分相关参数保持一致。

表 6-2　单一水力压裂强化抽采物理模拟试验方案

试验流程	σ_1/MPa	σ_2/MPa	σ_3/MPa	气压/MPa	水压/MPa
常规抽采	3.14	1.95	1.40	0.7	0
水力压裂				0	—
压裂后抽采				0.7	0

表 6-3 水力冲压一体化强化抽采物理模拟试验方案

试验流程	σ_1/MPa	σ_2/MPa	σ_3/MPa	气压/MPa	水压/MPa
常规抽采	3.14	1.95	1.40	0.7	0
水力冲孔				0	3.0
冲孔后抽采				0.7	0
水力压裂				0	—
冲压后抽采				0.7	0

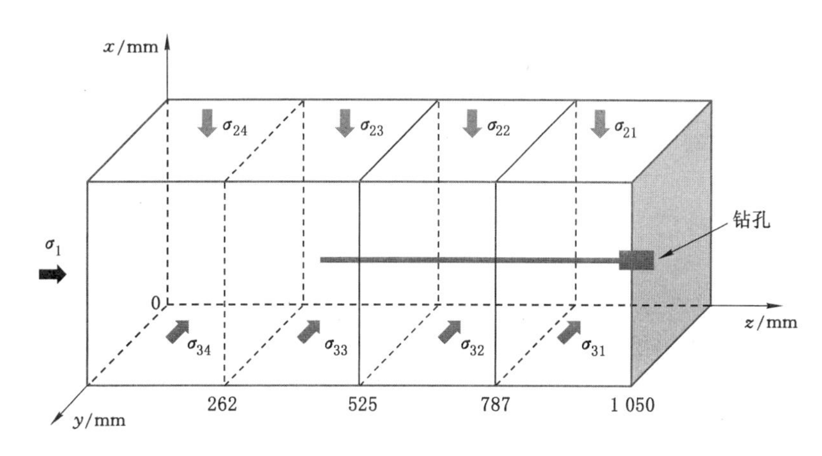

图 6-2 地应力加载和冲压钻孔示意图

6.1.2 传感器布置

水力冲压一体化物理模拟试验过程中共布置 37 个流体压力传感器，可进行气压和水压测量，同时煤层瓦斯常规抽采、水力冲孔、冲孔后抽采、水力压裂和冲压后抽采测量中传感器布置均保持一致。断面、层面和纵面定义同前文，37 个气压传感器分别布置在 5 个断面内，分别为 D_1 断面(z=131 mm)、D_2 断面(z=440 mm)、D_3 断面(z=595 mm)、D_4 断面(z=725 mm)和 D_5(z=845 mm)断面。每个断面内不同传感器距钻孔中心距离不同，以 D_5 断面为例，测点 P_1、P_2、P_3 和 P_4 距钻孔中心的距离分别为 30 mm、80 mm、100 mm 和 60 mm，测点 P_5、P_6、P_7 和 P_8 距钻孔中心的距离分别为 205 mm、180 mm、205 mm 和 125 mm。其中，D_1 断面内布置了 5 个传感器，D_2～D_5 断面内分别布置了 8 个传感器且分布位置相同，如图 6-3 所示。传感器测点坐标见表 6-4。

6.1.3 试验步骤

(1) 前期准备

将取自新田煤矿 4 号煤层的煤样进行破碎筛分，并烘干备用。标定试验监测用传感器，包括流体压力传感器和流量计，检查试验装置运行状态。将准备好的煤粉按照表 5-6 进行配比并装入试件箱体，在 7.5 MPa 应力条件下分层成型试件，并根据预先制订的传感器布置方案布置流体压力传感器，在试件中心位置预埋水力冲孔钻孔成型孔杆(ϕ12×700 mm)。试件成型结束安装盖板进行密封，将传感器与数据采集系统连接，取出成型孔杆，安装煤层瓦斯抽采口。

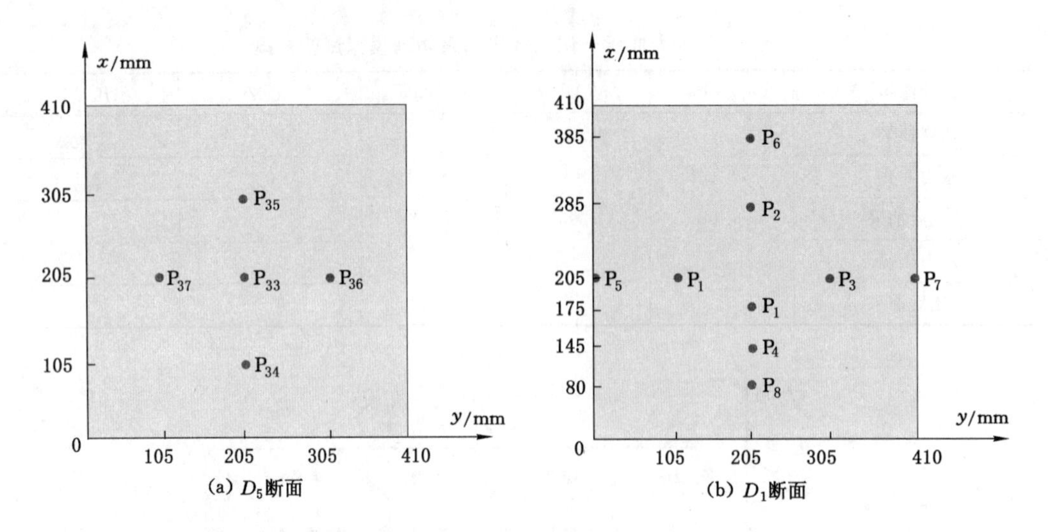

图 6-3　流体压力传感器布置示意图

表 6-4　流体压力传感器坐标

不同断面	传感器编号	坐标值/mm		
		x	y	z
D_5 断面	P_1	205	175	845
	P_2	285	205	845
	P_3	205	305	845
	P_4	145	205	845
	P_5	205	0	845
	P_6	385	205	845
	P_7	205	410	845
	P_8	80	205	845
D_4 断面	P_9	205	175	725
	P_{10}	285	205	725
	P_{11}	205	305	725
	P_{12}	145	205	725
	P_{13}	205	0	725
	P_{14}	385	205	725
	P_{15}	205	410	725
	P_{16}	80	205	725
D_3 断面	P_{17}	205	175	595
	P_{18}	285	205	595
	P_{19}	205	305	595
	P_{20}	145	205	595
	P_{21}	205	0	595
	P_{22}	385	205	595
	P_{23}	205	410	595
	P_{24}	80	205	595

表 6-4(续)

不同断面	传感器编号	坐标值/mm		
		x	y	z
D_2 断面	P_{25}	205	175	440
	P_{26}	285	205	440
	P_{27}	205	305	440
	P_{28}	145	205	440
	P_{29}	205	0	440
	P_{30}	385	205	440
	P_{31}	205	410	440
	P_{32}	80	205	440
D_1 断面	P_{33}	205	205	131
	P_{34}	205	105	131
	P_{35}	305	205	131
	P_{36}	205	305	131
	P_{37}	105	205	131

(2) 常规瓦斯抽采

启动数据采集与控制系统，打开真空泵对试件进行抽真空处理，箱体内气体压力均降至－0.06 MPa以下，认为达到真空状态。启动地应力加载系统，对试件施加预定应力，稳定2.0 h后关闭真空泵，打开气瓶阀门进行充气，使气瓶压力阀控制在试验设定的气压值进行吸附，至煤层瓦斯吸附平衡。关闭气瓶阀门，打开出气口外接阀门，进行常规瓦斯抽采试验，抽采试验过程中保持应力加载状态，并实时采集记录煤层气压及出口瓦斯流量。当煤层气压均降至0.05 MPa以下时，停止数据采集与控制系统并保存数据，结束常规瓦斯抽采。

(3) 水力冲孔

拆除煤层瓦斯抽采外接管路，安装水力冲孔系统，将水煤渣收集装置通过管道接至水桶，方便后期分析冲孔出煤量。调整水力冲孔钻杆位置，使水力冲孔钻杆到达冲孔初始位置，开启水力冲孔钻杆旋转变频控制器并调整至目标转速，调节高压水泵水压至目标值，开始水力冲孔试验。水力冲孔试验过程确保每一段冲孔过程中钻杆推进速度匀速，并在推进下一冲孔段时转换钻杆旋转速度。在进行下一段冲孔的同时，应更换水煤渣收集桶，便于后期分析不同冲孔转速下的水力冲孔效果。水力冲孔试验结束，关停高压水泵，退出水力冲孔钻杆，关闭变频控制器，并卸除水力冲孔物理模拟装置。对水煤渣进行分离处理，计算冲孔出煤量，反推冲孔孔洞等效半径。

(4) 冲孔后瓦斯抽采

重复步骤(2)，进行水力冲孔后煤层瓦斯抽采流程。

(5) 水力压裂

将高压水泵出水管路与试验箱体抽采出口连接，并将煤层瓦斯进气口管路卸除，保证水力压裂后注入的高压水可以顺利排出。调整高压水泵输出流量及工作压力，启动数据采集系统，打开高压水泵，待高压水泵正常并达到指定输出流量后，打开高压水泵出水管路，进行水力压裂物理模拟试验。观测注水压力演化曲线，并时刻注意进气口位置出水情况，当注水压力曲线明显下降时，进气口位置明显有水流出，结束水力压裂，关闭高压水泵，停止数据采集系统。

(6) 冲压后瓦斯抽采

重复步骤(2)，进行水力冲压一体化后煤层瓦斯抽采流程。瓦斯抽采结束后拆除抽采出气口外接管路，结束水力冲压一体化煤层强化抽采物理模拟试验。

6.2 水力冲压一体化物理模拟试验全程分析

如图 6-4 所示，演化曲线全程分为 5 个阶段：常规抽采、水力冲孔、冲孔后抽采、水力压裂、冲压后抽采。由图 6-4(a)可知，两条曲线明确了试验过程煤层充气与煤层瓦斯开始抽采的时间，发现煤层瓦斯常规抽采用时约 2 500 min，水力冲孔后强化瓦斯抽采用时约 1 100 min，水力冲压后强化瓦斯抽采用时不到 500 min，先冲后压一体化作用后煤层瓦斯抽采效率明显提高。试验采用位移控制方式，如图 6-4(b)所示，试验 5 个阶段均在受力状态下完成，但 5 部分试验间断完成，煤层加载过程变形不一致。需要说明的是，由于水力压裂过程相对较短，因此水压曲线没在图中展示。

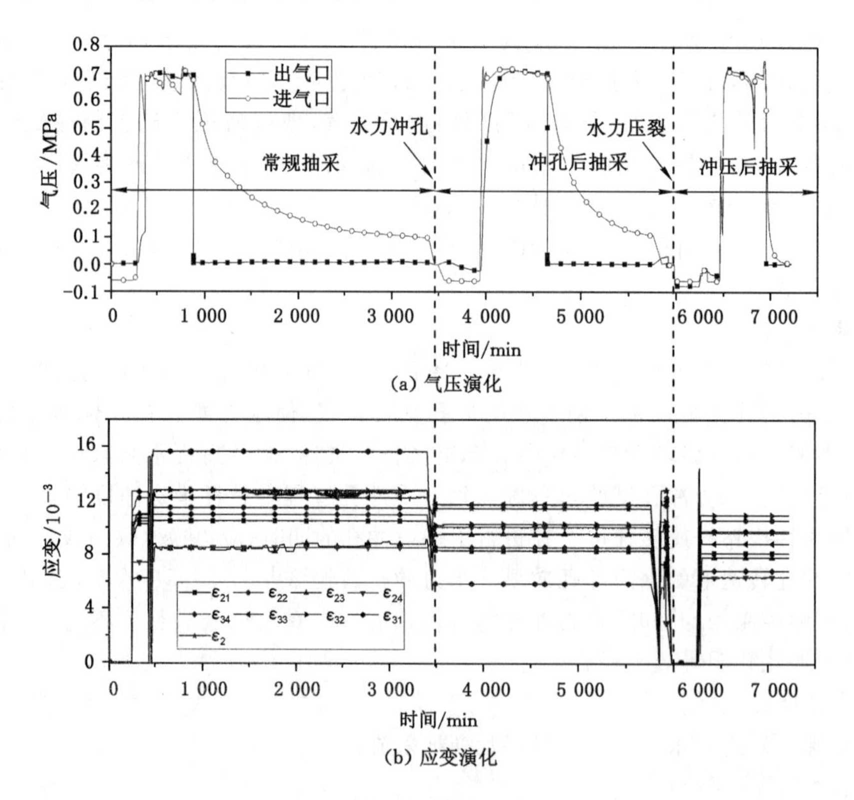

图 6-4 水力冲压一体化主控参数全程演化曲线

6.3 水力冲孔强化抽采物理模拟试验

6.3.1 煤体应力状态

为了对比煤体不同区域应力变化幅度，统一采取应力变化量作为纵坐标绘制应力演化曲线，如图 6-5 所示。

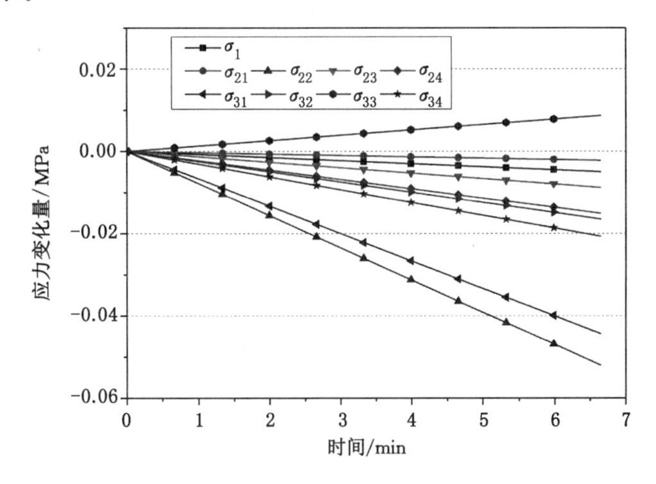

图 6-5 水力冲孔过程中煤体不同区域应力变化量对比图

如前所述中，第 1 段(110 mm)位于 1 区域，第 2 段和第 3 段(130 mm)位于 2 区域，第 4 段(180 mm)位于 3 区域，而 4 区域无水力冲孔段。由图 6-5 可知，只有 σ_{33} 出现增加趋势，其他区域应力均为降低。4 个区域煤体应力变化趋势整体表现为：2 区域应力降最大，3 区域应力降最小，1 区域和 4 区域应力降居中；同时，每个区域水平方向和垂直方向应力降差异较大。以上研究表明：

① 水力冲孔钻杆转速越大，煤体应力降越明显。

② 水力冲孔影响的应力降区域大于水力冲孔段所在区域。

③ 水力冲孔过程中煤体不同方向的应力降不同。

④ 水力冲孔会导致煤体局部出现应力增高现象。

分析认为，水力冲孔过程中高压水作用于钻孔表面煤体：一方面，增加了煤体含水率，弱化煤体强度；另一方面，高压水将部分煤体冲出，形成大直径孔洞。煤体应力状态重新分布后，钻孔周围煤体向钻孔方向移动，当外边界为位移控制边界条件时，煤体所受应力会降低。

6.3.2 冲孔孔洞等效半径

水力冲孔出煤量直接影响着冲孔卸压增透效果。当出煤量较小时，冲孔孔洞较小，卸压范围有限；当出煤量过大时，会导致相邻钻孔串气，影响抽采效率。冲孔孔洞半径的大小与孔洞周围煤体的变形幅度、卸压区范围和内部裂隙的发育程度呈正相关性，水力冲孔孔洞等效半径可以作为衡量冲孔效果的重要指标之一，计算冲孔孔洞半径及卸压增透影响半径非常必要。

为了简化计算，将冲孔孔洞截面等效为圆形，通过水力冲孔过程中冲出的水煤渣质量，反算水力冲孔孔洞等效半径。假设冲孔孔洞为圆柱形，根据圆柱体体积计算公式，则冲孔孔洞等效体积为：

$$V_1 = \pi R^2 L \tag{6-1}$$

预留钻孔体积为：

$$V_2 = \pi r^2 L \tag{6-2}$$

冲孔出煤量等效体积为：

$$V = \frac{m}{(1-n)\rho} \tag{6-3}$$

$$V = V_1 - V_2 \tag{6-4}$$

联立上式，则水力冲孔等效孔洞半径为：

$$R = \sqrt{\frac{m}{(1-\mathrm{n})\rho\pi L} + r^2} \tag{6-5}$$

式中，R 为水力冲孔孔洞等效半径，mm；m 为冲出煤粉的烘干质量，g；n 为成型煤样的含水率，10%；ρ 为成型煤样的密度，1.7×10^{-3} g/mm^3；L 为冲孔段长度，mm；r 为预留钻孔半径，6 mm。

表 6-5 为水力冲孔孔洞等效半径计算结果。在试验过程中，由于冲孔转速不同，出煤量在 131～207 g 范围内，通过换算得百米冲孔出煤量为 101～188 g，水力冲孔孔洞等效半径为 15.7～20.7 mm。如图 6-6 所示，在其他条件相同的情况下，水力冲孔孔洞等效半径随冲孔转速提高整体表现出增大的趋势，但增加速度逐渐减缓。因此，在实际工程中，通过适当提高冲孔转速，增强高压水剪切破坏煤体作用力，以增大冲出煤量并提高煤层透气性，但基于水力冲孔等效半径与冲孔转速呈非线性关系，冲孔转速不宜过高，以提高经济效益。

表 6-5　水力冲孔出煤量及冲孔孔洞等效半径统计

冲孔段	n/(r·min^{-1})	L/mm	$m_{水}$/kg	$m_{煤}$/g	R/mm
第 1 段	160	110	4.1	207	20.7
第 2 段	80	130	4.8	170	17.6
第 3 段	40	130	4.5	193	18.6
第 4 段	20	130	4.9	131	15.7

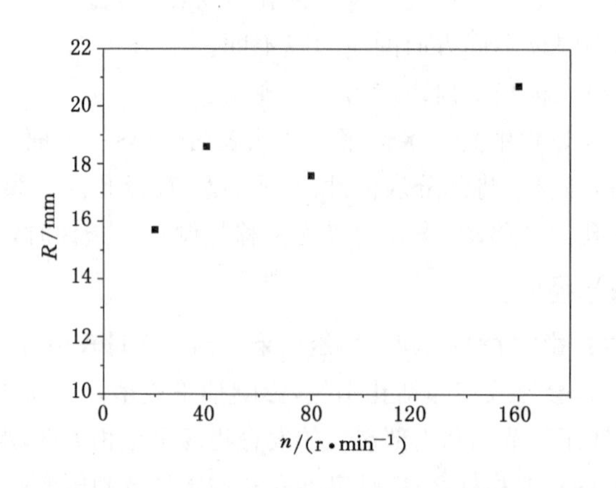

图 6-6　冲孔等效半径与转速之间的关系

6.3.3 冲孔塑性区半径

钻孔周围由于“三带”的存在，形成了破碎区（Ⅰ）、塑性区（Ⅱ）和弹性区（Ⅲ），如图 6-7 所示。钻孔周围由于高压水冲击及卸压作用形成大量裂隙和破碎煤体，因此渗透率明显增加。向煤体深处延伸，煤体由破碎状态转变为塑性状态。随着距钻孔中心距离的增大，煤体所受应力扰动减小，接近原始应力状态，煤体表现为弹性特性，其中破碎区与塑性区煤体渗透性增大[160]。

关于钻孔周围应力及卸压范围的计算，多从巷道围岩理论演变而来。许多学者基于以下基本假设，对钻孔周围应力分布进行分析[161-162]：

① 钻孔周围煤岩体为均质各向同性的理想弹塑性体，不考虑蠕变或黏性特性。

② 考虑到冲孔断面近似圆形，将钻孔断面视为圆形形状。

③ 钻孔长度远大于钻孔直径，可以采用平面应变问题方法，取钻孔截面做代表进行分析。

④ 钻孔埋深大于或等于 20 倍钻孔半径。将钻孔壁简化为二维非均匀应力场受力，其应力分布符合莫尔-库仑强度准则。为了方便计算，将钻孔周围非均匀应力场，等效为均匀受压应力场与左右受拉、上下受压的应力场叠加，如图 6-8 所示。

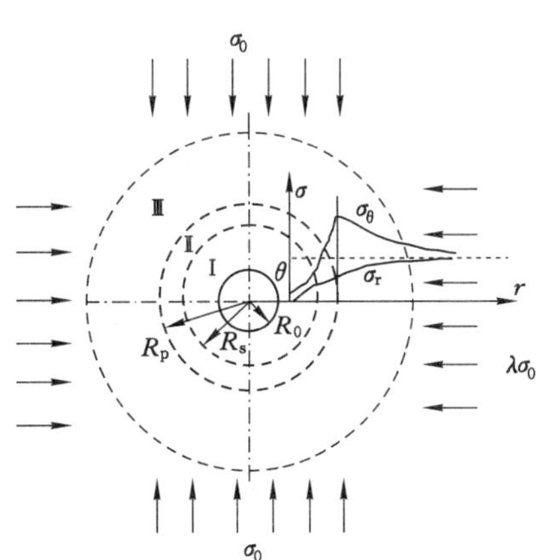

图 6-7 钻孔周围煤体应力分布

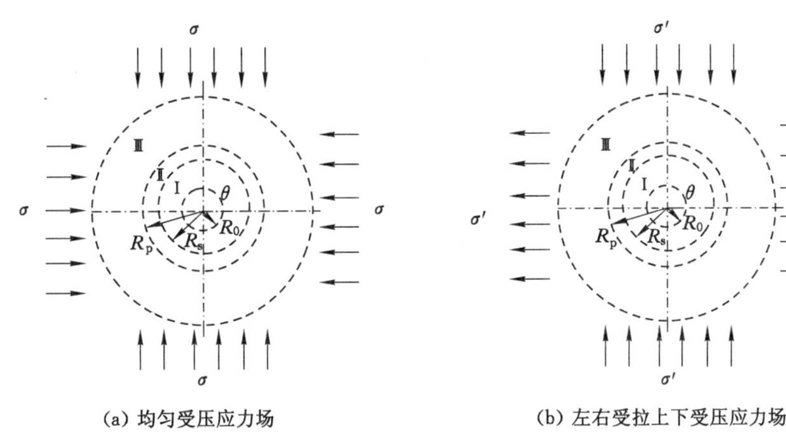

图 6-8 钻孔周围煤体应力分析

(1) 基本方程

根据图 6-8，等效受力分解得：

$$\sigma = \frac{1}{2}(1+\lambda)\sigma_0 \tag{6-6}$$

$$\sigma' = \frac{1}{2}(1-\lambda)\sigma_0 \tag{6-7}$$

钻孔周围煤岩体平衡方程：

$$\frac{d\sigma_r}{dr}+\frac{\sigma_r-\sigma_\theta}{r}=0 \tag{6-8}$$

式中，σ_r 为钻孔周围径向应力，MPa；σ_θ 为钻孔周围切向应力，MPa。

几何方程：

$$\begin{cases}\varepsilon_r=\dfrac{du}{dr}\\ \varepsilon_\theta=\dfrac{u}{r}\end{cases} \tag{6-9}$$

式中，ε_r 为钻孔周围径向应变，ε_θ 为钻孔周围切向应变。

内边界条件：$r=R_0$ 时，$\sigma_r=0$。

(2) 钻孔周围煤岩体塑性解析

钻孔周围处于塑性区的煤岩体，满足平衡方程，采用莫尔-库仑强度准则求解塑性区应力解。莫尔-库仑强度准则可由下式表示：

$$\sigma_\theta=\frac{1+\sin\varphi}{1-\sin\varphi}\sigma_r+\frac{2c\cdot\cos\varphi}{1-\sin\varphi} \tag{6-10}$$

式中：φ 为煤岩体内摩擦角，(°)；c 为黏聚力，MPa。

联立平衡方程、几何方程、莫尔-库仑强度准则及内边界条件，求解的塑性区应力：

$$\begin{cases}\sigma_r^{p}=c\cdot\cot\varphi\left(\dfrac{r}{R_0}\right)^{\frac{2\sin\varphi}{1-\sin\varphi}}-c\cdot\cot\varphi\\ \sigma_\theta^{p}=c\cdot\cot\varphi\left(\dfrac{1+\sin\varphi}{1-\sin\varphi}\right)\left(\dfrac{r}{R_0}\right)^{\frac{2\sin\varphi}{1-\sin\varphi}}-c\cdot\cot\varphi\end{cases} \tag{6-11}$$

通过塑性区应力表达式可知，塑性区应力与原岩应力无关，仅与钻孔半径及钻孔周围煤岩体性质有关，塑性区半径用 R_p 表示。

(3) 钻孔周围煤岩体弹性解析

钻孔周围塑性区以外处于弹性状态，对均匀受拉应力场与左右受拉上、下受压应力场分别进行解析。

均匀受压应力场中，弹性区外边界围压为 σ，弹性区内边界与塑性区交界应力为 σ_{R_p}，根据弹性力学理论解析距离钻孔中心 r 处的切向应力与径向应力，通过推导得：

$$\begin{cases}\sigma_r^{e}=\sigma\left(1-\dfrac{R_p^2}{r^2}\right)+\sigma_{R_p}\dfrac{R_p^2}{r^2}\\ \sigma_\theta^{e}=\sigma\left(1+\dfrac{R_p^2}{r^2}\right)-\sigma_{R_p}\dfrac{R_p^2}{r^2}\end{cases} \tag{6-12}$$

从应力叠加角度分析，弹性区内边界应力和为 σ_{R_p}，在均匀受压应力场中已考虑 σ_{R_p}。因此，在左右受拉上下受压的应力场中，考虑弹性区内边界应力为 0。根据弹性力学理论解析左右受拉上下受压的应力场中弹性区应力，通过推导得：

$$\begin{cases}\sigma_r^{e}=-\sigma'\left(1-4\dfrac{R_p{}^2}{r^2}+3\dfrac{R_p{}^4}{r^4}\right)\cos 2\theta\\ \sigma_\theta^{e}=\sigma'\left(1+3\dfrac{R_p{}^4}{r^4}\right)\cos 2\theta\\ \tau_{r\theta}^{e}=\sigma'\left(1+2\dfrac{R_p{}^2}{r^2}-3\dfrac{R_p{}^4}{r^4}\right)\sin 2\theta\end{cases} \tag{6-13}$$

通过两应力场叠加，得到非均匀应力场下弹性区围岩应力场：

$$\begin{cases}\sigma_r^{\mathrm{e}}=\sigma\left(1-\dfrac{R_{\mathrm{p}}{}^2}{r^2}\right)+\sigma_{R_{\mathrm{p}}}\dfrac{R_{\mathrm{p}}{}^2}{r^2}-\sigma'\left(1-4\dfrac{R_{\mathrm{p}}{}^2}{r^2}+3\dfrac{R_{\mathrm{p}}{}^4}{r^4}\right)\cos 2\theta\\ \sigma_\theta^{\mathrm{e}}=\sigma\left(1+\dfrac{R_{\mathrm{p}}{}^2}{r^2}\right)-\sigma_{R_{\mathrm{p}}}\dfrac{R_{\mathrm{p}}{}^2}{r^2}\sigma'\left(1+3\dfrac{R_{\mathrm{p}}{}^4}{r^4}\right)\cos 2\theta\\ \tau_{r\theta}^{\mathrm{e}}=\sigma'\left(1+2\dfrac{R_{\mathrm{p}}{}^2}{r^2}-3\dfrac{R_{\mathrm{p}}{}^4}{r^4}\right)\sin 2\theta\end{cases}\tag{6-14}$$

在弹塑性交界处，$r=R_{\mathrm{p}}$时，得：

$$\begin{cases}\sigma_r=\sigma_{R_{\mathrm{p}}}\\ \sigma_\theta=2\sigma-\sigma_{R_{\mathrm{p}}}+4\sigma'\cos 2\theta\end{cases}\tag{6-15}$$

通过弹塑性交界面应力连续，求得非均匀应力场下钻孔塑性区半径：

$$\begin{aligned}R^{\mathrm{p}}&=R_0\left[\frac{(\sigma+c\cdot\cot\varphi+2\sigma'\cos 2\theta)(1-\sin\varphi)}{c\cdot\cot\varphi}\right]^{\frac{1-\sin\varphi}{2\sin\varphi}}\\&=R_0\left\{\frac{[(1+\lambda)\sigma_0+2c\cdot\cot\varphi+2(1-\lambda)\sigma_0\cdot\cos 2\theta](1-\sin\varphi)}{2c\cdot\cot\varphi}\right\}^{\frac{1-\sin\varphi}{2\sin\varphi}}\end{aligned}\tag{6-16}$$

式中，R_0为钻孔半径，mm；c为黏聚力，MPa；φ为内摩擦角，(°)；σ_0为垂直方向地应力，MPa；λ为水平地应力与垂直地应力的比值。

钻孔塑性区半径与原始钻孔半径成正比。当$\lambda=1$时，钻孔塑性区为均匀轴对称应力分布，$R_{\mathrm{p}}=r_{\mathrm{p}}$。当$\lambda<1$：$\theta=0°$时，钻孔塑性区半径最大，$R_{\mathrm{p}}>r_{\mathrm{p}}$；$\theta=45°$，塑性区半径$R_{\mathrm{p}}=r_{\mathrm{P}}$；$\theta=90°$时的塑性区半径最小，$R_{\mathrm{p}}<r_{\mathrm{p}}$。

以上为非均布荷载作用下水力冲孔钻孔塑性区半径计算过程及结果，本试验符合该计算方法的基本假设，将试验参数代入式(6-16)，即可计算冲孔塑性区半径。已知水力冲孔钻孔径向方向垂直应力为1.95 MPa，水平应力为1.40 MPa，$\lambda=\dfrac{1.40\ \mathrm{MPa}}{1.95\ \mathrm{MPa}}=0.72$。煤体内摩擦角为38°，黏聚力为79.13 kPa。

由表6-6可见，不同方向塑性区半径同样呈现出随冲孔转速的增加而增加的整体变化趋势。同时，在水平方向塑性区半径最大，约达到冲孔孔洞等效半径的2.0倍；在垂直方向塑性区半径最小，约为冲孔孔洞等效半径的1.6倍。由煤体地应力加载方向和大小可知，水力冲孔产生的塑性区半径在地应力较小的方向更大，即地应力较小的方向煤层透气性增加更为显著。

表6-6 钻孔不同方向塑性区半径

$n/(\mathrm{r\cdot min^{-1}})$	R_0/mm	θ/(°)		
		0	45	90
160	20.7	40.8	37.6	33.5
80	17.6	34.7	31.9	28.5
40	18.6	36.7	33.7	30.1
20	15.7	31.0	28.5	25.4

6.3.4 冲孔卸压增透效果评价

水力冲孔卸压增透的过程是一个煤体破坏变形、裂隙扩展、渗透率提高、瓦斯解吸相互耦合的多物理场作用过程。现场对于水力冲孔卸压增透范围及效果评价的方法主要有气体压力法和瓦斯流量法。由于实验室试验条件限制，物理模拟水力冲孔过程中煤层不吸附瓦斯，因此在水力冲孔前后进行两次瓦斯抽采试验。通过对比两次试验的瓦斯压力、抽采达标时间、抽采达标区域和抽采流量，从而评价水力冲孔卸压增透效果。

(1) 瓦斯压力

为评价水力冲孔作用对煤层增透效果，选取煤层内不同位置瓦斯压力测点进行对比。测点选取涵盖各断面、层面和纵面，同时考虑测点与钻孔之间的距离，最终选定 P_1、P_2、P_{11}、P_{16}、P_{20}、P_{25}、P_{31}和 P_{33}共 8 个测点，如图 6-9 所示。

为进一步分析冲孔后煤层瓦斯抽采过程中煤层的各个方向上瓦斯运移规律，运用Matlab软件绘制煤层瓦斯压力流场图(箭头长短代表瓦斯压力梯度大小，箭头方向代表瓦斯气体流动运移方向)，如图 6-10 所示。在瓦斯抽采过程中，断面煤层瓦斯压力等值线以抽采钻孔为中心呈近似椭圆形向外扩展，椭圆形等值线长轴方向为地应力较小的方向，并且在钻孔周围瓦斯压力梯度较大。第一断面、第三断面和第四断面对应冲孔转速分别为 60 r/min、40 r/min和 20 r/min，出煤量随冲孔转速降低而降低，钻孔孔洞直径也呈减小趋势。在钻孔中心沿 y 轴减小的方向瓦斯压力梯度增大，瓦斯渗流速度较快，沿 y 轴增大的方向瓦斯压力梯度减小，瓦斯向钻孔渗流速度相对缓慢，该现象与试验应力加载方向有关。根据非均布荷载作用下塑性区半径计算结果可知，应力较小方向上的卸压范围大于应力较大方向上的卸压范围，这也导致了瓦斯压力等值线呈近似椭圆形分布。由同一断面不同抽采时刻条件下瓦斯压力流场图可知，随抽采时间延长，煤层瓦斯压力整体降低，瓦斯压力梯度增大，但瓦斯压力等值线形状相似，均为椭圆形。

如图 6-11 所示，由于传感器在 z 轴方向监测范围为 131～845 mm，因此绘制主纵面煤层瓦斯压力流场图范围为 $x=25\sim385$ mm，$z=131\sim845$ mm。在主纵面煤层瓦斯流场图中，煤层瓦斯压力梯度在钻孔周围较大，距离钻孔越远，煤层瓦斯压力梯度越小，说明在钻孔周围游离的瓦斯首先被排出，吸附瓦斯首先被解吸，随后煤层深部瓦斯继续被解吸。由于冲孔段范围为 $z=350\sim900$ mm，煤层瓦斯压力流场图以钻孔为中心基本沿 z 轴对称分布，在钻孔前端区域煤层瓦斯向钻孔方向扩散渗流，最终由钻孔排出。在瓦斯抽采持续过程中，煤层内瓦斯压力降低，而钻孔前方煤层瓦斯压力下降较慢，说明水力冲孔对钻孔前方区域卸压，其作用相对钻孔径向方向卸压作用较小。

为了更好地反应煤层各截面瓦斯压力随时间演化规律，绘制煤层截面瓦斯压力随时间演化云图。图 6-12 为水力冲孔前后第一断面($z=845$ mm)、第三断面($z=595$ mm)和第四断面($z=440$ mm)煤层瓦斯压力随时间演化云图。图 6-13 为水力冲孔前后主纵面($y=205$ mm)煤层瓦斯压力随时间演化云图。

由图 6-12(a)、图 6-12(c)和图 6-12(e)可知，冲孔前煤层瓦斯抽采过程瓦斯压力下降缓慢，除距离抽采口较近第一断面瓦斯压力下降速度相对较快，抽采至 300 min 时断面瓦斯压力降低至0.5 MPa以下，其他两个断面煤层瓦斯压力最大值仍在 0.6 MPa 以上。图 6-13(a)为初始抽采主纵面煤层瓦斯压力随时间演化云图，煤层瓦斯压力以钻孔为轴上下对称分布，钻孔末端煤层瓦斯压力降低相对缓慢。由图 6-12(b)、图 6-12(d)和图 6-12(f)可知，由于冲

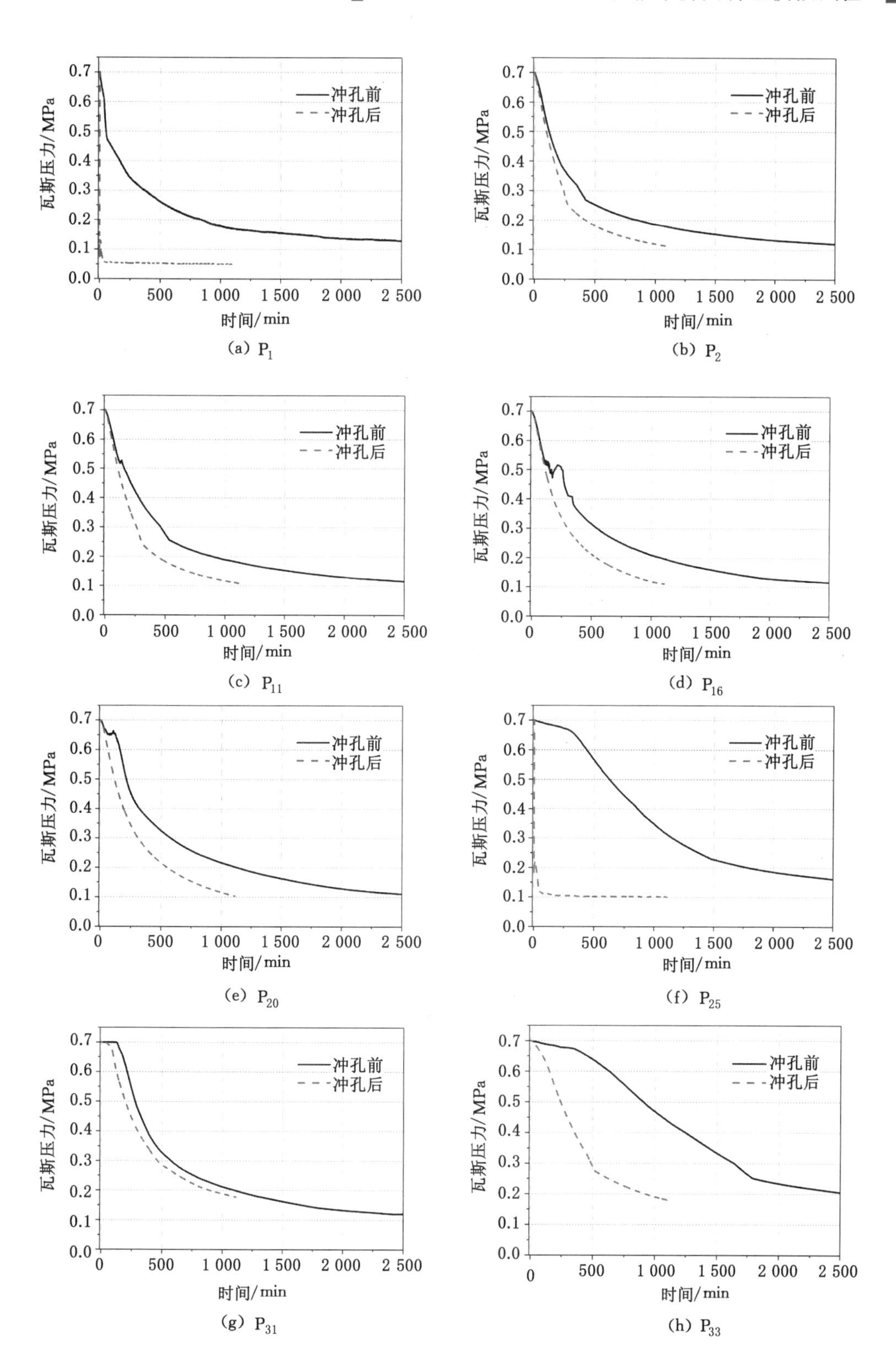

图 6-9　水力冲孔前后煤层瓦斯抽采部分测点压力对比图

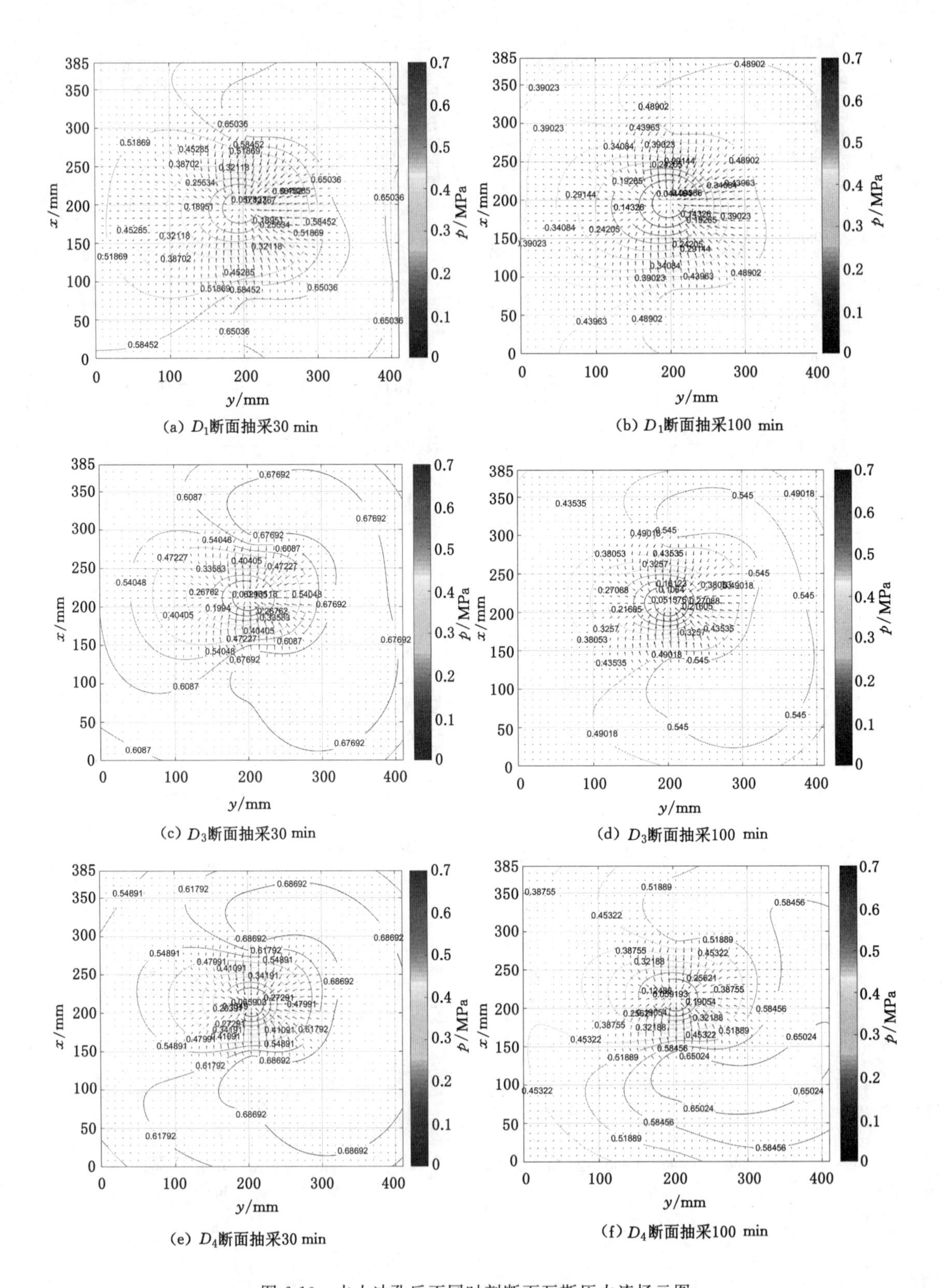

(a) D_1断面抽采30 min

(b) D_1断面抽采100 min

(c) D_3断面抽采30 min

(d) D_3断面抽采100 min

(e) D_4断面抽采30 min

(f) D_4断面抽采100 min

图 6-10 水力冲孔后不同时刻断面瓦斯压力流场云图

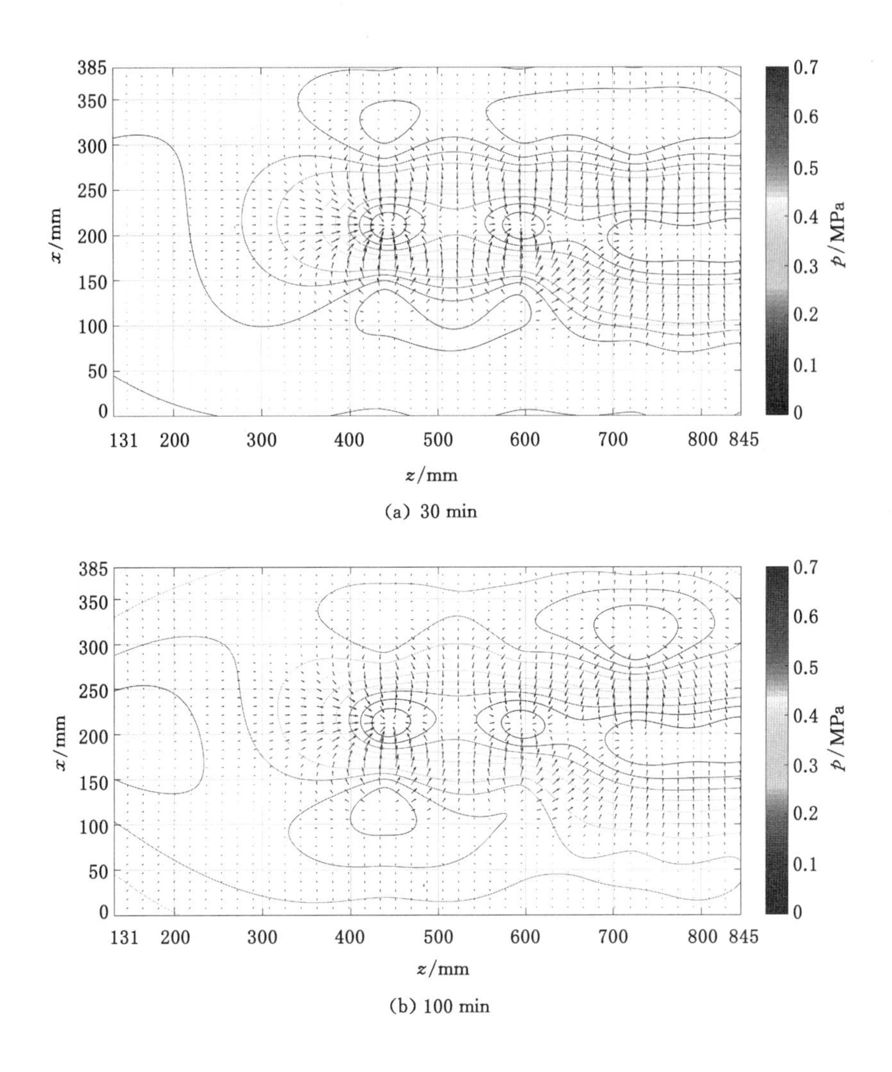

(a) 30 min

(b) 100 min

图 6-11 水力冲孔后不同时刻主纵面瓦斯压力流场云图

孔扩孔效应,3 个断面煤层瓦斯压力云图差别减小,抽采至 300 min 时,均降至 0.3 MPa 以下;图 6-13(b)中主纵面煤层瓦斯压力云图随时间演化速度明显加快,抽采至 300 min 时大部分区域降至 0.4 MPa 以下,由于钻孔未延伸至试件末端,$z=0$ mm 附近煤层瓦斯压力仍然接近 0.5 MPa,但明显比冲孔前抽采煤层瓦斯压力低。图 6-12(b)、图 6-12(d)和图 6-12(f)中 3 个断面任意时刻煤层瓦斯压力均以钻孔为中心向外近似成椭圆形扩展,随抽采时间延长,煤层瓦斯压力降低。图 6-13(b)中抽采初期,钻孔周围煤层瓦斯压力均有明显降低,随着抽采时间的延长,煤层瓦斯压力有明显降低。在相同抽采时间内,冲孔后抽采由于钻孔直径增大,煤层瓦斯与外界接触面积增大,瓦斯解吸速度加快;同时,冲孔造成的破碎区增加了煤层瓦斯渗流通道,煤层瓦斯运移快,瓦斯压力降低快,提高了煤层瓦斯抽采效率。

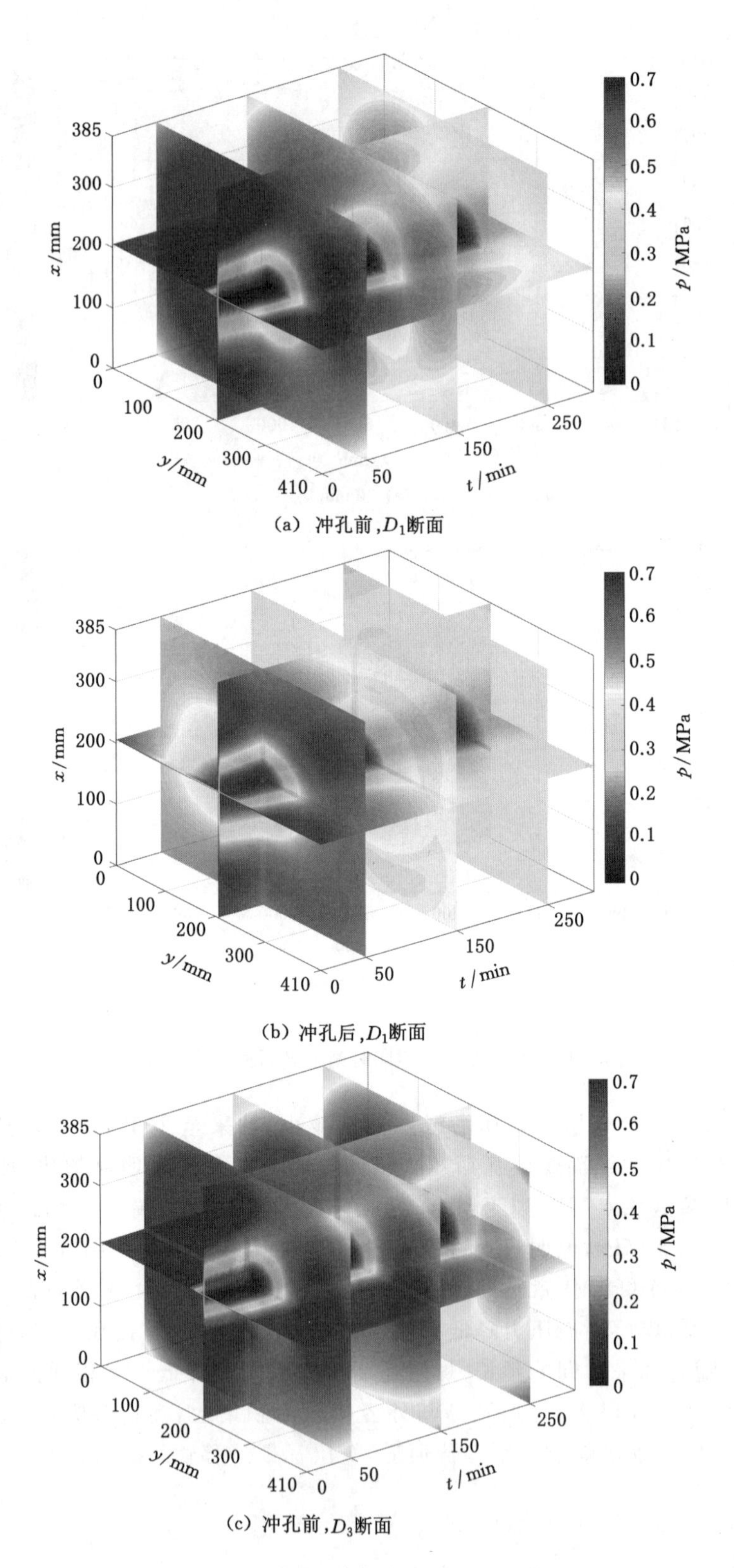

(a) 冲孔前,D_1断面

(b) 冲孔后,D_1断面

(c) 冲孔前,D_3断面

图 6-12　水力冲孔前后不同时刻断面瓦斯压力对比图

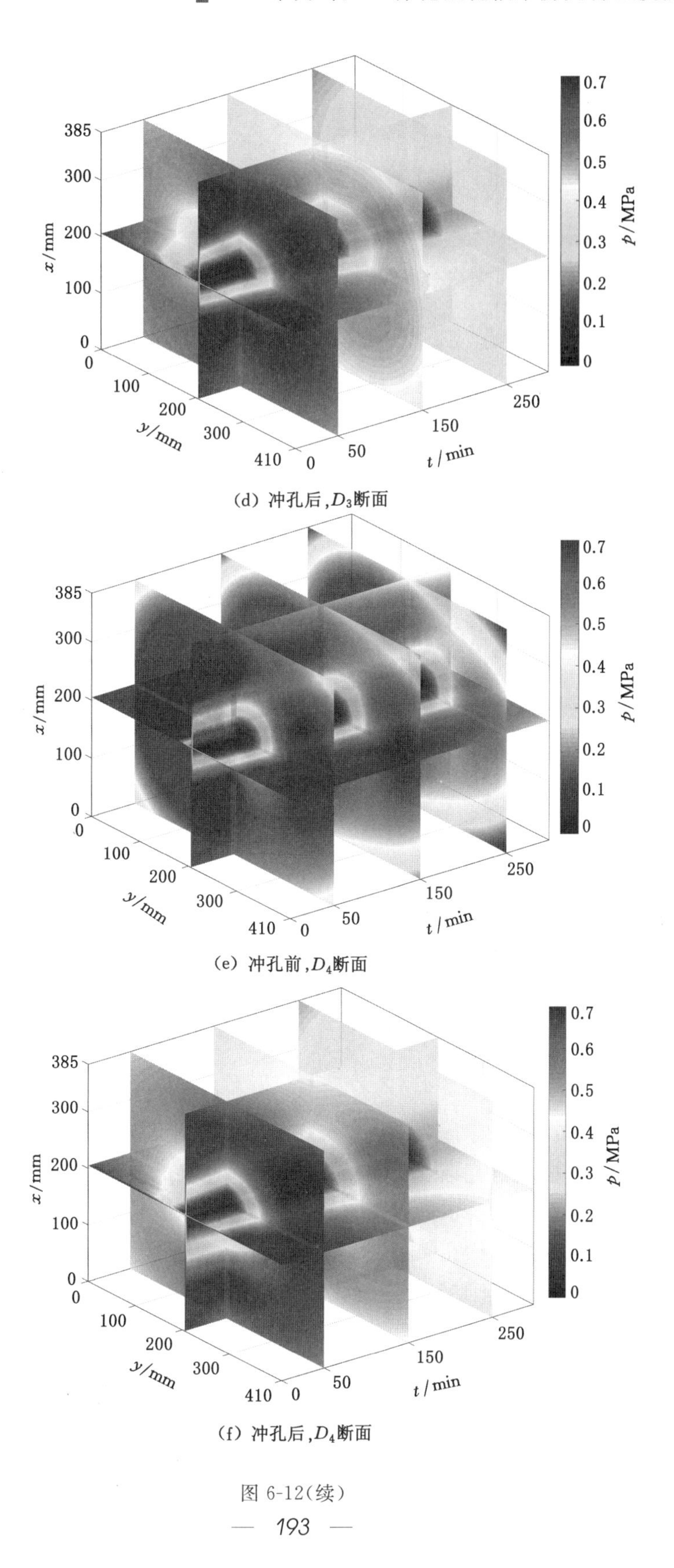

(d) 冲孔后，D_3断面

(e) 冲孔前，D_4断面

(f) 冲孔后，D_4断面

图 6-12(续)

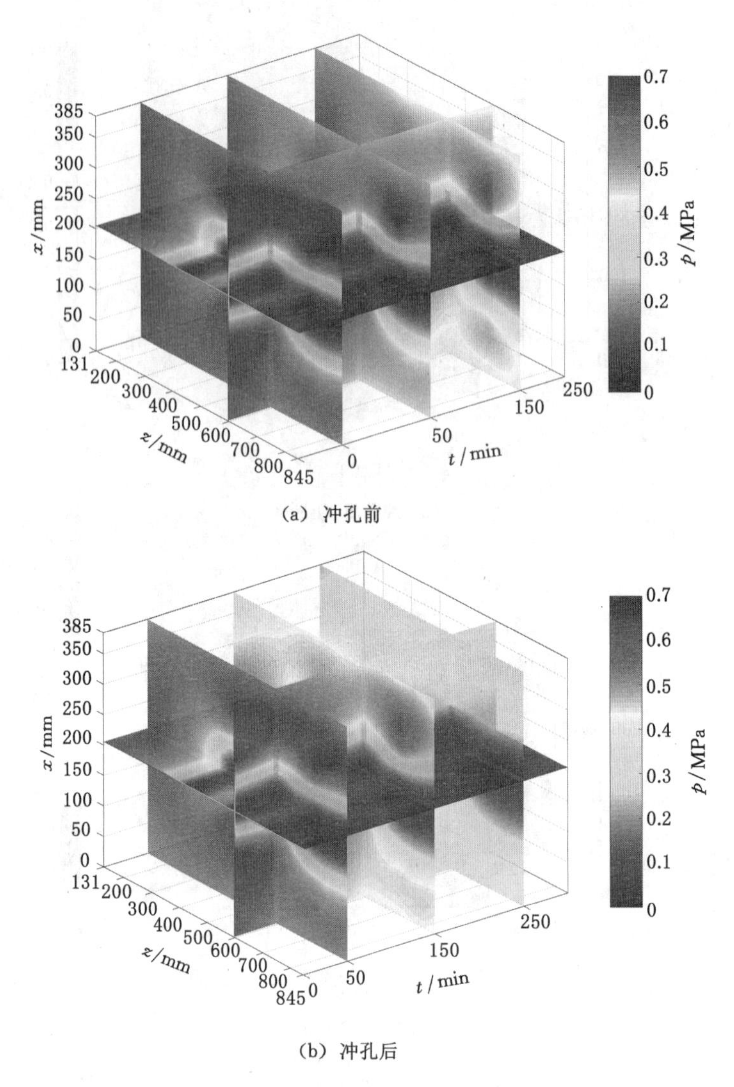

(a) 冲孔前

(b) 冲孔后

图 6-13　水力冲孔前后主纵面瓦斯压力流场对比图

(2) 抽采达标时间

由式(5-11)可知,煤层残余瓦斯压力 p_c 下降至煤层原始瓦斯压力 p_0 的 49%时,瓦斯抽采达标,这样通过各监测点瓦斯压力下降 51%时的抽采时间就可以分析各点抽采达标时间。为了便于分析,绘制煤层不同测点瓦斯压力下降率($1-p_t/p_0$)随时间的演化曲线,如图 6-14所示。测点 P_3 距离钻孔中心 100 mm,水力冲孔前常规抽采达标时间为 310 min,水力冲孔后抽采达标时间降至 197 min,强化抽采达标时间缩短至常规抽采的 64%。测点 P_{16} 距离钻孔中心 120 mm,水力冲孔前后抽采达标时间分别为 420 min 和 240 min,强化抽采达标时间缩短至常规抽采的 57%。测点 P_{30} 距离钻孔中心 180 mm,水力冲孔前后抽采达标时间分别为 440 min 和 238 min,强化抽采达标时间缩短至常规抽采的 54%。测点 P_{35} 距离钻孔中心 80 mm,水力冲孔前后抽采达标时间分别为 840 min 和 235 min,强化抽采达标时间缩短至常规抽采的 28%。通过对比发现,水力冲孔后煤层中各点抽采达标时间均显著降低，距钻孔中心距离越近，抽采达标时间缩短幅度越大。其中，距离钻孔最近的测点 P_{17} 最明显，水力冲孔孔洞可能已扩展至此处，或者该点处于水力冲孔后孔洞周围形成的破碎带内。测点 P_{35} 在钻孔前方区域，在冲孔作用下，抽采效率也得到了明显提高，说明水力冲孔不仅对钻孔周围卸压，对钻孔端部一定范围内也有卸压增透作用。

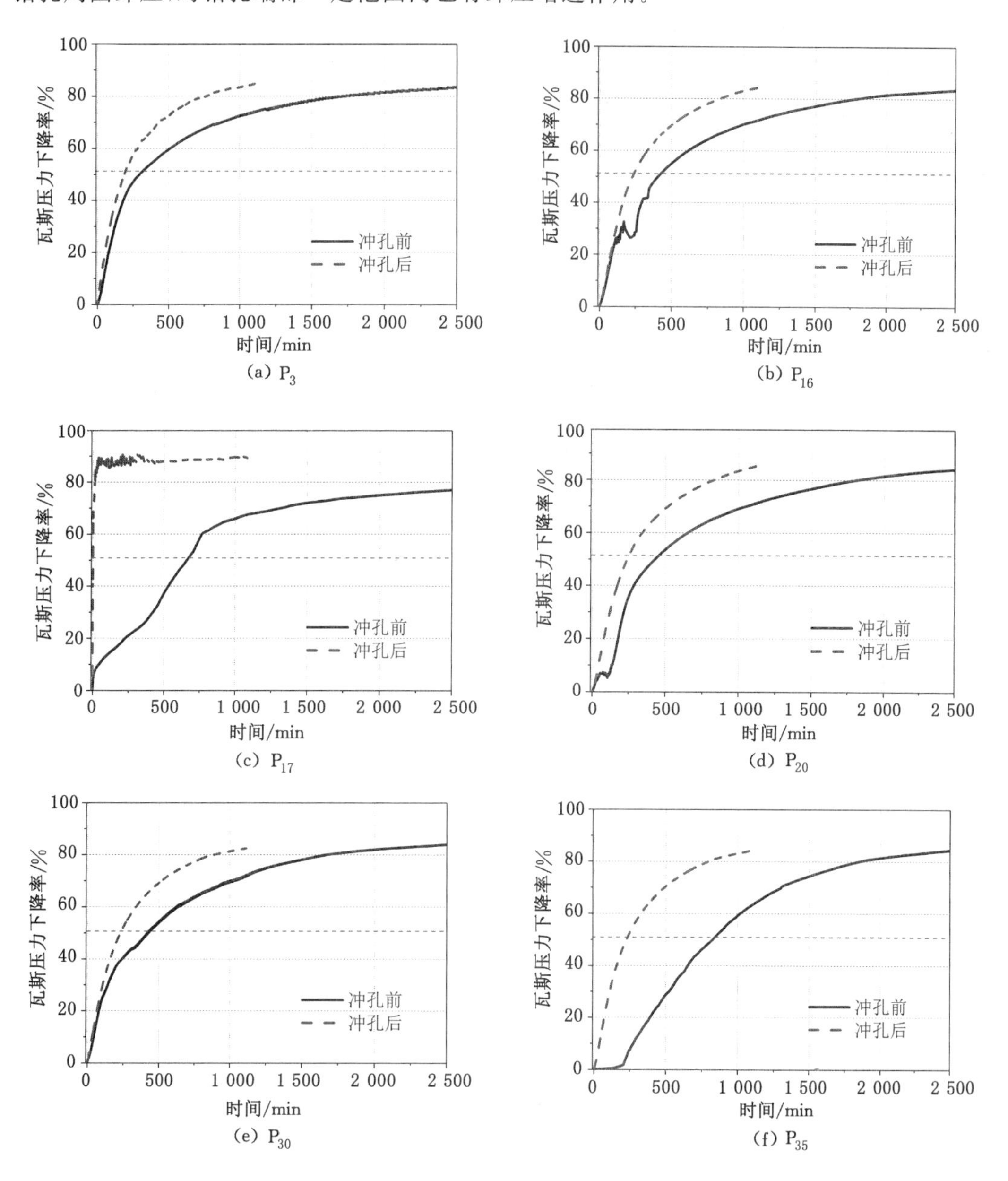

图 6-14 水力冲孔前后不同测点瓦斯压力抽采达标时间对比图

(3) 抽采达标区域

瓦斯抽采试验中煤层原始瓦斯压力为 0.7 MPa，按照 49%的气压下降率可知，当煤层瓦斯压力降低至 0.343 MPa 时，即抽采达标。因此，进一步提取瓦斯流场中 0.343 MPa 等值线，等值线内部即为瓦斯抽采达标范围。

由图 6-15 可知，在抽采相同时间条件下，冲孔后煤层瓦斯抽采达标区域明显增大；抽采达标范围呈椭圆形，与冲孔卸压范围相吻合，水平方向最大，垂直方向最小。由于水平方向应力加载压头作用在 $y=410$ mm 处，$y=0$ mm处为固定反力支架，沿 y 轴减小方向，一定程度上存在应力传递衰减，导致 $y<205$ mm区域冲孔卸压增透范围大于 $y>205$ mm 区域。

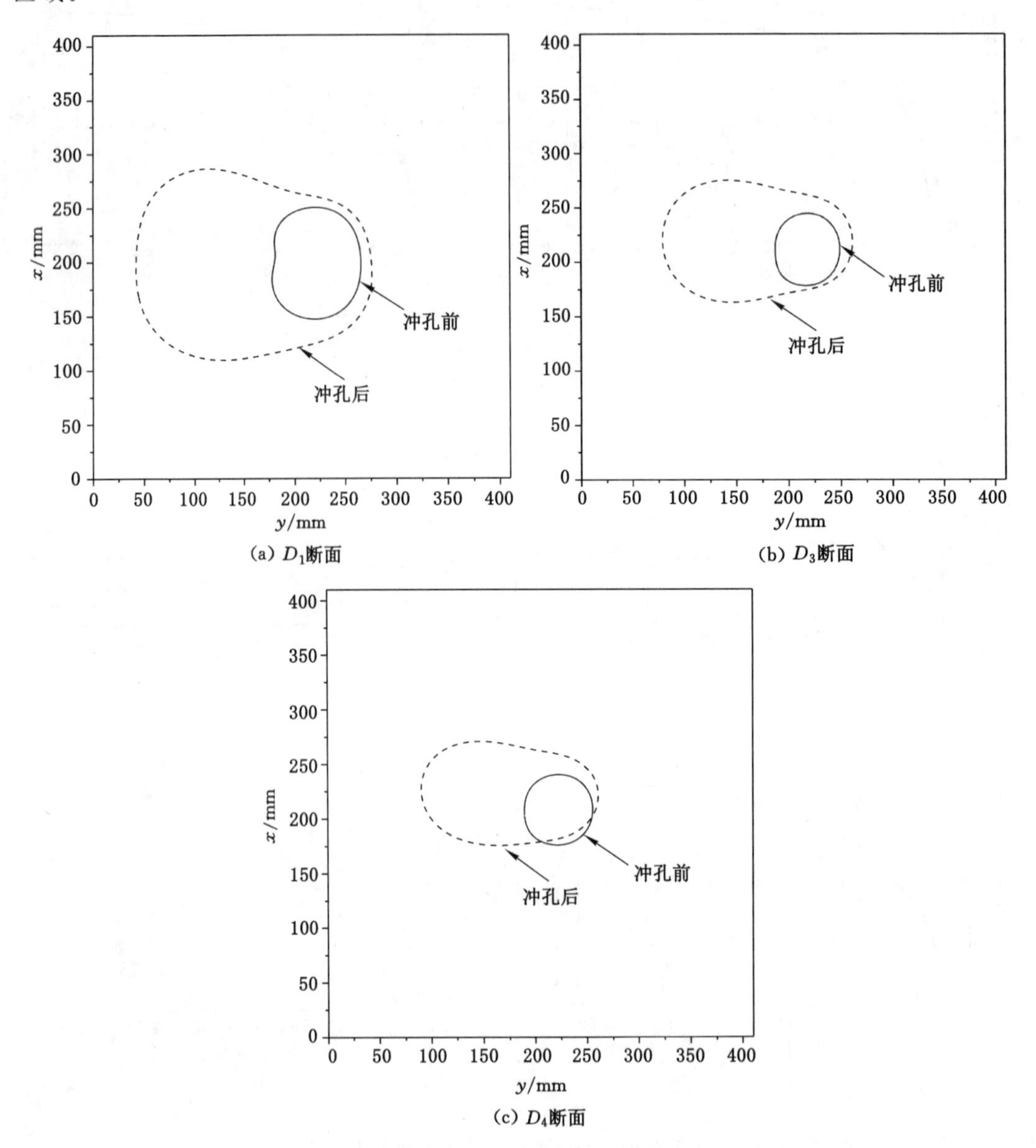

(a) D_1断面　(b) D_3断面　(c) D_4断面

图 6-15　冲孔前后抽采 100 min 不同断面抽采达标范围对比图

如图 6-16 所示，其中，不同抽采达标范围由内到外对应冲孔转速分别为 20 r/min、40 r/min和 160 r/min。研究表明，不同时刻 3 种冲孔转速条件下抽采达标范围均随着转速的增加而增大，与前文分析结果一致，但不同转速下抽采达标范围形状较为相似。分析认为，由于不同转速条件下地应力相同，而地应力控制着卸压方向，在其余条件保持不变增加冲孔转速的条件下，冲孔出煤量不同，冲孔孔洞等效半径不同，导致其卸压增透范围不同，卸压形状形似。

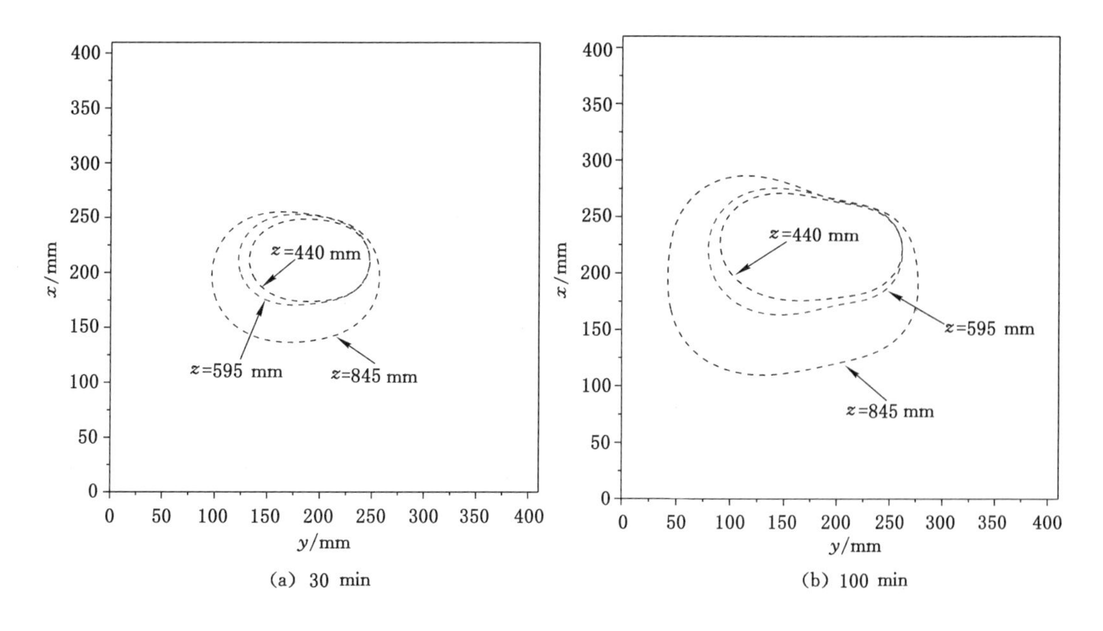

图 6-16 冲孔后 3 个断面抽采不同时刻达标范围对比图

如图 6-17 所示，随着抽采的进行，抽采达标曲面分别向 x 轴方向和 y 轴方向扩展，且水力冲孔后的抽采达标曲面扩展速度明显更快，抽采 200 min 时刻水力冲孔后对应断面抽采达标范围超过整个断面的 1/2，而水力冲孔前对应断面抽采达标范围只达到整个断面 1/6 左右。

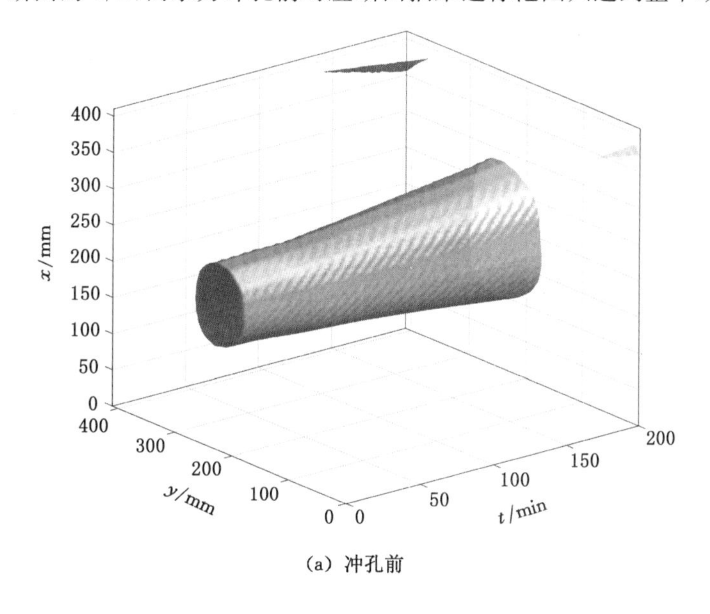

(a) 冲孔前

图 6-17 冲孔前后第一断面抽采达标范围动态对比图

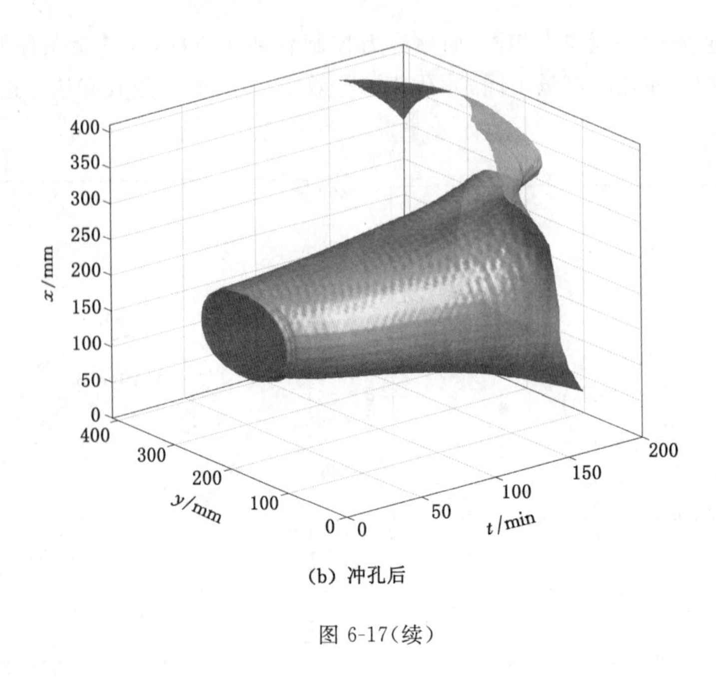

(b) 冲孔后

图 6-17(续)

(4) 抽采流量

煤层瓦斯抽采流量是衡量煤层增透效果的一个重要指标,现场测试中通过钻孔瓦斯抽采流量及瓦斯浓度等参数对煤层增透效果进行评价。在试验过程中,通过连接流量计的方式测试煤层充入瓦斯量及煤层瓦斯抽采流量。图 6-18 为水力冲孔前后两次煤层瓦斯抽采瞬时流量、累积抽采量及预抽率演化曲线。

由图 6-18(a)可知,水力冲孔后瓦斯抽采初期最大瞬时流量为 5 L/min,之后开始逐渐下降,而冲孔前煤层瓦斯抽采初期,瓦斯瞬时最大流量为 2 L/min,并且呈现“先减小、后增大、再减小”的现象。由于抽采初期游离瓦斯排出,吸附瓦斯解吸运移缓慢,煤层瓦斯流量降低,随着抽采的进行吸附瓦斯解吸平稳并缓慢降低。对比冲孔前后煤层瓦斯抽采瞬时流量,发现冲孔后瓦斯瞬时流量明显高于冲孔前,但由于大量瓦斯解吸排出,同时该试验为无瓦斯源抽采,导致抽采后期冲孔后抽采瞬时流量略低于冲孔前抽采瞬时流量。分析认为,水力冲孔导致钻孔直径增大,钻孔周围应力重分布过程,导致钻孔周围破碎,形成大量裂隙,煤层渗透性提高。由图 6-18(b)可知,冲孔前煤层充入瓦斯量在初期迅速上升,随后缓慢增加,而水力冲孔后煤层瓦斯充入量在较短时间内即达到冲孔前煤层瓦斯充入量,并在一定时间内保持稳定。抽采初期,冲孔后煤层瓦斯抽采量明显大于冲孔前煤层瓦斯抽采量;抽采过程中,抽采瓦斯量前期上升较快,随着抽采的进行,抽采量上升速度变缓,并趋于平稳,在相同抽采时间内,冲孔后瓦斯抽采量始终大于冲孔前瓦斯抽采量。由图 6-18(c)可知,水力冲孔后充入气体 4 620 L,抽出气体 1 861 L,煤层瓦斯预抽率为 40%,抽采时间为 1 100 min;水力冲孔前抽采充入气体 4 611 L,相同时间内抽出气体 1 459 L,煤层瓦斯预抽率为 32%。以煤层瓦斯预抽率达到 30%为评判抽采达标标准,则冲孔前抽采达标时间为 960 min,冲孔后抽采达标时间为 567 min,抽采达标时间降低了 41%。

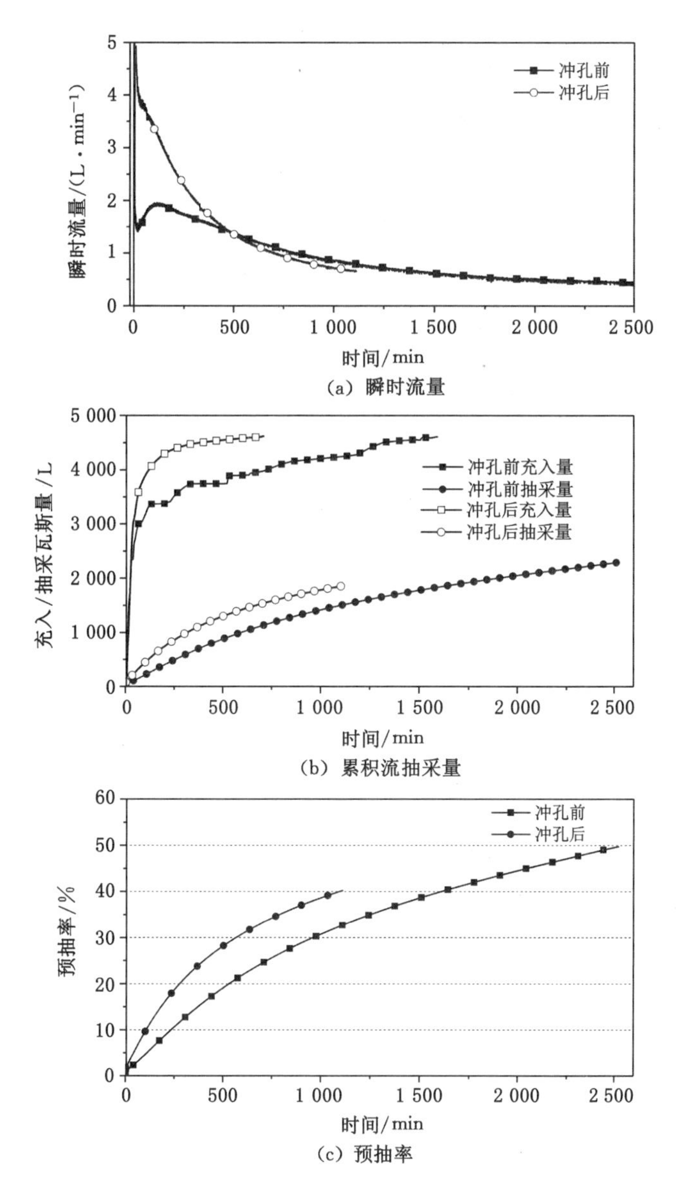

(a) 瞬时流量

(b) 累积流抽采量

(c) 预抽率

图 6-18 冲孔前后瓦斯抽采流量对比图

6.4 水力压裂强化抽采物理模拟试验

6.4.1 注水压力演化

图 6-19 为单一水力压裂过程中注水压力随压裂时间演化曲线。该曲线可分为 4 个阶段:第 1 阶段为压裂前 5 s 时段,此时注水压力基本不变,高压水主要充满煤体内部大的孔裂隙,称为平台期;第 2 阶段为之后的 5 s 时段,此时水压急剧上升至 2.4 MPa,高压水开始进入煤体的微小裂隙并对煤体产生一定的压力,称为水压快速升高阶段;第 3 阶段为之后的

18 s 时段，水压增速变缓，高压水对煤体的作用逐渐增强，最终水压升到峰值为 4 MPa，称为水压缓慢升高阶段；第 4 阶段为水压下降阶段，此时煤体开裂，有水流出，水压降低至 0.5 MPa，之后关停压力泵后再次开始压裂，水压力在 0.5 MPa 左右出现波动，并有大量水流出，表明压裂裂缝已扩展至试件边界。通过水压曲线可以看出，本次试验中煤体起裂压力为 4 MPa，且煤体压裂之后再次压裂，未出现明显的水压升高，表明第一次压裂即实现了煤体主裂隙的贯通，有效地增加了煤体的透气性，压裂效果较好。

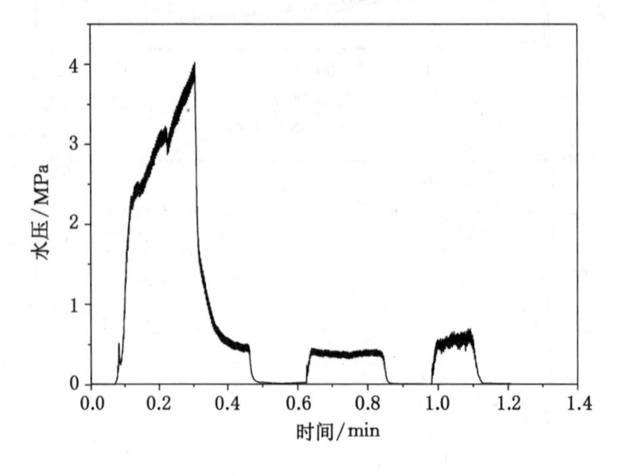

图 6-19 单一水力压裂注水压力随时间演化曲线

6.4.2 煤体应力演化

由图 6-20 和图 6-19 中可知，σ_2 方向与 σ_3 方向煤层应力均随注水压力升高而升高，并在注水压力最大时达到峰值，其中 σ_3 方向应力变化量大于 σ_2 方向应力变化量，σ_1 方向应力随注水压力升高也有一定程度上升，但相对于其他两个方向，应力变化量较小。其中，σ_1、σ_2 和 σ_3 方向最大应力变化量分别为0.3 MPa、1.5 MPa 和 1.9 MPa。σ_2 方向在压裂钻孔范围内应力变化较大，最大为 σ_{21}、σ_{22} 和 σ_{23}，对应最大应力均上升至 2.35 MPa，但随注水压力降低，σ_{22} 应力下降量最大，在压裂钻孔前端的 σ_{24} 随注水压力上升也有一定升高，升高至 1.65 MPa 左右。σ_3 方向上应力变化最大的是 σ_{31}，其次是 σ_{32} 和 σ_{33}，变化量最小的为钻孔前端的 σ_{34}。

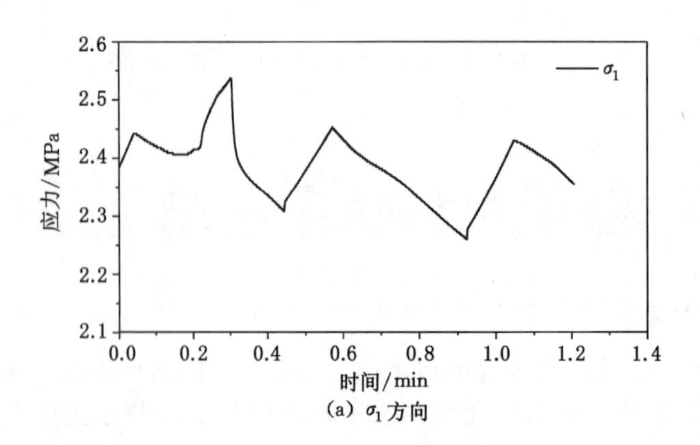

(a) σ_1 方向

图 6-20 单一水力压裂过程中煤体应力演化曲线

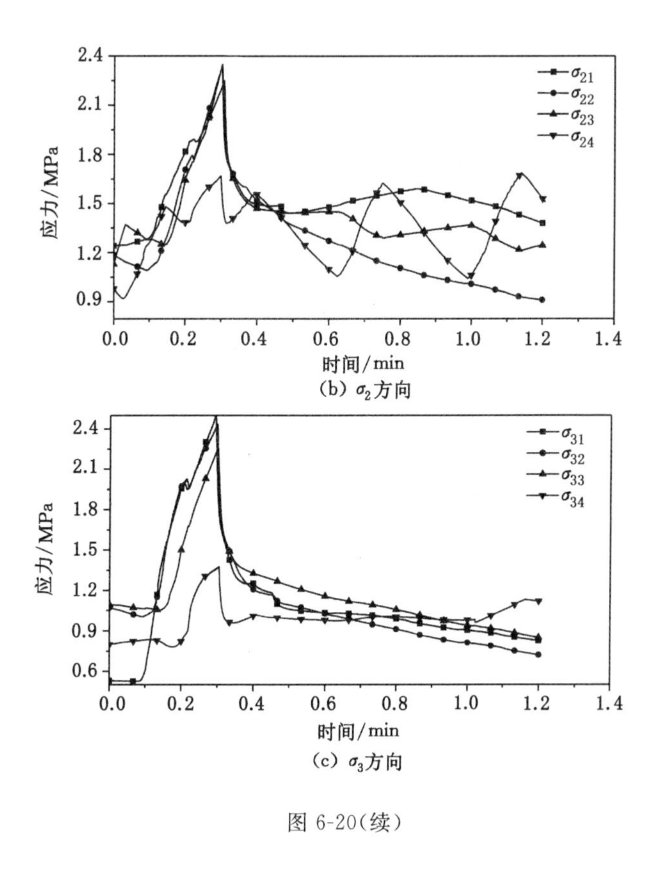

(b) σ_2方向

(c) σ_3方向

图 6-20(续)

6.4.3 煤体变形演化

如图 6-21 所示,σ_1 方向最大变形量为0.01 mm;σ_2 方向在注水压力上升阶段煤层变形较小;σ_3 方向随注水压力上升煤层发生膨胀变形。研究表明,随煤层压裂,压力水流出,部分煤层压裂裂缝闭合,但仍存在张开裂隙。

对比煤体 3 个方向变形量发现,沿钻孔走向方向即 σ_1 方向变形量最小,几乎不受压裂影响;变形量最大的是钻孔径向方向的最小应力 σ_3 对应方向,与压裂裂缝扩展规律一致,表明裂缝垂直于最小主应力方向扩展,压裂形成张拉破坏,最小主应力方向产生较大的膨胀变形。结合水力压裂过程变形及应力演化规律发现,压裂裂缝易沿垂直于最小主应力方向扩展延伸,形成张拉裂缝,在裂缝扩展延伸过程中会沿钻孔走向方向扩展,影响钻孔前端应力变形分布,形成一定卸压范围,但钻孔前端卸压效果不如钻孔径向方向卸压效果明显。

6.4.4 压裂缝网改造效果评价

单一水力压裂缝网改造效果同样通过压裂前后两次瓦斯抽采效果进行评价。图 6-22 选取单一水力压裂前后瓦斯抽采过程中部分测点气压进行对比,总体上水力压裂后煤层瓦斯压力下降速度均明显提高。水力压裂前煤层瓦斯抽采 2 500 min 时瓦斯压力降低至约 0.25 MPa,水力压裂后煤层瓦斯抽采 500 min 时,煤层瓦斯压力降低至 0.10 MPa。研究表明,水力压裂过程中压裂裂缝与压裂钻孔相连通,构成瓦斯渗流通道,瓦斯压力下降速率增加,瓦斯抽采达标时间降低,煤层瓦斯抽采速度显著提高。

由图 6-23 可知,水力压裂前煤层瓦斯压力以钻孔为中心均匀降低,水力压裂后煤层瓦

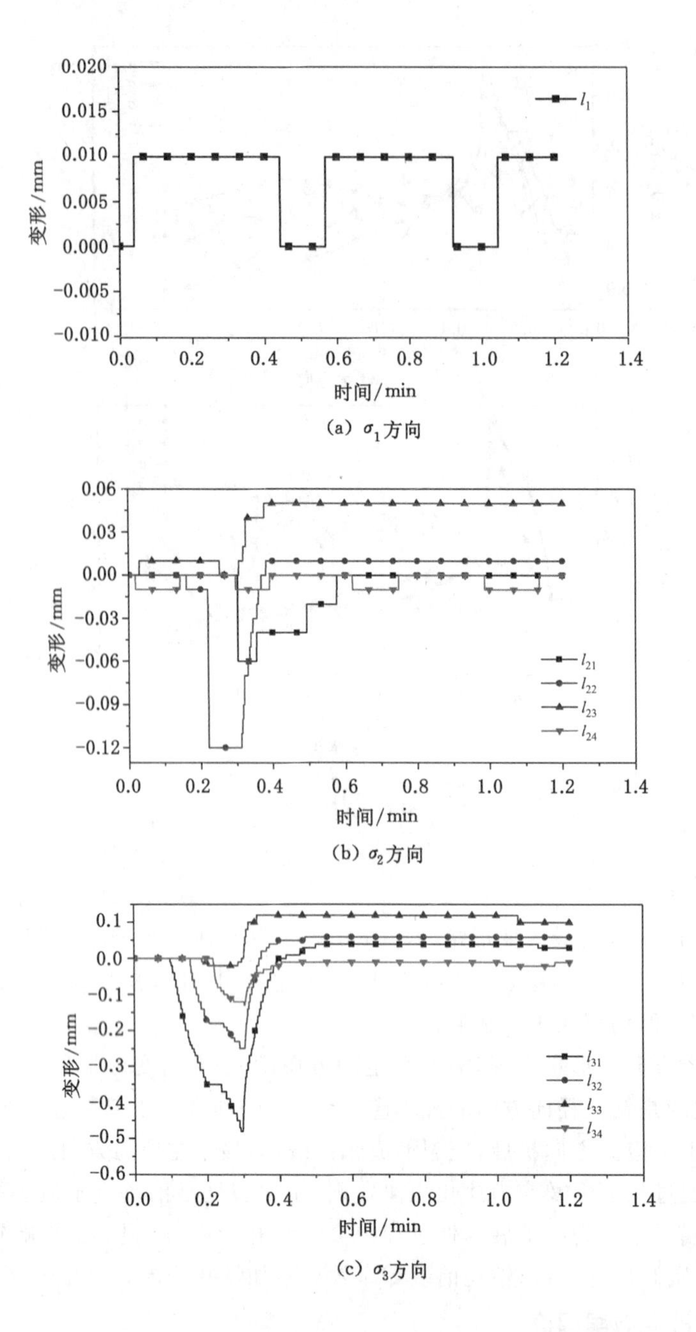

(a) σ_1方向

(b) σ_2方向

(c) σ_3方向

图 6-21　单一水力压裂过程中煤体变形演化曲线

斯抽采过程中存在部分区域瓦斯压力降低较快。抽采时间相同，水力压裂后抽采过程煤层瓦斯压力明显比水力压裂前煤层瓦斯抽采过程瓦斯压力低。由图 6-24 可知，水力压裂后钻孔前端瓦斯压力降低速度明显提高，说明水力压裂过程中裂缝沿钻孔走向方向向钻孔前端扩展，压裂裂缝形成渗流通道，加速煤层瓦斯解吸运移，提高了煤层瓦斯抽采效率。

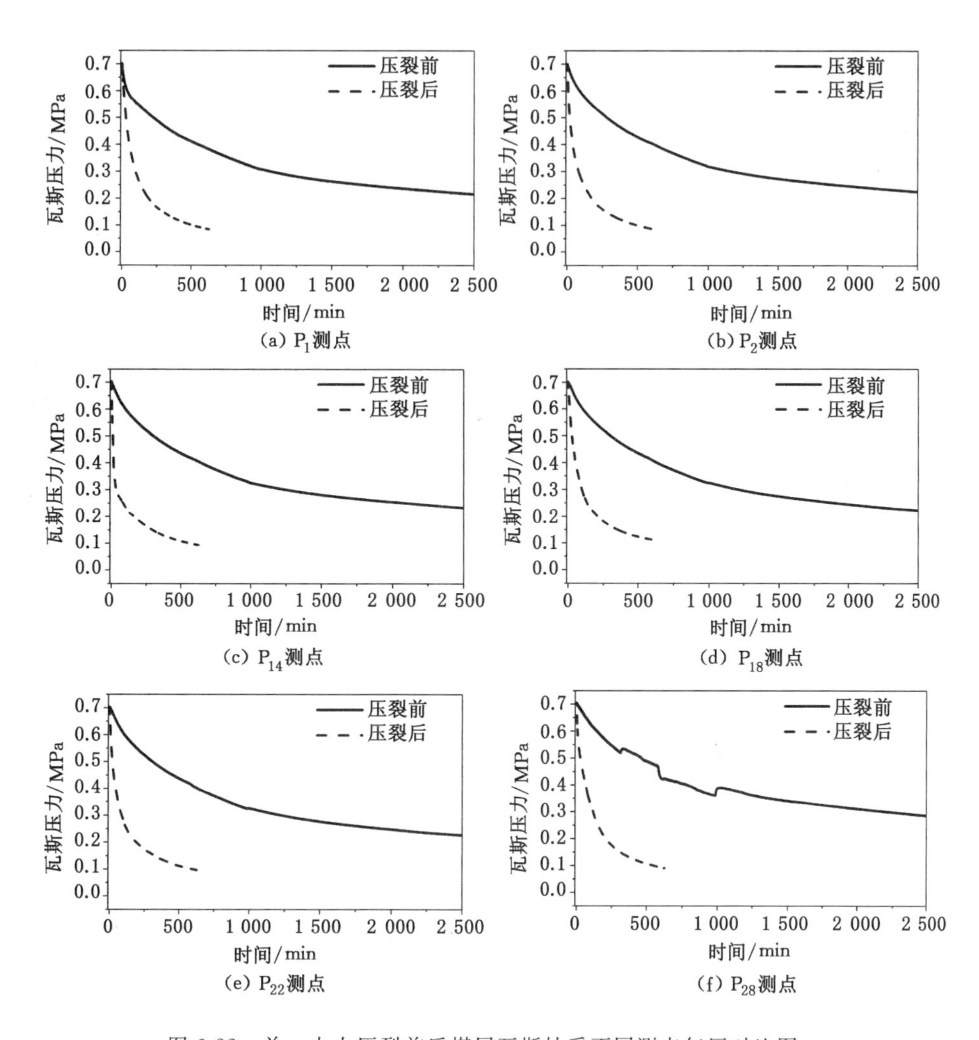

图 6-22　单一水力压裂前后煤层瓦斯抽采不同测点气压对比图

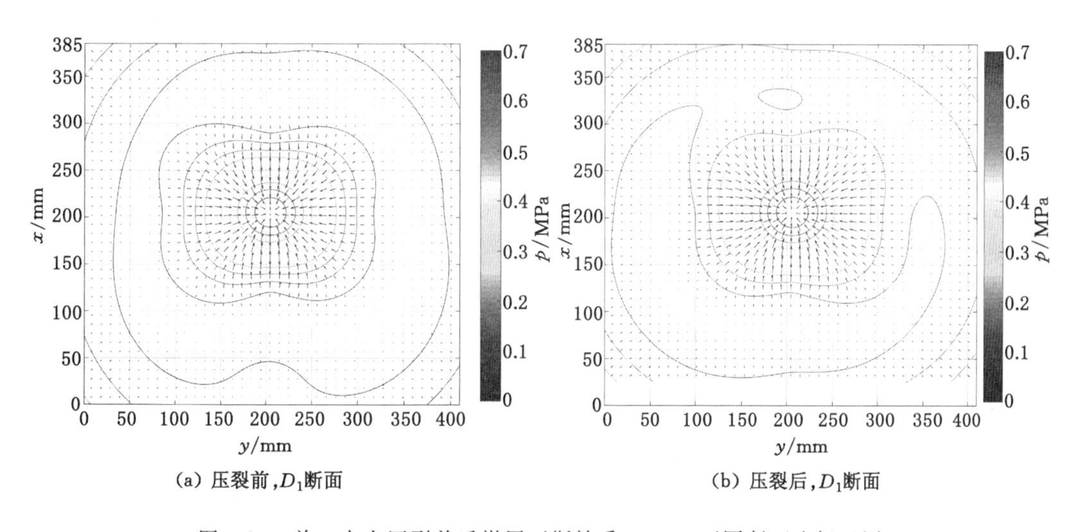

图 6-23　单一水力压裂前后煤层瓦斯抽采 10 min 不同断面流场云图

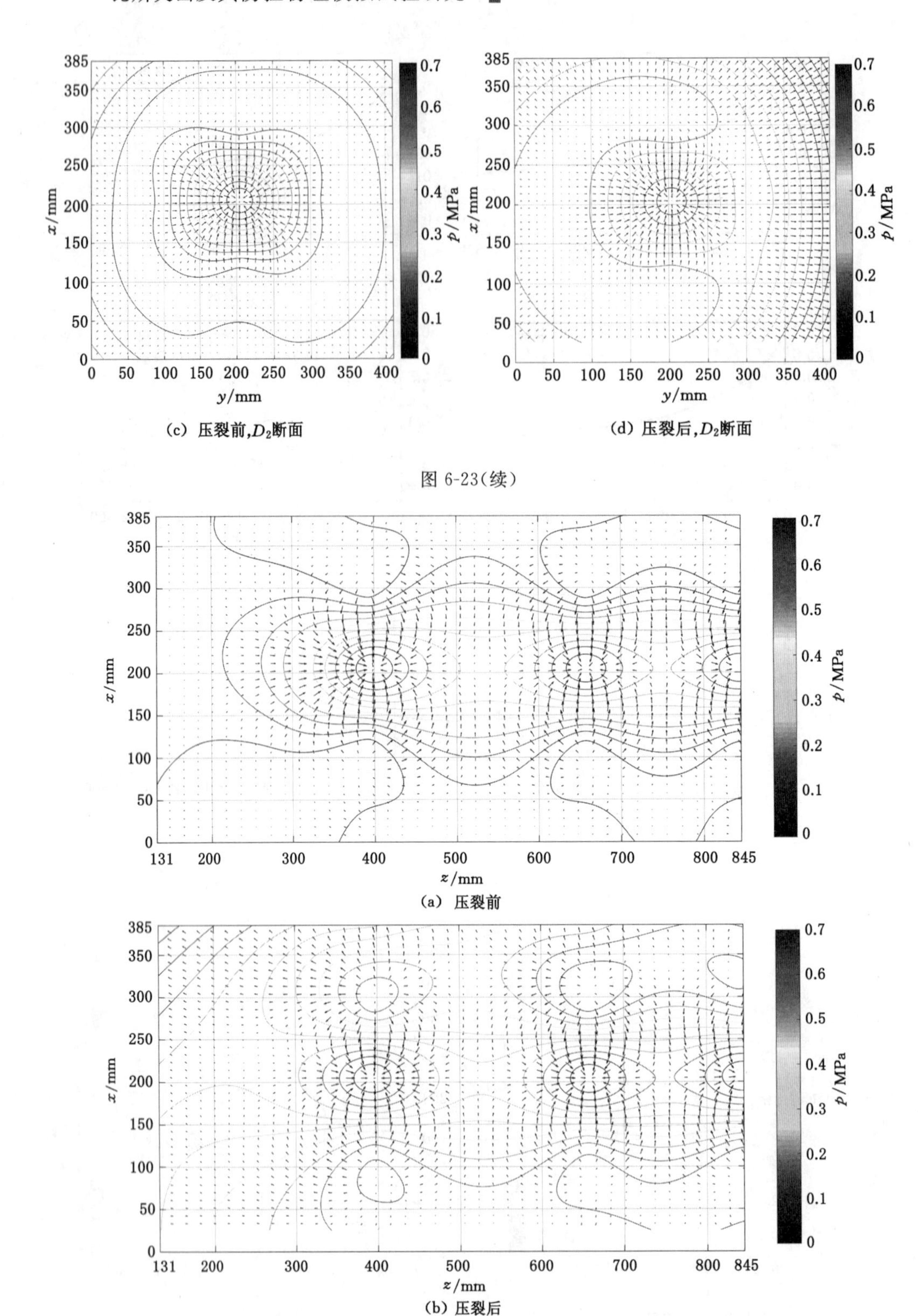

(c) 压裂前,D_2断面

(d) 压裂后,D_2断面

图 6-23(续)

(a) 压裂前

(b) 压裂后

图 6-24 单一水力压裂前后煤层瓦斯抽采 10 min 主纵面流场云图

进一步绘制断面及主纵面上煤层瓦斯压力随时间演化云图，包括第一断面、第二断面、第四断面和主纵面，如图 6-25 和图 6-26 所示。其中，单一水力压裂前后煤层瓦斯抽采过程瓦斯压力云图绘制时间为抽采开始后的 300 min，选取 3 个时间截面分别为50 min、150 min 和 250 min。研究表明，水力压裂后煤层瓦斯抽采过程中，瓦斯压力降低速度明显提高。

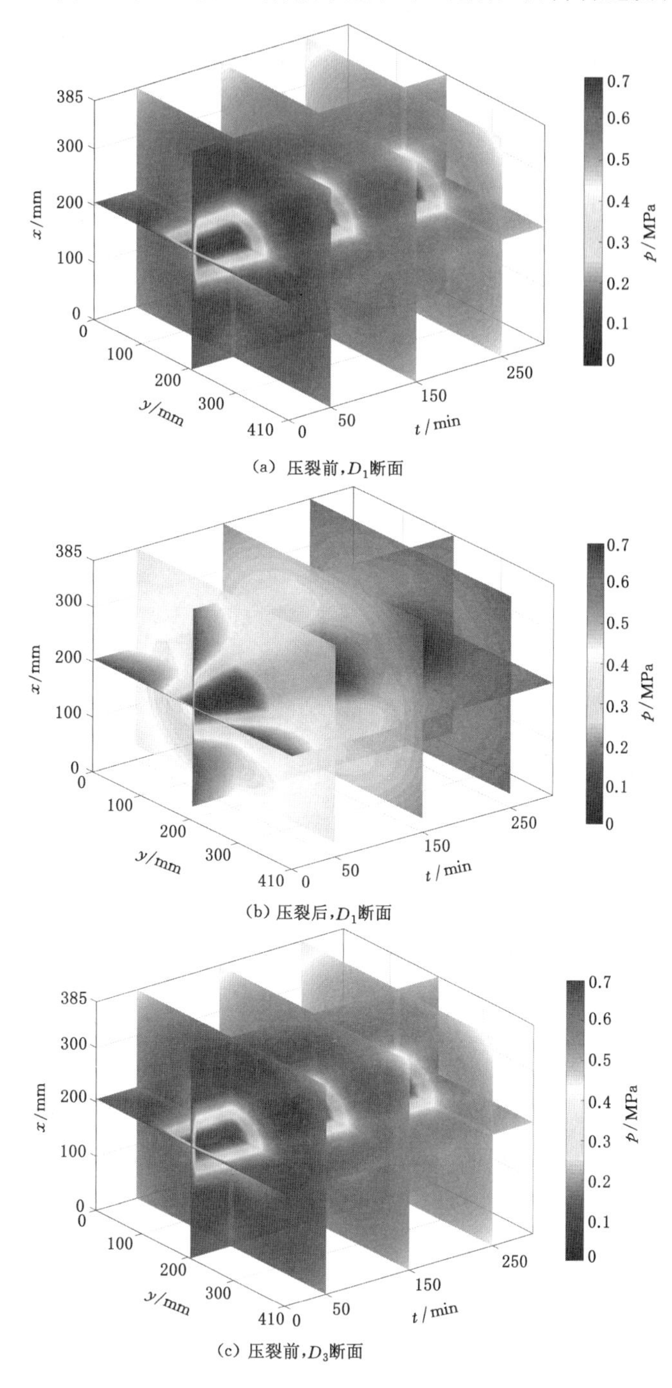

(a) 压裂前，D_1断面

(b) 压裂后，D_1断面

(c) 压裂前，D_3断面

图 6-25　单一水力压裂前后不同时刻断面瓦斯压力流场对比图

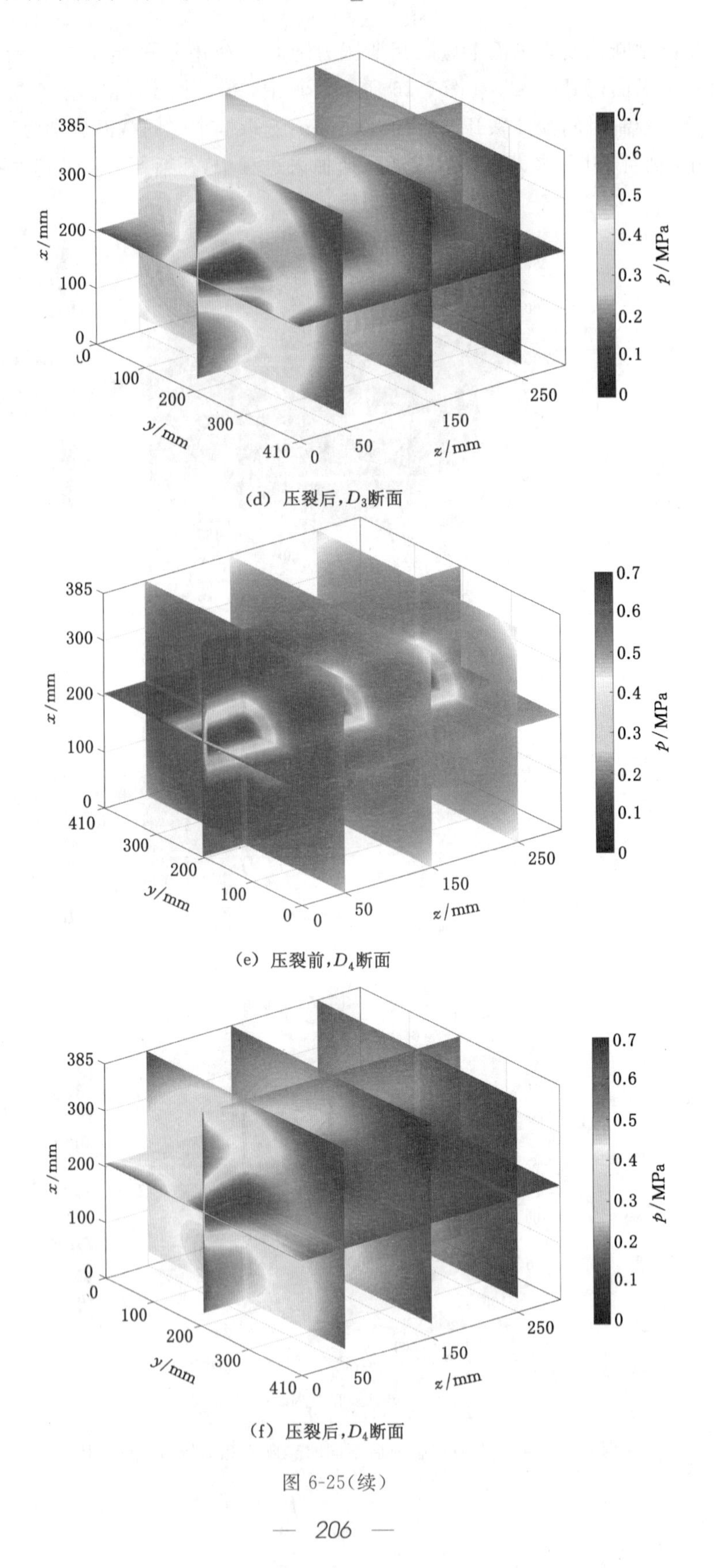

(d) 压裂后，D_3断面

(e) 压裂前，D_4断面

(f) 压裂后，D_4断面

图 6-25(续)

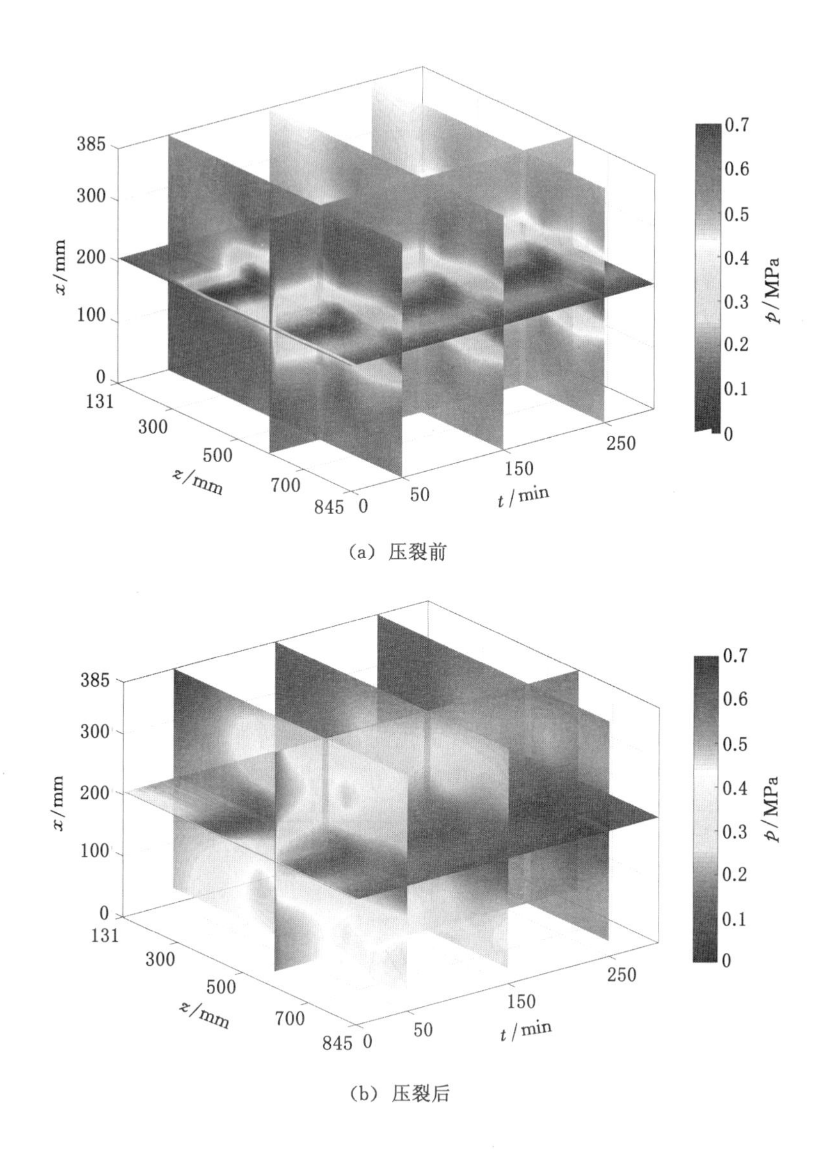

(a) 压裂前

(b) 压裂后

图 6-26 单一水力压裂前后主纵面瓦斯压力流场对比图

6.5 冲孔后压裂强化抽采物理模拟试验

6.5.1 注水压力演化

水力冲孔后水力压裂试验条件与单一水力压裂试验条件保持一致，先进行水力冲孔作业，然后以冲孔钻孔为压裂孔，对钻孔实施封孔后进行压裂试验，如图 6-27 所示。前 1.5 min为钻孔充水阶段，待钻孔内充满高压水后注水压力迅速上升，1.5 min 左右水压力迅速上升至 3.5 MPa，之后出现了首次压力降，随后水压稳定在 3 MPa，裂缝在煤层中扩展延伸，压裂 7 min 时增大注水流量，水压力再次上升，上升至4 MPa后出现第二次压力降。

由此可见,水力冲孔后水力压裂过程中水压演化曲线与单一水力压裂过程中水压曲线的演化趋势、水压峰值和时长均不相同。

6.5.2 煤体应力演化

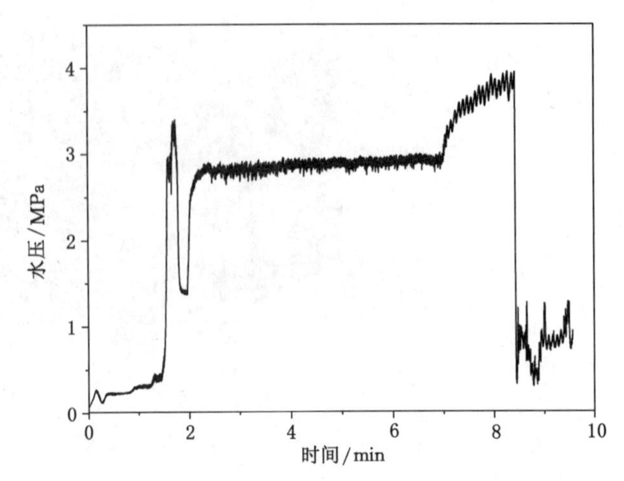

图 6-27 冲孔后压裂过程中注水压力随时间演化曲线

如图 6-28 所示,不同方向煤层应力在注水压力上升过程均发生较大波动。在注水压力平稳阶段,应力基本不发生变化;在第二次水压力上升过程中,煤层应力有明显的增大;试件压裂之后,水压力迅速降低,煤层应力也降低,并降低至小于初始应力水平。同时,钻孔周围 σ_{21}、σ_{22}、σ_{23} 与 σ_{31}、σ_{32}、σ_{33}受注水压力影响明显,与注水压力变化趋势一致。钻孔未延伸到区域的 σ_{24} 与 σ_{34}受注水压力影响较小,几乎都是规律性波动,没有明显的起伏。σ_1 方向属于规律性波动,水力压裂对该方向上应力影响不明显。由于压力水的注入,钻孔内注满水挤压钻孔壁,试验采用位移控制,导致应力增大,在高压水与煤层所受应力双重作用下,钻孔壁形成裂缝,试件被压开。

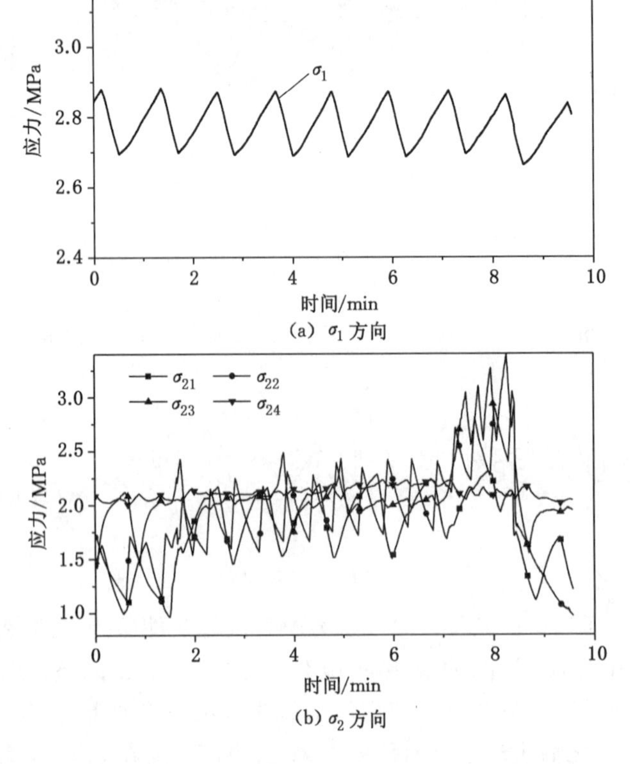

图 6-28 冲孔后压裂过程中煤体应力演化曲线

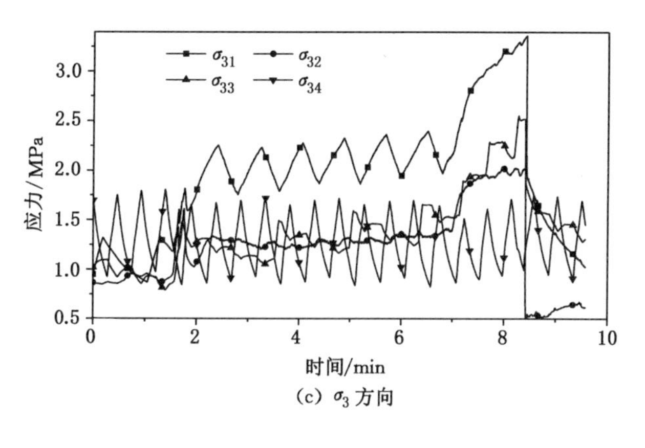

(c) σ_3 方向

图 6-28(续)

6.5.3 煤体变形演化

如图 6-29 所示，σ_1 方向变形曲线始终保持平稳，其变形可以忽略；σ_2 方向只有 σ_{22} 方向在水力压裂注水压力迅速降低过程中发生压缩变形，其他区域变形不明显；σ_3 方向除 σ_{32} 对应区域发生明显的膨胀变形，其他区域变形不明显。因此，与单一水力压裂过程中煤体不同方向变形较为一致不同，水力冲孔后水力压裂过程中煤体变形仅个别区域较明显，同时发现水力冲孔后水力压裂过程中煤体最大变形量为 1.75 mm，大于单一水力压裂过程中煤体的最大变形量 0.5 mm。

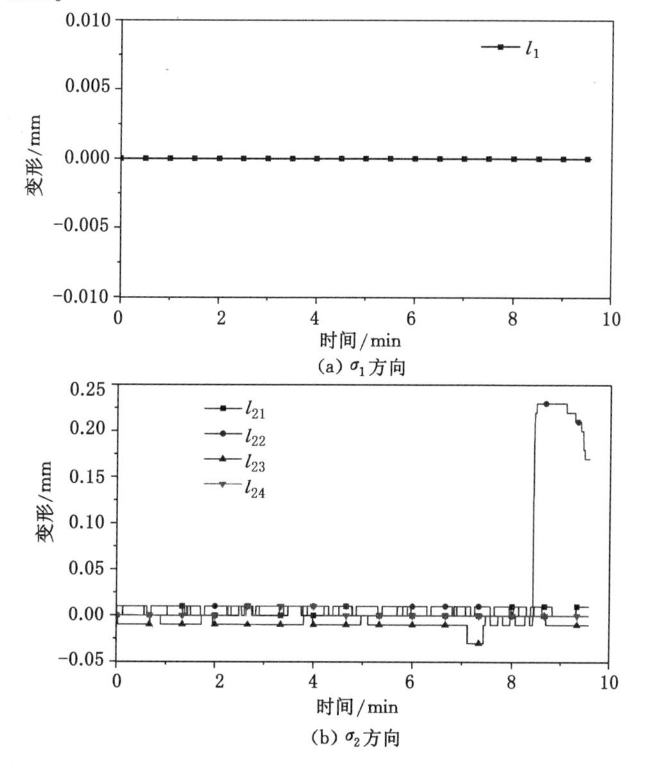

(b) σ_2方向

图 6-29 冲孔后压裂过程中煤体变形演化曲线

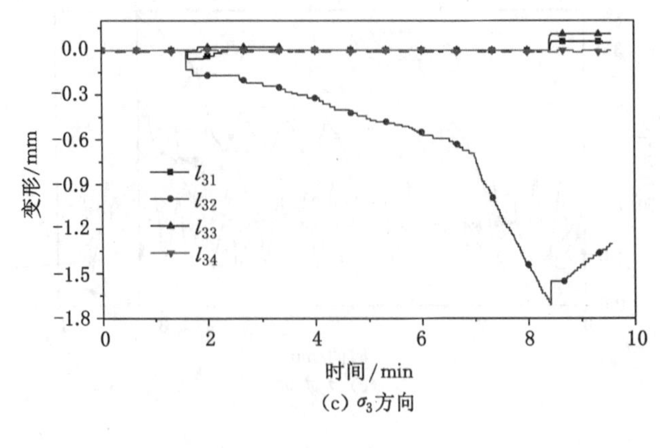

(c) σ_3方向

图 6-29(续)

6.5.4 冲孔对压裂的影响作用分析

(1) 起裂压力对比

图 6-30 对比了单一水力压裂和水力冲孔后水力压裂两个环节水压曲线。

研究表明,水力冲孔对水力压裂的影响主体体现在两个方面:一方面水力冲孔后水力压裂起裂压力比原始煤层单一水力压裂起裂压力低,这主要是水力冲孔作用冲出大量煤体,钻孔扩大,钻孔周围煤体受力平衡状态被打破,应力重新分布过程造成煤体卸压半径增大,同时在水的浸润作用下煤体强度降低,脆性降低,导致起裂压力降低,煤体更易被压裂。另一方面,水力冲孔后形成大孔洞直径,同时生成大量孔裂隙,使得水力冲孔后水力压裂用时更长,因此水力压裂生成的缝网更发育,煤层增透效果更好。

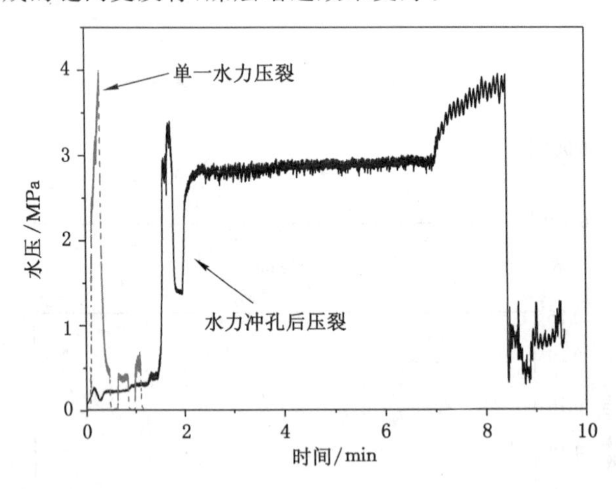

图 6-30 不同水力压裂环节注水压力随时间演化曲线

(2) 瓦斯压力对比

如图 6-31 所示,测点 P_3 距钻孔中心 100 mm,测点 P_{18} 距钻孔中心 80 mm。对比单一水力压裂作业后与水力冲孔后压裂作业后煤层瓦斯运移规律,发现水力冲压后煤层瓦斯抽采过程瓦斯压力下降迅速,抽采约 50 min 后两测点煤层瓦斯压力即降低至 0.2 MPa 以下,单一水力压裂作用后瓦斯抽采约 200 min 时两测点瓦斯压力才降至0.2 MPa以下,表明水力冲孔后压裂措施较单一压裂措施有更明显的增透效果。

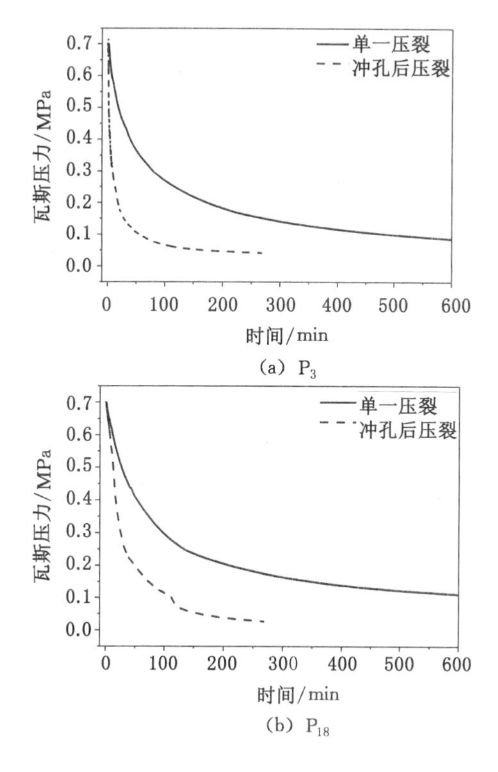

(a) P_3

(b) P_{18}

图 6-31 不同水力压裂环节同一测点瓦斯压力对比图

(3) 瓦斯流场对比

由图 6-32 可知,第一断面煤层瓦斯压力在水力冲压后明显小于单一水力压裂后抽采,同时主纵面煤层瓦斯压力在水力冲孔后下降速率比单一水力压裂后瓦斯压力下降速率快。分析表明,水力压裂前冲孔试验在第一断面冲出煤量大,卸压作用明显,钻孔周围形成较大的裂隙缝网,煤层渗透性提高,钻孔深部出煤量逐渐减少,卸压作用相对第一断面小。对比主纵面煤层瓦斯流场图还可以发现,水力冲压作用后煤层瓦斯压力应力集中现象减小。

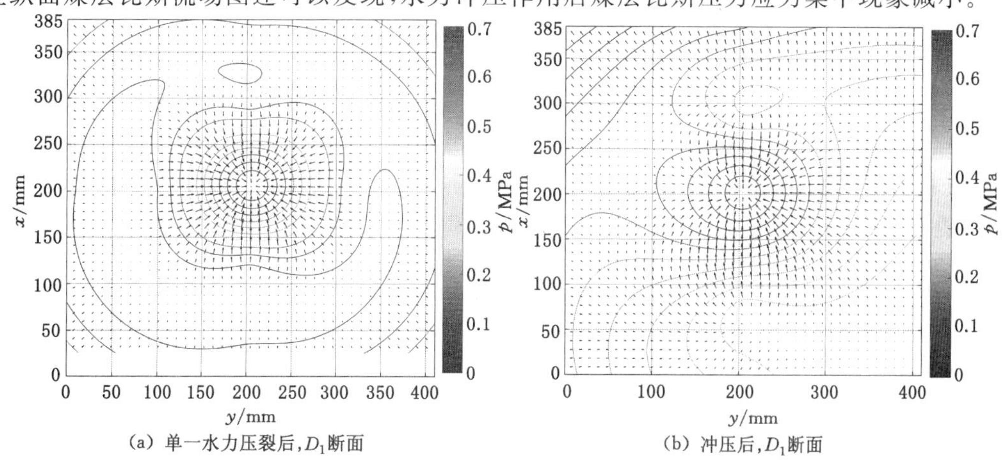

(a) 单一水力压裂后,D_1断面

(b) 冲压后,D_1断面

图 6-32 不同水力压裂环节抽采 10 min 瓦斯流场云图

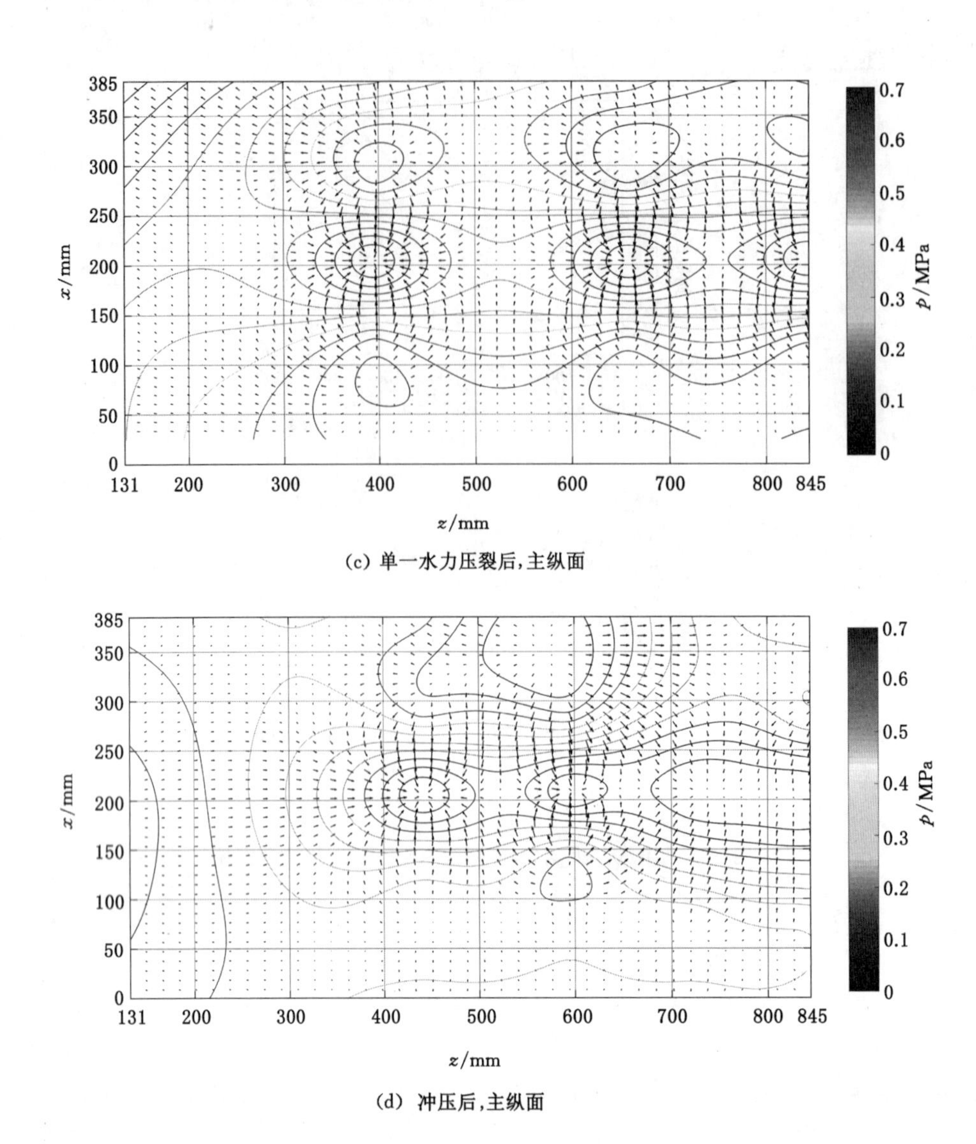

(c) 单一水力压裂后,主纵面

(d) 冲压后,主纵面

图 6-32(续)

如图 6-33 所示,对比单一水力压裂和水力冲压后瓦斯抽采效果,发现水力冲压措施明显提高了煤层瓦斯渗透性。由于水力压裂裂缝贯穿煤层,形成了主要的渗流通道,但煤层抽采过程压裂裂缝受地应力影响,没有卸压空间容易闭合;水力冲孔作用首先扩大钻孔,提高钻孔周围煤层的裂隙发育程度,再对其进行压裂,压裂裂缝受钻孔周围裂隙影响及钻孔冲孔卸压作用扰动地应力的影响,更易形成缝网,提高煤层渗透性。研究发现,水力冲压作用后抽采 20 min 煤层瓦斯压力比单一水力压裂作用后抽采 50 min 时瓦斯压力低。

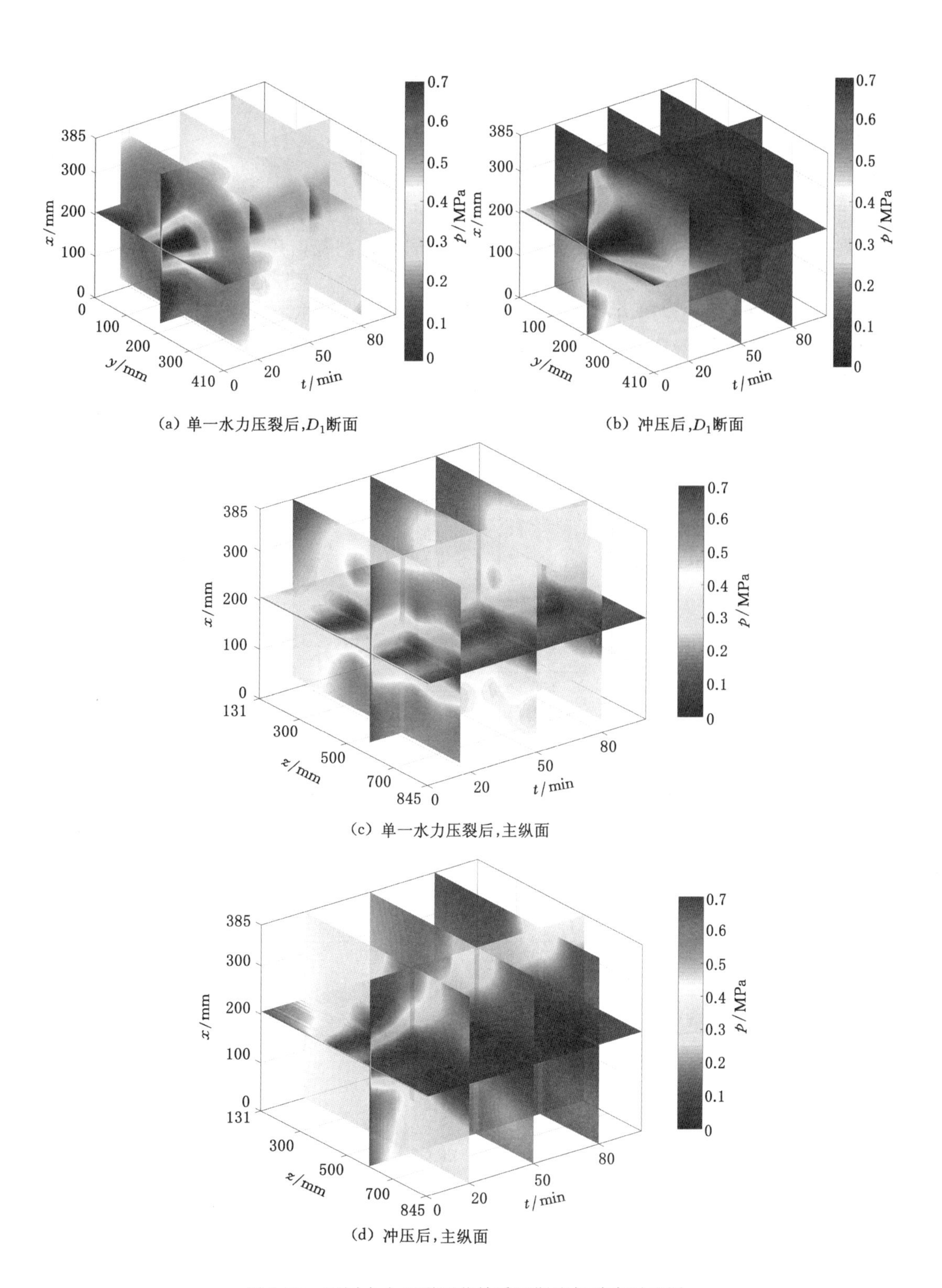

(a) 单一水力压裂后,D_1断面

(b) 冲压后,D_1断面

(c) 单一水力压裂后,主纵面

(d) 冲压后,主纵面

图 6-33 不同水力压裂环节抽采瓦斯流场动态对比图

6.6 水力冲压一体化强化抽采防突效果评价

6.6.1 瓦斯压力演化

由图 6-34 可知，在水力冲孔、水力压裂作用后抽采过程中，瓦斯压力变化趋势和原始煤层常规抽采过程中瓦斯压力变化趋势几乎相同，不同测点的瓦斯压力均随时间的增加整体呈下降趋势，抽采开始阶段瓦斯压力下降迅速，随抽采的进行，瓦斯压力下降速度减缓，并趋于稳定。由于抽采初期煤层内部瓦斯含量高，钻孔里的瓦斯被迅速排出，钻孔和煤体深部之间产生较大的压力差，吸附态的瓦斯大量解吸成游离态，并在较高的压力差作用下游离瓦斯通过渗流通道迅速运移到钻孔处排出，表现出抽采初期瓦斯压力下降速度快；抽采达到一定时间后，煤体内部的瓦斯含量降低，钻孔和煤层深部间的瓦斯压力差减小，瓦斯解吸和渗流速度减慢，表现出抽采后期瓦斯压力下降速度慢，并逐渐趋于稳定。

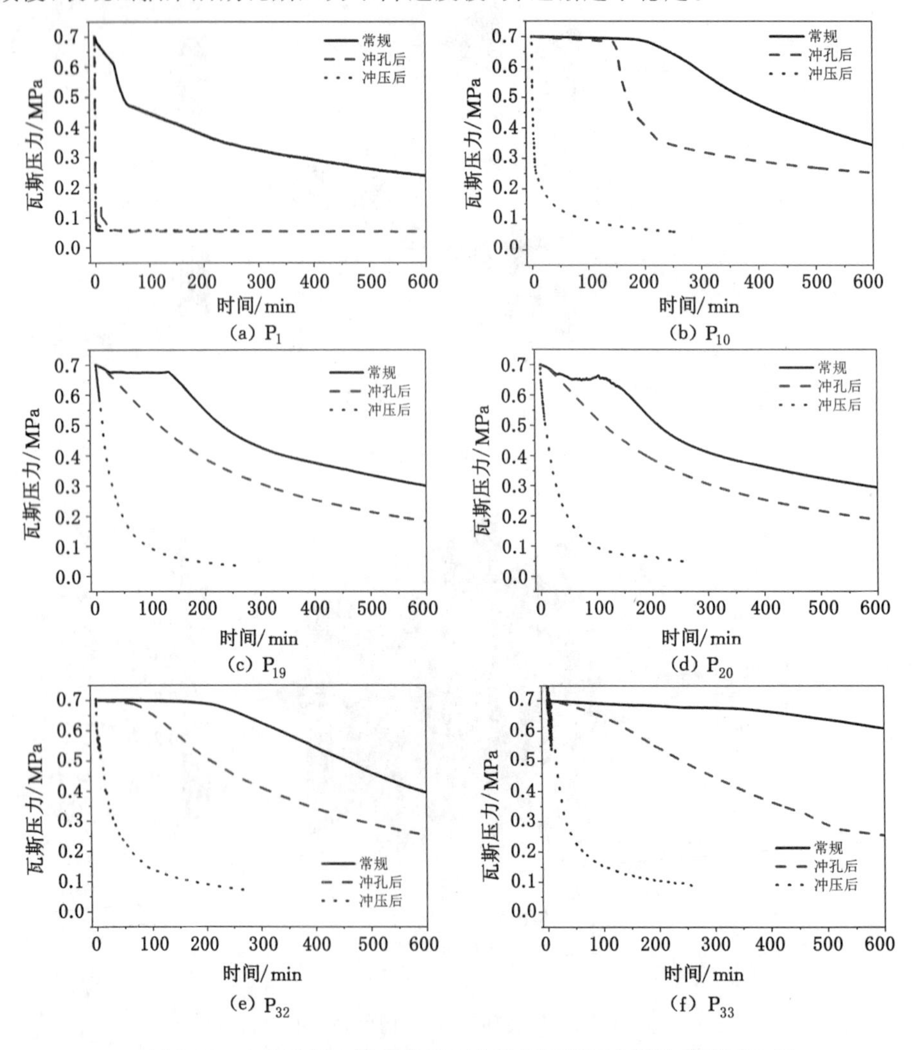

图 6-34　水力冲压一体化前后 3 次抽采瓦斯压力演化曲线对比图

对比相同测点水力冲压作用前后瓦斯压力曲线，发现水力冲孔后瓦斯压力曲线均位于原始煤层瓦斯抽采瓦斯压力下方，水力冲压后煤层瓦斯压力曲线位于最下方，表明水力冲孔作用扩大了瓦斯抽采钻孔半径，增大了钻孔周围煤层卸压空间，对提高煤层瓦斯抽采效率有一定作用。水力冲孔后进行水力压裂，导致压裂裂缝沿水力冲孔卸压形成的裂隙缝网扩展，卸压半径增大，渗流通道增多，瓦斯压力下降速度明显增大，煤层瓦斯抽采效果明显提高。测点 P_1 距离钻孔中心 30 mm，由于水力冲孔作用导致该区域受损，与钻孔连通，抽采初期瓦斯压力瞬间降低至接近大气压。

6.6.2 瓦斯流场

图 6-35 和图 6-36 分别为水力冲压一体化前后 3 次抽采 10 min 第三断面和主纵面瓦斯压力流场图。从图中可以看出，不同瓦斯抽采环节中瓦斯压力流场在形态上较为接近，断面上近似呈现以钻孔为中心的圆环形分布，纵面上近似呈现以钻孔为轴对称的椭圆形分布。但是，常规煤层抽采 10 min，煤层瓦斯压力仅在钻孔周边降低，远离钻孔区域煤层瓦斯压力下降不明显，水力冲孔作用后抽采 10 min，煤层瓦斯压力大部分在0.5 MPa以上，而水力冲压作用后瓦斯抽采 10 min，煤层瓦斯压力大部分区域降低至0.5 MPa以下，表明不同水力化强化抽采措施不仅能增加瓦斯压力下降幅度，还能增加瓦斯压力下降区域范围。

为了更加直观地观测煤层内部冲孔卸压效果，进一步利用 Matlab 软件绘制断面及主纵面瓦斯压力随时间演化云图，如图 6-37 和图 6-38 所示。截取煤层瓦斯抽采前 100 min 绘制煤层瓦斯压力云图，选取时间截面为 20 min、50 min 和 80 min。原始煤层常规抽采 80 min 断面瓦斯压力基本无明显变化，水力冲孔后抽采 80 min 断面瓦斯压力略微下降，而水力冲压后抽采 80 min 断面瓦斯压力出现明显下降；同时对比发现，水力冲孔后煤层瓦斯压力降低速度明显增大，以钻孔为中心沿 y 轴方向瓦斯压力下降速度大于沿 x 轴方向，造成此现象的原因是煤层所受应力分布状态影响，与钻孔周围卸压范围相一致，在地应力大的方向卸压范围小，在地应力小的方向卸压范围大；水力冲压作用后，煤层瓦斯抽采 20 min 钻孔附近瓦斯压力大部分降至0.4 MPa 以下，但在钻孔上方（沿 x 轴正方向上）瓦斯压力接近0.5 MPa。研究表明，冲压后煤层瓦斯抽采 15 min 时煤层内部瓦斯压力明显较之前两次抽采50 min时还低，煤层瓦斯抽采效率大大提高。研究表明，钻孔前方一定范围内瓦斯压力下降速度明显提高，说明水力冲孔作用和水力压裂作用均对沿钻孔走向方向产生卸压增透作用。

6.6.3 瓦斯抽采达标时间

为了方便分析选取抽采前 1 000 min 数据进行对比，选取 $z=845$ mm 断面上距离钻孔不同距离的 4 个测点 P_2（$x=205$ mm，$y=175$ mm）、P_3（$x=205$ mm，$y=305$ mm）、P_6（$x=385$ mm，$y=205$ mm）和 P_8（$x=85$ mm，$y=205$ mm）进行分析，如图 6-39 所示。研究表明，不同水力化强化抽采措施后的瓦斯抽采过程中瓦斯压力下降率各不相同，相同抽采时刻，常规抽采、单一水力冲孔后抽采和水力冲压后抽采瓦斯压力下降率依次增加，而达到同一瓦斯压力下降率所需时间则依次减少。

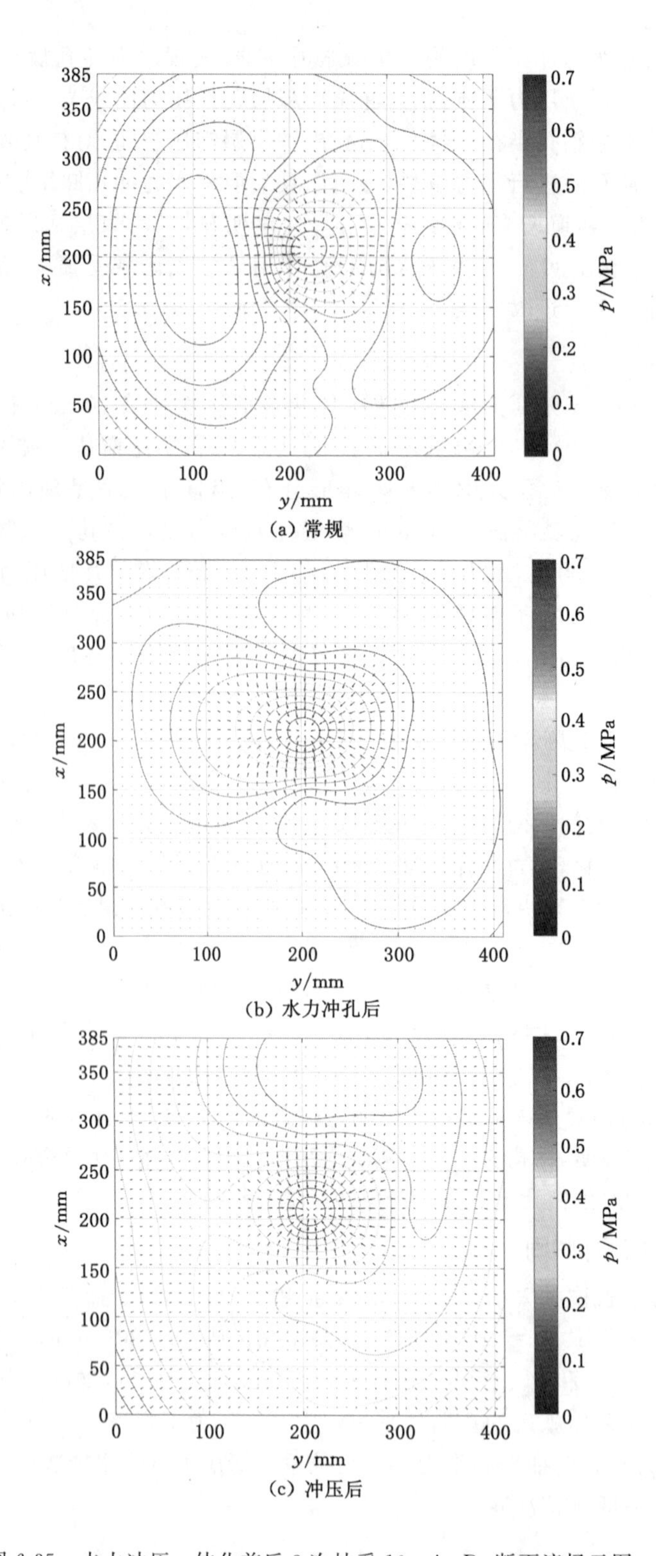

(a) 常规

(b) 水力冲孔后

(c) 冲压后

图 6-35 水力冲压一体化前后 3 次抽采 10 min D_3 断面流场云图

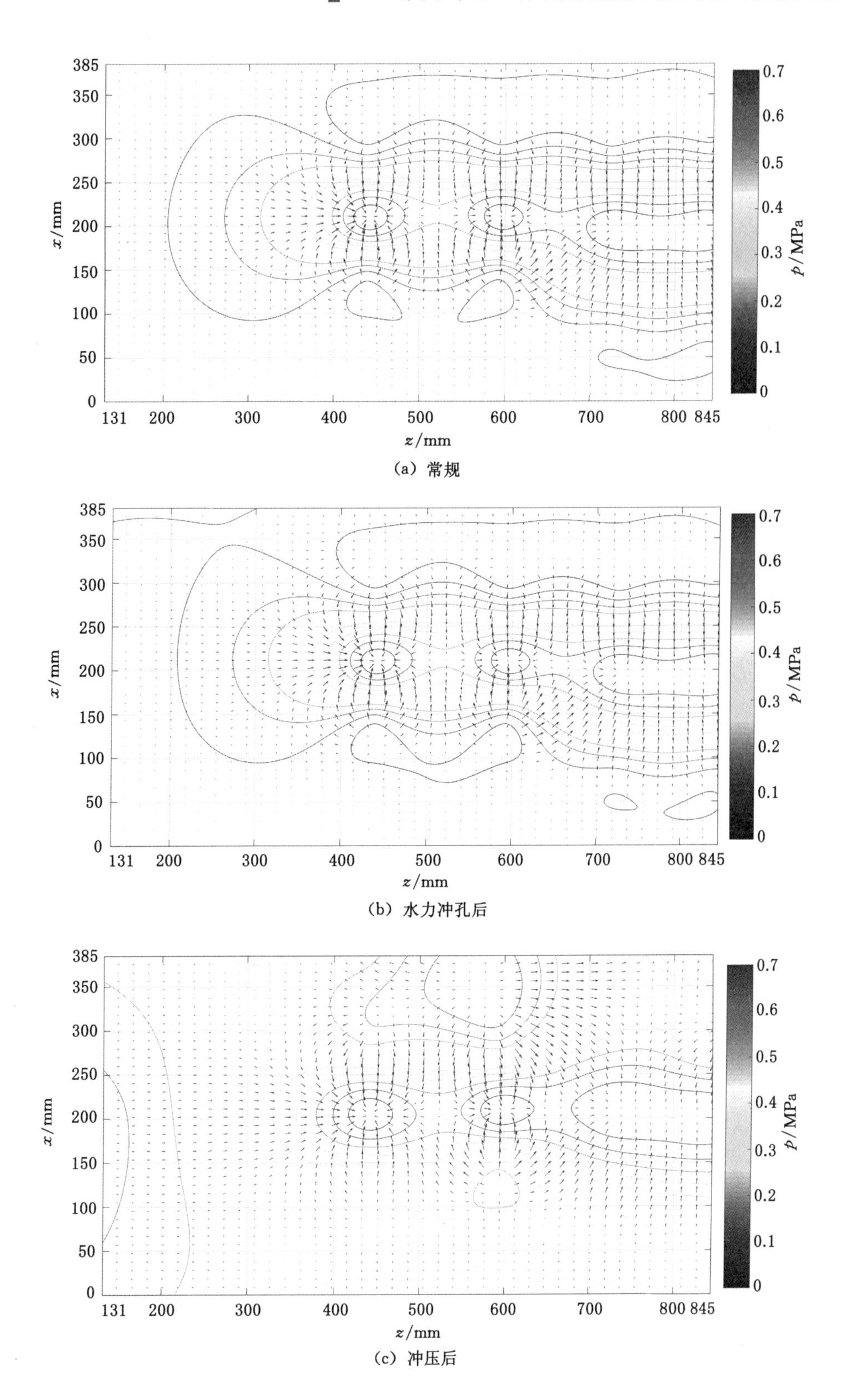

(a) 常规

(b) 水力冲孔后

(c) 冲压后

图 6-36 水力冲压一体化前后 3 次抽采 10 min 主纵面流场云图

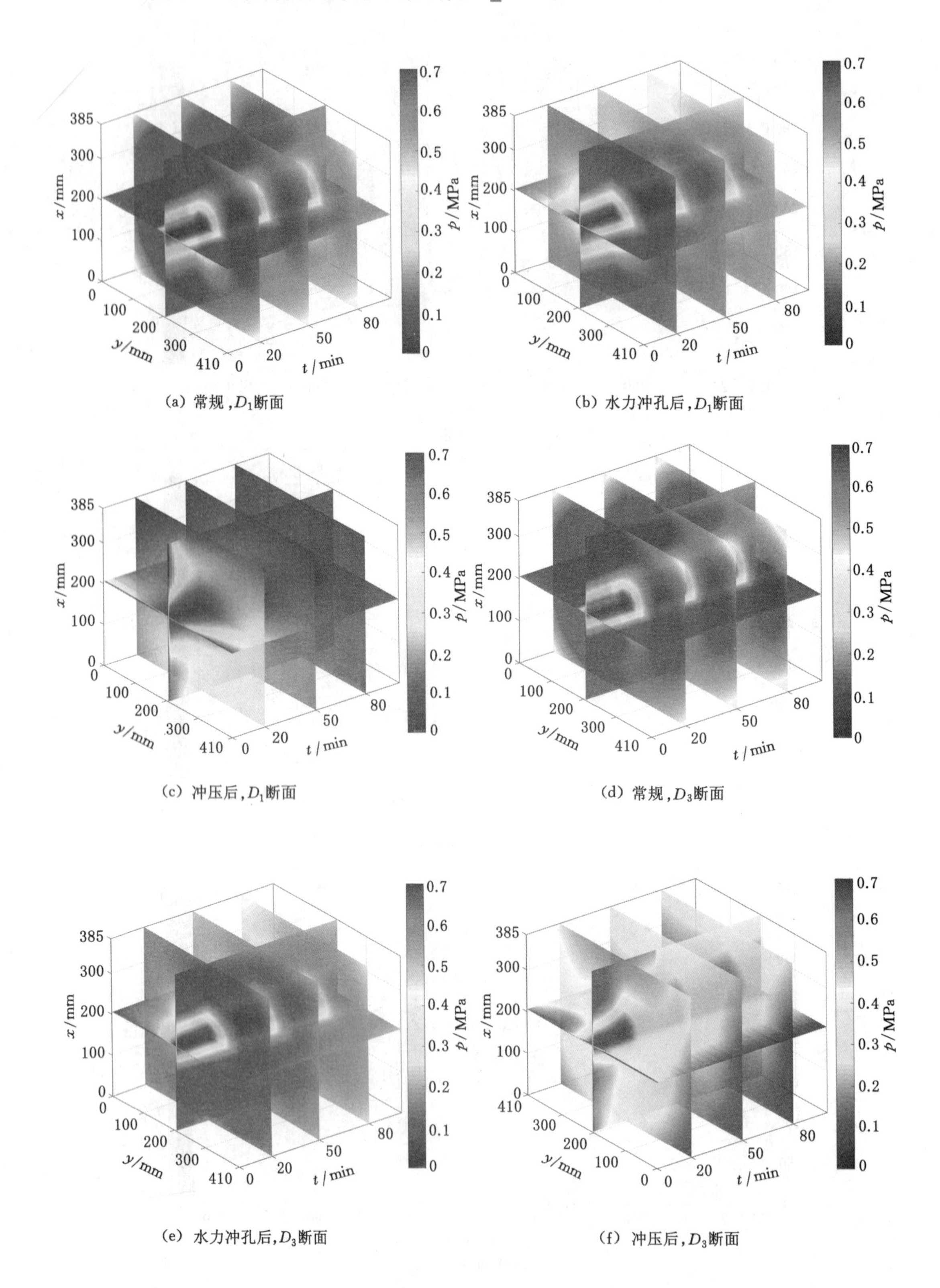

(a) 常规，D_1断面

(b) 水力冲孔后，D_1断面

(c) 冲压后，D_1断面

(d) 常规，D_3断面

(e) 水力冲孔后，D_3断面

(f) 冲压后，D_3断面

图 6-37　水力冲压一体化前后 3 次抽采不同断面流场动态对比图

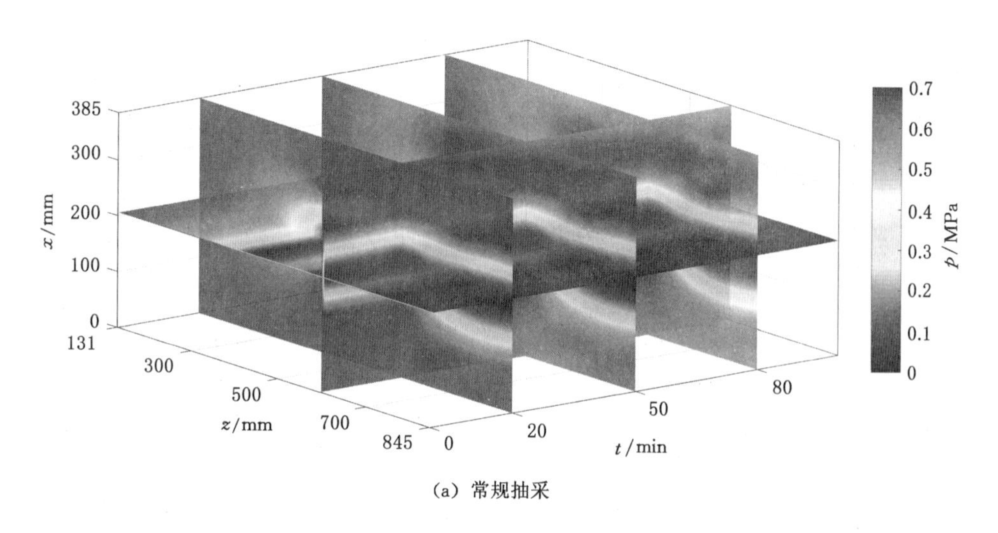

(a) 常规抽采

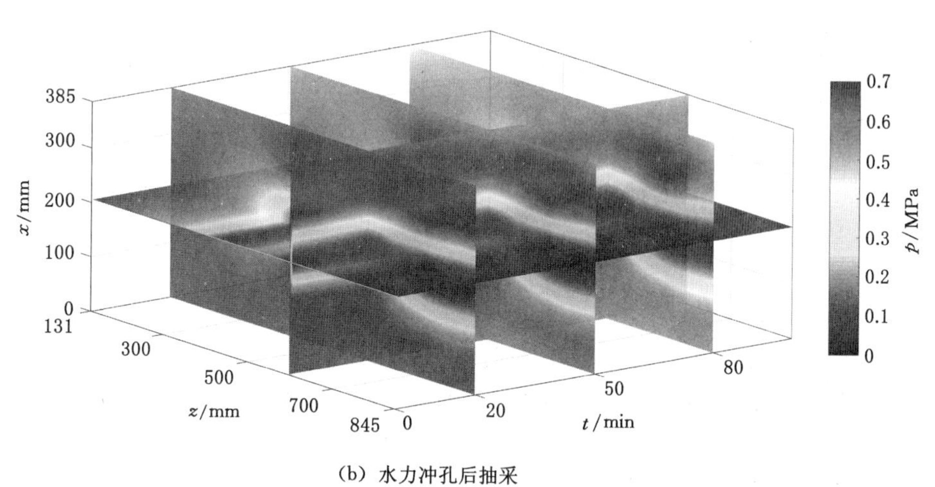

(b) 水力冲孔后抽采

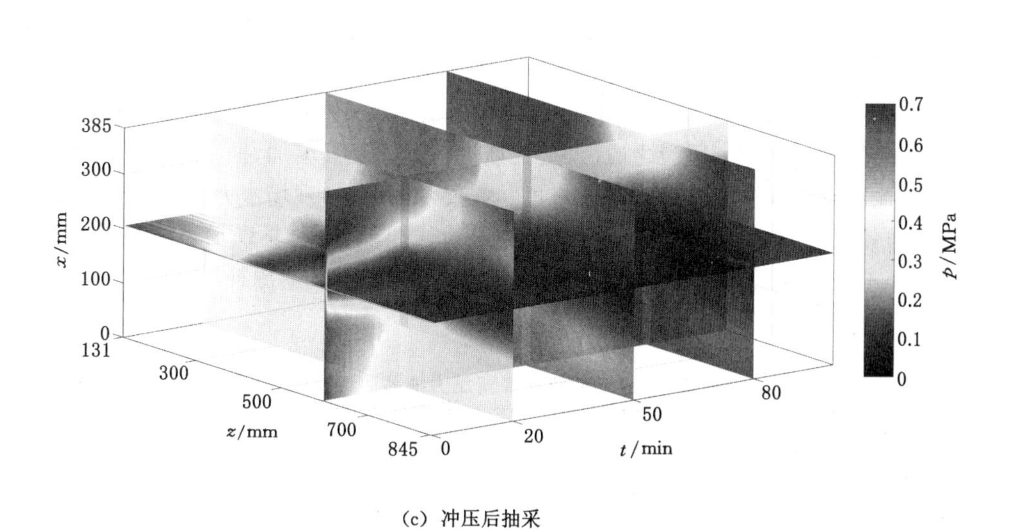

(c) 冲压后抽采

图 6-38 水力冲压一体化前后 3 次抽采主纵面流场动态对比图

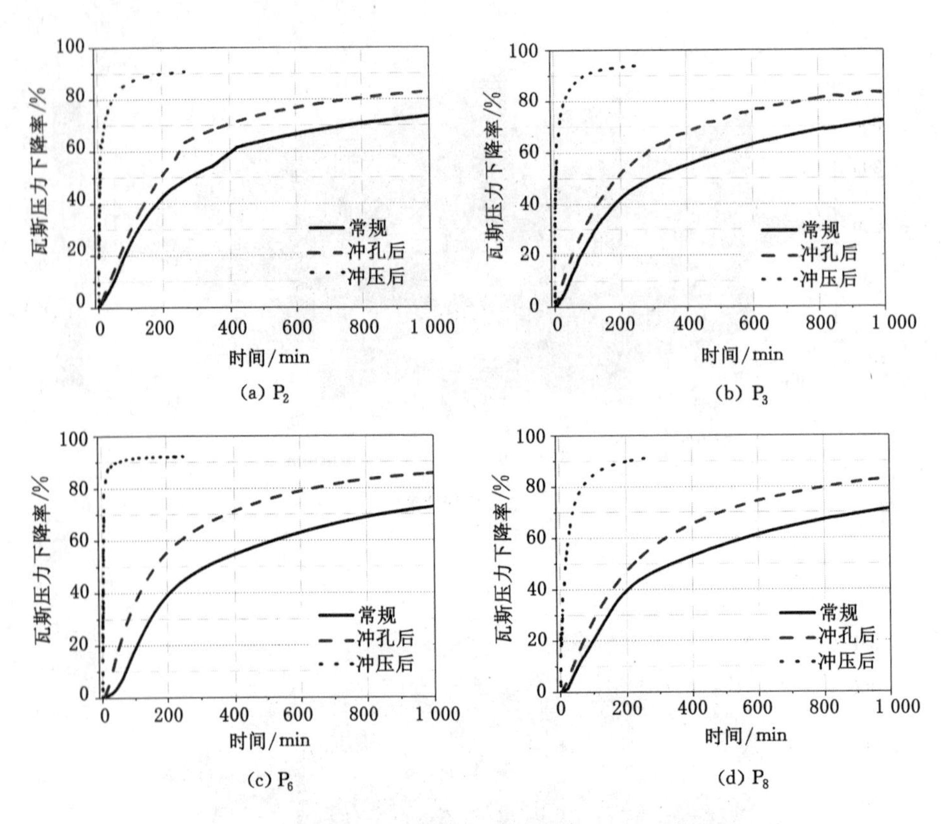

(a) P_2　(b) P_3　(c) P_6　(d) P_8

图 6-39　水力冲压一体化前后 3 次抽采瓦斯压力下降率对比图

不同测点瓦斯压力下降率到达 51%所需时间，即抽采达标时间，见表 6-7。对比距离钻孔中心 30 mm 处的测点 P_2 抽采达标时间，由冲孔前的 297 min 降到冲孔后的 205 min，最终降到冲压后的 6 min，抽采达标时间明显下降，尤其是水力冲压之后的抽采瓦斯压力下降速度明显增大。位于钻孔周围 P_3、P_6、P_8、P_{18} 和 P_{19}，在水力冲孔、水力冲压后的抽采过程中均表现出瓦斯压力下降速度明显提高，位于钻孔前端测点 P_{34} 与 P_{36}，原始煤层抽采达标时间分别为 1 550 min 和 1 450 min，在水力冲孔后缩短至 452 min 和 465 min。由于原始煤层常规抽采瓦斯渗流通道小，瓦斯解吸渗流速度慢，在水力冲孔后，钻孔前端卸压，形成裂隙渗流通道，加快瓦斯运移，在冲孔、压裂之后，煤层瓦斯渗流通道继续增加，抽采达标时间继续缩短。同样地，其他测点抽采达标时间也明显缩短。需要说明的是，现场水力化强化瓦斯抽采措施后煤层增透效果有一定提高，但相比于试验提升效果要低，主要是现场地质条件复杂，并且周围有源源不断的煤层瓦斯补给，物理模拟试验过程未考虑瓦斯源补给作用，因此对于煤层增透作用有一定的“放大效应”。

表 6-7　不同测点瓦斯压力抽采达标时间　　单位：min

测点	P_2	P_3	P_6	P_8	P_{18}	P_{19}	P_{34}	P_{36}
常规抽采	297	310	331	358	432	486	1 550	1 450
冲孔后抽采	205	197	171	230	231	252	452	465
冲压后抽采	6	5.8	4.5	18	21	24	29	29

6.7 本章小结

本章开展了单一水力冲孔、单一水力压裂和水力冲压一体化3种强化瓦斯抽采防突物理模拟试验，并针对不同增透防突措施的增透机理和增透效果开展了研究，取得以下主要研究成果：

(1) 钻孔周围煤体在高压水作用下破碎，被冲出钻孔，形成大直径孔洞，为钻孔周围煤体卸压提供空间。钻孔周围松散煤体向钻孔中心移动，形成大量孔裂隙，煤体强度降低。水力冲孔孔洞近似成圆形扩展，将形成与水力割缝类似的缝槽。受到地应力的影响，冲孔孔洞形状会存在一定差异，冲孔孔洞卸压，形成沿钻孔走向方向的裂隙。在位移边界控制条件下，由于钻孔周围应力重分布，卸压范围向煤层深部扩展，导致地应力降低。

(2) 通过出煤量计算冲孔孔洞等效半径，发现冲孔过程提高冲孔转速增加了冲孔孔洞等效半径。将钻孔周围分为塑性区与弹性区，得到非均布荷载作用下的塑性区半径。塑性区半径在圆周各个方向不同，与最小主应力平行方向塑性区半径最大，与最大主应力平行方向塑性区半径最小。试验条件下，在最小主应力方向塑性区半径达到冲孔孔洞等效半径的2.0倍，在中间主应力(垂直应力)方向塑性区半径达到冲孔孔洞等效半径的1.6倍。

(3) 对比水力冲孔前后煤层瓦斯压力演化规律，发现冲孔后煤层瓦斯抽采效率明显提高，但不同位置卸压抽采效果不同，钻孔前端区域也受到冲孔卸压作用影响，瓦斯压力变化明显。绘制断面上某时刻抽采达标范围曲线，发现在相同试验条件下，随着冲孔转速的提高，抽采达标范围将增大。由于地应力非均匀对称加载，卸压范围近似椭圆形向外扩展。

(4) 单一水力压裂过程中，在钻孔径向方向上，煤层在最小主应力方向随着注水压力升高而产生较大膨胀变形，在压裂钻孔范围内膨胀变形较大，在压裂钻孔前端煤层膨胀变形相对较小，沿钻孔走向方向煤层基本不产生变形。研究表明，压裂裂缝主要在钻孔周围扩展，同时沿钻孔周向方向扩展，但对沿钻孔走向方向应力及变形影响不明显。

(5) 水力冲孔后水力压裂和单一水力压裂相比，起裂压力降低、压裂时间增长、煤体变形增大；同时，对比两次压裂之后煤层瓦斯抽采效果，发现水力冲孔后先进行水力压裂再抽采瓦斯，瓦斯压力下降更快、抽采效率更高。

(6) 综合对比不同水力强化抽采防突措施，发现水力冲孔措施、水力压裂措施和水力冲压一体化措施均能有效增加煤层透气性，提高瓦斯抽采效率，降低抽采达标时间。相比之下，水力冲压一体化强化抽采措施的防突效果更为明显，这是一种高效的水力化强化抽采防突措施。

参考文献

[1] 中华人民共和国国家统计局. 中华人民共和国 2019 年国民经济和社会发展统计公报[R]. 北京:中华人民共和国国家统计局,2020.

[2] 丁百川. 我国煤矿主要灾害事故特点及防治对策[J]. 煤炭科学技术,2017,45(5):109-114.

[3] 俞启香. 矿井瓦斯防治[M]. 徐州:中国矿业大学出版社,1992.

[4] 卫修君,林柏泉. 煤岩瓦斯动力灾害发生机理及综合治理技术[M]. 北京:科学出版社,2009.

[5] 袁亮. 我国深部煤与瓦斯共采战略思考[J]. 煤炭学报,2016,41(1):1-6.

[6] 郑德志,任世华. 我国煤矿安全生产发展历程及演进趋势[J]. 能源与环保,2019,41(11):1-6.

[7] 付建华,程远平. 中国煤矿煤与瓦斯突出现状及防治对策[J]. 采矿与安全工程学报,2007,24(3):253-259.

[8] 国家煤矿安全监察局. 防治煤与瓦斯突出细则[M]. 北京:煤炭工业出版社,2019.

[9] 孙东玲. 防治煤与瓦斯突出细则解读[M]. 北京:煤炭工业出版社,2019.

[10] 林柏泉,等. 矿井瓦斯防治理论与技术[M]. 徐州:中国矿业大学出版社,2010.

[11] 林柏泉,杨威. 煤矿瓦斯动力灾害及其治理[M]. 徐州:中国矿业大学出版社,2018.

[12] 程远平,王海锋,王亮. 煤矿瓦斯防治理论与工程应用[M]. 徐州:中国矿业大学出版社,2010.

[13] 李建铭. 煤与瓦斯突出防治技术手册[M]. 徐州:中国矿业大学出版社,2006.

[14] 于不凡. 煤矿瓦斯灾害防治及利用技术手册[M]. 北京:煤炭工业出版社,2000.

[15] 李萍丰. 浅谈煤与瓦斯突出机理的假说:二相流体假说[J]. 煤矿安全,1989,20(11):29-35.

[16] 周世宁,何学秋. 煤和瓦斯突出机理的流变假说[J]. 中国矿业大学学报,1990,19(2):1-9.

[17] 蒋承林,俞启香. 煤与瓦斯突出机理的球壳失稳假说[J]. 煤矿安全,1995,26(2):17-25.

[18] 梁冰,章梦涛. 煤和瓦斯突出的固流耦合失稳理论[J]. 煤炭学报,1995,20(5):

492-496.
[19] 吕绍林,何继善.关键层-应力墙瓦斯突出机理[J].重庆大学学报(自然科学版),1999,22(6):80-84.
[20] 郭德勇,韩德馨.煤与瓦斯突出黏滑机理研究[J].煤炭学报,2003,28(6):598-602.
[21] 胡千庭,周世宁,周心权.煤与瓦斯突出过程的力学作用机理[J].煤炭学报,2008,33(12):1368-1372.
[22] 郑哲敏.从数量级和量纲分析看煤和瓦斯突出的机理[C]//中国力学学会第二届理事会扩大会议论文汇编.北京:北京大学出版社,1982:128-137.
[23] 鲜学福,辜敏,李晓红,等.煤与瓦斯突出的激发和发生条件[J].岩土力学,2009,30(3):577-581.
[24] 李希建,林柏泉.煤与瓦斯突出机理研究现状及分析[J].煤田地质与勘探, 2010, 38(1): 7-13.
[25] 李晓泉,尹光志,蔡波,等.煤与瓦斯延期突出模拟试验及机理[J].重庆大学学报(自然科学版),2011,34(4):13-19.
[26] 许江,尹光志,鲜学福,等.煤与瓦斯突出潜在危险区预测的研究[M].重庆:重庆大学出版社,2004.
[27] 王恩元,何学秋,李忠辉,等.煤岩电磁辐射技术及其应用[M].北京:科学出版社,2009.
[28] 王显政.以防治瓦斯灾害为重点,开创煤矿安全生产工作新局面[J].煤炭企业管理,2002,9:10-14.
[29] 程远平,俞启香,周红星,等.煤矿瓦斯治理"先抽后采"的实践与作用[J].采矿与安全工程学报,2006,23(4):389-392.
[30] 国土资源部油气资源战略研究中心,等.全国煤层气资源评价[M].北京:中国大地出版社,2009.
[31] 高远文,姚艳斌.我国煤层气产业现状及开发模式探讨[J].资源与产业,2008,10(2):90-92.
[32] 于不凡,于庆,华福明.煤矿瓦斯灾害防治及利用技术手册[M].北京:煤炭工业出版社,2005.
[33] 程远平,付建华,俞启香.中国煤矿瓦斯抽采技术的发展[J].采矿与安全工程学报,2009,26(2):127-139.
[34] 程远平,俞启香.中国煤矿区域性瓦斯治理技术的发展[J].采矿与安全工程学报,2007,24(4):383-390.
[35] 袁亮.卸压开采抽采瓦斯理论及煤与瓦斯共采技术体系[J].煤炭学报,2009,34(1):1-8.
[36] 袁亮,郭华,沈宝堂,等.低透气性煤层群煤与瓦斯共采中的高位环形裂隙体[J].煤炭学报,2011,36(3):357-365.
[37] 马耕,苏现波,魏庆喜.基于瓦斯流态的抽放半径确定方法[J].煤炭学报,2009,34(4):501-504.
[38] 郝富昌,刘明举,孙丽娟.瓦斯抽采半径确定方法的比较及存在问题研究[J].煤炭科学

技术,2012,40(12):55-58.
[39] 梁冰,袁欣鹏,孙维吉,等.分组测压确定瓦斯有效抽采半径试验研究[J].采矿与安全工程学报,2013,30(1):132-135.
[40] 刘厅,林柏泉,邹全乐,等.基于煤层原始瓦斯含量和压力的割缝钻孔有效抽采半径测定[J].煤矿安全,2014,45(8):8-11.
[41] 余陶,卢平,孙金华,等.基于钻孔瓦斯流量和压力测定有效抽采半径[J].采矿与安全工程学报,2012,29(4):596-600.
[42] 杨宏民,刘冠鹏,刘军.穿层钻孔与顺层钻孔抽采半径差异性研究[J].河南理工大学学报(自然科学版),2016,35(2):149-155.
[43] 徐青伟,王兆丰,徐书荣,等.多煤层穿层钻孔瓦斯抽采有效抽采半径测定[J].煤炭科学技术,2015,43(7):83-88.
[44] 倪小明,苏现波,张小东.煤层气开发地质学[M].北京:化学工业出版社,2010.
[45] 傅雪海,秦勇,韦重韬.煤层气地质学[M].徐州:中国矿业大学出版社,2007.
[46] 张培河,张明山.煤层气不同开发方式的应用现状及适应条件分析[J].煤田地质与勘探,2010,38(2):9-13.
[47] 鲜保安,陈彩红,王宪花,等.多分支水平井在煤层气开发中的控制因素及增产机理分析[J].中国煤层气,2005,2(1):14-17.
[48] 叶建平,范志强,中国煤炭学会煤层气专业委员会.中国煤层气勘探开发利用技术进展:2006 年煤层气学术研讨会论文集[M].北京:地质出版社,2006.
[49] 高德利,鲜保安.煤层气多分支井身结构设计模型研究[J].石油学报,2007,28(6):113-117.
[50] 鲜保安,蒋卫东,黄勇.煤层气分支井井身结构设计模型研究[J].天然气技术,2007,1(6):28-30,94.
[51] 袁亮,薛俊华,张农,等.煤层气抽采和煤与瓦斯共采关键技术现状与展望[J].煤炭科学技术,2013,41(9):6-11.
[52] 李全贵,林柏泉,翟成,等.煤层脉动水力压裂中脉动参量作用特性的实验研究[J].煤炭学报,2013,38(7):1185-1190.
[53] 刘彦伟,任培良,夏仕柏,等.水力冲孔措施的卸压增透效果考察分析[J].河南理工大学学报(自然科学版),2009,28(6):695-699.16:1-8.
[54] 林柏泉,张其智,沈春明,等.钻孔割缝网络化增透机制及其在底板穿层钻孔瓦斯抽采中的应用[J].煤炭学报,2012,37(9):1425-1430.
[55] 卢义玉,丁红,葛兆龙,等.空化水射流热效应影响煤体渗透率试验研究[J].岩土力学,2014,35(5):1247-1254.
[56] 魏国营,郭中海,谢伦荣,等.煤巷掘进水力掏槽防治煤与瓦斯突出技术[J].煤炭学报,2007,32(2):172-176.
[57] 王佰顺,童云飞,戴广龙,等.深孔松动爆破提高瓦斯抽放率的应用研究[J].煤矿安全,2002,33(11):5-7.
[58] 郭德勇,宋文健,李中州,等.煤层深孔聚能爆破致裂增透工艺研究[J].煤炭学报,2009,34(8):1086-1089.

[59] 梁绍权.深孔控制预裂爆破强化抽放瓦斯技术研究与应用[J].煤炭工程,2009,41(6):72-74.

[60] 林柏泉,吕有厂,李宝玉,等.高压磨料射流割缝技术及其在防突工程中的应用[J].煤炭学报,2007,32(9):959-963.

[61] YAN F Z,LIN B Q,ZHU C J,et al. Experimental investigation on anthracite coal fragmentation by high-voltage electrical pulses in the air condition:Effect of breakdown voltage[J]. Fuel,2016,183:583-592.

[62] HUANG Y P,ZHENG Q P,FAN N,et al. Optimal scheduling for enhanced coal bed methane production through CO_2 injection[J]. Applied Energy,2014,113:1475-1483.

[63] 袁亮,林柏泉,杨威.我国煤矿水力化技术瓦斯治理研究进展及发展方向[J].煤炭科学技术,2015,43(1):45-49.

[64] 孔留安,郝富昌,刘明举,等.水力冲孔快速掘进技术[J].煤矿安全,2005,36(12):46-47.

[65] 刘明举,任培良,刘彦伟,等.水力冲孔防突措施的破煤理论分析[J].河南理工大学学报(自然科学版),2009,28(2):142-145.

[66] 朱建安,申伟鹏,郭培红.水力冲孔技术三通防喷装置的改进设计[J].煤矿安全,2010,41(5):22-24.

[67] 张安生,周红星,马旭东.大平煤矿水力冲孔增透技术试验研究[J].中州煤炭,2007(3):8-9.

[68] 冯文军,苏现波,王建伟,等."三软"单一煤层水力冲孔卸压增透机理及现场试验[J].煤田地质与勘探,2015, 43(1):100-103.

[69] 魏建平,李波,刘明举,等.水力冲孔消突有效影响半径测定及钻孔参数优化[J].煤炭科学技术,2010,38(5):39-42.

[70] 王凯,李波,魏建平,等.水力冲孔钻孔周围煤层透气性变化规律[J].采矿与安全工程学报,2013,30(5):778-784.

[71] 王兆丰,范迎春,李世生.水力冲孔技术在松软低透突出煤层中的应用[J].煤炭科学技术,2012,40(2):52-55.

[72] 王新新,石必明,穆朝民.水力冲孔煤层瓦斯分区排放的形成机理研究[J].煤炭学报,2012,37(3):467-471.

[73] 范迎春.水力冲孔强化瓦斯预抽区域防突技术研究[D].焦作:河南理工大学,2012.

[74] 郝富昌,孙丽娟,刘明举.考虑卸压和抽采效果的水力冲孔布孔参数优化研究[J].采矿与安全工程学报,2014,31(5):756-763.

[75] 郝富昌,孙丽娟,左伟芹.考虑流变特性的水力冲孔孔径变化规律及防堵孔技术[J].煤炭学报,2016,41(6):1434-1440.

[76] 朱红青,顾北方,靳晓华,等.水力冲孔影响范围数值模拟研究与应用[J].煤炭技术,2014,33(7):65-67.

[77] 任培良,刘彦伟,魏建平,等.水力冲孔防突技术在潘一矿的应用[J].煤炭科学技术,2009,37(1):88-91.

[78] 刘国俊.淮南矿区水力冲孔技术参数优化及效果考察研究[D].焦作:河南理工大

学,2011.
[79] 刘永江.新集二矿A1煤层水力冲孔技术研究[D].淮南:安徽理工大学,2015.
[80] LIN B Q,YAN F Z,ZHU C J,et al. Cross-borehole hydraulic slotting technique for preventing and controlling coal and gas outbursts during coal roadway excavation[J]. Journal of natural gas science and engineering,2015,26:518-525.
[81] GAO Y B,LIN B Q,YANG W,et al. Drilling large diameter cross-measure boreholes to improve gas drainage in highly gassy soft coal seams[J]. Journal of natural gas science and engineering,2015,26:193-204.
[82] LI B,LIU M J,LIU Y W,et al. Research on pressure relief scope of hydraulic Flushing bore hole[J]. Procedia engineering,2011,26:382-387.
[83] 李华超,李学龙,张亮.松软低透气性煤层水力压裂技术研究[J].煤炭技术,2014,33(10):16-19.
[84] 田坤云.高压水载荷下煤体变形特性及瓦斯渗流规律研究[D].北京:中国矿业大学(北京),2014.
[85] 李连崇,梁正召,李根,等.水力压裂裂缝穿层及扭转扩展的三维模拟分析[J].岩石力学与工程学报,2010,29(增1):3208-3215.
[86] 杜春志,茅献彪,卜万奎.水力压裂时煤层缝裂的扩展分析[J].采矿与安全工程学报,2008,25(2):231-234.
[87] LI Q G,LIN B Q,ZHAI C. The effect of pulse frequency on the fracture extension during hydraulic fracturing[J]. Journal of natural gas science and engineering,2014,21:296-303.
[88] 王魁军,富向,曹垚林,等.穿层钻孔水力压裂疏松煤体瓦斯抽放方法:CN101581231A[P].2009-11-18.
[89] 张国华,魏光平,侯凤才.穿层钻孔起裂注水压力与起裂位置理论[J].煤炭学报,2007,32(1):52-55.
[90] 林柏泉,孟杰,宁俊,等.含瓦斯煤体水力压裂动态变化特征研究[J].采矿与安全工程学报,2012,29(1):106-110.
[91] 王念红,任培良.单一低透气性煤层水力压裂技术增透效果考察分析[J].煤矿安全,2011,42(2):109-112.
[92] 孙炳兴,王兆丰,伍厚荣.水力压裂增透技术在瓦斯抽采中的应用[J].煤炭科学技术,2010,38(11):78-80.
[93] 付江伟.井下水力压裂煤层应力场与瓦斯流场模拟研究[D].徐州:中国矿业大学,2013.
[94] HUANG J S,GRIFFITHS D V,WONG S. Initiation pressure,location and orientation of hydraulic fracture[J]. International journal of rock mechanics and mining sciences,2012,49:59-67.
[95] 王志军,连传杰,王阁.岩石定向水力压裂导控的数值分析[J].岩土工程学报,2013,35(增2):320-324.
[96] 付江伟,王公忠,李鹏,等.顶板水力致裂抽采瓦斯技术研究[J].中国安全科学学报,

2016,26(1):109-115.

[97] 李冰,宋志敏,任建刚.软煤顶板水力压裂措施瓦斯运移机理[J].辽宁工程技术大学学报(自然科学版),2014,33(3):317-320.

[98] 王峰.水力冲压一体化卸压增透机理研究[J].中州煤炭,2014,6:46-48.

[99] 马耕,陶云奇.煤矿井下水力扰动抽采瓦斯技术体系[J].煤炭科学技术,2016,44(1):29-38.

[100] 王耀锋.三维旋转水射流与水力压裂联作增透技术研究[D].徐州:中国矿业大学,2015.

[101] 刘晓.煤-围岩水力扰动增透机理及技术研究[D].焦作:河南理工大学,2015.

[102] 徐涛,冯文军,苏现波.煤矿井下水力压冲增透强化抽采技术试验研究[J].西安科技大学学报,2015,35(3):303-306.

[103] 蔺海晓,苏现波,刘晓,等.煤储层造缝及卸压增透实验研究[J].煤炭学报,2014,39(增2):432-435.

[104] 林柏泉,杨威,李贺.一种高瓦斯煤层冲割压抽一体化的卸压增透瓦斯抽采方法:CN104131832A[P].2014-11-05.

[105] FUMAGALLI E. Geomechanical models[M]//Statical and Geomechanical Models. Vienna:Springer Vienna,1973:152-180.

[107] АИРУНИАТИДР N. Coal and gas outburst theory under blast[M]. Moscow:Moscow Mining Institute,1955.

[108] B. B. 霍多特.煤与瓦斯突出[M].宋士钊,等,译.北京:中国工业出版社,1966.

[109] 氏平增之.煤与瓦斯突出机理的模型研究及其理论探讨[C]//第21届国际煤矿安全研究会议论文集.悉尼:[出版社不详],1985:215-224.

[110] 氏平增之.内部分か壓じよる多孔質材料の破壊づろやたついてか突出た關する研究[J].日本礦業會志,1984,(100):397-403.

[111] 邓金封,栾永祥.煤与瓦斯突出模拟试验[J].煤矿安全,1989,20(11):5-10.

[112] 孟祥跃,丁雁生,陈力,等.煤与瓦斯突出的二维模拟实验研究[J].煤炭学报,1996,21(1):57-62.

[113] 牛国庆,颜爱华,刘明举.煤与瓦斯突出过程中温度变化的实验研究[J].西安科技学院学报,2003,23(3):245-248.

[114] 蔡成功.煤与瓦斯突出三维模拟实验研究[J].煤炭学报,2004,29(1):66-69.

[115] 许江,陶云奇,尹光志,等.煤与瓦斯突出模拟试验台的研制与应用[J].岩石力学与工程学报,2008,27(11):2354-2362.

[116] 陈永超.煤与瓦斯突出冲击波传播规律的实验研究[D].焦作:河南理工大学,2009.

[117] 张春华.石门揭突出煤层围岩力学特性模拟试验研究[D].淮南:安徽理工大学,2010.

[118] 欧建春.煤与瓦斯突出演化过程模拟实验研究[D].徐州:中国矿业大学,2012.

[119] 王刚,程卫民,张清涛,等.石门揭煤突出模拟实验台的设计与应用[J].岩土力学,2013,34(4):1202-1210.

[120] 袁瑞甫,李怀珍.含瓦斯煤动态破坏模拟实验设备的研制与应用[J].煤炭学报,2013,38(增1):117-123.

刘东,许江,尹光志,等.多场耦合煤矿动力灾害大型模拟试验系统研制与应用[J].岩石力学与工程学报,2013,32(5):966-975.

[122] 唐巨鹏,潘一山,杨森林.三维应力下煤与瓦斯突出模拟试验研究[J].岩石力学与工程学报,2013,32(5):960-965.

[123] 郭品坤.煤与瓦斯突出层裂发展机制研究[D].徐州:中国矿业大学,2014.

[124] 王汉鹏,张庆贺,袁亮,等.基于CSIRO模型的煤与瓦斯突出模拟系统与试验应用[J].岩石力学与工程学报,2015,34(11):2301-2308.

[125] 王雪龙.基于声发射的煤与瓦斯突出实验研究[D].太原:太原理工大学,2015.

[126] 金侃.煤与瓦斯突出过程中高压粉煤-瓦斯两相流形成机制及致灾特征研究[D].徐州:中国矿业大学,2017.

[127] 孙东玲,曹偈,熊云威,等.突出过程中煤-瓦斯两相流运移规律的实验研究[J].矿业安全与环保,2017,44(2):26-30.

[128] 聂百胜,马延崑,孟筠青,等.中等尺度煤与瓦斯突出物理模拟装置研制与验证[J].岩石力学与工程学报,2018,37(5):1218-1225.

[129] 李术才,李清川,王汉鹏,等.大型真三维煤与瓦斯突出定量物理模拟试验系统研发[J].煤炭学报,2018,43(增1):121-129.

[130] 许江,陶云奇,尹光志,等.煤与瓦斯突出模拟试验台的改进及应用[J].岩石力学与工程学报,2009,28(9):1804-1809.

[131] 尹光志,李晓泉,蒋长宝,等.石门揭煤过程中煤与瓦斯延期突出模拟实验[J].北京科技大学学报,2010,17(7):827-832.

[132] 金洪伟.煤与瓦斯突出发展过程的实验与机理分析[J].煤炭学报,2012,37(增1):98-103.

[133] 欧建春,王恩元,马国强,等.煤与瓦斯突出过程煤体破裂演化规律[J].煤炭学报,2012,37(6):978-983.

[134] 张春华,刘泽功,刘健,等.封闭型地质构造诱发煤与瓦斯突出的力学特性模拟试验[J].中国矿业大学学报,2013,42(4):554-559.

[135] 唐巨鹏,杨森林,王亚林,等.地应力和瓦斯压力作用下深部煤与瓦斯突出试验[J].岩土力学,2014,35(10):2769-2774.

[136] 孙东玲,曹偈,苗法田,等.突出煤-瓦斯在巷道内的运移规律[J].煤炭学报,2018,43(10):2773-2779.

[137] 许江,程亮,周斌,等.突出过程中煤-瓦斯两相流运移的物理模拟研究[J].岩石力学与工程学报,2019,38(10):1945-1953.

[138] JIN K,CHENG Y P,REN T,et al. Experimental investigation on the formation and transport mechanism of outburst coal-gas flow:Implications for the role of gas desorption in the development stage of outburst[J]. International journal of coal geology,2018,194:45-58.

[139] 张淑同.煤与瓦斯突出模拟的材料及系统相似性研究[D].淮南:安徽理工大学,2015.

[140] 张庆贺.煤与瓦斯突出能量分析及其物理模拟的相似性研究[D].济南:山东大学,2017.

[141] 张超林.深部采动应力影响下煤与瓦斯突出物理模拟试验研究[D].重庆:重庆大学,2015.

[142] 王汉鹏,张庆贺,袁亮,等.含瓦斯煤相似材料研制及其突出试验应用[J].岩土力学,2015,36(6):1676-1682.

[143] 张红月,王传云.突出煤的微观特征[J].煤田地质与勘探,2000,28(4):31-33.

[144] 梁汉东.煤岩自然释放氢气与瓦斯突出关系初探[J].煤炭学报,2001,26(6):637-642.

[145] 姜波,李云波,屈争辉,等.瓦斯突出预测构造-地球化学理论与方法初探[J].煤炭学报,2015,40(6):1408-1414.

[146] 徐挺.相似理论与模型试验[M].北京:中国农业机械出版社,1982.

[147] 刘东.煤层气开采中煤储层参数动态演化的物理模拟试验与数值模拟分析研究[D].重庆:重庆大学,2014.

[148] 张向阳,谢广祥.煤矿动力灾害事故影响因素分析与探讨[J].煤矿安全,2010,41(11):108-110.

[149] YANG H W,XU J,PENG S J,et al. Large-scale physical modelling of carbon dioxide injection and gas flow in coal matrix[J]. Powder technology,2016,294:449-453.

[150] 管俊峰,胡晓智,李庆斌,等.边界效应与尺寸效应模型的本质区别及相关设计应用[J].水利学报,2017,48(8):955-967.

[151] LIU Z D,CHENG Y P,JIANG J Y,et al. Interactions between coal seam gas drainage boreholes and the impact of such on borehole patterns[J]. Journal of natural gas science and engineering,2017,38:597-607.

[152] ZHANG C L,XU J,PENG S J,et al. Experimental study of drainage radius considering borehole interaction based on 3D monitoring of gas pressure in coal[J]. Fuel,2019,239:955-963.

[153] 周世宁,林柏泉.煤层瓦斯赋存与流动理论[M].北京:煤炭工业出版社,1999.

[154] PEKOT L J, REEVES S R. Modeling coal matrix shrinkage and differential swelling with CO_2 injection for enhanced coalbed methane recovery and carbon sequestration application[R]. Houston:U. S. Department of Energy,DE-CF26-00NT40924,2002.

[155] SHI J Q,DURUCAN S. A model for changes in coalbed permeability during primary and enhanced methane recovery[J]. SPE reservoir evaluation & engineering,2005,8(4):291-299.

[156] CUI X J,BUSTIN R M. Volumetric strain associated with methane desorption and its impact on coalbed gas production from deep coal seams[J]. AAPG bulletin,2005,89(9):1181-1202.

[157] LU S Q,CHENG Y P,LI W. Model development and analysis of the evolution of coal permeability under different boundary conditions[J]. Journal of natural gas science and engineering,2016,31:129-138.

[158] ZHANG C L,XU J,PENG S J,et al. Dynamic evolution of coal reservoir parameters in CBM extraction by parallel boreholes along coal seam[J]. Transport in porous

media,2018,124(2):325-343.

[159] 周军平. CH_4、CO_2、N_2 及其多元气体在煤层中的吸附-运移机理研究[D]. 重庆：重庆大学，2010.

[160] ZHANG H, CHENG Y P, LIU Q Q, et al. A novel in-seam borehole hydraulic Flushing gas extraction technology in the heading face: Enhanced permeability mechanism, gas flow characteristics, and application[J]. Journal of natural gas science and engineering, 2017, 46: 498-514.

[161] 潘阳. 非均匀应力场下巷道围岩变形规律及支护研究[D]. 淮南：安徽理工大学，2012.

[162] 徐芝纶. 弹性力学简明教程[M]. 4 版. 北京：高等教育出版社，2013.